后蓝耳病时代轻松养猪

张建新　朱锐广　主编

河南科学技术出版社

·郑州·

内 容 提 要

本书展望了中国养猪发展趋势，提出了增强猪非特异性免疫力的基本措施，以及不同规模猪场的管理指标、技术参数等。结合后蓝耳病时代病毒不断变异，混合感染病例在临床占主导地位，疫情发展迅猛的严酷现实，运用“注重生猪福利、改善猪的生存小环境，利用猪的生物学特性，增强群体非特异性免疫力”理论，探讨中西医结合、生物制品和常用西药预防猪病、控制疫情的新路子，介绍了不同季节管理，常见示症性病变，免疫程序的制订，以及猪群常见的140种临床症状及可能的疫病（附彩照171幅）。比较详尽地介绍了猪的生物学、行为学特性及集群饲养条件下猪习性的新变化，后蓝耳时代猪病的基本特征及防控，推荐了一些经济效益好的预防控制猪病新方法，适合规模猪场技术人员和专业户阅读使用，也可作为规模猪场员工的培训教材。

图书在版编目（CIP）数据

后蓝耳病时代：轻松养猪/张建新，朱锐广主编 .—郑州：河南科学技术出版社，2017.2

ISBN 978-7-5349-8441-9

Ⅰ.①后…　Ⅱ.①张…　②朱…　Ⅲ.①养猪学 ②猪病-防治
Ⅳ.①S828 ②S858.28

中国版本图书馆CIP数据核字（2016）第316483号

出版发行：河南科学技术出版社
　　　　　地址：郑州市经五路66号　　邮编：450002
　　　　　电话：（0371）65737028　65788613
　　　　　网址：www.hnstp.cn
策划编辑：陈淑芹
责任编辑：陈淑芹　李义坤
责任校对：窦红英
封面设计：张　伟
版式设计：栾亚平
责任印制：张　巍
印　　刷：河南金雅昌文化传媒有限公司
经　　销：全国新华书店
幅面尺寸：140 mm × 202 mm　　印张：11.5　　彩页：40面　　字数：323千字
版　　次：2017年2月第1版　　2017年2月第1次印刷
定　　价：36.00元

《后蓝耳病时代轻松养猪》
编写人员名单

主　编　张建新　朱锐广

副主编　司献军　黄苗柱　王全振　李海利　王建设

编　委　(以姓氏笔画为序)

马　峰　王　芳　王　腾　王玉民　王旭田　王明阁　王荣贵　仇泽凯　吴　倩　张　卫　张林江　苗志鹏　郑　岩　房大学　程　磊　谢彩华　靳祥未　寨鸿瑞

作者简介

张建新，男，汉族，农业推广研究员，河南省新安县人。参加工作30余年，一直从事畜牧兽医工作，在猪、禽、兔、牛的饲养管理和疫病防控、牧草栽培方面发表论文100多篇，出版专著5部，主编的《群养猪疫病诊断及控制》已重印6次，《常见猪病鉴别诊断与控制》重印2次，并发行了手机版。获国家发明专利2项，全国农牧渔业丰收奖一等奖1项，河南省科技进步二等奖1项、三等奖3项，市地厅级科技成果奖14项，先后被聘为原河南省兽医院坐堂专家和原河南省动物疫苗中心技术顾问。现为中国光学会会员、中国家畜生态研究会会员、中国微量元素与人体健康学会开封分会理事，开封市畜牧兽医学会副秘书长，《中国动物保健》编委，河南人民广播电台《绿色生产》栏目和开封市人民广播电台《新农村》栏目特邀专家。

电话：13592508532

E-mall：linjiang-110@ sohu. com

中国养猪现代化之梦

（代序言）

中国养猪现代化是业内的老话题。一些猪场高调标榜自己实现了养猪现代化，但是笔者认为，中国养猪现代化是养猪人的理想和追求，是养猪人的宏伟理想，要把这个美好理想变成现实尚需时日，还需要业界同人的继续努力和共同奋斗。

一、中国养猪现代化的内涵

中国养猪现代化的内涵应包括饲养规模化、产品标准化、管理人性化、服务社会化、利用系列化、装备现代化、环境优美化、销售订单化等内容。

1. 饲养规模化是国家城市化的必然要求和农业现代化的组成部分 中国养猪方式由千家万户分散饲养转向以大规模集中饲养的工厂化生产为主的饲养，是中国人多地少、消费量急剧增加的基本国情的要求。按照人均肉类 30 kg/年（其中猪肉占 75%）测算，2015~2025 年期间，我国猪肉的年度产量应该达到 360 亿 kg，按照 70%的屠宰率（每头 90 kg 体重的出栏猪产肉 63 kg），年度出栏育肥猪需要保持在 5.71 亿头以上，或者出栏体重100 kg的育肥猪 5.14 亿头。显然，每年 5 亿头以上的饲养量，单靠千家万户散养的饲养方式是难以完成的，必须通过“规模饲养”这种饲养方式的转变，推动出栏率和饲养量的大幅度提高，来适应国民经济发展的基本需求。

就养猪业自身发展来讲，也需要发展“规模饲养”。因为，猪是消耗精料的家畜，提高饲料转化率不仅是提高饲养效率的需要，也是宏观经济发展中控制粮食消耗的基本要求。仍然以5亿头100 kg体重猪的年出栏量计算，若饲养方式全部转变为规模饲养，每年节约精料可达500亿kg（规模饲养时料重比3.5∶1，散养高于4.5∶1）以上。也就是说，通过饲养方式的转变，每年节约的粮食可以养活2.4亿人口（人均年耗粮210 kg）。

2. 产品标准化是市场经济条件下养猪业发展的基本要求 中国是一个幅员辽阔的多民族共存共荣的农业大国，无论是在城市化发展的过程中，还是城市化以后，都还有数以亿计的农村人口，城乡之间、工农之间的收入差距都还会存在。这种客观存在决定了未来二三十年间仍然存在规模饲养和散养两种饲养方式。收入差距的存在还决定了不同层次消费群体对猪肉产品需求的多样性。饲养方式的差异和产品需求的多样性，呼唤养猪业提供产品的标准化；否则，产品质量的控制将是一句空话。就社会需求而言，养猪业产品标准化主要体现在出栏体重和产品内在质量的标准化两个基点。

就养猪业自身发展而言，标准化还要延伸到投入品方面，如饲料和饮水的标准化、种猪和猪苗的标准化、兽药的标准化、疫苗的标准化，养猪设备的标准化和养猪场规划设计、相关服务的标准化等。多年的实践表明，产品没有标准化已经成为养猪业持续稳定发展的制约因素，还有销售环节的暴利对养猪户的伤害，病死猪流入市场，疫病危害不断加大等这些问题的存在，都同标准化建设滞后有关。

3. 管理人性化是养猪业自身发展的需求 人性化管理主要包括两个方面的内容，一个是对规模饲养企业内部员工的人性化管理，一个是饲养员对猪群的人性化管理。

当猪群达到一定规模后，许多具体的饲养管理措施需要猪场员工落实，因而，养猪企业对员工的管理成为日常管理的核心内容，管理需要制度和规程，更需要人性化的管理机制。实践表明，人性化管理是各项技术措施能够真正落实的基础。只有实行人性化管理，薪酬待遇、劳动保护、职工福利等各项涉及职工切身利益的问题才能得到妥善解决，员工的积极性、主动性、创造性才能得到调动，不仅使管理中的技术措施能够落实到位，而且使制度、规程中的漏洞也会被及时发现和补救，企业才能正常生产，才会有活力。

规模饲养条件下，猪的生存环境发生了很大改变。这些改变，更多的是人们从有利于猪的快速生长发育、节约成本、提高劳动效率出发的主观设计，较少考虑猪的行为学特性，一些设计甚至背离其生物学和行为学特性。如空怀母猪固定栏的运用，就极大地限制了母猪的运动天性。再如常年不停地使用产房，虽然节约了建筑成本，方便了管理，但却因为不间断使用而无法彻底消毒，成为疫病的集合场、中转站和放大器，致使规模饲养猪群疫病日趋复杂和严重。现代化养猪必须纠正诸如此类的设计错误，重视生猪福利，给猪适当的人性关怀，创造符合猪的生物学和行为学特性的环境条件，发挥猪自身对恶劣环境的适应能力和对疫病的抵抗能力，从而降低对人工环境和药品的依赖程度，冲出疫病重围，生产出消费者放心的猪肉产品。

4. 服务社会化是市场经济条件下规模养猪的必然要求 由于养猪规模的扩大，生产过程中需要的投入品种类繁多，经营者不可能全部自给自足，必须通过社会化服务来保证投入品的供应和产品的销售。此时，规范的服务、标准化的产品显得尤为重要。缺少规范的社会化服务是良莠不齐、鱼龙混杂，难以跳出假冒伪劣、缺斤短两、相互欺诈臼巢的重要原因。

5. 利用系列化是扩大产品利用范围，提高资源利用效率的

途径 随着规模饲养在养猪业中比重的提高和屠宰加工流水线的增加，猪产品的综合利用和系列开发也成为可能。如屠宰加工企业同生物制品研发单位结合，分类收集屠宰猪的内脏器官，提取对人类健康有益或对人类社会进步有推动作用的成分，开发新的产品。如改进屠宰中的放血方法，收集纯净猪血用于制作血清、血粉、抗体等生物制品；收集猪的胆囊、卵巢、睾丸、脑垂体、淋巴结、胰脏、肾上腺等用于生物药品的生产等。同样，饲养企业同饲料研发单位结合，探索开发新的同中国国情紧密结合的更加安全的猪饲料；兽药研发生产企业同养猪企业结合，开发更加有效、残留更低的新兽药；化肥生产企业同养猪企业结合开发新的有机肥料，等等。通过这些相互协作、合作的共同开发，实现猪产品的系列开发利用，延长了产业链条，扩展了应用范围，拉动了养猪业相关产品的升级换代，是资源综合利用和社会经济发展的需要，也是养猪业现代化的标志。在此，需要政府的引导、支持和科技投入机制的转换，需要加大科技投入，推动科研人员、研究单位同养猪企业、屠宰加工企业的结合。

6. 装备现代化是提高生产效率的基本手段 不可否认，由于经济基础薄弱和设计理念的制约，国内许多规模化猪场是因陋就简、就地改造而成的凑合猪场。规模化饲养猪群频发疫病，既同饲养管理水平低下有关，也同猪群生活小环境质量低劣有着密不可分的关系。猪的生存环境质量低下的一个主要原因是设计理念、建筑材料和养猪装备落后，这些问题在小型猪场尤为突出。如大量存在的低矮的石棉瓦屋顶猪舍，没有内外粉刷的单砖墙，继续大量使用的玻璃温度计，缺少非捕捉保定状态自动称重设备，缺少妊娠鉴定和霉变饲料鉴定、抗体检测设备等。当然，装备水平的落后也制约了日常管理水平的提高。在养猪业现代化的过程中，政府应通过如“柴油补贴”“节能灯补贴”“沼气池补贴”等形式，推动新技术、新装备、新材料在生产中的应用。

7. 环境优美化是现代化进程对养猪业的基本要求　环境优美不仅是对具体养猪企业的要求，也是现代化进程对整个养猪行业的基本要求。环境优美的基本要求是养猪场通过废弃物处理、绿化、美化等措施，保证其环境质量能够满足人类和猪的生存需要，“三废”排放不得超过国家环境保护相关规定，不因猪场的存在而给周围环境带来负面影响。更高的要求是猪场融入所在地大环境之中，其存在对环境质量的提高呈现积极的正向作用。

8. 销售订单化是现代化养猪持续稳定发展的必然出路　市场经济的大起大落对养猪业的打击有目共睹，在给经营者沉重打击的同时，也造成了社会资源的极大浪费。中国特色社会主义市场经济体制的基本特征，就是通过国家的宏观调控，最大限度地抑制市场经济的负面作用。从养猪行业自身的特征出发，市场对养猪业发展的调整，屠宰加工企业是关键节点，其价格的杠杆作用通过收购过程得以实现。而收购环节的无序竞争，严重阻碍了市场调节机制的正常发挥，削弱甚至丧失了对生产的调节功能，造成“猪贱伤农”“肉贵伤民”“猪贱肉贵”等现象，许多养猪企业难以维系生存而倒闭。另外，豆粕和鱼粉的垄断、非透明的疫苗定价等主要投入品价格的剧烈波动，也加剧了这种恶性循环。被动局面的扭转，需要政府的宏观调控，更需要期货市场的建立和“订单养猪”机制的形成。

屠宰加工企业同大规模养猪企业、大型养猪企业同饲料生产供应商的“订单”养猪机制的形成，有利于屠宰企业的均衡生产，也有利于业内“龙头”企业引领作用的发挥，更有利于猪肉产品质量的控制。伴随着“订单”在小型猪场和农户间的扩展和延伸，种猪规模饲养技术也将同步扩展，这是提升整个行业科技、管理水平的捷径，也便于国家宏观调控措施的落实。

二、中国养猪现代化必须翻越的“三座大山”

中国养猪现代化三个最大的难题是农户同市场的不能很好对接、产品内在质量有待提高、环境污染严重，也可以说是必须跨越的“三座大山”。因为这三个问题的解决，不仅需要时间，也需要国家和养猪人、相关企业等方面的大量投入。涉及面广的特征决定了工作的烦琐、细碎和任务的艰巨，非营利性投入的特征又决定了对财政投入的依赖和极大的工作难度。以往的实践和现实告诉我们，这三个问题必须解决，否则，养猪现代化就是空中楼阁。甚至可以说，三个问题的解决，是养猪现代化的标志，其进程决定着养猪业现代化的进程。要解决这三大难题，需要人们解放思想，转换思路，通过体制和制度的创新，创造解决难题的基本条件，催生新的方法。

1. 建立对接平台，帮助农民解决卖猪难问题 散养农户、小规模饲养专业户数量众多、分布零散，其文化水平低、信息贫乏的基本特征，决定了同市场对接的困难。在就业压力大的前提下，散养户和小规模专业户的存在，是经济欠发达地区农民生存就业、发家致富的一条通道，经济未发展到一定的水平，国家不可能出台禁止农户养猪的政策，也不可能像计划经济时代那样到处设立生猪收购站。现有的经纪人或猪贩子以牟利为目标，从经营中牟利是一种客观必然。

山东寿光蔬菜批发市场是一个很好的启示。政府牵头、协会出面，利用行政事业单位的富余人员，在养猪基地县或者跨行政区域的养猪集中区，建立上连期货市场、屠宰加工企业，下连商品猪饲养场、户的信息交易平台和交易市场，通过定期发布市场供需和价格信息，能够有效解决市场沟通不畅、信息不对称的问题，真正发挥市场对资源配置和生产经营活动的调节作用。

2. 先易后难，逐渐提高猪产品内在质量 提高猪产品内在

质量，一是难在饲养方式、品种和杂交模式的不同，产品规格各有差异。国家若用一个标准去套，显然不能太高，太低又无法同国际接轨；若用分类标准，有可能因标准太多而使消费者眼花缭乱。标准的制定，以及进入标准项目的取舍，需要反复权衡，既要保证消费安全，还要符合生产实际，又要兼顾不同环节的利益。在此，头痛的是不同饲养方式、品种、杂交模式生产的商品猪，其规格、性能等质量参数还需要探索积累。二是难在饲养户分布零散，饲养中的投入品缺少或难以形成有效的监督。三是难在缺少不同地域土壤、水体、空气、粮食、蔬菜和牧草品质的参数，对其当地饲养的商品猪内在质量的影响知之不多。

显然，提高猪产品内在质量需要时间，需要调查、收集，甚至直接测定数据形成标准体系，也需要不断改进、完善监督体系。只有积累到足够的数据，才能制定满足多方面需要而又完整的标准体系。在此需要强调的是，不能坐等数据积累和监督体系的改进，应该从简单的单项标准、企业标准开始，在实践中由低到高逐渐发展、逐渐完善，找出符合中国国情的猪产品内在质量控制的路子。当然，要通过媒体和舆论，营造猪肉安全的社会氛围，引导养猪场、户生产绿色食品，实现源头控制和饲养者自觉抵制、全社会监督的有机结合。

3. 高度重视和立即开始治理环境污染 从废物利用角度来看，散养是同中国传统农业相适应的最佳养猪模式，形成了以家庭为单位的资源利用、废弃物处理的生产猪肉的良性循环，对生态环境少有危害。规模饲养的出现，大量未经处置废弃物的排放，超过了所在地环境负荷，中断了循环链条，打破了原有的环境自我净化格局，造成了严重的环境污染。

饲养方式转换对环境的污染，社会各方心照不宣，也是触目惊心的。2013 年“两会”期间上海黄浦江的“猪跳江”事件只不过是“冰山一角”。2000 年以来，我国年出栏商品猪一直在 6

亿头以上，全部按照 90 kg 的出栏重和 3.5：1 的料重比计算，伴随每头出栏猪的粪便干物质重按最低的 150 kg 计算，全国的年度猪粪干物质产量在 900 亿 kg 以上。即使这些粪便全部被种植业利用，其生产过程中产生的 2.7 亿 t 废水和尿液对水体的污染也很严重。育成率 93%是业内约定俗成的指标，即使按 95%计算，每年病死猪也达 3 000 万头以上。猪粪、病死猪等固体废物，冲洗液、尿液、消毒液等废水，以及废气共同构成了养猪业对环境的污染。按照国家统计数据规模饲养比重占 50%估算，每年排放的猪粪等固体污染物达到 4 000 万 t、废水 1.3 亿 t、病死猪 1 500 万头以上，这是不得不面对的严峻现实。需要指出的是，这种污染是伴随规模饲养的存在而存在的，并随着规模饲养比重的继续提高而加重。

正视并高度重视规模饲养后养猪业对环境的污染，立即着手治理，是中国养猪业现代化的必补之课。不断加大治理力度，是中华民族伟大复兴中养猪业现代化的必由之路。

三、众志成城，为梦想成真而不懈努力

1. 以再走长征路的决心完成中国养猪的战略转移 人口大国和人均资源占有量低且发展不平衡的基本国情，决定了中国畜牧业必须走节粮型道路。在未来的畜牧业现代化过程中，以消耗精料为主的养猪业不能盲目发展，限制其总体规模是保证其同国民经济协调发展的客观需要。

（1）为草食家畜的发展腾让空间。充分利用屠宰企业的冷库优势和入世后的有利国际贸易环境，在国际市场猪肉价格处于低位时开仓进口，猪肉价格暴涨和消费高峰时投入市场，平抑国内市场猪肉价格，使猪肉价格一直低于牛、羊、兔、鹅肉价格，为草食家畜生产的发展提供内在动力，实现稳定或逐步压缩存栏母猪规模的目标。

（2）调整财政支持政策。随着规模养猪技术的不断成熟和同市场对接机制的完善，规模养猪的效益相对稳定，国家逐步减少直接补贴性投入，如储备猪肉补贴、规模养猪补贴、存栏母猪补贴等。将节约资金用于建立信息平台、合格种猪补贴、病死猪回收、养殖业保险、新产品和新技术开发、现代化装备应用、环境保护、养殖业法律服务等社会化服务体系的建设，并通过严格控制立项、严格环保设施配套等措施，稳定社会生猪存栏，并逐年降低生猪存栏在整个畜牧业中的比重。

（3）加大科技投入。一是围绕提高“三率”（繁殖母猪的准胎率、断奶仔猪的育成率和育肥猪的出栏率）选题立项，提高存栏母猪的生产效率。二是组织开展规模养猪“三废”生物利用技术的开发和应用推广，遏制污染势头。三是支持养猪业新产品开发的研究和应用，加速新产品开发步伐。四是将规模养猪新技术和新装备的开发、应用纳入科技支持范畴，提高规模养猪的科技含量。五是通过科技招标筛选山区自由放养或林地轮回放养猪场，探索新的饲养模式，为实现规模养猪同林地生态建设、草地生态建设积累经验。

（4）规模饲养的重心从东部向中西部地区的转移。借助东部发达地区限制养猪的机遇，利用贷款优惠、环保项目补贴、新技术开发项目优先立项等多项国家调控手段，推进规模饲养猪场向中西部地区迁移。大力支持中西部地区规模猪场的废水处理项目，努力实现同小流域治理、水土保持工程的有机结合。支持东部地区近期内无法迁移规模猪场的猪粪和废水收集利用项目，减轻对土壤微生态和水体微生态环境的压力。

（5）饲养品种、模式多样化。在中西部地区筛选土壤和水体污染较轻地区，通过对其种猪生产企业的支持，推进无污染猪肉生产基地和地方品种猪生产基地建设步伐，满足市场对猪肉产品的多元化需求。

2. 发挥龙头企业的带头作用　国家政策支持和市场需求造就了一批规模不等、结构各异的“龙头企业”，扩大其辐射范围，增强其引领功能，充分发挥其龙头的带动作用，是保障均衡供应、推广新技术、提升规模养殖水平的需要，也是“龙头企业”不断发展的需要。国家应采用政策支持、金融杠杆支持、强化法制建设、公开信用等级等手段，引导规范其经营服务行为，培养“诚商”“仁商”，支持其担当社会责任，增强发展后劲。

3. 不同规模养猪企业同服务行业的无缝对接　尽管不同规模养猪企业对社会服务要求的项目、等级各有差别，但诚实守信、规范高效的社会化服务，是所有规模养猪企业共同期盼的。许多规模养猪企业之所以要建立运销车队、饲料厂，其根本原因是这些环节缺少社会化服务体系，或者社会化服务瑕疵太多、成本太高，难以满足其需求。

（1）构建覆盖全国生猪屠宰企业的生猪网络交易平台，鼓励养猪“龙头企业”和养殖合作社网上交易，销售期货，形成规模饲养企业同屠宰企业、散养户同龙头企业或养猪合作社签订合同的“订单养猪”。并通过期货价格和网络信息的汇总分析指导饲养场、户，弱化商品猪价格大起大落对养猪生产的不良影响。

（2）饲料标准化是饲料生产企业同养猪场（户）无缝对接的基本保证。对产品质量的评价，不仅需要专业的检测机构，更需要养猪场（户）的实际应用效果。建议对饲料生产企业采用销售范围和年产量相结合的办法划分等级，实行按企业等级“分级管理、责任到人”的饲料质量控制机制，降低管理成本，为随机抽样创造条件。取缔饲料生产企业送样检测。根据市场原料价格变动规律和实际波动幅度，及时公布不同种类饲料的指导价，限制零售饲料价格波动的幅度。增加大豆、玉米的国家储备，严防原料商操控饲料市场。

（3）利用市场机制发挥国家兽医体系基本建设优势。在中

国养猪现代化的过程中，疫病风险将持续存在。减轻疫病危害需要养猪人疫病防控观念的转变，真正做到“预防为主、防重于治、养重于防”，将疫病防控和猪产品质量控制贯穿于整个生产过程。也需要国家出台切合实际的动物疫病防控法规和政策。当前，活跃于疫病防控一线，隶属饲料、兽药、疫苗不同企业的基层兽医，已经成为疫病防控的主力，可通过定期培训、公布绩效、资格认证等手段对其实行有效监督。这样做既是提高疫病防控质量的需要，也是确保猪产品质量安全的基础工作。通过机制创新，鼓励、支持事业单位的科技人员，在确保完成强制性免疫效果评价和病原监测任务的基础上，为养猪企业提供技术服务，发挥其对临床医病防控的支持作用，实现养猪企业、一线兽医同国家投资建设的动物疫病防控体系的有机衔接。积极推动大专院校、科研机构同屠宰企业、中兽药期货市场和生猪主产区交易市场的对接，开发质优价廉的生物药品和中兽药，不断为猪群疫病防控提供新技术、新产品。

4. 规范社会化服务　养猪行业不规范的社会化服务长期为人们所诟病，已经给养猪业的稳定发展带来很大影响，亟待整顿和规范。从大学生就业困难的现实出发，国家不妨扩充饲料、兽药和疫苗监督队伍，从而实现对生产环节的监督全覆盖，反向追溯，捣毁制假售假窝点，从根本上解决养猪投入品质量参差不齐问题。在降低相关服务行业进入门槛的同时，出台行业服务和资质标准，划分服务区间，完善纠纷解决办法。金融行业要吸纳一批畜牧兽医专家和大中专院校毕业生，为开展金融投资、商业保险、规范服务创造基本条件。

5. 转变疫病防控思路　树立“以防为主，防重于治，养重于防”的观念。疫病防控从猪场设计和选址、品种选择、饲料调制做起，首先满足猪生长发育的小环境需求。其次是将疫病防控纳入全员管理，通过创新机制、人性化管理、薪酬挂钩调动企业员工的积极性，激发其开展疫病防控的自觉性。再次是树立选择意识，从后备猪的培养阶段开始，直至第三胎，不断选择，第七胎后加大选择强度，及时淘汰那些隐性感染、繁殖力低下的母猪，确保繁殖母猪群全部是特一级的高生产性能母猪。最后是实行全过程防控，从玉米、豆粕等原料的采购做起，到疫苗药品的采购、保管，直至清粪、饮水质量控制、按时开启通风窗、废水处理、出栏装车消毒的所有环节，均有固定的操作规程。真正形成全程防控、全员防控、全方位防控。

6. 政府职能转变 尽管中国规模养猪技术尚未完全成熟，但由于最先引入市场经济机制，加之产业的发展已给中国“节粮型畜牧业”战略的实施带来巨大压力，因而在未来的现代化进程中，政府应当继续简政放权，变管理为监督和管控，尽可能发挥市场的调节作用。一是应进一步完善法律服务体系，严厉打击造假和销售假冒伪劣产品的行为。加强饲料、兽药、疫苗等养猪业投入品的质量控制，到养猪生产企业直接抽检，涉及产品质量的案件一律实行“垂直办案”“第三地审理”。二是应积极搭建屠宰加工和种猪、疫苗、饲料、设备生产企业的服务平台，定期在电视、电台、报刊等涉农核心媒体发布其产品和服务质量评价结果，让养猪人知道哪里有好产品，哪些企业的产品不敢用。三是应通过资金投放、税收、配额等手段管控豆粕、鱼粉等主要进口投入品的价格，避免囤积居奇，打击联手垄断行为，确保原材料市场的稳定。四是应在产品标准出台的同时及时废除原来的管理条例，简政放权，简化程序，为企业“自主经营、自我负责、自负盈亏、自我发展”创造条件。

张建新

2015 年 5 月于郑州

目　录

第一章 后蓝耳病时代提高猪非特异性免疫力的基本措施

社会进化史中，动物、植物和人类的存在，都是一种自然现象。从生态学的角度看，生生死死是再正常不过的一种现象，一个物种的消亡，代之以另一个新物种的出现，不过是能量以不同的生命方式在地球上的一种存在和表现。所以有“物竞天择，适者生存”的进化论。那么，从野猪到家猪，猪经历了进化史上的一次筛选，同样，从千家万户散养到集群生存的规模化饲养，猪又要经历一次人类的筛选和淘汰。

问题在于前一个过程是渐进的、漫长的，后一个过程则是急促的、短暂的。

在渐进而漫长的生活方式转变中，猪逐代积累，完成了从不适应到适应的转变。此过程中淘汰了多少，是一个无法准确统计的数字。但是在急促短暂的转变中，自然选择必须要淘汰掉一大批猪。现在人们面临的困惑是进化过程需要淘汰，人类却因为育成率、出栏合格率的牵制舍不得淘汰。所以，就形成了疫病不断出现，人类给猪接种疫苗、临床用药，促使生产中不断推出新兽药和疫苗，致猪群混合感染病例不断增多、疫病频率急剧增加、更加难以控制，导致新病毒陆续出现的恶性循环。显然，自然选择需要淘汰和人类不切实际地片面追求高生产效率的矛盾，正是规模养猪疫病猖獗的根本原因。

解决这个问题需要人们重新审视现今的养猪思路和方式。显然，要满足急剧增长的人口对肉食品的消费需求，就全国范围来讲，不可能再回到过去那种千家万户分散饲养的状态，只能面对规模饲养和分散饲养长期并存的现实，去寻找新的解决办法。如改进猪舍设计、加强饲养管理、培养猪的良好体质、选择新的品种等。在这些办法中，培养猪的良好体质，是目前所能选择的最廉价、省时、省事、有效，也最直接的办法。在饲料中添加西药控制疫病的做法，伴随着中国规模养猪的发展，已经被国人尝试了近 30 年，事实证明效果并不理想。放眼未来，我们对中兽医和中兽药寄予希望。

一、母猪强心健脾是猪群保健的首善之举

从中兽医角度审视，规模养猪之所以遭受疫病困扰，最大的问题在于母猪群的“人为三高”（高密度繁殖、高产仔数、高泌乳力），在于母猪常年采食营养全面的精饲料，在于规模饲养后猪处于封闭环境中的运动量不足。

首先，母猪配合饲料强调矿物质营养和微量元素的全面，同其他猪饲料相比，矿物质含量相对高些，就像一个平原地区的人到了山区，由于饮水和食物中矿物质含量高，而出现消化不良性“食积”，久而久之，即转为“实热”。其次，运动量的不足，尤其是待在封闭环境中运动量不足的母猪，同大环境的交换受阻。譬如光照，野外自由运动的猪，自已知道何时需要光照，多强的阳光下照多长时间，人工环境中虽然也有光照措施，但是并不见得都适宜。另外，野外环境中，猪通过掘地、奔跑，自由采食不同种类的植物、小动物，实现了猪体同环境微量元素交换、平衡。再次，野外的嬉戏、游泳、奔跑等运动，使猪的肺脏得到充

分的锻炼。规模饲养条件下，母猪从产床下来就进入固定栏，锻炼肺脏、增强肺脏功能的机会被剥夺。然而，肺脏功能对于猪的生命活动尤为重要，因为呼吸既是猪气体交换的需要，也是热交换的需要。肺脏功能的强弱，既依赖于先天的遗传，也赖于后天的自然选择和锻炼。规模饲养恰恰在这个环节出了纰漏，被剥夺后天选择、锻炼机会的母猪群，存在大量的先天性肺脏机能羸弱个体，以及后天缺少锻炼的肺脏功能低下个体，这些个体的存在才是母猪群体质低劣的本源所在。在中兽医方面，这种体质虚弱称为“气虚”。

一个“气虚”，一个“食积”“实热”，就足以毁坏母猪群，何况还有一个“血虚”在枕戈待旦，随时准备出击，袭击母猪群。这绝不是危言耸听，而是实实在在的现实。规模饲养中无节制地拉大母猪生产性能的现象比比皆是。如运用“低日龄开配”“早期断奶”“热配”“高产仔数”“高产奶量”等揠苗助长技术措施，使得母猪很快进入“血虚”状态。“气虚”和“食积”“实热”的母猪，伴随着“血虚”的进展，2~3 胎时，部分个体处于“气血两虚”状态，部分已经成为“气血双亏”的极端个体。

“气血两虚”“气血双亏”不仅导致胃肠消化机能减弱，妊娠期不明原因减食、停食，分娩无力，产程延长至 4~5 h，难产概率上升，产后不发情，甚至流产、死胎。还带来免疫力的下降，从而变得易感。更为要命的是这种“气血两虚”的母猪所生仔猪，因母猪的原因成为“胎气不足”的先天性弱仔，从而为哺乳期、保育期、育肥期发疫病埋下了伏笔。

所以，要增强猪群的非特异性免疫力，应从母猪下手。解决母猪群体体质衰弱最简便、省力、经济的措施就是及时淘汰体质虚弱母猪，给留用母猪服用强心健脾的中兽药。在此，强心是针对口蹄疫、蓝耳病、圆环病毒的单一或混合感染的应急之举，健脾才是治本之要。“脾主运化，为气血生化之源，后天之本。”

"脾居中央，灌溉四方，五脏六腑，皆赖其养。"脾心和，则血循流畅；脾肺和，则呼吸顺畅；脾胃和，则消化强盛；脾肝和，则运化自如；脾肾和，则疏水舒畅。

二、强化和改进后备猪的饲养管理

改进后备母猪的饲养管理可以归纳为"三选一运动"。

选育、选择和选配的重要性并未得到专业户主的足够认识，即使那些规模猪场，也存在许多需要改进的地方。例如种公猪的选择，并不是所有的二元杂交母猪都得用杜洛克公猪，那些立耳型二元母猪选择垂耳型公猪不见得就能够避免蓝耳病的侵扰，但是后代若是垂耳型，至少心脏的负荷要小些，可以支持非特异性免疫力的提高。

不是选留的后备猪都参加配种，也不是购买的后备母猪全部参加配种。60 日龄后的后备猪，不论公母猪均应分圈饲养，并在性成熟前，依据体型外貌、免疫反应筛选 1~2 次；在初情—配种期间，应当依据发情表现、发育情况，结合配种前接种疫苗后的免疫应答、应激反应和副反应再次选择。如果能够将后备猪的选择同前三胎生产母猪的选择（依据情期受胎率、头胎产仔数、断奶存活率和断奶窝重、断奶体重进行综合评定，按照不同的选择差予以选择）结合起来，有利于母猪群、仔猪群非特异性免疫力的提高。

终端杂交父本的确定应依照本场母猪群的遗传基因、体形等实际情况确定。杜洛克、长白、大约克夏三元杂交（后简称"杜长大"）是目前从宏观角度选定的商品猪生产模式，不见得同每一个猪场的实际情况都相符合。母猪群为地方良种和大型约克夏杂交后代，体形偏重于约克夏时，可以考虑使用长白公猪作为终端父本。同样，若母猪群为地方良种和长白杂交后代，体形偏重于长白时，可以考虑使用大型或中型约克夏公猪作为终端父

本。只有母猪群为较为纯正的长白和约克夏杂交后代，才使用杜洛克或汉普夏公猪作为终端父本。

选配方面，应当坚决摈弃“老少配”。现阶段能够提出最为实用、最为简单的办法就是注重耳型：立耳型母猪选择垂耳型公猪，垂耳型母猪选择立耳型公猪，避免所生后代全部是立耳型。

无论性别，所有后备猪都应安排较大的运动量，使其心脏、肺脏得到充分锻炼。建议每日驱赶运动 2 次，每次不低于 25 min。运动场最好有起伏，有倾斜，让后备公、母猪得以奔跑、跳跃。利用工作犬驱赶的后备猪，不得让工作犬在运动场排便。犬和后备猪均应定期投喂磺胺类药物，以减轻弓形体的危害。利用声音驱赶时，最好使用猪群受到攻击的录音，尽量不使用金属摩擦的高频音。

三、依据不同饲养方式训练保育猪

全同胞和半同胞组群，是保育猪组群的基本原则，饲养中要尽可能避免非半同胞组群。

温度适应锻炼应在饲料过渡完成后开始。即使将来商品猪全过程圈内饲养，也应给保育猪以充分的温度锻炼。推荐的每日温差为5℃，相邻两日间温度升降量因不同季节而有差别，其幅度最好控制在 5 ~ 8 ℃。最佳的方法是在每一个温度梯度停留 3 ~ 5 d，让其有一个适应过程。当出现 8℃以上的升温或降温时，应采取保护性措施，不要以为反正要锻炼，高点、低点无所谓。

口令训练对于野外放养猪群尤为重要。全程圈内饲养的保育猪学会识别口令，可以降低育肥期日常管理的劳动强度，减少劳动量。训练时应注意口令的简短、一致、容易发音、易于辨别。过于长的口令不仅发令麻烦，猪记忆难度也大、理解困难；容易混淆的口令，会增加猪的辨别难度；带有方言的口令，更换饲养人员后猪会发生理解困难。训练应同投料、给水、清粪等日常管理工作相结合。优先选择群内位次最高的猪进行训练，会降低训练难度，缩短训练时间。

加大保育猪运动量训练会使其终身受益。可参照后备猪的运动训练模式进行，强度可稍微小一些，如每日 2 次驱赶运动，每次运动不低于 20 min。

全进全出是规模饲养的技术核心。下保育床猪群的整齐度是衡量猪场管理水平的重要指标。不同的猪场会设置不同的保育期，管理水平较低或保育期间发生疫情的猪群，有时会有意识延长保育期。但是，这种办法并不可取。恰当的做法是达标猪按时出栏，发育较差猪延长 3~5 d。（注意，当新的仔猪需要转进时，原有保育猪不论大小，必须全部离开，以便于封闭后熏蒸消毒保育舍。）

四、运用小产房和小保育舍

小产房和小保育舍运用意义不用赘述，就是为了实现产房内母猪和保育舍小猪的全进全出，从而为彻底消毒（包括封闭、熏蒸、火焰烧灼、空置）创造条件。否则，就无法做到彻底消毒，无法中断疫病从上一批次向下一批次的传播。至于小到什么程度，各猪场应根据自己的实际情况来决定。推荐的 6 张产床、8 张产床，或者 4 张保育床、6 张保育床，仅供参考。一个基本的原则是："以每车商品猪的装载量为单位，依据各场的各阶段育成率倒推。"

五、大力推行分阶段异地饲养

分阶段异地饲养是由我国的基本国情决定的。大型猪场由于设计的原因，产房和保育舍污染严重，仔猪育成率不尽如人意。异地育肥可使保育猪生活在一个空气质量较好（至少空气悬浮物中尚未附着病原微生物）、生物场干扰相对较轻的新环境，既可

减轻疫病的危害，也可获得较高的饲料报酬。所以，一些大型猪场的育肥场同繁殖猪群相隔较远，或者直接分散到农户，场内只生产仔猪，让农户的家庭育肥场饲养育肥猪。笔者更赞成后一种办法，因为它不仅改善了猪生存的小环境，解决了大型猪场扩张占地问题，也为农民脱贫致富奔小康创造了条件，并且粪尿等废弃物可以就地利用，减轻环境压力。

六、积极运用湿料喂猪

早在20世纪90年代，大量的实验研究已经表明，在其他条件相同的情况下，湿料喂猪有较多优点。

（1）干料、湿料、水料三种给料方式中，消化吸收利用效率以湿料最好，干料次之，水料最差。这是因为同干料相比，湿料由于提前浸润，在胃肠道内更容易同消化液混合均匀，有利于消化道微生物菌群的植入和功能的发挥，所有营养成分都有足够的时间充分消化。水料则由于水分过多，排除水分要消耗一定的能量，从而浪费了净能。

（2）节约饲料、减少浪费方面湿料最好，水料次之，干料最差；在干料中颗粒料又优于干粉料。这个原因很简单，就是在猪采食过程中，湿料不容易抛洒，水料在采食中尽管有抛洒，但多数是水分。

（3）从减轻疫病危害角度分析，同样是湿料最好，水料次之，干料最差。这是因为自由采食猪群在猪采食时，随着料仓中饲料的下滑，饲料中的粉尘细末会随着猪的呼吸而进入其呼吸道，进而导致尘肺病。即使是定时给料，由于抢食的原因也同样不可避免。比较而言，颗粒料相对好些，毕竟粉尘少得多。

（4）母猪因为妊娠中需要胃肠、输卵管、子宫经常且强有力的蠕动，分娩时需要子宫、腹部肌肉群有强大的收缩力。所以，饲喂含粗纤维较多、体积较大的水料，会因排泄而锻炼这些器官。反之，若饲喂湿料、干料，消化道和生殖器官的运动强度将依次下降，锻炼的强度和机会也就减少。同时，长期饲喂体积较大且富含粗纤维的湿料，还可以使胃肠道容积扩大，减少胃网和肠系膜脂肪的蓄积，为保证哺乳期较高的采食量奠定基础。因而，畜牧专家建议空怀期和妊娠期的母猪饲喂水料，而在哺乳期饲喂湿料。山西晋城薛守勤等认为，哺乳期母猪每日采食麸皮含量不低于20%的湿料7 kg以上，不仅能够有效避免粪便干结，而且泌乳量可以维持在较高水平，对仔猪断奶窝重和均匀度的提高有积极作用。

（5）维生素、中成药等保健药品，以及一些治疗药品，均可以通过拌料前溶解于水的办法添加，减少捕捉、保定、注射等工作对猪群的惊吓，避免应激，为猪群健康生长创造条件，也是湿料喂猪的一个优势。

同干料喂猪相比，湿料喂猪优势明显。因而建议无论是大型的规模猪场，还是专业户猪群，均应改变给料方式，采用湿料（或称半干料）喂猪。

七、提高隔离消毒的实际效率

加强消毒工作是规模饲养猪场的基本制度。现实中存在的问题主要是隔离消毒制度执行不力、消毒效果不理想、消毒方式单一。

许多专业户和部分大型猪场并不重视隔离工作，引进种猪不隔离观察就直接混群的事件时有发生，或者隔离舍距离饲养区很近，根本没有隔离效果；再一种表现是治疗病猪时不隔离，或者在一栋猪舍中随便找一个空圈把病猪放进去。消毒制度执行不力更为常见。如：经常发生于专业户的消毒池干涸、破损，消毒机械损坏无法启动，消毒药品随意添加，消毒室门窗破损严重、紫外线灯管报废不亮等。至于消毒效果的评价，规模饲养猪场尚未

全部落实，专业户中更是凤毛麟角。消毒方式单一则是普遍现象。

提高隔离、消毒工作的实际效率，在于认真对照检查，采取针对性措施。作者强调的是在后蓝耳病时代，猪场消毒应当突破单纯喷雾的做法，将喷雾消毒和火焰消毒、干粉消毒、熏蒸消毒、阳光暴晒和紫外线消毒、定期空置等方式组合起来，谋求最佳的消毒效果，化解消毒和猪舍空气湿度的矛盾，给猪创造一个干净、干爽、洁净的生存小环境。

八、倡导脉冲式交替给药

针对后蓝耳病时代有病毒参与的混合感染疫情频发以及畜产品质量安全问题日益突出的现实，应大力倡导在规模饲养预防性用药时采用脉冲交替给药的方法。在一个猪场或猪群内，依据不同季节疫病发生的规律和本场历史记录，对几种主要疫病采用提前投药，每旬针对一类疫病，按照治疗剂量投药 3 d，每天 1 次。若需再次用药，放在下个月的相同日期，并且改变用药品种。同以往的长时间减半剂量投药的方法相比，可减少用药量，支持畜产品质量安全水平的提高。并且相邻 2 个月药品品种的更换，以及相邻俩旬所投用药品种类之间的悬殊差异，可提高预防用药的实际效果，避免病原微生物产生耐药性。

九、实行“三全防控”和“处方化免疫”

猪场管理人员和饲养人员都要确立“以防为主、防重于治、养重于防”的理念，将这种理念贯穿于猪场设计、选址、布局，以及日常饲养管理、种猪选购、原料采购加工和分发保管、商品猪和种猪的销售、废弃物的处理的全过程，称之为“全员防控、全过程防控、全方位防控”，简称“三全防控”。

处方化免疫是规模养殖中毋庸置疑的技术措施。规模猪场类型和定位的不同，分布地域、地段和地形地貌的差异，种猪或商品猪苗来源的不同，饲养方式和猪场设计、建筑物布局和结构的差异，管理水平的高低，均可导致猪群疫病的差别。那种全县、全市，甚至全省都使用一个免疫程序的做法，用于千家万户散养时能够节约社会成本尚有一定价值。在规模饲养快速发展的今天，尤其是规模饲养比重超过50%的地方，必须摒弃，代之以大力推行处方化免疫，以提高动物免疫的实效。

处方化免疫的基本做法就是依据猪场现有和以往发生疫病的种类，结合猪场周围地区疫病流行趋势，以及本场的管理水平、投资能力、市场疫苗供应状况等因素，制定出只在本场不同猪群、不同日龄接种疫苗的行动指令（具体到猪的日龄，疫苗的品种、数量和稀释方法，接种途径，以及抗应激药品的使用方法），也叫免疫程序。饲养员按照程序规定及时领取、接种即可。显然，这种具有个性化特征的免疫接种方法，更贴近各个猪场疫病的实际，可避免无效免疫，也可节省人力和财力（注意，免疫程序须由具有兽医师或高级畜牧师技术职称的专业人员制定）。

十、强力推行“两分三改两个池”

“猪场内雨污分离、猪舍内粪尿分离”是从源头减少猪场废水的技术措施。“水冲改为干清粪、固定高度饮水器改为地面自由饮水碗、开放的明粪沟改为加盖的暗沟”，有效降低猪舍内空气湿度，是为猪创造干燥、干净、适宜生存环境的基本措施。“在每栋猪舍的两端建立双联交替沉淀池”，可以减少固体废物流向废水处理池；“在每栋猪舍设立水箱（或水池）”，便于预防和治疗时投药，也是提高饲料中矿物质和微量元素利用效率的基本措施。所以，强力推行“两分三改两个池”是改善猪生存环境的需要，也是猪场治理“三废”的基础工作，所有猪场不论规模大小，都应强力推行。

第二章　不同规模猪场的管理指标

本章总结不同所有制、不同规模猪场经验，就规模养猪的管理指标提出个人看法，供养猪场户的决策者和准备从事养猪的人们参考。

一、农户饲养

尽管规模养猪是政府着力推行的方式，但中国社会经济发展的地域间、行业间的不均衡性，决定了农户散养这种方式仍将持续存在。然而，随着中国社会改革开放的推进，尤其是国家宏观调控经济的手段从计划经济向市场经济的转变，虽然同为小农经济的农户养猪，其生产目的也从自给自足转向商品生产，也需要通过一些指标来控制和规范。如果继续坚持“春天买仔，过年杀猪”“养猪赚钱不赚钱，回头看看田”的老观念，势必出现“忙活一年，没有赚钱”的结局。

（一）创业型养猪户

此类型主要是指经济欠发达的农村新成家的“小两口”养猪，收入在贫困线附近的农户追求“翻身”的挣扎养猪（简称“小两口”养猪，“翻身户”养猪）。这两种养猪户的共同特点是投入有限、挣起赔不起，规模小。成功与否的关键在于定位是否准确、规模是否合适。当然，由于规模太小，不存在指标体系，只要把握住几项主要指标即可。

1. 小两口养猪 有知识又稍有积累的小两口建立猪场，应当定位于短期育肥。就近选择小型猪场或母猪专业户，购买杜洛克、长白、大型约克夏三元仔猪（简称“三元杂”）专门育肥。

规模：20~100 头/批次。

年出栏批次：2~3 批。

入舍仔猪日龄：≥45 日龄。

出栏体重：90~120 kg。

文化程度均未达到高中毕业的小两口养猪，应当定位于母猪专业户。就近选择大型猪场，购买长白、大型约克夏杂交生产的二元母猪（简称“二元母”）专门生产仔猪。

规模：第一年 5 头，第二年 10 头，第三年以后 20 头。

年繁殖胎次：2 胎。

断奶日龄：30~35 日龄。

断奶存活数：8~10 头/胎。

2. 翻身户养猪 投入能力有限但可能有养猪经验，文化水平低但人脉关系已经形成。这些农户应当分析自己的实际情况，缺少人脉关系和养猪经验二者中任何一项时，都不要从事育肥，而应定位于母猪专业户，两个条件同时具备的，可以考虑建立专门的育肥猪场。具体指标参考“小两口猪场”。

（二）致富型养猪户

此类型主要是指已经解决温饱问题，手中稍有积累的农户。尽快发家、致富是其追求目标。还可细分为发家型、致富型。

1. 发家型养猪户 发家型养猪户类似于前述翻身养猪户，不同之处在于其投资能力稍强，最容易出现的失误是盲目冲动，多为非理智型养猪户。同样，寻找自己的优势所在，扬长避短，准确定位和确定合适的规模是成功的关键。提请决策注意的是，

以家庭劳动力充裕与否决定养猪规模，文化程度、人脉资源决定猪场类型。

若定位于母猪饲养户的，同样要购买二元母猪，但不必拘泥于当地，可从有信誉、有名气的大型猪场选择纯度较好、价位较高的“二元母”。饲养中可以提高母猪的选择强度。

规模：第一年 10 头，第二年 10~15 头，第三年以后 20~30 头。

母猪选择强度：15%~30%。

年繁殖胎次：2~2.2 胎。

断奶日龄：28~35 日龄。

断奶存活数：8~12 头/胎。

若定位于育肥猪场，可同大型猪场、母猪专业户签订合同，确保仔猪质量和按时补栏。拥有一定饲养器械（如清粪机、高压水枪、风机、暖风炉等）时，可适当扩大规模。

规模：60~200 头/批次。

年出栏批次：2~3 批。

入舍仔猪日龄：45~60 日龄。

出栏体重：90~120 kg。

2. 投资型养猪户　投资型养猪户指在投资能力、文化积淀和知识积累、人脉关系诸方面都有明显优势的农户，此种投资多数是产业起步。喜欢养猪、有养猪经验、定位准确与否成为是否成功的限制因素。建议前三年育肥，有一定积累后购买母猪直接建立小型猪场。

规模：120~200 头/批次。

年出栏批次：2~3 批。

入舍仔猪日龄：45~60 日龄

出栏体重：90~130 kg。

育成率：≥98%。

育肥合格率：≥99%。

二、专业户和小型猪场

专业户名词出现于规模养猪发展初期，是农业大国特定时期的特殊产物，最初以存栏量为指标（存栏 5~20 头母猪或 50~200 头育肥猪），之后随着专业户规模的增大和数量的增多，存栏规模不断提高，2000 年前后干脆用收入比重来界定（要求专业户的养猪收入要占到家庭收入的 70%以上）。按收入比重界定养猪专业户时，要求专业户为拥有母猪的自繁自养模式，因为许多农户是紧追市场行情的投机性经营，专门的育肥猪场很少，时有时无的育肥户很难纳入专业户行列。从这个角度出发，二者可以合二为一。但从目前养猪业面临的严峻形势和向专业化经营方面发展趋势看，自繁自养不见得是最佳模式，未来可能出现越来越多的专门的小型育肥猪场。不论是专门育肥猪场，或是自繁自养猪场，都需要通过恰当的规模和技术指标来规范提高。

（一）自繁自养猪场

存栏母猪 50~200 之间的猪场统称小型猪场（含专业户猪场）。显然，此类猪场不仅猪群结构更为复杂，还要聘请养猪工人，存栏规模差异悬殊，经营管理中需要较多的指标，但仍难形成指标体系。

1. 劳动定额

（1）包干饲养时每个饲养工人负责 20~30 头母猪连同所繁殖仔猪、育肥猪的饲养管理；或夫妻二人负责 40~60 头母猪连同所繁殖仔猪、育肥猪的饲养管理。

（2）定岗定责时每个饲养工人负责 500~700 头育肥猪或 700~1 500 头保育猪的饲养管理；或每个饲养工人负责 400~600 头空怀母猪，或妊娠前中期母猪，或后备猪的饲养；或每个饲养工人负责 140~170 头母猪的接生、哺乳仔猪护理和母猪的饲养管理。

2. 技术指标

（1）繁殖猪群。

最佳规模：存栏繁殖母猪 64 头，128 头，192 头。

后备猪选择强度：≥25%。

母猪年度选择淘汰率：15%~25%。

母猪情期受胎率：≥85%。

总受胎率：≥98%（自然交配），或≥95%（人工授精）。

年繁殖胎次：≥2 胎。

断奶日龄：28~35 日龄。

母猪年产断奶仔猪：18 头。

（2）育肥猪群。

年出栏批次：2~3 批。

入舍仔猪日龄：45~60 日龄。

出栏体重：90~110 kg。

育成率：≥95%。

育肥合格率：≥98%。

料重比：1∶(3.5~4.5)。

（二）专门育肥场

年出栏 500~3 000 头育肥猪的农户猪场通称为小型育肥猪场。对于那些存栏育肥猪数百头且不同批次间隔较长或无规律的育肥场，人们习惯于称作专业户猪场。只有那些存栏和育肥间隔期都相对稳定的育肥猪场，行政管理部门才称其为小型专门育肥猪场。

劳动定额：每个饲养工人负责 500~700 头育肥猪。

年出栏批次：3 批。

入舍仔猪日龄：≥60 日龄。

出栏体重：85~110 kg。

育成率：≥97%。

育肥合格率：≥98%。

料重比：1∶(3.5~4.5)。

三、规模猪场

存栏繁殖母猪超过200头、商品猪2 000头以上的猪场称作规模饲养猪场。集群大、集约化程度高、具有工业化生产特征是其突出特点。这类猪场不仅需要招聘饲养管理人员，猪群结构也更为复杂，除了繁殖、育肥猪群之外，还要有后备猪群，加之饲料原料收购、饲料加工、储存分发，商品猪或仔猪销售，财务管理，餐厅、宿舍管理，供电、供水、粪便废水的处理和排放等后勤服务岗位更多，需要相应的管理制度和工作指标。这些繁杂众多指标就构成了规模饲养猪场的数字化管理指标体系。

建立数字化指标管理体系的目的在于规范管理，使管理工作有章可循，有据可依，提高工作效率。越全面、细化、具体，似乎越好。但在具体操作中，由于猪场类型的不同和规模的差异、追求管理目标的差异，以及经营者自身的原因，过于具体详细时，反倒不利于管理者主动性的发挥。因而，择其主要项目予以推荐。

（一）经营指标

一个商品猪市场价格周期（4~5年）赚回一个猪场。以存栏繁殖母猪衡量时，每头母猪在4~5年的饲养周期内应当实现2 500元/年以上的纯收益。若以年度为考核期，即使猪粮比价处于较低的1∶6状态，也应当实现收支平衡，略有盈余。

（二）管理指标

料重比：1∶(3.5~4.2)。

销售费用：≤5%。

饲料管理：饲料质量合格率：100%。收购环节标准差：≤1%，仓储损耗：≤1%，加工损耗：≤1%，饲养车间损耗：

≤1%。

产品管理：

出栏二元母体重：≥60 kg，特级、一级的≥95%。

出栏纯繁母猪体重：≥60 kg，特级、一级的≥98%。

出栏种公猪体重：≥60 kg，特级、一级的100%。

商品猪育成率：≥93%，育肥合格率：≥95%。出栏体重：90~110 kg，良种猪比例：≥95%，猪尿样随机抽查合格率：100%。

超标准排放废水、固体废物等污染事件：0次。

连续4年重大动物疫情发生：0次。

（三）劳动定额

规模饲养猪场多采用定岗定责的管理办法，饲养工人的劳动定额同场内机械化程度密切相关。

（1）在多数猪场商品猪舍采用自动料仓、人工添料和自动饮水装置、自动清粪机的条件下，商品猪舍饲养工每人负责500~600头育肥猪的饲养管理。

（2）根据保育舍类型（小保育舍、大保育舍）和保育期的长短，保育舍饲养工每个人500~1 000头保育猪的饲养管理。

（3）后备猪舍饲养工每人负责500头后备猪的饲养管理，以及为选种选配提供观察记录数据。

（4）空怀和妊娠中前期母猪舍饲养工依照圈舍结构的差异（单圈饲养、一圈多头、固定钢栏），每人负责400~600头母猪的饲养管理。

（5）产房饲养工依照产房类型（小产房、大产房），每人负责120~170头繁殖母猪的接生、哺乳仔猪护理和母猪的饲养管理。

（四）技术管理

后备猪存栏：≥40%存栏繁殖母猪数，选择差≥25%。

繁殖母猪：≥200 头（繁殖母猪最佳规模：260 头，或 330 头，或 400 头，或 470 头，或 550 头）。

母猪年度选择淘汰强度：18%~23%。

母猪情期受胎率：≥75%，自然交配总受胎率≥95%，或人工授精≥93%。

年繁殖胎次：≥2 胎。

断奶日龄：28~35 日龄。

母猪年产断奶仔猪：≥16 头，断奶重：6 kg（标准差 1 kg）。

育肥猪年出栏批次：12~26 批。每批次出栏数量：≥2 车（每车 120 头，标准差 2 头）。

保育猪入舍日龄：23~45 日龄，同批次日龄误差：≤7 d（或体重标准差≤1 kg），转栏日龄：≥60 d，体重 20 kg（标准差：≤2 kg）。

育肥猪入舍体重：≥20 kg。育肥期：90~105 d，出栏体重：90~110 kg。

育成率：后备猪≥60%，保育猪≥95%，商品猪≥98%，总育成率：≥93%。

合格率：特一级后备猪≥60%，保育猪≥95%，育肥≥98%，出场合格率：100%。

繁殖母猪使用寿命：全群平均≥7 胎。

前三胎年度淘汰率：≥18%。

猪群巡视检查：添料、清扫之外，产房母猪≥4 次/d，保育猪≥3 次/d，妊娠母猪、空怀母猪、后备猪、种公猪和育肥猪≥2 次/d。

（五）饮水管理

饮水质量评价检查≥2 次/年（至少半年 1 次）。

使用氯气或漂白粉药品等处理的饮水，非经静置不得让猪饮用，静置时间≥30 min。

清理水箱、水罐和供水管道≥4 次/年（至少每季度 1 次）。

每批次猪入舍前，消毒、清洗车间内水箱、饮水器≥1 次。

冬春季裸露供水管道包裹层检查 3 次/月。

猪群饮用冰渣水 0 次。

（六）饲料管理

成品库饲料存储时间≤40 d。

饲养车间内存储成品饲料：夏秋季≤3 d，冬春季≤5 d。

颗粒料、粉料饲喂前过筛：80 目（通过的过细饲料再次制粒或采用湿料形式饲喂，未通过的投入自动给料仓自由采食）。

粉碎机、搅拌机开机前和停机后各清理 1 次。

每日清理料槽≥1 次。

饲料中添加预防、治疗药品时，现配现用，配制与饲喂的时间间隔≤3 h。

混有唾液、饮水的料槽残余饲料喂猪，冬春季间隔时间≤1 顿，夏秋季≤3 h。

结块、酸败、霉变饲料，以及混有粪便的饲料喂猪 0 次。

（七）光照管理

所有猪舍均使用白炽灯照明。春分至秋分期间，非全封闭猪舍不采用人工光照，只在夜间 2~3 时增加半小时光照，照度 15~20 Lx。全封闭猪舍夏季每日光照 12 h，冬季≥10 h。不论冬夏，均在 0~3 时开灯 10 min。

护仔箱使用红外线灯时，按照“看猪施温”的原则，从高到低（35~24 ℃每天降低 0.5 ℃）控制。

（八）通风管理

冬季全封闭状态，舍内风速 0.07~0.14 m/s。夏季室外气温超过 35 ℃时开启抽风机械，舍内风速 1.4~2.8 m/s。

（九）成本管理

（1）饲料消耗。同本企业年度料重比目标比较，不同饲养

车间的同类猪耗料总量误差≤3%。

（2）药品消耗。繁殖母猪群每头年均药品消费≤65元，出栏商品猪每头药品消费（含疫苗费用）≤35元。后备猪每头药品消耗≤45元（以2010~2014年平均药价为基准）。

（3）低值易耗品。保育猪1元/头，育肥猪1元/头，产房母猪1元/头·次，后备猪1元/头，空怀母猪1元/头，种公猪6元/头·年（以2010~2014年平均消耗品价格为基准）。

（十）疫病管理

（1）年度内发生重大动物疫病≤3次，疫情发生0次，报告及时率100%，报告符合率100%。

（2）猪传染病监测覆盖面：≥60%。

后备猪、种公猪和繁殖母猪的重大动物疫病检测符合率100%。

常发病病原检测覆盖面100%，猪瘟、口蹄疫抗体检测合格率≥80%。

（3）制订本场免疫程序。执行率100%，执行准确率≥98%。

（4）消毒制度执行率100%，年度内随机抽查各消毒池≥12次，合格率≥99%。

进入生产区人员、车辆和种猪消毒率100%，出栏猪消毒率100%，无效消毒次数≤1%。空栏、空舍装猪前消毒≥3次。

（5）隔离制度执行率100%，年度内随机抽查≥12次，合格率≥99%。

年度内猫狗及野生动物进入生产区≤3次。

年度内检测饲料收购、加工储藏区和生产区，发现老鼠、家雀、刺猬、獾、狸、黄鼠狼及其他野生动物≤1次。

隔离舍同生产区距离≥200 m。

（6）废弃物处理符合率100%。

第三章　猪群的饲养管理

良好的日常管理是猪群正常生长发育的基本条件。提高日常饲养管理水平是养猪人的经常性工作。正所谓“人对猪好，猪就回报”，人若不操心，懒省事，猪圈里不长草，而是生长速度放慢，料肉比下降，严重时甚至发病。所以，有经验的养猪人都会说：“以防为主，防重于治，养重于防。”在此，养不仅是指营养，还包括日常管理的饲养。

日常饲养管理的核心就是为猪提供一个干燥、凉爽、洁净、舒适的生活环境。通俗地讲，就是让猪吃好、玩好、睡好。要落实好这“三好”并不容易，需要养猪人了解猪，喜欢猪。了解猪的生物学特性，了解猪在集群饲养环境条件下的行为、习性和好恶，进而在力所能及的情况下尽可能满足猪的各项需求。

一、猪的生物学特性和集群饲养条件下的行为学特性

在长期的进化过程中，自然界的各种生物都形成了自己的生活习性，借助这些生活习性，生物才能够逃避天敌，生存下来。对动物来讲，这些生物独有的与生俱来的习性和行为，通俗地讲就是天性。正是依赖这些天性，动物才能够适应各种恶劣的自然环境，不断进化，躲避天敌，得以生存。认识和掌握猪的生物学特性，是实施正确管理措施的前提。

（一）猪的生物学特性及其运用

猪的生物学特性包括杂食性，常年发情和一胎多仔，欠发达的味觉和视觉，嗅觉发达灵敏，较强的环境适应性，可塑性极强的肺脏，喜欢通风良好的干燥、洁净、阴凉环境，较强的记忆力、生物钟和生物场效应等。

1. 杂食性　在生物链中，猪处在较低位置。为了维持其生长和繁殖，猪有较高的能量需求，因而形成了较宽食谱的杂食性。其主食为高大乔木的籽实，如大枣、苹果、梨、桃、樱桃、桑葚、杏、柿子、核桃、橡子、松子、板栗等人类能够食用的鲜果和干果，稻子、玉米、小麦等粮食作物的籽实，猪也采食，但是猪不采食豆类和豆科植物的果实。为了补充蛋白质营养，节肢类、甲壳类昆虫如蛐蛐、蝗虫、屎壳郎，小动物如老鼠、青蛙，爬行动物如蜥蜴、小蛇和蚯蚓，鸟类如麻雀、喜鹊、灰喜鹊，家禽如小鸡、雏鸭、雏鹅，蛋类如家禽蛋、鸟蛋、蛇蛋、蜥蜴蛋等，只要能够捕捉得到，猪也采食。饥饿时，苔藓类植物、菌类，带有甜味的藤蔓类植物及其花卉，以及禾本科植物的嫩叶，均被猪采食。草本类植物的块根和蚯蚓，为猪最喜食食物，这或许是猪掘地天性的成因。

2. 常年发情和一胎多仔　家猪是由野猪驯化而来。没有大象、野牛、河马那样庞大的体形和战斗力，又没有鹿、羚羊那样的灵敏反应和奔跑速度，野猪容易受到肉食动物的攻击。为了延续后代，就形成了常年发情和一胎多仔的天性，从而保证了种群的延续。在家养条件下，这种天性依然被保存和利用。在家畜中，猪和兔子的这种特性，甚至被人类放大。常年发情的猪，在断奶后 5~7 d 时发情就立即配种，被称为“热配”，成为提高母猪生产效率的一种手段就是最直接的证明。野猪每胎次生仔 3~7 头，断奶时存活 3~6 头。家猪每胎次生仔 8~10 头，多时 16~18 头/胎。

3. 迟钝的味觉和欠发达视觉 猪口腔内味蕾多数为嗜甜味蕾，对含糖量较高的带甜味的饲料反应敏感，而对苦味、咸味、酸味、辛辣味饲料反应迟钝，是猪能够采食发酸、高盐、辛辣饲料的根本原因。位于头部两侧的眼睛使得猪能够观察到左右两侧的物体，由于额头和鼻梁的遮挡，在前方 30 cm 以内形成了一个 30°角的扇形视觉盲区，需要靠左右摆头来消除；同样，在后方由于躯体的遮挡，有一个 60°角的视觉盲区，所以，猪对于来自后方的物体反应剧烈，需要通过摆头、调整站立位置或姿势完成观察，并表现敌视姿态。

4. 嗅觉发达 非常敏感的嗅觉和较为灵敏的听觉，是猪反应灵敏的基础。据报道，狗的嗅觉是人类的 1 000 倍，猪的嗅觉是狗的 3 倍。也就是说，猪的嗅觉是人类的 3 000 倍。这弥补了猪味觉较差的功能缺陷，也为猪在野外生存时及时发现天敌和食物提供了方便。嗅觉方面最突出的特性是猪对尸胺及粪臭素敏感，这可能同野猪寻找动物腐败尸体补充蛋白质营养的习性有关。人类对猪嗅觉开发利用的典型例子，是用猪搜索毒品。

5. 听觉灵敏 猪的耳郭面积同体表面积的比例仅次于兔子，这是猪具有较好听觉的基础。立耳、凹面向前的耳型，表明猪对来自前方、上方的异常声音最为敏感，其祖先可能生活在山地密林中，在防御地面敌手攻击的同时，还要预防来自天空或树上的敌手攻击。垂耳、凹面向下的耳型，对于来自于前方、下方的声音较为敏感，其祖先可能是生活在平原荒漠或草丛中的野猪，敌手是地面和地下的爬行类或洞穴生存动物。由于较大的耳郭面积，同样分贝的噪声，与其他动物相比，猪接受的最多；同样是猪，立耳型的又比垂耳型的接受得多。也就是说，高分贝的噪声，对猪造成的危害最大，尤其是立耳型品种。

6. 较强的环境适应性 野猪不迁徙，表明其对环境条件的变化有较强的适应性。至少，春夏秋冬、风雨雷电这些自然因素对野猪不构成生存威胁。但是，小猪畏寒，大猪怕热，也是其一大生物特性。野猪和散养的家猪，其哺乳期仅仅依赖垫草、母猪体温、仔猪之间的相互取暖就不至于冻死，表明采食初乳后的仔猪对寒冷和热环境有一定的抵御能力。断奶后仔猪跟随母猪外出采食表明其已经能够耐受环境温度。至少，短时间的低温或高温已经不对其生存构成威胁。这种现象充分展示了猪对环境的适应能力。

通过对不同温度对猪的影响的研究，人们对猪的生物学特性有了新的认识：仔猪畏寒，大猪怕热。不同日龄仔猪生长发育所需的温度：1~3 日龄 30~32 ℃、4~7 日龄 28~30 ℃、8~30 日龄 25~28 ℃、31~45 日龄 22~25 ℃、10~15 kg 的小猪 20~22 ℃、50~100 kg 的育肥猪 18~20 ℃，100 kg 以上猪 15~18 ℃。

总结河南各地对三元猪的观察研究结果，低温对仔猪的危害最大。新生仔猪裸露在 1℃环境 2 h，便可冻僵，昏迷，甚至死亡；12~14 ℃的环境中 6 h 可导致免疫机能紊乱，出现咳嗽，12 h 可导致感染黄白痢比例明显上升，并且哺乳期内猪舍温度过低导致咳嗽或拉稀的个体，痊愈后也影响正常免疫机能的建立；20~24 ℃环境 6 h 以上感冒比例明显升高，48 h 以上黄白痢病例明显增多。成年猪也不宜处于 8 ℃以下环境，长时间处于 8 ℃以下环境的猪可冻得发抖和停止采食。瘦弱猪在-5~-12 ℃环境会冻得共济失调、站立不稳。成年猪不耐热，当气温≥28 ℃时，75 kg 以上猪会出现喘气现象；≥30 ℃时，采食量明显下降，饲料报酬率明显降低，长势缓慢；>35 ℃时，若不采取防暑措施，育肥猪有可能发生中暑，妊娠母猪会流产，种公猪性欲下降。若限制行动 2 h，捆绑状态 1.5 h 可致死亡。

猪在白天和夜晚的生理状况不同，对温度的要求也不同。夜间猪舍温度的下限降低 4~9 ℃，不会影响猪的生长。当猪舍温度波动达到 3~4 ℃时，断奶仔猪容易发生腹泻。所以对于保育

猪，初春、秋末和冬季，保证猪舍白昼和夜晚较小的温差，仍然是管理的核心。

猪对猪舍温度高低的反应还取决于猪舍的通风和湿度。青年猪对风速的反应比老年猪敏感，单独饲养的 20 kg 体重小猪，风速增加 5 cm/s，下限温度就需升高 1 ℃；群养猪风速增加 21 cm/s 时，下限温度就需升高 1 ℃。

65%~75%的相对湿度是猪生长发育的最佳湿度，50%~80%的相对湿度适于猪的生存。

猪处于临界温度下限以下时，每下降 1 ℃，日增重降低 11~20 g，耗料增加 25~35 g/kg，当处于临界温度上限以上时，每上升 1 ℃，日增重降低 30 g，耗料增加 60~70 g/kg。

7. 可塑性极强的肺脏　猪没有汗腺，体内多余的热量要通过快速呼吸排出体外，初生野猪仔落地后很快就能够追随母亲奔跑，使得肺脏得到了充分的锻炼，增强了肺脏的呼吸和散热功能，自然选择的强大作用使得猪有了这种特性。肺脏不仅是猪的呼吸器官，也是散热器官。猪的呼吸频率幅度极大，表明在猪的生命活动中，肺脏具有极大的可塑性。正常状态下，春、秋天健康侧卧猪每分钟呼吸 15~25 次，幼龄猪、妊娠母猪稍微高一些，可以达到 30 多次/min；夏季高温季节，由于多余热量的排除，可以达到 40~60 次/min；长时间处于高热环境中，或者剧烈运动之后，或者病理状态下，其呼吸频率可以达到 110~120 次/min。显然，肺脏功能正常与否是猪健康的基本条件。同样道理，如果后天的锻炼不足，其先天赋予的强大功能未予开发，强大的呼吸功能自然难以形成。

8. 喜欢通风良好的干燥、洁净、阴凉环境　12~22 ℃的温度、50%~65%的相对湿度，是散养猪生长发育的最佳温、湿度区间。不论散养还是圈养，猪会主动外出排便，从来不在睡眠区排便，从而保证睡眠区的洁净和良好空气质量。所以说，猪喜欢阴凉、干燥、洁净的环境。

不论是在森林山地，还是在平原草场，或者农林间作区，野猪能够生存的地方，都是绿色植物覆盖率较高的地段，空气中足够的负氧离子、较少的尘埃是共同特征。提示人们要想养好猪，必须保证洁净的空气供给，至少要给猪提供通风良好的环境。

9. 选择性记忆　猪对同生命活动有关的事物有较强的记忆力。成年野猪对 3 km 范围内的河流、洞穴、沟坎等地形要素，高大果树、带有特殊气味的树木，以及能够被采食的草本类植物、菌类、苔藓类分布区记忆深刻；对 10～15 km 范围的地形要素有特殊的记忆，成为其生存的基本本领。家猪也能够对 3 km 以内的村庄、道路、农田、河流或池塘、农户、圈舍，以及主人形成深刻记忆，对 10 km 以内的种公猪、配种站等重要位置也能形成永久记忆。较强的记忆力同发达的嗅觉的结合，构成了猪对生存环境的辨识能力。所以，猪对饲料、饮水点、采食点、饲养管理人员、管理行为等同生命活动密切相关的人和事物，能够形成深刻记忆和辨识能力。欧美等西方国家一些人，将猪作为宠物饲养，说明了猪的聪明程度。

猪的选择性记忆表现在对已经认知的事物不加辨别。如猪认知了土豆和红薯是多汁饲料，玉米可以采食，就大量采食。但是，受到冻伤或有霉斑的红薯或土豆，霉变的玉米，猪依然采食，因其口腔内只有嗜甜味蕾，有明显苦味的黑斑红薯、土豆、霉斑玉米便被采食，进而发生霉变饲料中毒。再如公猪认知了发情成熟母猪的不反抗，记住了发情成熟母猪的尿液信号，就不加区别地交配，当人们使用发情成熟母猪的尿液喷洒在母猪模型上，便能够顺利采精。

10. 生物钟和生物场效应　同其他任何动物一样，猪具有生物钟效应。定时饲喂、定时开灯、定时清理猪舍和打扫卫生、定期消毒等有规律的管理活动，有利于猪睡眠、采食、运动、繁

殖，同生物钟相互协调的管理，是制订管理制度时必须考虑的重要因素。

猪同其他动物一样具有生物场。通过生物场效应，猪同自然环境、伙伴相互感知，甚至感知来自外界的威胁。当猪群饲养密度过大时，其感知效应将产生相互干扰而降低。所以，饲养管理者必须考虑猪的生存空间需求。

（二）猪的行为学特性

我国养猪历来是家庭副业的组成部分，散养状态下猪的天性能够得到发挥，猪的行为学研究不受重视，有关猪行为科学的资料很少，这种基础科学研究的滞后，已经影响到规模饲养管理水平的提高，作者依据自己的实践经验和有关学术著作和学术会议的资料，将同饲养管理有密集关系的 18 种行为学特性简介于后，希望能为提高我国规模饲养猪群的管理水平提供帮助。

1. 采食行为　健康猪采食是连续行为。采食干料和湿料时上颌紧贴饲料，利用下颌快速咬食摄入，舌头舔舐发生于采食剩余饲料，或吻突远端够不到的饲料。边采食、边咀嚼、边下咽、边呼吸，是采食干料和湿料的特征。采食稀汤料时，猪屏住呼吸，嘴巴深入料槽底部，寻找并先行采食稠料或固体饲料，在搜寻和采食过程中徐徐呼气，在水面上形成连续气泡，直至需要吸气时方才停止采食，吸气后再次重复，直到将固体饲料采食完毕或基本吃饱才吸食稀水；当猪发现料槽底部没有稠料时，才开始自上而下吞食。猪最喜食的是带有甜味的多汁饲料，这应该是猪形成掘地天性的动力。

2. 饮水行为　野猪和家猪均会自己寻找水源，屏住呼吸将水吸入口中，边吮吸边下咽，喝水时愉快地左右甩尾。猪不像肉食动物那样偏爱流动的活水，池塘中静止不动的水，家养时上次未喝完的隔夜水，甚至浑浊，或者带有酸味、咸味的水，猪都能饮用。

猪对饮水温度要求不苛刻，0～30 ℃的水，猪都能够饮用。冬季6～10 ℃、夏季14～20 ℃，为猪最喜欢的水温。冰渣水、融化的雪水，猪能够饮用，但一次饮水量较少。猪不喜欢30 ℃以上的热水。当水温度接近体温时，饮水量明显下降；高于体温时，猪拒绝饮用。

规模饲养条件下，管道内带有铁锈的水，添加漂白粉或氯气的自来水，猪照常饮用。采食干料时，猪在采食基本结束时饮水，饮水后采食干料量为该次采食量的5%～15%；当饮水位置不够时，猪会因抢夺饮水位置而打斗。

3. 睡眠行为 猪在长期的进化中形成了侧卧休息和睡眠的本能。早晨的4～6时，晚间的6～10时，为猪的采食、活动时间，其余时间猪以卧地睡眠度过。每昼夜深睡2～3 h，其余时间均为浅睡，深睡时部分肥胖猪会打呼噜。

在一个保育或育肥猪群，深睡总是交替完成，深睡猪是少数，浅睡猪占多数，并且有1～2头非睡眠状态的猪担任警戒任务，从而使群体处于警戒状态。不论深睡或浅睡，正常的睡眠姿势是侧卧，犬坐、蜷伏、趴地休息和睡眠均为非正常姿势，有可能处于病态。

4. 排便行为 猪有定点排便的本能。育肥猪在睡眠区、游戏运动区排便为病态行为。站立排便，落地成塔，或者走动中排便，落地成条状，均为健康猪的正常排便行为。

不论公猪、母猪，均在站立姿势下一次性完成排尿动作，尿液清凉，落地后有少量很快消失的尿泡，并有明显的猪尿臊气味。间断排尿，排尿时弓背、凹腰、蹲后躯，均为非正常排尿行为。尿液泡沫过多、落地持久不化，尿液带色，或阴干后有明显尿痕，均为病态。

5. 认知行为 猪依赖灵敏的嗅觉认知建立社会关系。初次接触的猪，通过相互接吻认知。接吻后相互认可时，立即走开；

若不认可，则直接攻击头颈部，直至一方逃离方才停止。相互熟悉的猪，通过短暂低沉的“嗯、哼”声打招呼。群体内个体较小，或位次较低猪讨好高位次猪，通过亲吻高位次猪的腹部、会阴部实现。

母猪通过与仔猪的接吻完成辨别，吻仔猪的会阴部往往是有疑问后的动作。一旦发现对方为其他窝仔猪，立即攻击、驱离。

公猪吻嗅母猪的阴部，多数同母猪发情有关。

对于发病猪，即使是濒临死亡猪，所有猪都会通过接吻表示关怀。

规模饲养条件下，串圈猪和某些染疫猪，可能由于排出的特殊气味，也可能是猪的特殊感知能力所致，大家会群起而攻之。

6. 性行为和性周期　性行为同生产力关系紧密，人们对猪的性行为研究比较仔细。国内地方良种猪 4 个月达到性成熟后就有性行为表现，国外品种公、母猪和规模饲养的长约（或约长）二元母猪，6~7 个月性成熟后会有性行为表现。

不论哪个品种，母猪的发情周期均为 18 d，发情持续期 1~1. 5 d（个别青年母猪或病态状态下会持续 3 d）。

通常，母猪在出现发情症状 10~18 h 排卵。发情母猪有减食、烦躁不安、频频跳圈、发出特殊叫声、爬跨其他母猪的异常行为。同时，其阴唇充血，呈现由轻微发红（初期）、鲜红（盛期）、紫红（短暂的排卵期）、粉红（后期）的周期性变化，期间伴有阴户肿大、阴门排少量清亮透明的条状黏液现象。公猪遇到母猪后，兴奋程度明显提高，多数在跑动中发出低沉的“嗯嗯”吼声，嘴角带有泡沫，接触时首先接吻，然后频频吻、拱母猪的腹部、阴部，当母猪站立不动时，即行爬跨，并在 10~15 分钟内完成交配动作，交配完成后，多数公猪会围绕母猪转 1~2 圈后走开。聪明的母猪在完成一次配种后，能够记住配种点和与配公猪，下次发情时自己跑来完成配种。

母猪的妊娠期 114 d。妊娠期母猪喜欢安静，懒动好卧。妊娠前期母猪采食量猛增，增膘明显，被毛从颈部开始，逐渐顺畅、发亮；妊娠中期母猪阴唇大小和颜色形状恢复至正常，阴唇尖部外翘，行动谨慎，喜卧地休息，对腹部的保护意识明显增强；妊娠后期母猪腹部隆起明显，行动更加迟缓，采食量较妊娠前中期有所下降；产前 15 d 母猪乳腺隆起，乳头增大充盈（俗称“动奶”）。产前 2~3 d，可从乳头挤出奶水（俗称“下奶”），产前 6~12 h，部分母猪会出现奶水从乳头溢出现象（俗称“漏奶”）。

从“下奶”开始，母猪的阴门很快充血肿大，髋骨松软，为分娩做准备。临产前母猪阴唇肿大为正常的 3~5 倍，采食下降明显，或停止采食，频频饮水、排尿。散养母猪会寻找稻草、麦秸、旧衣服，并叼入圈内撕碎做窝，规模饲养条件下因无法噙草做窝而显烦躁。分娩时胎儿头和前蹄先出，最先出生的仔猪会自动抢占最前方的乳头。仔猪依次产出后，母猪会吞食胎衣，并用吻突轻轻拱动仔猪，检查存活情况。对于站立困难的仔猪，母猪会轻轻拱动帮助其站立。分娩过程一般在 2 h 以内。相同的产仔数，时间越短，说明母猪体质越强壮。规模饲养条件下，由于饲料的单一、粗纤维不足，以及运动量不够的原因，母猪的分娩时间常在 3~4 h。

7. 母性行为 母性行为主要是指母猪对仔猪的关怀、爱护、保护行为。母性强的母猪能够通过气味辨别是否是自己所生仔猪，及时驱赶猫、狗、家禽和非亲生仔猪，甚至咬伤、咬死非亲生仔猪。当仔猪患有可能死亡的疫病时，会将其拱出圈舍丢弃。某些地方品种中母性强的母猪，为了保护仔猪，甚至主动攻击接近圈舍的猪、猫、狗、家禽和非饲养人员。也有些母猪不是那么排外，哺乳那些喷洒自己尿液的非同窝仔猪。饲养管理人员在寄养仔猪时，应当选择那些母性强但是不排外的母猪，并向所有仔

猪和猪圈喷洒保姆母猪尿液或白酒、新洁尔灭溶液，掩盖异常气味，以及加强巡视等措施，避免咬死、咬伤事件的发生。

母猪泌乳期为1个月，但产后第21 d产奶量陡然下降，迫使仔猪采食饲料，以适应满月后无奶的生存环境。所以，第21~23 d，尽量减少刺激，是哺乳仔猪日常管理中必须考虑的因素。

母性强的母猪第21 d后会主动训练仔猪采食。当哺乳不足仔猪追随哺乳时，多数情况下母猪通过快步走动拒绝哺乳；发现新的食物后，母猪会在自己品尝性采食后发出连续的低沉短暂“哼哼”声，引导仔猪采食；而在“满月”前后，开始带领仔猪外出觅食。带领仔猪外出采食过程中，若遇到小动物攻击仔猪时，母性强的母猪会主动出击，为仔猪逃离争取时间。

8. 位次效应　在一个稳定的群体内，存在明显的位次。强壮的个体在哺乳、采食、饮水、睡眠、进入和走出猪舍、运动等活动中，处于优先地位。保育和育肥猪群位次的建立，往往通过打斗完成。所以，组群时应尽可能全同胞、半同胞组群，以减少打斗现象。必须由2窝以上组群时，后来少数个体应当挑选强壮个体，并要采取对全部猪喷洒掩盖剂、加强巡视等措施，以避免打斗损伤。

9. 打斗、嬉戏和排异性　打斗是生存斗争的一种基本形式。同窝仔猪在哺食初乳之后，即开始打斗。不过，这时的打斗，是相互间的拱动。到了补料期，同窝仔猪也会因为争抢饲料而相互啃咬。注意，打斗时咬头面部，而相互嬉戏玩耍时拱的是颈下、腹部，咬的是肩部、臀部。保育期小猪的打斗最为频繁，公猪间打斗尤为激烈，其目的仍然是争夺位次。原地跳跃、追逐、爬跨其他猪，轻咬耳端、尾巴、乳头、尿鞘、外阴部等，均为游戏行为。育肥猪的打斗（相互攻击头面部）发生于并群的数日内，若并群1周后仍然频繁打斗，应从饲料盐分含量是否超标、光照是否太强或光谱不合适、圈舍面积狭窄方面查找原因。

猪群内存在排异性。当一个稳定猪群内突然闯入一头新猪时，所有猪会对新闯入猪群起而攻之，可见受攻击猪不仅头面部有伤痕，而且肩、腰、臀、大腿等部位均见伤痕。这种现象要求饲养管理人员，一是在转群时尽量避免将单个个体与其他窝猪组群，避免猪群集中攻击一头猪现象的发生；二是并群时采取预先喷洒掩盖剂的处理措施，避免相互打斗现象的发生。

10. 小集群生活行为 丛林间的野猪，年龄越大群体越小。成年野猪常单独或成对活动，青年野猪 3~5 头一群，刚断奶的野猪，以窝为单位，最多也就 8~10 头一群。这种天性在散养条件下无须校正，但在规模饲养条件下，当数窝仔猪组成一个 50~60 头的保育群，或 3~4 个保育群猪组成一个 180~200 头的育肥群时，打斗成为并群后必需的经过。尽管这种打斗主要在位次较高的猪只间发生，却仍然为猪丹毒、炭疽等通过伤口感染疫病的发生埋下了伏笔。即使在群内位次已经确定情况下，仍然可见大群内的小集群现象。提示人们应当将控制猪群组群规模，作为生猪福利的一项内容予以关注。

11. 胆小怕惊 在生态链中较低的位次，决定了猪必须在隐蔽安静的环境中生活，并时时处于警觉状态，以便随时逃避肉食动物、猛禽的攻击，这种天性被人们形容为“胆小怕惊”。家养条件下，外出活动的小猪群，听到异常声音时，常四散奔逃。大群猪在看到鲜艳服装的人、颜色鲜艳的鸟，马、牦牛、骆驼等没见过的高大动物，听到异常声音，常在站立观察后逃离。规模饲养条件下，圈舍内的保育猪、育肥猪，听到异常声音、发现奇装异服人员、嗅到异常气味，常在圈舍角落集群。这种集群效应，轻则导致减食，重则直接导致踩踏、挤压损伤。提示管理人员在饲养中应穿工装，尽可能轻拿轻放，避免引发惊群、集群效应。

12. 喜欢干净 猪是喜欢干净的动物。有水池时，猪知道下水洗澡，清洁身体。躯体肮脏，多数情况下是猪舍面积狭窄的原

因。另外，管理中没有进行定点排便训练也是一个原因。圈舍正方形或接近于正方形的设计缺陷，使猪难于辨识远近，也是导致排便区面积过大的一个因素。还有猪舍建筑的施工顺序混乱，导致猪舍内形成大面积低洼的粪尿、废水聚集区，常常误导猪在低洼区内排便，形成大面积的粪便污染区，此类圈舍内猪群，四肢下部、体侧脏污明显。

13. 固定乳头　仔猪有固定乳头哺乳的天性。初生仔猪会以出生顺序自然选择母猪前胸部位乳头，并且固定在一个乳头采食至断奶。如果不采用人工控制措施，弱小个体往往由于哺乳不足而发病或死亡。所以，利用此特性在接生时实行人工固定乳头，有利于提高断奶仔猪育成率和断奶仔猪体重均匀度。对于每窝生产 12 头以下，接生时实行人工固定乳头，有非常积极的作用。当每窝生产 12 头以上时，应该选择强壮个体寄养。

14. 防蚊蝇　在长期的进化过程中，猪掌握了许多战胜天敌、适应环境的本领。野猪为了避免蚊蝇蠓虻的叮咬，选择在漆树上蹭漆，既保护了皮肤，又添加了保护层。家猪夏天选择在泥浆中滚动，通过涂泥巴、甩尾巴保护躯体，避免蚊蝇的骚扰。规模饲养条件下，人们将猪关进水泥圈舍中，断掉了尾巴，圈舍若未安装窗纱，蚊蝇攻击时猪只能被动挨打，受蚊蝇骚扰猪群睡眠的不足，也是集群饲养猪群体质下降的一个重要原因。

15. 光反应　光照的研究结果表明，将光照由 10 Lx 增加到 60~100 Lx 时，母猪的繁殖率提高了 4.5%~85%，新生仔猪的窝重增加了 0.7~1.6 kg，仔猪的发育明显变好，育成率提高了 7.7%~12.1%。哺乳母猪如果在哺乳期内维持 16 h/d 的光照，可有效诱导母猪断奶后立即发情，提高“热配”成功率。建议母猪、仔猪、后备猪维持 16 h/d 以上的光照，照度 50~100 Lx。

行为学研究还表明，猪对不同色光反应有明显差异：红色光和过于强烈的光照，或者持续不断的光照，均能够使猪群兴奋，甚至焦躁不安，咬架、打斗频率明显上升；绿色光和蓝色光，或者有间隔规律的光照，适宜的光照强度，均能降低猪的兴奋程度，使猪群趋于安静；猪场设计人员在设计猪舍灯光和墙壁颜色时应当考虑。

管理中应加强对断尾猪群的观察，严防因出血引起相互追咬。受伤出血个体应及时处理，避免猪群对受伤个体的继续攻击。

16. 低温反应 成年猪有较厚实的皮下脂肪层，对低温的耐受能力较强。当环境气温低于 10 ℃时，猪通过加大采食量抵御寒冷；当环境温度低于 0 ℃时，猪在加大采食量的同时，相互紧靠躺卧，尽可能减少运动，以避免体热的散失。叠罗汉、扎堆见于-10 ℃以下的极端天气，或者 0～-10 ℃但有风的天气。0 ℃以上的圈舍内，出现叠罗汉、扎堆，往往是中热或高热稽留的病态反应。

17. 高温反应 当环境温度达到 26 ℃以上时，猪自己寻找水管、钢铁漏粪板、通风口或潮湿地段躺卧，呼吸加快至 40～60 次/min，采食量下降。当气温上升至 30～32 ℃时，猪开始趴伏地面，表现烦躁，部分猪会长时间噙咬鸭嘴式饮水器，让其不停流水冲凉。33～35 ℃ 8 h、35～37 ℃ 4 h（限制活动 2 h）、37～40 ℃ 2 h 可使猪中暑，昏迷，直至死亡。

18. 尖叫 正常情况下，猪只间的相互交流声为低沉短促的“哼哼”声，饥饿和寒冷时仔猪会发出有规律的尖细拖长 3 秒左右“唧—唧—”声，猪群个体间打斗受伤时会发出响亮短粗前高后低的“叽啊—”声。响亮、刺耳、拖音很长的“叽啊—”声，只有在活动受到限制时才可听到。群养猪群中听到此种叫声，多数为卡腿、跳圈时受卡、固定栏中掉头受卡等情况时的痛苦尖叫。

（三）集群饲养条件下猪习性的新变化

从千家万户分散饲养到以规模猪场、专业户为特征的规模化饲养，养猪业饲养方式的转变对猪的行为、习性带来了许多影响。人们围绕提高生产效率的目标，运用现代工业的理念、成果和经营管理手段、科学技术装备养猪业已经取得了很大成就。但是，在此过程中，受经营理念、投资能力、资源限制、社会管理、市场经济体系不健全等因素的影响，我国早期规模饲养中因陋就简、土法上马做法的弊端日渐凸显，其突出表现是对猪生物学特性和行为特性的限制和扭曲。归纳起来，集中在以下几个方面。

1. 肺功能下降成为非特异性免疫力下降的主要原因 集群饲养，通风不良的猪舍，干粉料（颗粒料）和自动料仓，限制运动，这些无意识的负面组合，对肺脏和呼吸功能的负面影响，是群体体质下降、非特异性免疫力降低的主要原因。众所周知，在一定的空间内，居住的动物越多，其居住空间的空气质量越差。当几十上百头，甚至上千头猪在固定空间内生活，其呼出的气体、散发的热量、生物场相互影响，相互干扰，需要通过空气流通加以克服。但是在生产实际中，猪舍建筑照搬了人住宅通风采光设计，窗口距离地面普遍在 1 m 或 1.2 m 以上，造成了舍内猪生活空间空气流通阻滞或交换不畅。许多猪场的猪舍干脆就是利用旧仓库、废弃民房改造而成，但在改造时很少调整窗口高度，装猪后其空气质量恶劣是必然结果。雪上加霜的是在这样的猪舍中又采用了干粉料（或颗粒料）与自动料仓相结合的给料方式，料仓中干粉料（或颗粒料）的流动，增加了猪舍空气中的粉尘，为病原微生物的附着提供了非常好的载体，成为支原体肺炎泛滥的先决条件。并且，在采食过程中，饲料粉尘直接进入猪的呼吸道，导致呼吸道疾患，严重的形成“尘肺病”。

猪没有汗腺，体内多余的热量要通过呼吸排出体外，肺脏不仅是猪的呼吸器官，也是散热器官。良好的肺脏功能，既依赖于先天构造，又有赖于后天锻炼，更依赖良好的空气质量。而存在设计缺陷的规模猪场和专业户普遍采用的简陋猪舍，空气流通受阻、交换不良，又受到粉尘污染，以及粪便中氨气、硫化氢的污染，猪舍小环境质量恶劣到氨气刺眼、刺鼻。限制运动又剥夺了猪后天锻炼肺脏的机会，先天赋予的可塑性无法发挥。所以，猪肺脏功能不是随着年龄的增长而加强，而是逐渐下降。功能不完善的肺脏长期处于超负荷运行或病理状态，导致心脏每搏输出量加大而使其负担加重，继续发展则进入心脏搏动代偿性加快、心脏代偿性肥大的状态，随之而来的是消化吸收功能、免疫功能受到损伤。轻则导致生产性能下降，重则导致非特异性免疫力的下降，为疫病侵入打开窗口。这应该是规模饲养后猪群体体质较差，病毒感染日趋严重的主要原因。

2. 防蚊蝇功能丧失 断尾、猪舍防蚊蝇设施缺失、水泥圈舍将猪置于被动挨打地位，成为猪群睡眠不足和血源性疾病高发的根本原因。在进化过程中，猪掌握了避免蚊蝇叮咬的办法。夏天，家猪在泥浆中滚动，通过涂泥巴、甩尾巴，保护自己免受蚊蝇叮咬骚扰。现阶段规模饲养中，人们将猪关进水泥圈舍中，无法滚泥巴，又断掉了尾巴，圈舍却不安装窗纱，蚊蝇叮咬，发生附红细胞体病、乙脑、弓形虫等血源性疫病，是再正常不过的事情。

3. 空气传播疫病的发病率急剧升高 狭窄环境和舍内尘埃、废气，提高了空气传播疫病的发病率。在育肥猪圈内，猪只之间的位次明确，打斗和争抢采食行为发生的频率很低，只是在并圈时发生，尘埃进入育肥猪上呼吸道主要是在采食过程中。而在保育阶段，打斗、嬉戏和争抢采食频频发生，小猪活动提升了空气中尘埃含量，导致粉尘直接进入上呼吸道；另一方面，在争抢采食的过程中饲料粉尘进入上呼吸道。要命的是保育猪一直生活在

这种环境之中，喷嚏、咳嗽已经不能有效地排出上呼吸道的尘埃，加上舍内氨气、硫化氢的刺激，那些体质虚弱的仔猪或保育猪、育肥猪就会因支气管内积存附着有病原微生物的粉尘而出现持续性的咳嗽，或直接暴发支原体肺炎、伪狂犬、蓝耳病、口蹄疫、流感、猪瘟等可以通过空气传播的疫病。

4. 高密度饲养提升了猪丹毒等伤口感染疫病的发病率　猪丹毒、炭疽等病原菌，存在于土壤和粪便之中。规模饲养猪圈的地面已经硬化处理，加上清粪机和水冲洗工艺的使用，许多规模猪场已经不考虑此类疫病，不再接种这两种疫苗。但是，近年某些规模饲养猪场，因圈舍内密度过大，打斗频率的升高，以及改用干清粪工艺，舍内粉尘的飘扬，使得病原进入伤口，或通过眼睛、鼻孔等处黏膜感染，发生了猪丹毒、炭疽等经伤口、黏膜感染疫情，是一种值得注意的动向。

5. 猪屎里没糠　有农村生活经历的人，“猪屎里有糠”是一个基本常识。野猪采食干果类、多汁的根茎类，以及禾本科植物的嫩叶，形成了对粗纤维的强大消化能力，家猪继承了这种天性。散养时，人们利用这种天性，用杂草、庄家苗、谷糠、稻糠、豆腐渣、酒糟、红薯渣喂猪，生长速度虽然慢些，但是还能够继续生长，说明散养状态下的家猪能够选择性消化饲料中纤维素、半纤维素、多糖等大分子碳水化合物，对糠麸糟渣中的固化纤维素、木质素无法消化，只能作为充填剂利用。规模饲养状态下，猪采食配（混）合饲料，日粮中木质素、粗纤维含量很低，以至于现在的猪粪中见不到糠，“猪屎里有糠”成为奇闻。猪屎里没糠后，消化吸收省劲，猪长得快了，但是接踵而来的是猪的胃肠等体内脏器运动量的大幅度下降。这种体内脏器的运动不足，最直接的副作用是食物在消化道运行速度放慢，胃肠排空次数减少，多发积食、便秘等消化道疾病。对于母猪，还可因子宫、腹部肌肉的运动不足，导致产程延长、难产等产科疾病发病率的上升。生产中为了解决这些问题，经常见到专业户给怀孕后期母猪饲料中添加小米糠、麸皮等粗纤维含量较高原料，以锻炼胃肠和子宫、腹部肌肉。同样道理，当需要加快胃肠蠕动，或提高胃肠道排空速率时，可以调高饲料粗纤维含量，甚至给猪圈中投放洁净生土、煤渣让猪吞食。

6. 许多本该淘汰的弱仔得以存活 规模饲养条件下，产房和保育舍内相对稳定的温湿度和限制运动，使猪丧失了温度锻炼和塑造强大呼吸功能的机会，许多在野外或散养条件下被自然淘汰的仔猪得以存活下来，为保育和育肥阶段暴发疫情埋下了伏笔。好在现代科学研究已经证明，仔猪黄白痢是受遗传基因控制的疫病，可以通过育种、选种、选配予以控制，弥补了部分不足。

7. 大猪也怕冷 不论是规模饲养场，还是专业户，2000 年以前饲养的“三元猪”纯度都较低，事实上是混有地方品种基因的“四元”或“五元”猪。2000 年后，随着各个种猪场种猪的更新（台系、新美系），所生产的“二元母猪”逐渐替代了原来的母猪，这些新的“二元母猪”纯度更高，同杜洛克、汉普夏杂交后所生“三元猪”的背膘更薄，瘦肉率更高，也标志着其抗寒冷能力更差。所以，冬季猪舍内气温低于 5 ℃时，这些抗逆性下降猪群，因寒冷导致的感冒（咳嗽、喘气和发热）、腹泻的发病率上升，成为群体抵抗力下降、易感性增强的脆弱猪群。

8. 乳汁中携带多种抗体 规模饲养条件下，由于在母猪妊娠期一次或多次使用了一种或数种疫苗，乳汁中含有一种或数种特异性抗体，从而使得仔猪通过哺乳获得特异性免疫力。猪的初乳期只有 3 天，初生 3 天内尽快哺食初乳、获得足够的初乳，是仔猪存活或育肥期健康的关键。然而，那些因各种原因导致免疫麻痹或免疫抑制危害严重而被迫采用“超前免疫”（又叫 0 日龄免疫）的猪场，由于接种疫苗后 1.5~2 h 内禁止哺乳，该批次仔

猪已经成为场内的危险猪群，或暴发疫情的突破口。

(四) 规模饲养对环境的压力

传统的千家万户分散养猪，尽管也产生粪便、废水、废气，但是由于规模相对较小，相对分散，其负荷未超过局部环境的自净能力，因而不表现对环境的负面作用。相反，在养猪的过程中，农民利用了剩菜剩饭和杂草养猪，混有猪粪尿、杂草的厩肥被农民直接肥田，形成了小环境的良性循环，并在一定程度上避免了剩饭剩菜直接进入水体，避免或延缓了水体富营养化。应该说，这种剩菜剩饭—养猪—猪粪肥田的饲养模式，对于今天的规模养猪，仍然有着非常重要的借鉴价值和现实意义。

一个万头猪场每年至少向猪场周围环境排放 3 万吨废弃物，其中猪粪 0. 3 万吨，尿及污水约 0. 95 万吨。按饲喂中等营养水平饲料的排污量计算，全年排放的氮约 107 吨、磷 31 吨，折合尿素 233 吨，过磷酸钙 118 吨。按照夏秋两季中等产量的农田施肥量计算，至少可以满足 620 公顷农田的需要。并且，由于规模饲养后污物排放集中，运输过程中还要消耗大量的柴油和汽油，机械运输过程中燃烧排放的二氧化碳和铅也加重了大气污染。

规模饲养除了在品种、饲养管理方面与分散饲养不同外，局部区域内猪群存栏量的陡然增加，粪尿和冲洗液的集中排放，猪体排放的特异性气味，都对局部环境产生了巨大的压力。当这种突然增大的压力超出了环境的自净能力时，在对猪群生产性能的发挥产生不利影响的同时，又给周围环境和居民的正常生活带来负面影响。饲养方式和工艺、生产组织的改变，极大地限制猪的生物学特性、扭曲猪的行为学特性，影响或打破了局部区域的生态平衡，在提高生产效率的同时，也给生态环境带来了新的压力。主要表现在如下六个方面。

1. 猪场土建工程对环境的影响 首先，猪场土建工程对环境的影响最突出的是水土流失问题。因为猪场建设导致的小流域内河道淤塞、堤坝坍塌事件的发生，多数同建设中随意倾倒固体废料有关。其次，一些猪场由于位置选择不当，成为行洪泄洪的直接阻塞物，这种猪场在破坏小环境的同时本身也受到洪水的威胁，常年存在的潮湿是挥之不去的阴影，雨季的洪水又是悬在头上的利剑，随时面临灭顶之灾。

2. 废水负面影响及对策 未经处理的猪场废水进入水系后，会引起水质的恶化，如引起 pH 值的变化，生物需氧量（BOD），化学需氧量（COD），固体悬浮物（SS），氮、磷等的浓度增加，大肠杆菌、蛔虫卵等有害生物数量的上升。初期会导致水体的富营养化，河水中绿藻快速繁殖，进而导致水体缺氧、水体微生态体系失衡，红藻大量增殖，鱼、虾等水体生物绝迹。经历一个冬季后，淤积在水系中的沉积物导致河道淤阻，春季以后，随着气温的升高，淤积物中营养物的分解常常导致恶臭弥漫。

目前，猪场废弃物对生态环境破坏最严重的因素，是废水对地下水的污染。原因在于许多猪场没有废水处理系统，其产生的污水直接渗漏或进入当地的排水系统。其次，一些猪场因废水处理能力同废水产量的不匹配，多余废水在雨季溢出进入排水系统。事实上，规模猪场废水是由猪的尿液和冲洗废水、生活污水三部分组成，采用“干清粪”工艺后，冲洗废水的产量会大幅度下降，少量的冲洗废水、尿液收集后直接作为肥料使用，即可消除对地下水的污染。然而，由于许多猪场设计时没有采用“雨污分离”工艺，致使大量雨水同污水混合，这才导致了“不匹配”和“溢出”事件的频频发生。所以，作者认为，治理猪场废水问题的要害在于“雨污分离”，关键在于设计审核。单独收集的雨水，在猪场内可以作为中水循环利用，可用于冲洗，也可用于浇灌绿地和饲草。即使雨季超出收集能力，溢出后也不会导致环境污染事件。

3. 粪便压力及其化解 规模饲养猪场的猪粪产量高，很难

做到零储存。从技术角度讲，也需要堆沤处理。在堆放过程中，排放的臭气可以影响 1 km 左右距离内的空气质量。同时，雨水冲刷常常导致粪便流淌漫延，直接污染半径 500~1 000 m 以内的猪场或周围环境。另一方面，在堆沤过程中，有害物质不断向地下渗漏，又可导致浅层地下水的富营养化。

猪粪导致环境压力的表象是规模饲养后猪粪产量的增多，直接原因是规模饲养后猪粪生产的均衡性同农田使用猪粪的季节性矛盾。按照全国 18 亿亩耕地，每亩地承载 5~10 头，年饲养量 90 亿头不会构成环境压力，至少不应该像现在这样严重，根本原因在于猪场分布的不均匀性和农田消耗猪粪的季节性。东部地区的一些养猪密集区和养猪小区，不到 20 km^2 的国土上分布 5~6 个年出栏万头的猪场，或者 1~2 个种猪场附带数百个存栏数百到数千头的专业户。这些地方的猪场，附近的农田受季节性因素影响，消耗能力有限，3 km 以外的农田，由于运输距离和价格的因素，消耗又不积极，单纯依靠农田消耗猪粪非常吃力，堆积的猪粪很容易在雨季外溢，是土壤、地表水、浅层地下水污染的隐患。

化解这一矛盾的根本办法在于养猪重心西移。一是充分利用中西部地区地势起伏、相对封闭、土壤容纳能力强的有利条件，有计划地将东部地区的大型猪场向中西部丘陵山区扩散，通过迁移扩散，减轻东部地区猪粪对环境的压力。二是严把规划设计关，原则上东部平原农区不再建设大型猪场和密集饲养区，新建万头猪场辐射 10 km^2 以上，有意识地控制猪粪运输距离。目前，国家应强制各个猪场建立具有防渗漏、防外溢功能的储粪场，开展猪粪的就近利用，并扶持密集区的大型猪场，组织猪粪再加工的科研攻关，生产粪砖、粪坯、营养钵等猪粪商品，以便于远距离运送，将东部地区多余的猪粪用于西部荒漠、沙丘的开发、改造。

4. 病死猪处理 在中国，病死猪造成的危害一是进入流通领域，二是随意丢弃。随意丢弃的病死猪导致传染病的扩散、蔓延，对养猪户危害最为直接，同时也恶化了周围环境的大气质量。这两种行为或破坏社会经济环境，或污染生态环境，都必须予以重视，并坚决取缔。

养猪过程中有病死猪是正常事件，病死猪处置的方法很多，难度并不大。进入流通领域的原因在于有法不依，执法不严，违法成本低使得一些投机分子铤而走险。随意丢弃的原因在于养猪人的文化素养低下，不知道随意抛弃的病死猪就是新的传染源，受害的首先是养猪户。同时，也同自由散漫习惯有关。所以，解决病死猪问题的办法在外部，加大宣传教育力度，同时加大执法力度。

猪场内部首选的处置技术是将病死猪深埋于储粪场的粪堆中，通过微生物分解。其次，将病死猪尸体高温熟制后作为毛皮动物或肉食性鱼类的饲料利用，也是很好的办法。再次，直接将病死猪深埋于果树或高大景观树下，作为肥料使用。当然，对于患烈性病的猪尸体，应按照动物疫病防控部门的要求，就地进行焚烧处理。

5. 废气对周围环境的压力 部分猪场只重视用药和免疫，不重视环境卫生，猪场内部卫生状况极差，封闭猪舍缺少通风换气设备，冬春寒冷季节，为了保温猪舍一直处于封闭状态，导致猪舍空气质量严重失常，不仅氨气、硫化氢、尸氨等刺激性气味严重超标，而且空气悬浮物中附着大量的病原微生物。研究分析表明，猪舍气载内毒素和革兰氏阴性菌主要来源于粪便和饲料。Donham 1991 年在对瑞典 28 个猪场开展的猪只健康和空气质量关系研究时发现，猪舍的气载内毒素含量与猪的肺炎、胸膜炎、新生仔猪死亡的发生率有一定的协同作用。Dutkiewicz et al 1994 年报道猪舍中的气体内毒素含量一般较高，在 39. 8～1 000 ng/m^3 浮动，超过了当年推荐的人类标准 200 ng/m^3（Lacey and Dutk-

iewicz 1994)。Crowe 1996 年研究发现，气载内毒素高的猪舍猪群生长速度和免疫器官重量显著低于气载内毒素低的猪舍猪群，从而推测猪舍内气载内毒素含量可能与猪的生长速度之间存在相关性。

即使猪场采用了储粪场封闭技术，猪的体臭，粪便中粪臭素的气味，粪尿降解产生的氨气和硫化氢，尸体分解后生成的尿胺、腰、脎和酚类的气味，共同构成的猪场废气，仍然能够对周围环境带来恶劣影响。这种影响在夏季的低气压天气尤为突出。其危害范围因猪场的大小而异，通常小型猪场臭气污染范围在 300 m 以内，大型猪场可达 300 m 以上。如果没有封闭储粪场，其危害范围可达 1 000 m。夏季低气压天气，猪场下风区 20～200 m为重污染区。

收集猪舍废气压缩后，在出气孔安装带有滤网的自来水水帘溶解气态氨，或加装有吸附剂的空气滤网是基本的处理工艺，国外一些猪场已经采用，国内作为新技术处在引进消化阶段。最简单的工艺是将收集压缩后的废气，通过较高的排气孔外排，利用高空扩散。最为合理的工艺是将压缩后的废气作为气肥在塑料大棚内的叶菜田应用。

目前，猪场能够大面积使用的技术一是控制饲料的蛋白含量处在最佳水平，尽量不使用高蛋白饲料，避免因吸收不完全而加大粪便蛋白质含量。二是在饲料中添加微生态制剂，提高蛋白吸收率，尽可能降低粪便的蛋白质残留。三是在猪舍内使用环境改进剂，通过吸附作用降低猪舍空气中的氨气、硫化氢、体臭含量。四是选择酸性消毒剂，造成不利于病原菌脲酶活性发挥的舍内环境，减缓粪尿中蛋白质分解形成氨气的速度。五是建立封闭储粪场，或者在开放储粪场的粪堆上覆盖 30～50 cm 的黏土或两合土，使猪粪处于封闭状态。

6. 生物污染 首先，规模猪场免疫时产生的废弃疫（菌）

苗以及免疫中废弃物（疫苗瓶、棉球、棉签、针管针头等）的不规范处理，免疫中操作不当，均可导致病原微生物的扩散，污染饲养环境，甚至导致局部区域的微生态环境失衡。其次，消毒剂的大量使用和随意抛弃，或者长期使用某一种消毒剂，也是导致猪场内部或局部区域微生态环境失衡的一个重要因素。

此类污染多由管理措施缺失或人为因素造成，控制应从完善管理措施着手。治理时应从辨识建群种、优势种开始，针对优势种、建群种的特性，选择消毒剂予以杀灭，从而帮助微生态系统的修复。

二、群养猪日常饲养管理主要工作

吃好不仅包括日粮的营养全面合理，还包括吃的方法科学。由于饲料行业的快速发展，养猪场户很容易采购到全价饲料，或者购买浓缩料、预混料进行调制，本书不讨论日粮的营养搭配和调制，只针对性指出养猪过程中采购、储存饲料（含部分原料）中的失误，提出解决问题的简单建议。重点讨论如何发挥猪的生物学特性，为猪创造舒适的生活环境，以及科学的饲喂方法。

（一）利用和发挥猪的生物学特性是饲养管理的核心

猪场的条件各不相同，具体的管理措施大同小异，要求所有猪场使用同一个管理程序是思想僵化的表现。但是应该认识到，各个猪场的基础设施建设和管理措施可以有所差异。然而，这种差异是有底线的，不能随心所欲。底线就是最低限度满足“利用和发挥猪的生物学特性”的要求，只能是围绕实现这一目的的变通、微调或补充。那些偏离发挥和利用猪的生物学特性的建筑设计、管理措施损害猪的非特异性免疫力，最终都会以暴发疫病的方式表现出来。

（二）设计管理日程时必须坚持的准则

由于猪场地理位置、管理水平、员工素质、建筑物布局、设

备的工业化水平和季节的差异，管理日程千差万别。但是，无论实际管理日程怎么变化，一些基本的准则必须坚持。其基本准则如下。

（1）有利于利用和发挥猪的生物学特性，有利于疫病防控。

（2）因地制宜，因时制宜，因场制宜。

（3）简单明了，容易执行操作。

（4）统筹兼顾。

（5）省工，省事，节约时间。

（6）文字通俗，指令准确。

（三）群养猪日常管理基本内容

群养猪日常管理的基本项目包括开灯、给水、给料、料槽清理、清扫粪便、巡视观察、开窗通风、降温、风雨天关闭门窗、免疫接种等。

猪群较小时，这些工作由家人自己完成，虽然不需要督促，但也应有标准。否则，会因管理的无序增加工作量，并影响猪的生物钟效应。当猪群规模较大时，程序化的日常管理，不仅有助于猪群生物钟效应的建立和发挥，也有利于生产的安排和组织。

不论何种规模猪场，日常管理均要同季节的变化相适应。野外条件下，在夏秋高温季节，晨曦初现的早晨和暮色苍茫的晚上，是猪外出觅食的最佳时间段；冬春寒冷季节，八九点钟后阳光和煦，猪才外出觅食。制定日常管理程序时，注意利用这些基本特性和规律，对提高猪的采食量有积极意义。

即使是同一个猪场，不同季节需要不同的日常管理程序。

猪群规模较大，管理人员较多时，设置不同的工作岗位，明确岗位职责，并将各个岗位工作的内容和要求，以明白纸的形式张贴于车间、工作台，有利于各项管理措施的落实。

组织定期检查、评比，开展达标活动，是督促岗位员工认真完成工作的有效手段。

群体规模较大的猪场，岗位较多，管理层在制定日常管理岗位职责时，一定要注意各岗位之间的功能衔接、协调。

（四）群养猪群日常管理若干问题探讨

在猪的集群饲养和日常管理方面，各个企业和专业户进行了大量探索，积累了许多经验。此处，作者就日常管理中常见失误，提出自己的纠正建议，供规模猪场老板和专业户参考。

1. 准确把握隔离消毒的内涵，提高隔离的实际效率 专业户最常犯的错误是将发病猪放在相邻猪圈内，认为这就是隔离。其实，这只能算作分离，这只是隔离的一部分工作。准确地讲，隔离有狭义和广义之分。广义的隔离包括病猪的隔离治疗、新引进猪的隔离观察、养猪场同周围环境的隔离。严格地讲，隔离治疗时病猪圈应在健康猪圈 200 m 以外的下风区，症状消失后还应当根据所患病种的潜伏期长短，继续观察数天（不低于潜伏期的天数）。新引进猪观察饲养区同生产区距离也在 200 m 以上；为了确保安全，通常新猪的观察期为 1 个月。猪场同周围环境的隔离在猪场选址时予以考虑，要求猪场同村庄、其他猪场距离不小于 1 000 m。若猪场位置已经处在不符合要求的地段，只能用严格消毒作为补充。所以，在隔离方面，专业户猪场常犯的错误有四个：一是病猪舍同健康猪舍距离不够，没有中断病猪疫病向健康猪的传播。二是随意或凑合选定的猪场位址，无法满足本场猪群同农户散养猪群的隔离饲养，两种猪群之间疫病可随时传播。三是引进猪不观察直接混群饲养（或育肥猪时购买不同农户或猪场的仔猪，不经隔离观察直接混合组群）。四是猪场位置不当又不重视消毒工作规定，没有防疫屏障。这些有意无意的失误，成为专业户猪群疫病频发的潜在因素。

上述隔离含义、意义和常见错误的分析表明，隔离既是猪场规划设计时的基本内容，也是日常管理的具体工作。经营者应统筹考虑，认真落实。

设计失误或被迫建设在不合适位置的猪场，通过加强日常管理，落实消毒制度，可以有效阻断外部病原的侵入，弥补隔离工作的部分缺陷。

建在废弃宅院中的小型猪场，饲养区和生活区要有建筑物或植物隔离带。即使是短期育肥，也应栽植植物隔离带或用树枝扎临时篱笆，形成生活区和饲养区的隔离。

2. 利用不同方法消毒和开展消毒效果评价　消毒时只杀灭有害的病原菌，灭菌则是消灭所有细菌。

消毒药品选择的随意，不按比例配制消毒液，不注意消毒剂之间的相互作用，不评价消毒效果（简称“一随三不”）。“一随三不”现象的广泛存在，是消毒效果不真实的主要原因。各猪场应予以纠正。那些没有消毒制度，或者疫病暴发时才想起来消毒，场区门口消毒池破损严重、长期没有消毒液，或者雨后不更新，都属于经营者意识中消毒观念淡薄的问题，需要解决的是思想认识问题，而不是技术问题。

常用的方法有安装紫外线灯的物理消毒（门卫室、空气进口），对车辆、用具、猪舍用氯制剂、溴制剂、季铵盐、碘制剂、烧碱、戊二醛、过氧乙酸等化学药品配制成不同比例消毒液的喷洒（圈舍地面和器械）、喷淋（场区门口、车辆）、喷雾（场区门口、圈舍内）消毒，运用过氧乙酸自然挥发（空栏或带猪）、燃烧硫黄、高锰酸钾投入甲醛液体熏蒸（空栏）的化学消毒，以及生烟叶浸泡液（猪体喷洒）、桃叶石榴皮浸出液、特殊的细菌液（粪堆粪沟）喷洒的生物消毒，阳光下暴晒（用具、垫草）、雨淋（清粪工具）、火焰烧灼（空栏圈舍或开放圈舍的地面）、空置不用等自然消毒法。这些消毒办法各有利弊，紫外线消毒能够杀灭空气中的所有细菌，但是直接照射猪群，会伤害猪的视力，长时间的照射甚至引发皮肤癌。目前只是安装在兽医治疗室和生产区门口的消毒室。如果将其安装在进气孔内，既不会因直接照射伤害猪，又可以净化送入空气。喷雾或喷淋消毒便于药品比例的掌握，均匀度也很高，但会提高圈舍内的湿度，高温高湿季节需限制使用。若在高温季节使用生石灰等干粉制剂就可避免湿度的上升；如果干粉中加入适量的半衰期很短的放射性材料（如 TiO_2），就能获得更为理想的灭菌效果。经常使用的化学消毒剂有的是酸性，有的是碱性，交替使用可以使消毒更为彻底；有的消毒剂消毒谱宽泛（过氧乙酸），有的消毒剂对某些病菌敏感（戊二醛—大肠杆菌，季铵盐—支原体），使用时考虑这些因素，消毒的针对性会更强，效果更好。

设立消毒日，对于强化消毒意识、提高消毒效果有积极意义。

开展消毒效果评价是保证消毒效果、避免无效消毒的基本手段。所有规模饲养猪场都要重视，并在生产中积极运用。做起来并不难，在消毒前（对照）后（样本），分别采集地面、器械表面或空气样本，接种在无菌培养基上，置于 37 ℃ 恒温箱培养，于 24 小时、48 小时分两次取出对照和样本，染色处理后在普通显微镜下观察计数，然后进行比较。样本和对照差异显著说明消毒有效，差异不显著说明消毒无效。

3. 重视粪便清理等日常卫生工作 猪群日常管理中打扫卫生是不值得提及的问题，但是许多猪场正是由于在这个问题上的失误导致了疫病泛滥。

通过打扫卫生能够清除 85% 以上的病原微生物。猪舍、走道及场区卫生工作不到位，消毒、隔离，甚至接种疫苗等防疫措施的实际效果都会大打折扣。圈舍地面到处是粪便，肩背、腰、臀等部位有粪便污染的猪群，发生疫病是早晚的事情，不发生是侥幸。所以，打扫卫生是疫病防控的最基本工作。

（1）同水冲清粪相比，干清粪能够减少 90%~95% 的废水生成量。使用干清粪方式，应保证 2 次/d 以上的清理次数；定时饲喂猪群在每次添料 30 min 后干清粪 1 次，之后可间隔 3 h 清理

1 次；自由采食猪群干清粪 1 次/3 h。猪舍粪尿沟应有1 :(50~100）的坡降，以便粪尿废水顺畅流出猪舍。猪舍粪尿沟坡度不够，粪尿不能自动流出猪舍时，应设置自动冲洗水箱，并调整定时器，夏季冲刷 1 次/60 min，冬季 1 次/2 h。

（2）即使采用干清粪工艺，每周应有 1 次喷雾或喷淋消毒，以便于清理走道、隔墙、器械、门头、窗和窗台、房梁尘埃。

（3）使用水冲洗工艺的猪场，应实行粪尿废水和雨水的分离，并建立中水处理池，循环使用中水冲洗。猪舍端设双联交替使用沉淀池，以减少进入一级沉淀池的固体废物。

（4）建立卫生制度，明确职责是搞好猪场卫生工作的基础。通常，生产区的卫生由兽医师负总责，各饲养车间内的卫生及车间对应的道路、隔离带，由饲养员负责；饲料收购、储存、加工区的卫生由畜牧师负总责，各车间工人负责各自仓库、车间及其对应的道路、场区的卫生工作；行政区卫生由办公室主任负总责，办公室工作人员负责办公室、办公区的卫生。

（5）设立全场卫生日是一个有效的办法，可以调动全场职工同时行动，保证卫生工作的同步行动。检查评比是行之有效的手段，猪场也同样应该使用。

4. 改善空气质量的若干措施　猪舍内空气质量优劣，直接关系猪群群体体质。

猪舍内废气来自于粪便和猪呼吸产生的废气。废气产量同粪便中蛋白降解物含量、猪舍内空气相对湿度、温度有关。这是因为在适宜的温度、相对湿度条件下，附着在尘埃中的病原体产生的脲酶活性上升，高活性脲酶同粪便中的蛋白降解产物膘胨肽—尿酸作用后，产生大量的氨气、硫化氢。所以，提高猪舍空气质量的手段不外乎两个方面。一是提供良好的通风条件，及时疏散有害气体。二是减少废气的产生。对于新建猪场，前者是最根本的措施。对于已经建成或正在使用的通风不良猪场，想方设法减少废气生成量，成为解决问题的关键手段。提出的建议有如下几项。

（1）控制饲料蛋白含量在最佳水平，避免多余蛋白质以粪尿形式排出。

（2）采用综合措施，提高饲料蛋白质利用率。包括：选用生物转化率高的蛋白饲料元；添加维生素和酶制剂，提高蛋白吸收率；使用微生态制剂，提高蛋白的分解、转化、吸收率。

（3）控制猪舍湿度在50%~60%，降低病原体活性，减少脲酶产生。必要时使用环境改进剂。

（4）及时清理粪便（粪便清理应≥2次/d）减少舍内病原体。

（5）搞好猪舍卫生工作，定期喷淋冲洗门窗，清理积尘。

（6）定期消毒，杀灭猪舍地面、空气中的病原体。

5. 定期检测水质，确保饮水安全　受国家城市化进程中都市化倾向及部分行政领导轻视环境保护工作影响，近年来，猪场因饮水质量导致疫情事件呈上升趋势。

其一，大中城市排水河道下游两侧200 m以内范围为城市污水污染的重点地段，这些地段内地下60 m以内的浅层地下水，普遍存在不同程度的污染，只是因为城市类型（以皮革加工、服装制造为主的轻工业城市，以机器制造为主的重工业城市，电子产业为主的现代科技城市，消费性城市）的差异，污染物的类型不同。此外，猪场与河流的直线距离和透水层土壤沙粒结构，也影响着地下水的污染程度。距离越短污染越严重，沙粒越大，污染扩展得越快。处于污染地段的猪场，常常由于养猪人的生猪福利观念缺失，在人不饮用的情况下，还让猪饮用，其结果是猪成为环境污染的牺牲品。其二，那些水体中有害微生物超标的猪场，经营者知道地下水污染后，也采取了处理措施，但是由于没有静置放氯，直接饮用后因氯制剂超标，导致猪发生消化系统疾

病。其三，猪场内部供水系统长时间不清洗，致使猪的饮用水铁锈、病原微生物超标引发疫情。其四，某些不在地下水污染地段的猪场，由于轻视环境保护，自身经营导致了浅层地下水的污染，此类污染主要是地下水 BOD 超标，严重者可见微生物超标，甚至直接观察到红粉虫。其五，矿区附近猪场的地下水重金属污染。

地下水污染的临床突出表现是哺乳仔猪、保育猪饮水后，群体拉消化不良性稀便。剖检以肠道充血、炎症，肝脏肿大、黄染，肾结石，尿道和膀胱结石为主要病变。

预防办法：一是定期检测水质。处在污染地段猪场每年检测 1~2 次。非污染地段也应按照 1 次/2 年检测猪的饮用水水质。二是每批次出栏后，彻底清洗猪场内供水管道和饮水器。三是采用雨水和粪尿污水的分离，由不同管道收集后分别处理。四是对处理废水的一级池、二级池进行防渗漏处理。

6. 多环节努力强化饲料质量管理　群养猪群疫病复杂和危害严重的一个重要原因是饲料质量问题。突出表现在两个方面：一是购买的浓缩料、预混料质量低劣；二是自己添加的玉米、麸皮霉败变质。当然也有仓库保管不当、饲养中料槽清理不及时的问题，但其危害同前二者相比，是小巫见大巫。

饲料原料出问题，最常见的是原料或成品饲料受到黄曲霉菌污染，黄曲霉菌产生的黄曲霉毒素中毒之后，猪群最先表现的是拉过料性稀便，继而出现不同年龄段的母猪全部有阴门发红或肿胀，后备母猪和生产母猪群的异常发情，瘸腿、后肢麻痹等关节疼痛病例陡然增多。一些拉稀便病猪转成腹泻，之后因脱水很快死亡。发病 1 周后死亡病例剖检可见肝脏肿大，不同程度黄染，胆囊充盈，四肢肿大关节积液明显增多。1 月后，免疫猪群检测猪瘟抗体时差异悬殊，可见“0”抗体。所以，许多专家认为令猪场经营者恐怖的免疫抑制同黄曲霉毒素中毒有关。

要解决这个问题，需要猪场经营者从思想认识、管理制度、人员选择多方面着手。

（1）高度重视饲料质量安全工作。马虎、图省事、当甩手掌柜常常是猪场发生黄曲霉中毒事件的根本原因。

（2）坚决不用霉菌污染饲料。那种“舍不得扔掉，将霉变饲料减少用量饲喂”的小农意识是祸根。

（3）负责采购的饲料人员，必须是可靠的、有强烈的事业心、责任心的骨干。

（4）建立严格的饲料采购、加工、保管、使用质量管理制度。形成在“任何一个环节发现即行终止”的机制。确保“八不”（不购买质量无保证饲料，不收霉变原料，不加工霉变原料，不启用未干仓库，不向饲养人员发放霉变饲料，不领取霉变饲料，不饲喂霉变饲料，不在饲养车间内长期堆放饲料）落到实处。

（5）检查、巡查时，要注意观察料槽清洗情况。

（6）定时饲喂猪群。将每天清理料槽列入日常管理的基本内容进行考评。

7. 建立巡视制度，为落实“早、快、严、小”创造条件

建立巡视制度是猪群日常管理的基本工作。除了各饲养车间饲养员每日不低于2次（不包含添料、加水时的观察）的巡视之外，兽医师必须坚持每日巡查1次。

饲养员巡查时要注意“仔细观察大群，重点观察异常，轻手轻脚走动，一个圈舍不漏”，通过看、闻、听、感知，捕捉猪和猪舍料槽、供水系统、光照、风速、温度、气味、尘埃的异常现象。

兽医巡视的路线：“种公猪舍、后备猪舍、产房、保育舍、空怀舍、育肥舍和隔离观察圈。”除了按照对饲养员的要求及内容观察之外，还应对病猪和饲养员报告的疑点进行仔细排查和分

析，并填写巡查日志。

一个猪场能否提高管理水平，能否落实“早发现、快处理、严控制、小损失”（简称早、快、严、小），取决于经营者的素养和能力（能否选好人、用好人），关键在于兽医师（知识积累和工作能力），决定权在饲养员（是否落实巡视观察，是否会观察，是否及时报告发现的问题）。所以，凡是管理水平较高的猪场，都会举办各种形式的职工夜校或培训班，将观察的基本方法教给饲养员。当然，还要有与之配套的奖励、激励机制。

8. 提供安静环境，提高睡眠质量　猪是喜欢安静、睡眠时间较长的动物。安静的环境是高质量睡眠的基本条件，长期处于不安静的环境会导致猪睡眠不足。睡眠不足的直接后果是神经系统机能紊乱，接踵而至的是内分泌失调。体内各种激素分泌失调，不仅影响消化吸收、减缓生长速度，还会对繁殖活动造成不良影响，如发情异常、产仔少等。也会影响网状内皮系统的机能，导致免疫机能的下降。目前，对于多数规模饲养猪群，影响睡眠的最直接因子是温度、蚊蝇和噪声骚扰。

保育舍没有安装窗纱、开放或半开放育肥舍猪群，在漫长的晚春、夏天、秋天和初冬，一直处于蚊蝇骚扰环境中。其中的伏天高温高湿期，闷热加蚊蝇，一个夜晚猪至少要起来走动 5~6 次，那些 60 kg 以上懒得走动的育肥猪，腹下和体侧皮肤鲜嫩处，几乎全都是叮咬后的红肿，猪群根本就无法入睡，更谈不上深睡。这种长时间的睡眠不足，直接导致群体免疫力的下降，从一个侧面解释了夏秋高温季节猪群频发“无名高热”“高热病”“高致病性蓝耳病”的原因。蚊蝇叮咬的再一个危害是血源性疫病的大面积传播，为初秋时节附红细胞体病、弓形虫病、乙脑的暴发埋下了伏笔。

创造安静环境，需要从如下几个方面着手。一是饲养员在猪舍内工作时轻拿轻放，禁止大声喧哗，减少管理噪声。二是在猪场内栽种香樟树、万年青、熏蚊草、薄荷等有特殊气味植物，利用植物的芳香气味驱赶蚊蝇。三是保育圈舍安装窗纱，育肥圈采用宽幅窗纱网封闭，阻挡蚊蝇进入。四是做好卫生工作，尤其应做好雨后场区内清除积水工作，破除滋生环境。五是粪便集中堆放，并采用封闭、添加垫料等办法堆沤。六是加强厕所管理，杀灭蝇蛆。七是进气口安装隔离钢网，防止夜间老鼠、猫、狗进入猪舍。八是按照日常管理程序规定的作息时间工作，避免随意调整扰乱猪的生物钟。九是及时维修保养，保证通风、清粪、送料的低噪声操作，人工清理猪粪的猪场将铁锨更换为木锨或塑料、橡胶锨头。

9. 高度重视“三废处理” “三废”是指废水、废气和固体废物。目前，养猪生产“三废”问题已经引起各级政府、社会公众、媒体的关注，原来采用的处理方式已经明显落后于时代要求，需要尝试运用新的工艺，更为彻底、有效地处理“三废”。目前在生产中能够采用的简单工艺如下。

（1）将粪便的“水冲洗”工艺改为“干清粪”。采用干清粪工艺的猪床，每周在干清粪后冲洗一次、喷雾消毒一次，能够减少90%~95%的粪尿废水。干清粪工艺的使用，实现了粪尿的分离，尿液经排粪沟送出猪舍。设计坡度足够时，可以全天不冲洗。即使坡度不够需要冲洗，间歇式冲洗生成的废水也很少。但是，此种工艺的采用，需要对猪舍地面按照工艺要求重新处理，对生产中的猪场难度不小。

（2）雨污分离。通过各自独立的排水系统，使雨水同生产废水分离。雨水通过场内蓄水池集中后循环使用，可用于冲洗猪舍、用具，浇灌花草。其目的一是减少水资源浪费，二是减少废水生成量。工艺要求雨水沟和生产废水沟均采用可拆卸盖板封闭，以免树叶杂草落入后形成阻塞，雨水收集池不要求防渗漏处理，但容积至少按“30年一遇”标准建设。

（3）猪舍端建立二连交替使用沉淀池。废水“三级处理”（一级沉淀曝气、二级处理净化、三级生物处理）同沉淀池工艺结合后形成事实上的“四级处理”（沉淀、曝气和净化处理、再次净化、生物净化）。曝气池和沉淀池均应有防渗漏处理。

（4）废气治理的重点在于减少废气的生成。具体措施参照本节（四）“改善空气质量的若干措施”。

（5）猪粪（包括粪尿废水）处理的整体思路是“变废为宝，就近利用”。这些年中小型猪场和养猪专业户走的正是这条路子。问题在于出栏量万头以上的大型猪场，其粪便（包括尿液）日产量太大，就近利用难以全部消化，加上季节利用的因素，粪便处理成为一大难题。现有的集中发酵工艺可以解决问题，只是一些场没有治理污染的意识，未建立集中储粪场，或者储粪场简陋，地面没有防渗漏处理，周边也没有围墙阻隔，粪便随意堆放后没有加盖表土封闭。落实这些措施，再添加特制菌种和垫草都不是难题，只是重视和落实的问题。

处于密集饲养区的规模猪场，在采用新工艺后，猪粪仍然不能实现在当地处理时，可考虑猪粪的再加工。如生产“粪砖坯”“培养基”“营养钵”等，以便于异地利用。也可考虑建立沼气电厂。

（6）病死猪是养猪生产中肯定会产生的固体废弃物，现阶段处理现状最受诟病。作者认为此问题同秸秆焚烧一样，既有饲养者的原因，也有处理工艺、机制同生产实际脱节的问题。彻底解决尚需多方面共同努力。目前所能够采取的措施如下：

1）通过宣传教育和法制措施，使养猪人提高认识，明白随意抛弃病死猪的最大受害者是养猪场户（随意抛弃病死猪不仅污染环境，而且造成新的传染源，导致新的传染，猪病更难控制，养猪成本更高，进入恶性循环），从而重视病死猪处理，实现从源头治理。

2）变废为宝，实现资源的充分利用。通过国家定点建设的病死猪处理厂的集中处理，将病死猪加工成肉食动物的饲料加以利用。

3）完善相关机制。如有偿收购，“以奖代补”鼓励收购，规范收集、运送行为，避免“二次污染”。

4）在集中处理机制尚未形成阶段，建议通过深埋处理。将病死猪作为肥料应用，深埋于果林或高大乔木下。

5）病死猪投入沼气池内制作沼气，或埋入粪堆中降解。

6）发生疫情时熟制或焚烧处理。

10. 运动与猪群健康 运动对猪健康的作用未受到足够重视，也是猪群体体质低下的一个重要原因。最为直观的现象一是母猪生产时腹肌收缩无力，产程延长，难产率和因难产导致的死胎率上升；二是猪肺脏由于缺少锻炼，可塑性未得到发挥，保育、育肥阶段猪的抗逆性下降，非特异性免疫力低下、易感。改变这种被动局面需要饲养工艺的创新，需要足够的运动场和器械，但并非易事。建议从新场设计、老场改造着手，猪场可从如下几个方面着手。

（1）变固定钢拦为猪圈，增加空怀母猪运动量。

（2）有条件场采取林地放养、山地放养工艺，加大生产猪群和后备猪群的运动量。

（3）条件有限场应设法建立后备猪运动场，满足后备猪的运动需要。为了节约运动场面积，可以考虑建设砖混结构的地面有起伏或沟坎的迷宫、八卦阵（参附 7-1），每日定时驱赶后备猪运动，通过运动中的奔跑、跳跃，锻炼其肺脏和相关器官。

11. 重视光照管理 猪舍光照以能够发出复合光的白炽灯为佳。关照强度控制在 50~100 Lx/m^2。

产房内光照时间可长些，14~16 h/d 有利于猪的繁殖性能的发挥，夜长的冬、春季，应注意夜间的补充光照。

绿色光和蓝色光能够使猪安静，保育舍应考虑从复合白光过渡为绿色或蓝色光照，以减少打斗。育肥舍可使用绿色和蓝色光照，以减少打斗和无效运动。

猪对红色敏感，饲养员工作时应穿工装，严禁穿着红色衣服进入饲养车间。

强光对猪是一种不良刺激，饲养车间禁用强光手电。进入猪场的车辆应使用近光灯，不得开启远光灯。

12. 选择制度的执行　同农业生产一样，优化选种是提高产量的基本手段，同农业生产不一样的是养猪场优化选种是在后备猪阶段和繁殖母猪的前三胎，而不是成熟收获时期。确定恰当的项目和适当的选择差，是保证母猪群正常生产的基本保证。在实际生产中，鉴于各猪场的具体情况的不同，制订选择方案时各有侧重，这是各个猪场生产效率高低不一的深层次原因。

首先，后备猪选择要考虑购买时体重，越接近性成熟体重，选择余地越小，只能在前三胎时予以弥补。当然，前三胎时再选择成本较高。二元后备母猪从 60 kg 到 130 kg 有 6~8 周的生长期，期间因打斗或其他原因造成运动系统疾患、弓背、凹腰、乳头损伤的，均应淘汰入育肥群饲养。其次，体型外貌不佳，如短促浑圆、结构松垮、头大颈长的后备母猪均要淘汰。再次，姿势不良（如前腿内扣–O 型腿，后肢外摆–X 腿，卧蹄）和有明显损症（瞎眼、歪鼻子、瘸腿、乳头不足 6 对、阴户狭小）的后备母猪也应淘汰。最新的观点是依据猪瘟抗体检测结果选择，淘汰抗体低下后备母猪。

前三胎选择主要指标是头胎产仔数，断奶窝重，断奶发情情况，母性。最新进展是将仔猪黄白痢发病率、猪瘟抗原监测结果纳入选择指标体系，淘汰猪瘟病原监测阳性和后代大肠杆菌敏感母猪。

要做好选择工作，必须制订选择方案，列出详细的选择计划，并按照计划跟踪测定，并做好各种测定记录。这些工作需要畜牧师通盘考虑，统筹安排，更需要饲养员配合落实。所以，也是日常管理的具体工作。

（五）群养猪疫病管理

养猪过程中发病是不可避免的。高水平的管理者将发病率、病死率控制在可接受范围。水平低时，则常常形成疫情。规模饲养条件下，规模场和专业户在提高疫病防控水平中，应遵从以下几项原则。

1. 处方化免疫 根据本猪场或猪群的类型、疫病本底、饲养管理人员的素质和技术水平、投资能力等因素，设定本场的免疫程序，由技术人员组织饲养员实施免疫。显然，免疫程序具有个性化的特征，是猪场的技术秘密。

2. 抗体消长规律和免疫效果的评价 一般情况下，接种疫苗产生的免疫抗体，在猪体内会有半年以上的时间，一直维持在较高滴度，也即通常说的半年以上的保护期。由于这样那样的原因，一些猪群接种疫苗后，没有产生抗体，或者产生的抗体滴度未上升到保护水平，就不能对猪群形成保护。

当猪群中有携带病毒（或病菌）个体（免疫学上成为抗原阳性）时，由于其持续向外界环境排出病毒（或病菌），这些环境中的病毒（或细菌）进入非携带个体的体内后，会中和其体内的抗体，从而使得保护期缩短。在密集饲养环境中，由于空间狭小，个体接触密切，此类事件发生概率较高。若有多个携带病毒（病菌）个体存在，环境中病毒（或细菌）浓度较高时，非携带个体的抗体消失得更快，保护期更短。

许多抗体可以进入乳汁，仔猪通过哺乳，尤其是初乳可以获得抗体（免疫学称之为母源抗体），进而形成对疫病的抵抗能力。

初次免疫时接种弱毒活疫苗，7 d 后可检测到抗体，2 周后

达到保护水平；若初次免疫接种的是灭活疫苗，则在 14 d 后检测到抗体，4 周后达到保护水平。再次免疫时，由于记忆反应的作用，接种弱毒活疫苗，3~5 d 抗体即可达到保护水平，即使灭活疫苗，7~10 d 也可达到保护水平。

免疫后猪群是否真正得到保护，要通过在合适的时间采集血样检测抗体来判定。通常是在接种猪瘟弱毒细胞苗和口蹄疫疫苗 1 个月后采血检测。对规模饲养猪群，常以抽样中达到保护水平样本的比重作为衡量指标。如猪瘟抗体检测时，抽样中 80%以上血样处在有效保护范围内，才认为本次免疫是有效免疫；60%~80%时，需要再次免疫；不足 60%时，不仅要再次免疫，还要查找原因，纠正后按照新的程序组织免疫。

3. 重大动物疫病和病原监测　世界上许多动物的疫病是人畜共患病，依据动物疫病对人类健康和畜牧业的危害严重性，世界兽医卫生组织将动物疫病分为 A、B 两大类，结合中国国情，《中华人民共和国动物防疫法》将动物疫病分为三类，实行分级管理。

一类动物疫病是指对人与动物危害严重，需要采取严格的强制预防、控制、扑灭等措施的疫病（《中华人民共和国动物防疫法》第四条第一款）。猪群的一类疫病有口蹄疫、水疱病、猪瘟、非洲猪瘟。前两种病的临床表现极为相似，都是人畜共患的急性、热性、接触性传染病，流行性强、发病率高，临床均可见口、蹄、乳房的水疱，但水疱病牛、羊等偶蹄家畜不发病，人偶发。非洲猪瘟目前未见国内报告病例。危害严重的就是口蹄疫和猪瘟。

蓝耳病是二类病，但在 2006 年华东地区大流行后，依据国务院《重大动物疫情应急条例》规定的“高发病率、高死亡率、突发、迅速传播、对养殖业安全生产造成严重威胁、危害”的特征，将高致病性猪蓝耳病作为重大动物疫病对待。所以，目前国

内养猪生产中的重大动物疫病主要是指口蹄疫、猪瘟和高致病性猪蓝耳病。猪群病原监测也主要是围绕这三种病进行。

2007 年 11 月 1 日生效的《中华人民共和国突发事件应对法》将动物疫情划入突发公共卫生事件予以管理，表明了国家对动物疫情危害的认识、态度，按照突发事件“特别重大（红）、重大（橙）、较大（黄）、一般（蓝）”的四级实行分级管理。规模猪场经营者应按照法律法规的要求，做好重大动物疫病的监测、报告工作，并制定应对突发疫情的预案，建立应对突发重大动物疫情的机制，确保一旦发生，立即扑灭。

4. 药物预防 季节性发生的流感和血源性疾病，多发的支原体肺炎等，可通过预防性用药避免发生，或降低其发病率。

早春、秋末和初冬昼夜温差较大，遇寒流、大风等陡然降温天气后，可使用“荆防败毒散”“小柴胡散”祛除风寒，预防感冒。

防蚊蝇设施较差的猪场，夏秋高温季节，可通过定期在饮水或饲料中添加磺胺类药物或“三子散”的办法预防。

猪舍内尘埃较多，有可能发生支原体肺炎的猪群，可通过在饲料中定期添加“多西环素”“氟苯尼考”、喹诺酮类，以及“参苓白术散”“理肺散”等药物预防。

不论是使用磺胺类药品，或是中成药，都应当按照“脉冲交替用药”的办法投药，并注意休药期。

5. 猪群保健 猪群保健的基本方法是按照猪的生物学、行为学特性，建立适于猪生长发育的小环境，尽可能减少应激，让猪能够保持良好的生活节律。若要在饮水或饲料中添加药物，建议从如下几个方面着手：

（1）围绕提高猪群的非特异性免疫力，可对后备和繁殖母猪群、体质虚弱仔猪群使用“人参强心散”强心健脾；对空怀母猪群使用“白术散”等中兽药补气养血，以便于安胎。

（2）围绕提高消化吸收能力，可定期对保育猪群使用“七补散”，对育肥猪群定期使用“平胃散”“木香健胃散”“曲麦散”“肥猪菜”“大黄苏打片”等中兽药。

（3）育肥中后期猪群和经产母猪群，长期饲喂混（配）合饲料，肝脏负担较重，可定期使用“独活寄生散”祛除肝痹，补气血之不足，解肝肾之亏虚。

（4）妊娠母猪可使用“保胎无忧散”养血补气，以利于安胎。

（5）母猪分娩后，可使用“益母生化散”祛除恶露，清宫止痛。

（6）夏秋高温季节，或免疫接种疫苗之前，或采血、打耳标之前，或装车外运之前，均可在饮水中添加葡萄糖，或维生素C、电解多维、速补等维生素类药品，以增强抗应激能力。

6. 临床疫病的处置原则　规模饲养猪群临床病例处置的基本原则是“大群优先”。怀疑是传染病的应立即挑出病患猪，隔离观察，隔离治疗，并在限制人员流动的同时，开展对同圈、相邻圈“假定健康猪”的抽查和跟踪观察，避免因反应迟缓导致疫情蔓延。

对重大动物疫情要按照“早、快、严、小”的原则处置，即早期发现，快速确诊，严格处置，把损失控制在最小范围。

规模猪场的经营者和兽医应有“大局观念”：发现疑似重大动物疫病或当地首次发现病例，应及时向当地县级以上动物疫病防控行政主管部门或县级以上人民政府报告，万不可因顾忌本场损失隐瞒不报，酿成大范围疫情。

规模猪场兽医在处置临床病例时，应做好个人防护。发现口蹄疫、禽流感等疑似人畜共患病病例时，不仅要做好兽医的个人防护，还应落实场内所有人员的个人防护措施。

对营养不良、中毒等普通病应立即查明原因，尽早祛除不良因子。

疑似炭疽病例不得解剖。

三、不同季节猪群的饲养管理

春夏秋冬，风霜雨雪，无时无刻不在影响着猪群，猪群也根据自然影响在不断地调整、适应，作为饲养人员，就是要根据不同季节天气的变化、环境因子更替对猪群的影响、猪群的应对反应、本场的实际情况和能力，想方设法减低环境因子的不良影响，尽最大努力创造适宜于猪生长发育的最佳环境。

（一）春季猪群的饲养管理

一日之计在于晨，一年之计在于春。随着气温逐渐上升，自然万物开始复苏生长，猪体自身也从抑制状态转向开放状态，进入快速生长发育时期。春季气温变化大，早春生物圈大气层处于低温状态，白昼的太阳辐射带来的只是一时的温暖，寒冷依然是猪群面临的主要问题；仲春昼夜温差大，需要细心观察猪的表现，及时采取相应的管理措施；晚春则百花盛开，空气温暖，昆虫、鼠类和病原微生物复苏后迅速活跃起来，开始攻击猪体，又对管理提出了新的挑战。同时，春季猪群管理还受春节放假影响，岗位人员少，许多应当采取的措施因人手不够而疏于落实，并因春节人员流动而加速了病原微生物的传播。春季猪群管理面临的第三个挑战，是整个冬季一直处于封闭猪舍的猪群，空气传播的疫病感染面积大、潜伏时间足够长，即使管理水平较高的猪场，稍有不慎，也可暴发大面积疫情。

春季管理措施恰当，可以避免疫情的发生，为个体发育创造良好的环境条件，可影响其一生的良好生长。同时，春季是发情配种的最佳季节，良好的环境对提高母猪的受配率、准胎率都是不可或缺的重要条件，对群体的发展和全场效益有至关重要的作用。从管理的效果和重要性看，春季猪群管理是全年度最为重要

的时期。要求猪场兽医师勤奋、细心、用心，即勤观察，细致观察，努力捕捉群内的细小变化，及时采取对应措施，为猪群健康成长创造条件。

1. 明确责任，加强巡视工作　群体管理措施主要通过饲养员落实。兽医师则要一方面不断教育饲养员增强责任意识，明确岗位职责，自觉落实各项管理措施。另一方面要加大巡视频率。在巡视中督促饲养员落实管理措施，及时纠正饲养员的错误做法，及时发现和处理猪群中的问题，把疫病扑灭在萌芽状态。仲春以后，要求兽医师和技术人员每天巡视检查不少于2遍。即使因故外出，晚间返回后也要巡视一遍。

2. 保暖和通风换气是春季猪群管理的重点　早春的管理重点是保暖和通风换气。要做到视天气变化及时开启和关闭门窗，视气温的高低决定开启时间的长短。

当外界环境温度5 ℃以下时每次开窗通风以5~8 min为宜，5~10 ℃时通风时间以10~15 min为宜。

仲春气温稳定通过5 ℃时通风，无风晴天的10~16时可敞开门窗通风，阴天或有风时，可间断通风，每次控制在0.5~2 h。

晚春，当气温稳定通过10 ℃时，若非大风降温天气，通风时间可扩展到每日的8~20时。白天气温超过28 ℃的异常天气可昼夜开窗，但应密切注视天气变化，这种天气往往预示着大风降温。

3. 慎重实施免疫　免疫接种是春季猪群管理的重要工作。然而，不同管理水平的猪场接种后的免疫反应差异悬殊。这是因为一些猪群由于免疫抑制的原因，群体内多数个体的猪瘟抗体均处于较低水平，接种疫苗后4~7 d，抗体消失至低谷，场内若消毒不好，则成为极易感染发病的脆弱猪群。对于那些在冬季只注意保暖而忽视通风或无法通风的多重感染猪群，甚至会出现免疫后立即发病的现象，临床俗称免疫激发。所以，春季免疫一定要

慎重。

（1）猪瘟、口蹄疫疫苗是所有猪场春季都必须免疫的疫苗。有条件的猪场，应进行猪瘟、口蹄疫的免疫抗体检测，当猪瘟抗体滴度在1∶32左右时应立即免疫猪瘟。正常免疫时推荐的接种剂量：

使用猪瘟细胞苗月龄内仔猪3~4头份/头、30~40日龄4~6头份/头、45日龄左右小猪5~6头份/头，60日龄左右再次免疫的6~8头份/头，或猪瘟脾淋苗1头份/头。

疫情威胁较大的猪场，实施第三次免疫时，建议放在体重60~65 kg进行，可接种猪瘟脾淋苗2头份/头，也可接种猪瘟高效苗1头份/头，或细胞源传代苗1头份/头。

非发病状态的繁殖母猪，不在怀孕期接种猪瘟疫苗。建议采用小幅度逐渐提高剂量的办法，使用细胞源传代苗1~2头份/头。种公猪和后备猪使用细胞苗或细胞源传代苗免疫，推荐的方法同样是小幅度逐渐提高，剂量控制在普通细胞苗6~10头份/头、细胞源传代苗1~2头份/头。

当猪瘟抗体参差不齐、普遍较低（1∶8左右），或有“0”抗体出现时，应考虑先行治疗，如肌内注射干扰素或猪瘟抗体，3 d后再接种疫苗。或者在饲料中添加中兽药人参强心散、补中益气散5~7 d（2 kg/t），于添加的第3天接种猪瘟疫苗。也可以使用普通细胞苗加“信比妥”的办法免疫（每瓶猪瘟疫苗50头份使用5 mL信必妥稀释，接种5~8头育肥猪）。

（2）口蹄疫疫苗应采取全场“一刀切”的方法。推荐的有“一年二次”和“一年三次”两种程序，前者的接种时间分别是3月、9月各一次，后者是1月、5月、9月。接种剂量因疫苗的类型和生产厂家各异。通常的做法是：

15日龄左右仔猪使用上海申联生产的合成肽1 mL/头。45日龄后使用疫苗没有顾忌，按照说明书推荐的剂量接种即可。

鉴于目前口蹄疫病毒变异株的危害，建议母猪在哺乳期或空怀期接种一次含有 BY2010 株的高效多价苗，推荐剂量为 2 mL/头。若母猪处在妊娠期，同样建议使用上海申联生产的合成肽疫苗，接种剂量 1.5~2 mL/头。

种公猪和后备猪群应使用含有 BY2010 株的高效多价苗，推荐的剂量为 2 mL/头。

育肥猪群应视口蹄疫危害严重程度选择疫苗。周围有疫情发生，或上年度发生过口蹄疫的猪群，应使用人参强心散、补中益气散 5~7 d（2 kg/t），于添加的第三天接种含有 BY2010 株的高效多价苗，推荐的剂量为 2 mL/头。

（3）猪群伪狂犬病毒感染非常普遍。近年该病毒在豫西丘陵地带和太行山区肆虐，对妊娠母猪造成很大危害，超期妊娠、流产、死胎发生率很高，4~7 日龄、15 日龄两个死亡高峰过后仔猪所剩无几，看护场区的狗也因采食病死仔猪而大批死亡。因而建议春季免疫时，没有安排该疫苗的场将其列入免疫程序。需要注意的一是长期使用伪狂犬基因缺失疫苗的猪群，在妊娠前、中期加免一次全基因灭活苗（4 mL/头）。二是一直使用标准株（Bath-61）灭活疫苗猪群，可在妊娠后期接种一次基因缺失弱毒活疫苗（2 头份/头）。三是初生仔猪 3 日龄内使用基因缺失活疫苗滴鼻（4 mL 稀释液稀释后每鼻孔 2 滴，即 4 滴/头），15 日龄（不免蓝耳病灭活疫苗仔猪）或 19 日龄（12 日龄免蓝耳病灭活疫苗仔猪）肌内注射基因缺失活疫苗 1 头份/头。

（4）蓝耳病、圆环病毒、流行性腹泻等疫苗，春季是否免疫，各场根据实际情况决定。

4. 加强营养　春季是猪群快速生长时期，一定要供给营养全面的饲料。否则，就难以实现快速生长。冬季开始使用的高能朊比饲料，仲春可陆续停止，代之以蛋白品质高，维生素、微量元素营养丰富的全价饲料。晚春若气温上升很快时，应注意在饮水中添加电解多维（100 kg 水/袋，或按产品说明书推荐的剂量使用）。

5. 做好保健预防工作 春季预防疫病的重要工作是做好消毒和隔离工作。产房、保育舍等关键岗位要严格执行消毒制度，全场统一行动的大消毒至少每月 1 次。兽医师除了做好组织消毒、督促检查等具体行动的落实之外，还应采集样品评价消毒效果。

严格执行隔离制度。

妊娠母猪采用中成药“人参强心散”“补中益气散”“四君子散”“七补散”拌料，对于增强母猪体质，提高对口蹄疫、蓝耳病、圆环病毒等病毒侵袭的抵抗力效果明显。建议早春繁殖猪群、后备猪群至少使用一次。混合感染严重和上年度发生过前述三种疫病的猪场，除了繁殖猪群和后备猪群外，保育猪和育肥猪也应饲喂一次。

上年度发生过口蹄疫猪群，饲喂“人参强心散”拌料 3 日时接种疫苗，可避免捕捉和保定应激导致的猝死。

6. 狠抓繁殖猪群的饲养管理 春季是繁殖的关键季节，应认真做好繁殖猪群的饲养管理工作，实现高受配率、高准胎率、高仔猪成活率（简称“三高”）。一要加强种公猪的饲养。除按照饲养标准饲喂全价日粮外，应定期在饮水中添加电解多维，并坚持每天饲喂 1 kg 胡萝卜，配种量提高时还应在饮水中添加维生素 E。二要严格控制繁殖母猪的日耗料量和饲料品质，保持中等膘情，避免母猪过胖、过瘦，有条件的猪场，应适当加大母猪的运动量。三要适时配种。交换公猪复配（第二天早晨改用另一头公猪）对于提高准胎率和产子数效果确实。四要加强母猪群的日常管理。降低空怀率的基础是按时进行妊娠检查，应按规程认真细致地落实。确定准胎的母猪应单圈饲养，避免打斗、撕咬等管理因素引起的流产。五要做好接生工作，努力提高仔猪存活率。

7. 做好春季青绿饲料的播种和田间管理工作　种植青绿饲料是规模饲养猪场的日常工作。应注意上足底肥，均匀施肥，及早整地，按时播种。在做好一年生青绿饲料春播工作的同时，抓好多年生牧草的春季管理，如施肥、浇水、喷洒除草剂等。

8. 开展藤蔓植物育苗　种植一年生藤蔓植物，不仅能够改善猪场空气质量，还能为猪群遮阴，美化环境，帮助猪群顺利度夏。而且许多品种能够生产对猪群健康非常有益的产品。如黄瓜、丝瓜具有很好的清热作用，南瓜瓤和南瓜子有很好的驱虫作用，菜葫芦、瓠子、豆角都是很好的青绿饲料。所以，建议所有猪场利用粪肥多、水源足、场地开阔宽绰的有利条件，春季积极育苗，夏初在猪舍的南端大量栽植。

9. 场区绿化和植树造林　春季猪场植树造林工作的重点，是防护林带、景观植物、遮阴植物的补种和管护，如浇水、施肥、杀虫，多年生藤蔓植物棚架的整理、修剪、捆扎等，要组织人力，认真落实。

10. 搞好环境管理　猪场环境卫生是提高环境质量的基础，也是猪群预防疫病的一项日常工作。

早春干旱发生的频率非常高。所以早春猪场环境工作的重点是防止扬尘。可以同消毒工作结合起来，加大喷雾、喷淋消毒的范围，提高消毒频率，可实现“消毒”“压尘”双重目的。

仲春环境工作的重点为储粪场、饲养车间地漏、下水管道的清理、维修，按时完成即可。

晚春环境工作的重点是清理杂草，雨后及时平整地面，消灭积水坑洼，并及时喷洒杀灭蚊蝇药液，避免滋生蚊蝇。

（二）酷暑期猪群疫病多发的原因及其控制

近十年来，国内猪群在酷暑期频繁发生疫情，给养猪业造成了很大损失。如 2005 年夏季发生于四川内江、资阳等地的猪链球菌病，7~9 月河南省大部分地区发生的猪黄曲霉中毒病，2006

年夏季在江西、安徽暴发，之后蔓延19个省市区的猪高致病性蓝耳病等，不仅重创了养猪业，甚至给社会经济发展、公共卫生安全带来了严重的危害。客观分析猪群疫病多发的原因，提出防控措施，有利于猪群疫病的控制，也是养猪业健康发展的需要。

1. 酷暑期猪群疫病多发的气候因素 酷暑期气候变化无常，突出表现一是高温高湿，二是风雨雷电频繁，三是持续接近于猪正常体温和陡然降温的极端天气经常出现。这些极端天气的出现导致的直接结果如下：

（1）高温高湿加速病原微生物的增殖。在高温高湿环境下，细菌、螺旋菌、放线菌、霉形体、支原体、衣原体和病毒等病原微生物大量增殖，极大地提高了猪群感染发病的概率。同时，高温高湿季节，蚊蝇鼠雀等有害动物也进入了活动频繁期，尤其是嗜血的蚊子、苍蝇，在叮咬猪群的过程中又加速了疫病在不同个体间的水平传播。

（2）持续接近于猪正常体温的高温和高湿，使猪群处于热应激状态。猪的汗腺不发达，需要通过加快呼吸、加快血液循环排除多余的热量。当长期处于高温和高湿状态时，尤其是长期处于接近正常体温的高温高湿环境时，猪会通过内分泌的调整，增加肾上腺素的分泌，从而加速心脏跳动、加快体液循环，从而被动地适应环境。长期的补偿调节和被动适应，无疑会加速体内生物酶和维生素的消耗，但体内酶、维生素的存量有限，其合成速度的加速和调节不仅能力有限，而且滞后于需求的上升，更为要命的是一些至关重要的酶类和维生素，猪体根本就不能合成。这是疫病多发的内在原因。

（3）陡然的大幅度降温使得猪群在适应高温环境后突然处于低温应急状态。由于副热带高压和南下冷空气对流的影响，黄河和长江流域在夏季高温季节，经常出现突然降温8~10 ℃，甚至15 ℃的天气，这种气温的剧变，迫使猪体从适应高温环境的

状态急剧改变，频繁的高温、低温交替打击，使猪体的内分泌系统、血液循环系统、消化系统面临严峻考验，使得妊娠母猪、哺乳母猪和仔猪、断奶小猪、过于肥胖的待出栏肥猪发病率明显上升。

（4）频繁出现的风雨雷电天气使得猪群处于惊恐状态，从而引起内分泌机能的紊乱，使其对暴风雨和雷电天气之后湿热环境的适应能力下降。

2. 管理方面的原因　一些猪场条件简陋，防暑条件差，缺少防蚊蝇设置，位置不佳，通风不良等，是酷暑季节疫病危害的重灾区和首发区。防蚊蝇设施的缺位，直接导致通过蚊蝇传播的疫病，如乙脑、附红细胞体、链球菌病的发生。

由于酷暑天气的影响，管理和饲养人员的倦怠，一些通常落实得很好的措施，此时缺失或落实不到位，也为疫病的暴发提供了客观条件。

常见的现象及其危害如下：

（1）饮水供应的不及时和污染。饮水供应不足的直接后果是导致猪群因缺水而降低抗高温能力。饮水污染主要见于长期或夏季到来之前未清洗供水系统的规模饲养猪群，寄生于供水管道内，特别是饮水器的病原微生物持续进入猪体，轻则降低采食量和抗病力，重则直接导致猪群发病。

（2）饲喂霉败变质的饲料，导致猪群发生黄曲霉中毒。最常见的是将已经霉变的饲料掺入正常饲料中使用；其次是将前一天或上一顿没有采食完毕的饲料让猪采食；再次是将病猪采食剩余的饲料饲喂健康猪。

（3）消毒次数的减少和频繁喷淋消毒。前者为病原微生物的大量繁殖提供条件，后者增加了猪舍湿度，使得外界环境的热量通过高湿度空气向猪体传递，形成了热岛和湿团效应，猪体热量散发更加困难。

（4）暴雨后消毒池未及时清理和更换消毒液。直接后果是消毒池形同虚设，防控大门敞开，病原体随车辆、人员的流动自由进入。

（5）暴风雨后不及时清理污染的雨水和杂草，为蚊子的滋生创造了条件。

（6）粪便清理时间的错后。延长了病原微生物同猪接触的时间，猪舍空气质量恶化，增加感染的可能性，提高了猪丹毒的发病概率。

（7）发病猪处置的拖延等。在天气炎热条件下，常常发生对发病猪处置不及时和不规范事件，这无疑给疫病的传播提供了机会。同样，若对病死猪处理不及时，或对病死猪尸体处理不当，将会极大地提高感染概率。

3. 猪群自身的原因 现阶段的规模饲养猪群，多数存在密度过高问题。一是表现为同一圈舍内密度过高，二是由于圈舍之间间隔距离不够，形成了养猪区域内密度过高。在酷暑季节的高温、高湿环境中，密度过高的危害除了不利于猪体散热之外，也由于猪只之间的被动接触，尤其是同染疫猪的接触，加大了感染的可能和机会。

由于高温的影响，猪的食欲下降，进而导致采食量的下降或拒绝采食。长期摄入营养的不足，使得猪体新陈代谢处于负平衡状态，久而久之，则导致猪的生长速度的减缓，甚至导致体质的下降，抵御恶劣气候条件的能力降低，不利于疫病防控。

高温季节蚊蝇活动猖獗，严重影响猪的睡眠。长时间的睡眠不足又导致猪的下丘脑分泌激素机能的下降，进而对内分泌系统正常机能的发挥带来负面影响。内分泌机能的正常发挥，决定着体内腺体、淋巴器官的功能状态。内分泌机能的严重失调，不仅影响采食、消化功能，还影响发情、排卵、受精等繁殖功能。尤其是淋巴器官和组织分泌机能的下降，对抗逆性、抗病力带来负

面影响。

此外，某些猪群由于引种或选配的不当，导致近交系数上升或品种的纯化，导致猪体抵御高温、高湿能力和耐粗饲能力的下降，也是酷暑季节猪群疫病多发不可忽视的因素。如脾脏的畸形，胸腺、肝脏的异常。

4. 疫病的原因　普遍存在的猪瘟病毒是夏秋高热季节猪群疫病多发的元凶。尽管我国实行了猪瘟的强制性计划免疫，整体免疫密度较高，但是由于猪瘟病毒的广泛存在，免疫保护显得非常脆弱，一旦遇到应激因素，很快表现临床症状。当遇到高温高湿、蚊蝇叮咬睡眠不足、饲料霉变等不良刺激时，发病成为常见事件或普通事件。只是由于猪群进行了有效的免疫，使得疫病在猪群中处于零星散发状态而不表现为流行。另外一种表现形式是表现为非典型性猪瘟。如中热、皮肤潮红、流泪和有眼屎、减食或拒绝采食、粪便干结和拉稀交替出现等。

经常发生的免疫抑制和免疫麻痹性疾病，是夏秋高热季节猪群疫病多发的助推器。目前，猪群免疫抑制疾病得到疫病防治人员的高度重视，议论较多。取得共识的可能引起免疫抑制的猪病包括伪狂犬、圆环病毒、蓝耳病和黄曲霉中毒，或直接将四种病简称为免疫抑制病。也有学者认为猪瘟自身也可导致免疫抑制，还有学者认为口蹄疫也能够导致免疫抑制。作者认为，这些疫病只是可能而非必然导致免疫抑制，在伪狂犬、圆环病毒、蓝耳病中，任何一种或多种和黄曲霉中毒病的双重以上混合感染病例中，免疫抑制发生的概率较高；单独感染三种传染病中的一种或两种时，有时会由于感染的时间较短，或者猪体内病毒较少，不发生免疫抑制。但是，只要感染了三种病中的一种或数种，与黄曲霉中毒组合在一起的个体，必然发生免疫抑制。而在酷暑期，由于高温高湿的自然条件存在，饲料或饲料原料霉变非常容易发生。2005 年河南省玉米收获期遇到了连阴雨，玉米在田间已经

受到黄曲霉菌污染，当年猪群黄曲霉中毒发病率较高，检测时免疫抗体“0”的样本频频出现，表明黄曲霉中毒同免疫抑制的高度正相关。

猪群混合感染严重是夏秋高热季节猪群疫病多发的基本特征。2005~2007 年连续 3 年的病例统计分析表明，河南省猪群混合感染现象较为普遍，常见的混合感染组合有：猪瘟+伪狂犬、猪瘟+蓝耳病、猪瘟+圆环病毒、猪瘟+伪狂犬+圆环病毒、猪瘟+蓝耳病+圆环病毒，以及前述几种组合同支原体、传染性胸膜肺炎、猪副嗜血杆菌、链球菌、巴氏杆菌、猪丹毒 6 病中的 1~3 种混合感染，或同弓形虫、附红细胞体、线虫病等血源性疾病的 1~2 种混合感染。这些混合感染病例，在春季和夏初，通常很少表现临床症状，但在酷暑期高温高湿条件下，极易表现临床症状，且往往呈暴发态势。

5. 预防暑期猪群疫病危害的主要措施 通过改进防暑条件、杀灭蚊蝇等措施，预防暑期猪群发生疫病，尽量减轻疫病危害，是酷暑期乃至整个高温高湿季节猪群管理的工作核心。主要措施如下：

(1) 改进猪舍防暑性能。对正在使用中的简陋猪舍，可在其顶部覆盖树枝、玉米秆（厚度 30~50 cm)，或直接用遮阴网覆盖，均可有效减少太阳直接辐射，从而降低猪舍内部温度。

(2) 增加通风设施。夏秋高温高湿季节，在猪舍安装风机可以明显改善猪舍通风状况。建议的风速为 2. 8 m/s。切忌通过向猪圈洒水以降低猪舍温度。

(3) 推行生物措施降低猪舍温度。栽植丝瓜、黄瓜、葫芦等一年生藤蔓类植物，通过植物的攀延，在猪舍顶部形成植物覆盖，是非常有效的猪舍降温措施，舍温可降低 4~6 ℃。

(4) 安装水帘、窗纱。安装水帘，可以有效降低舍内温度。安装防蚊蝇门帘、窗纱，可以避免或减轻蚊蝇对猪的侵袭攻击和

骚扰，在提高猪群睡眠质量的同时，免受乙脑、附红细胞体病、支原体等病的困扰。有条件的场户，在用窗纱、门帘封闭门窗的同时，还可利用高层建筑工地的废旧防护网，将运动场、排粪沟也同时遮盖封闭。

（5）做好饲料仓库的防潮湿、防霉变工作。重点把好原料采购入库关，避免已经霉变和含水量超标原料入库。在原料和成品库地面垫砖、架设木板，使原料和成品不同地面直接接触；每次少量领取饲料，减少饲料在饲养车间堆放时间；在仓库内堆放生石灰；选择晴朗白天中午出库；在仓库原料中埋置热敏电阻，形成对饲料温度24小时不间断的观测等措施，可以有效预防黄曲霉菌的污染和霉变。

（6）改进饲料品质。向饲料中添加4%~5%的蔗糖或食用油脂或蜂蜜，可以有效提高饲料的能量密度，保证在采食量下降的情况下的能量摄入。选择易于消化的蛋白原料，添加1%~3%的动物蛋白，添加甜味剂努力改进适口性等，是常用的有效措施。

（7）保证充足的饮水。定期清洗水罐、水管、饮水器，实行自由饮水制度（人工定时给水的应增加给水次数），在饮水中适当添加水溶性维生素。夜间开灯半小时，促使猪群饮水等措施，可以有效提高猪群的抗应激能力。

（8）努力降低猪舍内的空气湿度。定期检查猪舍供水系统，及时修理和更换跑冒滴漏水管和饮水器；定时清理粪便；减少冲洗和喷雾消毒次数（实行每日冲洗地面1次和每周喷雾消毒1次）；及时排放雨后积水、及时平整猪场走道、修理疏通排水系统都是降低猪舍湿度所必需的工作。

（9）及时处理染疫猪。发病猪必须立即隔离，经本场技术人员或当地兽医治疗2 d未见明显好转的，应立即采集病猪血样或粪便、尿液、鼻涕等样本，到县级以上动物疫病防控机构检测确诊，以免贻误最佳处置时机，造成大面积发病。病死猪应立即拍照、在封闭环境中采集样本后，采取深埋、焚烧或高温等无害化处理措施。

（10）做好免疫和预防性用药工作。按固定的免疫程序免疫的猪场，应坚持执行免疫程序；实行季节型免疫的猪群，应在酷暑季节到来之前做好猪瘟、伪狂犬、普通蓝耳病的免疫工作。建议的疫苗种类和免疫剂量如下。

1）猪瘟。细胞苗颈部肌内注射：超前免疫 1~1.5 头份/头，月龄内仔猪 2 头份/头，临近满月仔猪 3 头份/头，1~2 月龄小猪 3~4 头份/头，65 日龄“二免”5 头份/头。种猪和育肥猪、种猪均为 5 头份/头；当前次免疫剂量大于 5 头份/头时，应按照前次免疫剂量接种。

脾淋苗和组织苗不易用于月龄内仔猪和妊娠母猪。建议的使用量为：小猪“二免”脾淋苗 2 头份/头，组织苗 1~2 头份/头。育肥猪和种猪使用脾淋苗时，按 3 头份/头或前次免疫量接种；育肥猪和种猪使用组织苗时，按 1.5~2 头份/头或前次免疫量接种。

2）伪狂犬。国产疫苗的免疫效果确实。使用时原则上参照疫苗说明书推荐的方法和剂量。3 日龄滴鼻可使用伪狂净 10 头份，加稀释液 4 mL，左右鼻孔各 2 滴。仔猪首次免疫肌内注射 1 头份/头即可。“二免”可适当加量，未发生过疫情场的猪群按 1~1.5 头份/头的剂量使用；发生过疫情场的猪群按 1.5~2 头份/头的剂量使用；成年猪可使用 2 头份/头。

3）蓝耳病。不能做到全进全出的产房，种猪和产房内的所有猪禁止使用弱毒活苗。月龄内仔猪首免使用灭活苗（又称死苗、水苗）2 mL 即可。1 月龄后“二免”，曾经发生过蓝耳病场猪群为 3 mL，否则仍为 2 mL。后备母猪和经产母猪 4 mL。高致病性蓝耳病疫苗只对病原检测阳性猪群使用，剂量按照产品说明书规定掌握。

建议预防用药从持续不断在饲料中添加药物的“一贯给药法”转为“脉冲式给药法”，即每月1次使用治疗剂量，连续3 d内每日投药1次。使用的药物按照各个猪场流行疫病情况自行掌握。推荐的酷暑期预防用药组合为：“氟苯尼考+磺胺嘧啶+磺胺增效剂”或“磺胺嘧啶+磺胺增效剂+多西环素”。

（三）秋季猪群疫病防控的要点

秋季气温逐渐下降，尤其是处暑至小雪这两个月，温度和光照达到适宜猪的生长发育时期。但是北方地区由于受副热带高压的影响，往往会有一个月甚至更长时段“天高云淡，秋高气爽”的晴朗天气，气候特征的一大特点是光照和温度适宜但湿度较低。有的年份则表现为低压槽稳定不走，槽后低压带来2~3周的阴雨连绵，形成阴雨连绵的潮湿天气。这两种不同特征的气候，对猪群健康的影响也截然不同，因而，猪群饲养管理中的疫病防控工作也要有不同的侧重点。

1. 秋高气爽天气条件下的猪群疫病防控要点　空气干燥是对猪的快速生长最大的不良因子，必须重视。猪群疫病防控的要点如下：

（1）避免血源性疫病危害。历经夏季高温天气考验，猪群体质严重受亏，尤其是长期的蚊蝇叮咬使得猪的睡眠严重不足，免疫力极低，通过蚊蝇传播的血源性疾病（如弓形体病、附红细胞体病、链球菌病等）接近临床暴发的阈值，立即投喂磺胺类药物（首选磺胺嘧啶）可有效避免疫病的危害。建议8月中下旬（视气温而定，日最高气温低于28 ℃或日均温低于24 ℃）按照产品说明书标明的治疗用量拌料给药3 d，每天1次。拌料投药期间应在饮水中按照0.3%~0.4%添加小苏打。育肥猪应在停药7 d后再行出售。

配种后3周内未用药的母猪应在3周后补充用药，具体时间视暴发血源性疫病的危险程度而定。妊娠母猪皮肤颜色呈现白中略显鲜红色时可往后多推迟些时日；若皮肤颜色苍白则应及时补充用药；皮肤苍白、眼睑苍白同时存在的妊娠母猪，应在妊娠的第 4 周内用药。妊娠母猪投喂磺胺类药物时除了在采食后的饮水中添加 0.3%～0.4%小苏打之外，其余时间的饮水中还应按照产品说明书标定的剂量添加多种维生素，其磺胺类药物的投给量可控制在预防量之上、治疗量之下的中间值。

（2）驱虫。重点是驱除体内线虫。常用的药物为丙硫咪唑、阿苯达唑等，建议除妊娠前期母猪外，所有猪在 9 月中上旬依照说明书规定的剂量用药 1 次。注意，育肥猪在用药后 2 周才能出售。当然，体表寄生虫严重猪群，使用中兽药“三子散”或含有槟榔、白头翁的中成药，同时杀灭体内、体表寄生虫，效果更佳。

（3）接种疫苗。由于酷暑期高温高湿环境下猪体代谢负平衡和蚊蝇骚扰的影响，猪群免疫力严重下降，检测时可见猪瘟抗体参差不齐、伪狂犬抗体极低，春末夏初出生的仔猪多数是否及时接种口蹄疫疫苗或补充免疫，成为 9～10 月是否发生大面积疫情的关键措施。建议 8 月下旬至 9 月上旬，选择凉爽天气开展免疫接种工作。推荐的免疫方案如下：

1）按照 25～28 日龄哺乳仔猪 3～4 头份猪瘟细胞苗、65 日龄前后“二免猪”猪瘟脾淋苗 1～2 头份或 ST 传代苗 1 头份、育肥猪视体重大小和前次接种量，使用猪瘟细胞苗 6～8 头份（信必妥稀释），或猪瘟脾淋苗 2～4 头份，或 ST 传代猪瘟苗 1～2 头份接种。

2）间隔 1 周后，按照断奶小猪 1 头份，20～40 kg 架子猪 1.5 头份、育肥猪和繁殖猪群按 2 头份接种基因缺失伪狂犬弱毒活疫苗。

3）间隔 7～10 d 后，按照断奶小猪 1 mL、架子猪 1.5 mL、育肥猪和繁殖猪群 2 mL 合成肽，或断奶至 25 kg 小猪 1 mL、架子

猪、育肥猪和繁殖猪群均为 2 mL 的高效口蹄疫疫苗（含 BY/2010 株毒）接种。

4）蓝耳病、圆环病毒病疫苗应根据各场猪群的具体情况，决定是否使用和使用疫苗的品种。具体方法如下：①若本场未受蓝耳病危害，周围猪群也没有蓝耳病发生，可继续坚持不使用疫苗；若本场未受蓝耳病危害，但邻近或周围猪群有蓝耳病发生，可在 9 月下旬至 10 月上旬选择蓝耳病灭活疫苗 4 mL（繁殖母猪群和种公猪）、2 mL（断奶仔猪）接种。②已经使用蓝耳病灭活疫苗 2 年的繁殖猪群也可改用哈尔滨兽医研究所生产的蓝耳病弱毒活疫苗 1~2 头份接种。已经发生蓝耳病的猪群，应采集血样到地市级以上动物疫病预防控制机构进行病原鉴别监测。③若为普通蓝耳病病原阳性猪群：接种哈尔滨兽医研究所或上海海利的普通蓝耳病弱毒活疫苗（2332 株）1~2 头份。④若为变异蓝耳病病原阳性猪群：则建议淮河以北地区使用自然弱毒株、江淮地区使用 HNa-1 株、长江以南地区使用 JX a-1 株疫苗 1~2 头份接种；普通蓝耳病和变异蓝耳病双阳性猪群：建议使用自然弱毒株疫苗 2 头份间隔 3 周 2 次接种。⑤圆环病毒使用与否也应视本场的具体情况而定。通常只有在猪瘟、伪狂犬、口蹄疫、蓝耳病四种病毒病免疫效果确实的母猪群才考虑圆环病毒的免疫。

提请注意的一是接种前一天、当天、后一天应在饮水中添加电解多维（按说明书推荐量加倍使用），若能在饲料中添加“人参强心散或补中益气散” 5~7 d，效果最好。二是要在每天的早晨 6~7 时完成接种。三是接种疫苗的育肥猪，2 周后方可出售。

（4）消毒和隔离。此期消毒工作亦不可忽视。喷雾消毒可在消毒的同时提高猪舍内的空气湿度，应坚持每周 1 次喷雾消毒，首选消毒剂为碘制剂和过氧乙酸制剂，二者交替使用，剂量参照不同厂家产品的说明书。大肠杆菌危害严重猪群，可在每周三加入 1 次戊二醛或季铵盐类消毒剂喷雾。烧碱液喷雾至少 2 周

1次，圈舍内喷雾时浓度要低些，控制在1.5%~2.0%即可，并注意只向地面、墙壁、器械喷洒，避免向猪体喷洒，严禁向猪头喷洒；舍内外走道、粪场等环境消毒时，浓度适当提高，推荐的浓度是2.5%~3%。

规模较大猪场，应在每次消毒后采样，进行消毒效果评价。

隔离有三层含义：一是引种后的隔离观察，包括后备母猪、种公猪和育肥猪场新近购买的商品仔猪。二是场区饲养小环境同外界的隔离。三是场内猪群的隔离。即病猪治疗中同健康猪的隔离。前两种各个规模猪场都已给予足够重视，第三种隔离则因猪舍面积、管理等因素重视不够，或是在同一栋猪舍中间隔几个圈舍的“无效隔离”。此外，专业户猪群和专门育肥的小型农户猪群，新购商品猪仔没有隔离观察直接进场，发病猪治疗时的“无效隔离”现象广泛存在，且经常在此种天气发生疫情。笔者在此重复发病猪应在隔离舍隔离治疗的原因，是此期该项措施有更直观、更重要的意义。此时整个猪群的免疫力低下，不重视此项措施，就很可能导致疫情发生，而重视了此项措施，就可能是个别病例，损失小得多。

（5）增加营养和加强饲养管理。秋高气爽对于猪来讲，是一年中仅次于春季的好季节，空气清新，温度适宜，是快速生长、增加膘情的好时机，也是繁殖猪群配种、繁殖的关键时期。保证猪生长发育所需的各种营养的充足供给，就能够获得最大的饲料报酬。在水、能量、蛋白质、维生素、矿物质等主要营养物供给方面，需要注意的问题如下：

1）保证足够的饮水。不少于每月1次的猪舍出水口水质检查，确保猪的饮用水清洁卫生。

2）足够的能量供给。并注意同蛋白质营养的合理比例，并注意控制适当的粗纤维含量。

3）日粮蛋白质营养中目前最大的问题，是蛋白质质量的差

异。膨化大豆粕添加1%~3%的动物蛋白是最佳的配比组合。繁殖猪群日粮中添加动物蛋白与否，直接影响猪群的繁殖性能和体质状况。

育肥猪日粮蛋白质组成中有动物蛋白的前提下，添加10%以下的脱毒棉籽仁饼，能够有效降低成本，生长速度虽有降低，但差异不显著。

菜籽饼添加量超过日粮蛋白组成5%时，饲料报酬和生长速度明显降低。

缺少动物蛋白时，不仅生长速度下降，而且其体质也明显下降。在蛋白质营养充足、搭配合理的前提下，添加0.4%赖氨酸和0.2%蛋氨酸能够提高生长速度。若蛋白质营养不足，生长速度的提高难以表现出来。

4）维生素的供给非常简单。市场供应的电解多维只要是真品，按照说明书推荐的剂量在饮水中添加，即可满足B族维生素的需要。繁殖猪群应添加B族维生素、维生素A和维生素E。所有维生素只要能够通过饮水投喂就不要拌料，避免维生素同饲料中的矿物质、微量元素发生化学反应而降低二者的生物学效价。

5）矿物质、微量元素营养方面，存在的主要问题是饲料微量元素的品质问题。不同级别的微量元素纯度高低差别很大，廉价的微量元素常因含有伴生元素，降低了其生物学效价。因而提请各猪场注意选择高质量的微量元素产品，以便秋季获取较高的饲料报酬。

饲养管理方面存在的普遍问题：一是圈舍内密度过高。二是陡然的高温和低温应激。三是保育猪的并圈组群不科学，常出现打斗、咬伤，影响其生长发育。四是种猪群管理粗放，种公猪、繁殖母猪群、后备猪群运动量不足。运动量不足加上频繁的配种、采精，致使种公猪性欲和精液活力下降；繁殖母猪群运动量和光照的不足、维生素和微量元素营养的不平衡，使得母猪产程延长，甚至出现难产。五是不知道运用现代科技产品。如B超的应用仅限于部分大型猪场和兽医，远红外体温测试仪很少有猪场使用，仔猪自动控温设备也很少应用等。前述问题的解决，有赖于猪场经营者素质的提高和观念的更新，建议各猪场结合自己的实际情况逐步予以改进。

2. 阴雨连绵天气条件下的猪群疫病防控要点 黄淮海平原每三四年一次的“秋模糊雨”和长江中下游地区每年一度的“梅雨”，对养猪业的最大危害是导致即将收获的玉米、水稻等籽实类作物在田间感染霉菌，突出表现是黄曲霉菌对饲料的污染。其次是高温、高湿环境对猪群的直接影响。猪群疫病防控的要点如下：

（1）严禁饲喂霉变饲料。首先各猪场应从“严把进料关”做起，避免霉变原料进场。其次要完善自己的饲料加工、保管设施，切实保障饲料在加工、场内储存过程中的安全。再次要完善分发、领取制度。如认真落实出入库登记制度；严禁野蛮装卸、野蛮搬运，做到袋无破损，地无散料；加工区和仓库内每日清扫一次；分类按生产日期码放，避免分发错误；先进先出，缩短库存时间等。即使干燥的秋季，成品料在猪舍内存放也不得超过7 d。

走出添加脱霉剂的误区。部分猪场迷信脱霉剂，认为只要添加脱霉剂就可解决饲料霉变问题，进入一边“饲喂脱霉剂、一边发病”的误区。现实的问题是许多品牌的脱霉剂的主要成分是膨润土、浮石粉，主要通过吸附功能延迟或减少对黄曲霉毒素的吸收，如果长期饲喂这种霉变原料和脱霉剂组成的饲料，同样会发生黄曲霉毒素中毒，只是吸收的毒素稍少一些，从饲喂到表现症状的时间延迟一些。所以，根本的办法是不用霉变原料。假使很轻微的霉变，量又很少，建议将玉米使用脱胚机处理之后，再添加脱霉剂，短期间断用于育肥猪（间隔1周饲喂一次，每次7 d，最多不超过3次）。

（2）避免血源性疫病危害。方法同上，不再赘述。

（3）驱虫。重点是驱除体表螨虫，同时兼顾体内寄生线虫的杀灭。高温、高湿环境除了导致猪体散热困难以外，一个棘手的问题是诱发疥螨病。所以，秋季遇到阴雨连绵天气时驱虫应兼顾体内体外，并注意猪舍地面的杀虫处理。目前市场供应的伊维菌素、阿维菌素效果不错，肌内注射或拌料的产品都有供应，各猪场可结合本场实际，在 8 月下旬至 9 月上旬，按照“尽早使用”的原则，选择使用。

（4）接种疫苗。秋季接种的疫苗品种选择、时间确定，前文已经述及，请参照执行。提请注意的是应选择无雨天气接种，避免雨水、圈舍内脏水污染。

（5）消毒和隔离。通过紫外线照射、摆放生石灰块、熏蒸等办法消毒，尽可能减少喷雾消毒次数。过氧乙酸消毒可采用带猪熏蒸法。即吊 1 个磁盘（或搪瓷盘）/20 m^2，注入过氧乙酸原液 20~25 mL/盘，让其自然蒸发，每日早、晚检查和添加，连续 7 d 为 1 个消毒期。百净宝（新型环境改进剂）按 4 g/m^2 量喷洒，每日 1 次，连续 1 周后改为每周 1 次。其他事项参照前文。

（6）增加营养和加强饲养管理。除前文所讲事项外，需要特别注意的一是及时检修损坏的水嘴和供、排水管道，避免漏水和舍内积水。二是猪舍内存放饲料量不超过 2 d。三是加强环境卫生管理，定期检查储粪场和沉淀池，及时清掏和整理，减少溢出事故；雨后及时组织员工平整场区、道路，排出积存雨水，清理杂草污物，避免场区积存脏水和雨水，努力减少蚊蝇滋生。

（四）冬季猪群饲养管理

不论是空气湿度较低的“干冬”，或是农历十月降雪的“湿冬”，低温寒冷是气候的主要特征，对于各种饲养方式的猪群，防寒是主要工作。多数农户通过舍内饲养、关闭门窗、添加垫草解决散养猪的防寒问题。但是对于专业户和大型养猪企业的规模饲养猪群，由于群体增大和配合饲料的应用，以及猪舍建筑中存在的问题，冬季猪群的饲养管理成为技术性非常强的工作。其水平的高低，不仅制约当年猪群的育成率和出栏合格率，甚至成为影响猪群能否持续稳定生产的关键。本章结合我国规模饲养猪群现状，提出冬季猪群饲养管理的若干技术建议，供广大养猪企业和专业户参考。

1. "干冬"猪群的饲养管理技术 通常，夏季温度高，春秋天多雨，如非异常，冬季降水少、气温低而成为"干冬"可能性较大。至于到底是"干暖冬"，还是"干冷冬"，要看寒流到来的早晚。"干暖冬"的特点是上冻晚，低于0℃时间短，但是空气干燥，极易发生通过空气传播的疫情。"干冷冬"则是在立冬前后就有强冷空气南下，干冷时间长，空气同样干燥。对于猪群管理来讲，猪舍封闭时间更长。不论是干暖冬，还是干冷冬，防寒是管理必须要做的工作。但是对于集群饲养猪群来讲，又有一些差别。

（1）"干暖冬"猪群的管理。干暖冬猪群的管理中，要注意除了消毒时尽量使用喷雾消毒技术之外，还应注意利用晴天的中午经常换气，以保证猪舍空气质量的清新。

1）增加日粮能量供给，确保食入足够的热能，是正常生长发育的需要，也是保持良好体质的基础。可通过提高饲料中玉米等能量原料的比例来实现（建议63%以上），或添加2%~3%的油脂、蜂蜜等。添加葡萄糖、蔗糖时，应现喂现添，一次添加的饲料不宜超过5 d的猪群采食量。

2）经常检查水质，确保供给洁净饮水。有条件的猪场，应定期进行软化处理。

3）控制饮水温度，并在水箱中添加电解多维，为猪只健康生长创造条件。不饮用冷水，更不得饮用冰渣水。

4）按照各猪场自己的免疫程序做好猪瘟、口蹄疫、伪狂犬、

蓝耳病等主要疫病的免疫接种。

5）入冬前未投喂抗血吸虫病药物的猪群，应在初冬时投药。使用磺胺类药物时应注意结合使用肾宝宁、美肾宁等，或直接在采食后的饮水中添加0.4%小苏打。一般用药3 d即停，可采用不同品种磺胺类药物交替使用的办法提高预防效果。

6）视天气情况，可在晴朗白天的中午10时左右开窗通风，阴天应在14~16时通风。大风降温天应在早晚无风，或风力降低时开启门窗，并注意缩短开启时间。推荐的开窗时间为：

气温8~12 ℃时：30~60 min/次。

气温5~8 ℃时：20~30 min/次。

气温1~5 ℃时：10~15 min/次。

气温-5~0 ℃时：5~8 min/次。

当气温降至-10 ℃左右的极端寒冷天气时，应实行多人同时上岗，逐圈舍放风的办法，于每日10时、16时，通风3~5 min后立即关闭门窗。

7）定期投喂胡萝卜、南瓜、红薯、土豆等块根多汁饲料。

8）加强储粪场管理。集中堆放的应在表面覆盖30 cm黄土，并坚持每日检查，发现表面干燥时及时洒水，以防扬尘。

9）严格执行隔离和消毒制度。尤其应注意各功能区门口消毒池内消毒液的补充，严禁干池。

(2)“干冷冬”猪群的管理。干冷冬猪群的管理同“干暖冬”的不同点在于门窗封闭较早，污浊空气对猪群的危害更为明显。频繁地使用喷雾冲洗消毒，会因空气湿度的提高而不利于保暖。

1）增加日粮能量供给的方法与“干暖冬”相同，但应开始早些。通常在11月即开始使用提高能朊比的饲料。

2）经常检查包裹的供水管道，避免因结冰、爆裂等造成供水中断。水质检查应做到每1~2月一次。

3）控制饮水温度的措施是及早包裹供水管道，增加水井抽水次数。“三九”至“六九”期间，实行每日早晨6~8时抽水，使猪群在每天的早晨能够喝到“温暖的地下水”。同样，要在水箱中添加电解多维，不得饮用冰渣水。

4）猪瘟、口蹄疫、伪狂犬、蓝耳病等主要疫病的免疫接种工作也应适当提前。每年9月的口蹄疫疫苗接种，不得省略。伪狂犬、蓝耳病危害严重猪群，应考虑实行“间隔3周二次免疫”的方法免疫，以提高群体的抗体滴度。猪瘟抗体不整齐猪群，可考虑使用脾淋苗、浓缩苗，繁殖猪群也可以考虑使用细胞传代苗。

注意：脾淋苗、浓缩苗、细胞传代苗的抗原含量均很高，每头份含量在7 500~15 000 RID，不可过量。当按照说明书推荐的剂量效果不佳时，可参照本文推荐的剂量使用，即断奶猪至30 kg保育猪1头份，30~60 kg育肥猪1.5头份，繁殖猪群和60 kg以上育肥猪2头份。

5）初冬时投喂磺胺类药物防治弓形体、附红细胞体，使用方法和注意事项与前相同。

6）通风换气同样视天气情况掌握。晴朗白天的中午10时、阴天的14~16时通风的天数更多，但持续时间较短。为10~15 min/次，或5~8 min/次。

此类冬季气温降至-10℃左右的极端寒冷天气维持时间较长，可通过改进通风换气方式实现换气，最好实行猪舍屋顶抽气外排的负压通风技术，并在进风口增设空气消毒、加热装置，以实现“换气”“保暖”两兼顾。

7）定期投喂胡萝卜、南瓜、红薯、土豆等块根多汁饲料的时间更长，至少应于12月上旬开始。

8）储粪场管理的重点是防止因干燥导致的扬尘。粪堆表面覆盖30 cm以上的湿润黄土优于干燥黄土。坚持每日检查至少1

次，发现可能有扬尘时，及时洒水。

9）严格执行隔离和消毒制度。尤其应注意各功能区门口消毒池内消毒液的补充，严禁干池。

2. "湿冬"猪群的饲养管理技术　农历十月降雨，腊月降雪是正常的年景。但是，河南省2008年却遇到了农历九月二十二日降暴雪的极端天气。偶然现象也好，"艾尔尼诺"现象也罢，都提示我们应提前做好越冬准备。同"干冬"相比，空气湿度大，猪体热丢失快，寒冷感明显是"湿冬"气候的主要特征，"降低猪舍空气相对湿度、提高猪舍内环境温度"成为猪群安全越冬的重要工作。

（1）增加日粮的能量供给，确保食入足够的热能，是冬春寒冷季节保持良好体质的基础，也是正常生长发育的需要。措施同前文相同，只是添加葡萄糖、蔗糖、蜂蜜的饲料一次不可调制过多，建议的一次调制量为3 d的猪群采食量。

（2）大雪覆盖时供水管道爆裂反倒不多，多集中于"立春"前后。因而雪停后立即清理供水管道上的积雪，是预防供水管道爆裂的重要措施。废水管道、雨水管道分离的猪场排水管道，冻结现象较少；非雨污分离猪场的排污管道，多在雨雪天因排水管道堵塞，发生猪舍内污浊空气（氨气、硫化氢、尸胺）超标事件。及时清理积雪，将其堆积在树木周围让其慢慢融化、逐渐外排，对于非雨污分离管道的猪场有至关重要的意义。

（3）尽量减少喷雾消毒、冲洗猪圈次数（可控制在1次/2周），是降低猪舍内空气相对湿度的一项措施。在猪舍放置生石灰，或使用鼓风机送进洁净热风，是冬季降低猪舍内空气相对湿度、提高舍内温度、改进空气质量的有效措施。有条件的猪场应主动采用。

（4）在饲料或饮水中添加具有补中益气、温中清湿功效的中成药，可以有效地提高"湿冬"季节不良环境下猪群的抗逆性，帮助猪群顺利越冬。推荐的中成药：拌料的有人参强心散和补中益气散（拌料时均为0.2%，连续7 d，育肥猪只用1次，繁殖猪群1次/月）、理中散（拌料0.4%，连续5 d，2次/月）、四君子散（拌料0.2%～0.4%，连续5～7 d，2次/月），饮水的有十滴水、藿香正气水（饮水时均为0.2 mL/kg体重）等。

（5）做好免疫工作，重点做好猪瘟、口蹄疫、伪狂犬、蓝耳病疫苗的接种工作。

（6）初冬时投喂磺胺类药物杀灭弓形虫、附红细胞体，使用方法和注意事项参照前文。

（7）通风换气同样是视天气情况掌握。晴朗白天的中午10时、阴天和雨雪天的14～16时通风时应观察环境温度，依照前文推荐的通风时间执行。

（8）定期投喂胡萝卜、南瓜、红薯、土豆等块根多汁饲料时，应清洗后晾干再投喂，开始时间也不应迟于12月上旬。

（9）储粪场管理的重点是防止化雪时的流淌污染。可通过入冬前在储粪场周围修建2～3砖的低矮边墙解决，也可在储粪场周围堆积临时性环状土埂实现。

（10）严格执行隔离和消毒制度。重点是雨雪天后及时更换各功能区门口消毒池内的消毒液，保证消毒液的有效浓度，实现有效消毒。

四、不同月份猪群管理要点

年有四季，月有两节。日分昼夜，月分三旬。中国农历的伟大之处，不仅在于它是一种精确的计时方法，还在于它同时是农事活动规律的总结，这种计时方法同农耕活动的巧妙结合，对今天的规模养猪同样有指导和借鉴意义。本节作者依据中原地区猪场的生产水平和管理现状，结合自身经验体会，提出每月饲养管理的技术要点和重点工作，供不同规模猪场经营者和技术人员

参考。

1. 元月猪群饲养管理要点　元月入严冬，天冷地也冷。进入以冷应激为启动因子的疫病高发期。部分基础设施简陋猪群，在长期的冷应激刺激下抗病力明显下降，成为局部流行疫情的暴发点。本月饲养管理的核心，依然是保暖和通风换气。规模饲养场封闭饲养猪舍解决保暖和通风换气问题的水平，决定着猪群的健康水平和生长速度；开放、半开放猪群的保暖、驱虫和杀灭血液原虫，是重要的预防措施；塑料大棚饲养的猪群，则应注重防潮湿、防饲料霉变，定时通风换气。

（1）继续使用添加2%~4%油脂、蜂蜜的高能量密度饲料。

（2）杜绝饮用雪水、冰渣水。

（3）及时修补残缺的防寒设施。

（4）定时通风换气，晴天9~18时、阴天10~17时内，多次短时间换气，每次5~8 min。

（5）依据抗体检测结果加强猪瘟、口蹄疫免疫。猪瘟免疫可选择高效苗或脾淋苗，使用普通细胞苗的最好用“信必妥”稀释（一瓶疫苗兑1瓶信必妥）。口蹄疫苗可选择合成肽，使用过合成肽猪群最好使用含有“MY2010”毒株的疫苗加强免疫。

（6）发生过或周围有口蹄疫疫情的猪场，应以“人参强心散”拌料5~7 d后再接种疫苗，以减轻捕捉保定应急对猪群的危害。

（7）全群封闭猪舍间隔20 d使用“过氧乙酸”带猪熏蒸1次，每次7 d，24 h不间断熏蒸，20 m^2/处（使用面积尽可能大的搪瓷盘、陶瓷盘吊于舍内），20~25 mL/盘，每日早、晚各检查1次，蒸发后剩余很少的要及时添加。

（8）猪瘟、蓝耳病、伪狂犬、口蹄疫单一或混合感染痊愈猪群，应及时补充免疫。

（9）上中下旬“脉冲式交替”使用“利农”“康农”等抗

生素和补中益气散，做好支原体、传染性胸膜肺炎、副猪嗜血杆菌、链球菌、大肠杆菌等细菌性疫病的预防工作。

（10）按照白萝卜、红萝卜3:1的比例饲喂繁殖母猪群，让其自由采食；保育猪、小育肥猪、中育肥猪可按1 kg/（头·日）、2 kg/（头·日）、2 kg/（头·日）的量投给（比例同繁殖母猪），仔猪可适量饮萝卜汁。

（11）种猪群可在上旬饲喂7天“人参强心散”（0.2%拌料），或直接投给山药、党参、黄芪等块根类滋补中药，增强繁殖性能，提高胎儿质量，以及哺乳仔猪和保育猪育成率。

2. 二月猪群饲养管理要点 二月早春，乍暖还寒。基础设施条件简陋的猪场，历经漫长冬季的寒冷刺激，猪群体质羸弱，处于亚健康、亚临床状态；基础设施建设较好猪场，因漫长冬季的封闭饲养，氨气、硫化氢、尘埃颗粒、病原微生物等严重超标的浑浊空气，也已将猪群推向亚临床状态，加之多数年份为中国人民传统节日春节所在月份，不论大小猪场，均存在放假后岗位人手不够、管理相对松懈现象。所以，本月是猪群疫病危害严重月份。基础设施条件较差猪群的饲养管理核心是保暖，封闭饲养猪群日常管理的核心是通风换气。

（1）继续使用添加2%~4%油脂、蜂蜜的高能量密度饲料。

（2）杜绝饮用雪水、冰渣水。

（3）继续坚持，定时通风换气，晴天9~18时、阴天10~17时内多次短时间换气，每次8~15 min。

（4）猪瘟、口蹄疫抗体不理想猪群，在春节前实施集中免疫，疫苗选择参照上月。

（5）发生过或周围有口蹄疫、蓝耳病、圆环病毒疫情的猪场，应以“人参强心散”拌料5~7 d后再接种疫苗，以减轻扑捉、保定等应急因素对猪群的危害。

（6）全封闭猪舍，间隔20 d使用“过氧乙酸”带猪熏蒸1

次，每次7 d，24 h不间断熏蒸，20 m^2/处（底面积尽可能大的搪磁盘、陶瓷盘吊于舍内），20~25 mL/处，每日早、晚各检查1次，蒸发完或剩余很少的盘子，添加时要适当加大添加量。

(7) 猪瘟、蓝耳病、伪狂犬、口蹄疫单一或混合感染痊愈猪群，春节后上班应立即组织补充免疫。

(8) 上中下旬“脉冲式交替”使用“利农”“康农”等抗生素，做好支原体、传染性胸膜肺炎、猪副嗜血杆菌、链球菌、大肠杆菌等细菌性疫病的预防工作。

(9) 按照白萝卜、红萝卜3∶1的比例饲喂繁殖母猪群，让其自由采食；保育猪、小育肥猪、中育肥猪可按1 kg/头日、2 kg/头日、2 kg/头日的量投给（比例同繁殖母猪），仔猪可适量饮萝卜汁。

(10) 种猪群可在上旬饲喂7 d“人参强心散”（0.2%拌料），或直接投给适量山药、党参、黄芪等多汁滋补类中药，营卫正气，提高胎儿质量，提高哺乳仔猪和保育猪的育成率。

3. 三月猪群饲养管理要点　三月春暖花渐开。气温的日较差和昼夜温差都是一年中最大的时期，加之病原微生物随气温上升大量增殖。对历经漫长冬季猪舍封闭、体质羸弱，处于亚健康、亚临床状态的猪群是一个严峻考验。那些伪狂犬、蓝耳病、圆环病毒单一或混合感染猪群，此月本来就不高的猪瘟、口蹄疫抗体消失殆尽，进入暴发疫情的临界状态。所以，本月是猪群管理压力最大月份。既要注意防寒保暖，又要及时开窗通风。稍有懒惰就有可能由于风寒感冒诱发疫情。封闭饲养猪群日常管理的核心是通风换气，主要措施是加大巡视检查频率，督促饲养员及时开启和关闭门窗。

(1) 陆续停止使用添加2%~4%油脂、蜂蜜的高能量饲料。

(2) 加强种公猪、繁殖母猪群的营养，加大其运动量，有条件猪场，应驱赶种公猪到室外运动，为提高春季配种准胎率创

造条件。

（3）尽量通风换气，晴天9~18时、阴天10~17时内可延长开窗时间。

（4）全面开展猪瘟、口蹄疫、伪狂犬、蓝耳病等疫苗的春季免疫。

（5）发生过或周围有口蹄疫、蓝耳病、圆环病毒疫情的猪场，应以“人参强心散”拌料5~7天后再接种疫苗，以减轻捕捉、保定等应急因素对猪群的危害。

（6）全封闭期间使用“过氧乙酸”带猪熏蒸消毒，晴天气温高时可带猪喷雾消毒。

（7）上中下旬“脉冲式交替”使用“利农”“康农”等抗生素，做好支原体、传染性胸膜肺炎、副猪嗜血杆菌、链球菌、大肠杆菌等细菌性疫病的预防工作。

（8）补饲白萝卜、红萝卜、红薯、土豆、南瓜等多汁饲料，应仔细检查，防止猪采食有黑斑或腐烂的多汁饲料，特别注意的是，严谨饲喂带黑斑的红薯、山药和发芽土豆。

（9）种猪群投喂中药“补中益气散”（0.2%拌料）一周，营卫正气，提高胎儿质量。育肥和保育猪群，投喂5~7 d。

4. 四月猪群饲养管理要点 四月气温上升更快、更多，防寒已不是主要问题。营养和管理水平较高猪群，进入快速增长期。但随着病原微生物的大量增殖，管理水平较低猪群会陆续发生伪狂犬、蓝耳病、圆环病毒单一或混合感染疫情。

本月是猪群管理相对轻松月份。日常饲养管理的核心是保证全面、合理的营养，重点注意青绿饲料的供给，为快速生长创造条件。

（1）停止使用添加2%~4%油脂、蜂蜜的高能量饲料。

（2）加强种公猪、繁殖母猪群的营养，尤其应保证富含B族维生素和卟啉类营养的青绿饲料，如洋槐树叶、楸树叶、葛条

花和洋槐花叶、芹菜、香椿芽等。适当加大运动量，为提高春季配种准胎率创造条件。

（3）尽量通风换气，昼夜温差不超过10 ℃就不要关窗。

（4）全面检查、清洗采暖设施，并包装入库。

（5）补充免疫。即对上月处于发病、妊娠状态，或月龄内未免疫的仔猪补充免疫。上月未饲喂补中益气散的本月补充饲喂。

（6）实施每周1次的过氧乙酸、季铵盐、1.5%～3%烧碱液交替消毒。过氧乙酸以夜间带猪熏蒸消毒为佳，季铵盐消毒液、1.5%～3%烧碱液带猪喷雾消毒时，严谨向猪体喷洒。

（7）上中下旬“脉冲式交替”使用“利农”“康农”等抗生素，做好支原体、传染性胸膜肺炎、猪副嗜血杆菌、链球菌、大肠杆菌等细菌性疫病的预防工作。

（8）补饲青绿多汁饲料的猪群，注意事项与上月相同。

5. 五月猪群饲养管理要点　五月昼夜温差大，气温变化剧烈，日常饲养管理应围绕增强抗应激能力，同时做好防暑工作。

（1）清理下水管道。

（2）清洗供水管网。

（3）安装防蚊蝇窗纱、门帘。

（4）藤蔓植物育苗、移栽。

（5）修缮各类房舍屋顶，采取遮阴措施。

（6）训练饲喂高能朊比饲料。

（7）每旬在饮水中添加肝肾宝，或电解多维，或泰维素各1次，每次3 d。

（8）上旬按治疗量在饲料中添加“利农”3 d，预防附红细胞体病、弓形虫病。

（9）中旬在饲料中添加麻杏石甘散，或清瘟败毒散3 d，以防突然低温天气导致流感发生。

(10) 补充免疫乙脑、口蹄疫、链球菌、大肠杆菌等疫苗。

(11) 选择性出售体重达标商品猪，以降低舍内猪群密度。

6. 六月猪群饲养管理要点　六月气温稳定通过 20 ℃，昼夜温差缩小，猪群进入快速生长期。但是因农忙使得岗位人手紧张，在岗人员日常管理工作量加大，管理措施落实不到位，是猪群管理中普遍存在的问题。管理要点如下：

(1) 检查和清理排水管网，并保持其畅通。

(2) 清理场内和周围 50 m 范围以内环境中的杂草和积水，储粪池和废水处理池（含三级处理的一级处理池）定期进行防蚊子、苍蝇处理，可添加杀蚊蝇药物，也可采用滴废机油的办法(每周 1 次，0.25 滴/m^2)。

(3) 保持供水管网畅通，并检查水罐和猪舍水箱，饮水中视实际情况添加电解多维（100 kg 饮水/袋）。

(4) 检查并立即修补门窗，安装窗纱、吊帘、水帘。

(5) 移栽一年生藤蔓植物丝瓜、葫芦、黄瓜、南瓜等，搭设棚架，为攀爬做好准备；移栽薄荷、香草、熏蚊草、薰衣草、苏叶、万年青等能够散发特殊芳香气味的草本植物，以减轻夏季蚊蝇的危害。

(6) 检查猪场内所有房屋，及时修补，避免夏季漏雨。所有猪舍应进行防暴晒处理。如加设隔热层，覆盖并固定秸秆、垫草、遮阴网等。

(7) 饲喂高能朊比日粮（≥12 540 kJ/kg)。

(8) 月初添加抗支原体和驱虫药1 次；中旬添加抗附红细胞体药（磺胺类，配伍使用 0.4%小苏打饮水）1 次，下旬添加抗病毒中药（板蓝根、大青叶类）1 次。均按治疗量投药，每天 1 次，连用 3 d。

(9) 开展免疫效果检测，为顺利度夏做准备。猪瘟、口蹄疫抗体滴度应在 3 个数量级之内、合格率≥85%为合格。否则应

补充免疫。

(10) 做好伪狂犬、蓝耳病的补充免疫，大肠杆菌、链球菌危害严重场还应对育肥猪接种大肠杆菌、链球菌疫苗。

(11) 出售≥90 kg 育肥猪，降低猪圈内密度（保育猪 1 m^2/头，小育肥 1.2 m^2/头，大育肥 1.5 m^2/头）。

(12) 规模饲养场要检修风机，通过维修保养、加油等工作，排除故障隐患，做好正常风机的擦拭、清洗，落实运行测试，确保高温天气能够正常运行。本月猪舍内风速建议控制在 0.2~0.6 m/s。

7. 七月猪群饲养管理要点　七月日平均气温稳定通过 22 ℃，甚至有日平均气温超过 25 ℃天气，高温、高湿是本月气候的突出特征，低气压对猪群危害更大，管理的核心是防暑降温。基本管理要点如下：

(1) 保持充足的饮水供给，坚持全月每天都在饮水或饲料中添加电解多维（泰维素、泰维他或肝肾宝）等，以提高其抗热应急能力。

(2) 保持良好的通风，全封闭猪舍推荐舍内风速 0.6~0.8 m/s。有条件的猪场可在中午抽取地下空气。

(3) 饲喂适口性好、易消化、高能朊比日粮（≥13 376 kJ/kg）。

(4) 防止饲料霉变。猪舍内存放的饲料不得超过 2 d；定时饲喂猪群应每日清洗料槽。

(5) 经常检查门窗和窗纱，发现破损要立即修补，确保完整，确保发挥作用。

(6) 及时浇灌场内植物。紧防遮阴用藤蔓植物和景观植物受旱，无雨天 1~2 d 应浇水 1 次。

(7) 饲料中添加“清热散”“香薷散”等中兽药，提高抗热应激能力。稳定猪群本月除了前述抗热应激药物、维生素外，尽量不用药。不稳定猪群视猪群表现选择添加抗支原体药，或驱虫药，或抗附红细胞体药（磺胺类，配伍使用0.4%小苏打饮水）1次。均按治疗量投药，每天1次，连用3 d。

（8）所有猪舍房顶覆盖秸秆、垫草、遮阴网等。

（9）中下旬停止配种。

（10）雨后及时清理场区内低洼处积水，更换消毒池内的消毒液。

（11）出售≥90 kg育肥猪，降低公猪配种负荷和频度。

（12）定期喷洒灭蚊蝇药物，减轻蚊蝇危害。

8. 八月猪群饲养管理要点　七下八上为伏天，湿热和蚊蝇叮咬是影响猪群健康的主要因素，加上前段时间的睡眠不足，生长速度最快的保育猪和小育肥猪体质下降最为明显，稍有不慎，就有可能发生疫情。本月饲养管理的核心是防暑降温、防蚊蝇。

（1）保证充足的饮水，并做到每周检查1次水质的细菌含量。水塔、水箱中加入净化药物为必要措施。

（2）定期清理料槽，做到每天清理1次，每周清洗1次，避免食入霉变饲料。

（3）做好水泵、风机的电机和风扇、水帘等供水、降温设备的日常保养，确保正常运转。

（4）饲喂高能量蛋白质比饲料（≥13 376 kJ/kg）。

（5）维护和及时补栽藤蔓植物，确保植物存活、生长，发挥遮阴作用。

（6）每周使用季铵盐类、戊二醛类消毒各1次，减轻病原菌的危害。

（7）停止配种或减少配种次数，必须配种时应在清晨或落日后完成。

（8）上旬在饲料中添加具有消暑或保护心脏功能的中草药或中成药。

(9) 每旬在饮水中添加肝肾宝，或电解多维，或泰维素各 1 次，每次 3 日。

(10) 及时修补破损纱窗、门帘，必要时喷洒驱杀蚊蝇药物。

(11) 及时出售 90 kg 以上育肥猪。

(12) 中、下旬按治疗量在饲料中添加“利农”3 d，预防附红细胞体病、弓形虫病。

(13) 雨后及时清理杂草、平整地面、修缮房舍屋顶，并更换消毒池内的消毒液。

9. 九月猪群饲养管理要点　九月秋高气爽，偶有暑热，昼夜温差加大（5~10 ℃），湿度逐渐下降。但是，湿热依然不同程度存在、蚊蝇叮咬更为疯狂，叮咬后遗症、温差悬殊、局部地区的大雾等自然因素，对不同管理水平猪群的影响逐渐彰显。猪群管理应以凉血燥热、祛湿强筋为主线，落实到日常饲养管理中的具体措施如下：

(1) 选择凉爽天气的早晨、晚上接种蓝耳病、伪狂犬、猪瘟等疫苗。

(2) 有针对性地免疫口蹄疫、链球菌、圆环病毒、流行性腹泻等疫苗。

(3) 降低饲料能朊比，逐渐改用正常饲料。

(4) 按治疗量在饲料中添加“利农”3 d，预防附红细胞体病、弓形虫病。

(5) 在饮水中大剂量添加肝肾宝、肾宝宁、美肾宁等中西兽药，调理肝肾。

(6) 密切关注天气变化，遇到酷热、低气压、大风、大雾等异常天气时，及时在饮水中添加电解多维。

(7) 有意识地饲喂“清道夫”“麻杏石甘散”等，增强抗风寒邪毒侵袭能力。

(8) 继续坚持定期清理料槽，做到每天清理1次，每周清洗1次，以避免食入霉变饲料。

(9) 完成因酷暑推迟阉割的小猪的阉割工作。

(10) 恢复配种，但应控制配种次数，并在每天的清晨完成。

(11) 各猪群使用全价饲料，为加快生长、正常繁殖创造条件。在繁殖猪群日粮中添加1%~3%的动物蛋白，并注意维生素A、维生素E、维生素K的补充。

(12) 每周使用季铵盐类、戊二醛类消毒各1次，减轻病原菌的危害。

(13) 做好水泵、风机的电机和风扇、水帘等供水、降温设备的日常保养，确保正常运转。

(14) 及时出售90 kg以上育肥猪。

10. 十月猪群饲养管理要点 十月深秋，温度适宜，空气干燥，但是昼夜温差进一步加大（15 ℃），不期而至的寒霜会导致条件简陋、管理水平较低猪群，以及上月未进行凉血处理的规模饲养猪群，发生以多重感染为特征的疫情。猪群健康管理的核心是清血热、理中气。具体的管理措施如下：

(1) 开展正常的免疫消毒工作。

(2) 上旬对全群驱虫1次。

(3) 中旬对全群饲喂1次“利农”，喂料后饮食中添加肾宝宁，其他时间饮水中添加电解多维。

(4) 下旬按治疗量在饲料中添加“清道夫”或“麻杏石甘散”3天。

(5) 在饮水或饲料中添加肝肾宝，继续调理肝肾。

(6) 各猪群使用全价饲料，并注意赖氨酸和蛋氨酸的补充，为加快生长、正常繁殖创造条件。

(7) 密切关注天气变化，遇低温、大风等恶劣天气时，及

时关闭门窗。

(8) 继续坚持定期清理料槽，做到每2~3 d清理1次，每2周清洗1次，避免食入霉变饲料。

(9) 加强种公猪和繁殖母猪营养，日粮中添加1%~3%的动物蛋白，确保维生素A、维生素E、维生素K的补充。加强运动管理，有条件猪场驱赶种公猪进行室外运动，为落实配种计划创造条件。

(10) 每周使用季铵盐类、戊二醛类消毒各1次，减轻病原菌的危害。

(11) 组织落实口蹄疫的免疫和补充免疫工作。

(12) 检修热风炉、风机、地下水道，修整门窗，清理供排水管网。

11. 十一月猪群饲养管理要点　十一月气温骤降、相对湿度低是主要气候特征。猪群日常管理应当围绕逐渐适应低温环境进行。本月日常管理具体要点如下。

(1) 检查防寒措施，做好越冬准备。

(2) 认真做好免疫工作，重点检查猪瘟、口蹄疫、伪狂犬、蓝耳病的免疫效果。需要再次免疫的立即开展二次免疫（不同种疫苗间隔5~7 d，同种疫苗间隔3周）。

(3) 饮水中补充B族维生素。

(4) 上旬在饲料中添加多西环素或氟苯尼考或支原净等药物3 d，预防支原体肺炎的发生。

(5) 中旬对全群饲喂3 d“利农”，喂料后饮食中添加肾宝宁，其他时间饮水中添加电解多维。

(6) 下旬按治疗量在饲料中添加“清道夫”或“麻杏石甘散”3 d。

(7) 调整饮水时间，避免猪喝冰渣水。

(8) 各猪群继续使用全价饲料，并注意赖氨酸和蛋氨酸的补充，为加快生长、正常繁殖创造条件。

(9) 密切关注天气变化，遇低温、大风等恶劣天气时，及时开启、关闭门窗，做到保暖通风两不误。

(10) 试用产房和保育舍的供暖设施。有条件的猪场应将舍内采暖系统改为舍外燃烧、舍内地下火道的供暖方式。

(11) 每周使用季铵盐类、戊二醛类消毒各 1 次，减轻病原菌的危害。定期使用“过氧乙酸”带猪熏蒸消毒，杀灭空气中的病原微生物。

(12) 加强种公猪和繁殖母猪营养，日粮中添加 1%~3%的动物蛋白，确保维生素 A、维生素 E、维生素 K 的补充。适当加大种公猪、空怀母猪运动量，为落实配种计划创造条件。

(13) 继续坚持定期清理料槽，做到每 2~3 d 清理 1 次，每 2 周清洗 1 次，避免食入霉变饲料。

(14) 种猪群可在上旬饲喂 7 d“人参强心散” (0.2%拌料)，或直接投给适量党参、山药和青绿饲料，补充和提升正气，提高非特异性免疫力。

12. 十二月猪群饲养管理要点 腊月天，小雪飘，严寒天气已来到。随着严寒天气的到来，基础设施有欠缺或管理水平低下的猪场，因已经关闭门窗 2 周以上，群内问题渐次显露。产房、保育舍等全封闭猪舍内，以呼吸道感染为主的疫病陆续发生，半开放和简陋的露天猪圈，猪群的冷应激频繁发生，致使群体的非特异性免疫力急剧下降。猪瘟、蓝耳病、伪狂犬、圆环病毒等病毒性疫病对两类猪群的危害日趋严重。开放和半开放舍育肥猪群管理的核心是提高御寒能力，产房、保育舍、塑料大棚等封闭舍猪群的管理核心是处理好通风换气和保暖的矛盾。日常管理的具体措施如下。

(1) 调整日粮结构，提高日粮能朊比 (≥12 540 kJ/kg)，饲料中添加 2%~4%的油脂、蜂蜜等，可实现相同采食量条件下的

高能量摄入，有效提高猪群御寒能力。

（2）大剂量应用电解多维，为低温条件下高代谢速率生化反应中过量消耗的酶提供充足的合成原料。

（3）启用防寒设施、设备，及时维修破损部件，更换超期服役部件，确保其良好的工作性能，做到防寒设施设备真正发挥作用。

（4）确保产房、保育舍、塑料大棚等全封闭猪舍的风机正常运转。通风量控制可按照 0.14~0.28 m^3/（100 kg · s）掌握。无风机通风但封闭的简陋猪舍，应于每天的 14~17 时定时开启门窗通风；晴朗天气可改为每日 10 时、18 时 2 次通风。通风换气时间视气温高低掌握，外界温度高于 12 ℃时育肥猪舍可自由通风，8 ℃左右通风半小时，5 ℃左右 15 min；2~5 ℃时只开南侧门窗 8~15 min，0 ℃以下只开南侧门窗 5 min。

（5）半开放、开放猪舍应在舍内投放秸秆、杂草、锯末、花生壳等垫料，脏湿的要及时更换。

（6）半开放小育肥舍猪群应抓紧定点排粪训练，养成定点排粪习惯，以减轻劳动强度。

（7）检测猪瘟、口蹄疫抗体，及时针对性补充免疫猪瘟、伪狂犬、蓝耳病、口蹄疫疫苗。

（8）上中下旬“脉冲式交替”使用“利农”“康农”等抗生素，做好支原体、传染性胸膜肺炎、副猪嗜血杆菌、链球菌、大肠杆菌等细菌性疫病的预防工作。

（9）交替使用“清道夫”“补中益气散”“免疫抗毒散”等中成药，提高猪群抵御病毒病能力。

（10）种猪群可在上旬饲喂 7 天“人参强心散”（0.2%拌料），或直接投给适量党参、黄芪和多汁饲料，营卫正气，提高非特异性免疫力。

附 3-1 “爱心猪”饲养防病十三招

在城市化快速发展的过程中，由于环境保护基本建设投入欠账太多，取消“泔水猪”的做法不符合基本国情。养猪农民使用城市宾馆、饭店下脚料养猪，有利于城市水体保护，有利于城市环境保护。“泔水猪”的叫法不准确，不科学。作者建议媒体和社会今后将使用城镇下脚料饲养的猪改称“爱心猪”。

在采用下脚料养猪没有规范性措施的情况下，建议“爱心猪”饲养者加强卫生防疫方面的基本管理，现介绍最基本的13招。

第一招：选择饭店。

无能力和方法对运回下脚料消毒处理的养猪户，最好选择使用有“清真”标志饭店的下脚料。其次，幼儿园和医院的食堂、高档饭店或“三星级宾馆”的肉类原料采购有固定的供货渠道，食品卫生管理较为严格，使用的猪肉安全系数较高，选择这些场所的下脚料养猪风险较小。

第二招：加热消毒。

此招适合于饲养规模比较小的“爱心猪”饲养专业户。具体方法是将拉回的下脚料清汤蓖掉，然后在半干物中添加清水，之后加热至75℃，改用文火焖2~3小时，再与饲料混合后饲喂。

第三招：水洗脱毒。

此招适合于从建筑工地或农村初中、高中食堂拉回的下脚料。因为这种下脚料中食盐、辣椒、咸菜、豆腐乳较多，主要有害物质是食盐和辛辣刺激物，对于蓖去清汤后的半干物反复冲洗，可以有效地去除有害物质。

水洗后的下脚料同样需要加热消毒。

第四招：酸化处理。

此招适合于夏秋高温季节从大型宾馆、饭店拉回的下脚料。

方法一是将下脚料放置于背风向阳处，将桶口用塑料膜密封，25~30 ℃条件下 6 h 打开检查，pH 6.8~7.3 的可掺入饲料后直接喂猪；当 pH 小于 6.8 时，应用小苏打进行调整，待调至 pH 6.8~7.3 时饲喂。方法二是向下脚料桶中投入生大麦芽作曲发酵，大麦芽用量视下脚料多少而定。饲喂前检查指标、方法与自然发酵法相同。

第五招：保肝护肾。

长期使用下脚料饲喂猪群，每隔 2 周应投给保肝护肾中药，避免猪的肝肾损伤。即使为了降低成本，每隔 2 周也应使用高浓度电解多维（6~8 g/kg）饮水 1 d。

第六招：饮水保健。

长期使用下脚料饲喂猪群，应于饲喂 2 周后开始，在猪的饮水中实行隔日 1 次投给电解多维，以补充大剂量有毒、有害物质代谢导致的维生素缺乏症发生。方法是在饮水中按照 3~5 g/kg 添加电解多维。需要注意的是夏秋高温季节，电解多维易于分解，应随时配制，随时使用。

第七招：分段饲喂。

由于不同阶段猪的抵抗力不同，饲喂宾馆、饭店下脚料养猪，农户要注意采取分时间段间断饲养，原则上以购买仔猪饲养商品猪为主，不养母猪。

做到全进全出，出栏后消毒 1 周，空置 4~6 周。

饲喂中应掌握“四个不使用”原则，尽可能降低发病风险，减少死亡损失。即小猪（35 kg 以下猪）不食用下脚料，刚购买仔猪（2 周以内）不食用下脚料，怀孕前期母猪（配种后 1 个月）不食用下脚料，配种期种公猪不食用下脚料。

第八招：严格消毒。

下脚料养猪的最大风险是宾馆、饭店将生、熟案废料、废水混合在一起，容易通过养猪户的运输发生猪的传染病，导致人为传播疫病，生产实践中也的确发生过此类问题。解决的方法除了前面讲的一些方法之外，还应坚持严格的消毒制度。不但要做好猪和猪舍的消毒，也要注意饲养人员的消毒，更要做好运送下脚料的车辆、停放场地、桶、刷、篦子等工具，以及下脚料的消毒。常用的带猪消毒药品有菌毒敌、百毒杀、复方过氧乙酸、烧碱等，应按说明书的要求配制，坚持每周1次严格消毒猪群和圈舍、运输工具。

饲养人员也要坚持每次喂猪更换着装，穿消过毒的鞋子和工作衣，并坚持饲喂前后洗手。运输人员要穿工作衣。

第九招：认真防疫。

“爱心猪”饲养户在饲养过程中，应当建立并认真执行免疫制度。商品猪群可在40~50日龄小猪购回1周后开始免疫：猪瘟细胞苗3~4头份或组织苗1头份；7 d后免疫伪狂犬疫苗1头份；7 d后免疫猪丹毒-肺疫二联苗1头份；7 d后免疫仔猪副伤寒苗1头份；7 d后免疫口蹄疫苗1头份；7天后免猪瘟细胞苗5头份或组织苗1头份。

第十招：定期检查。

对饲喂下脚料猪群应实行定期聘请专家检查，一般情况下，不论有无特殊情况，每2周要检查1次，便于及时调整更换饲料。当猪群出现减食、拉稀、发热等发病征兆时，要立即请兽医诊断或到附近的兽医院就诊，拖拖拉拉、自己试验性治疗，只会使损失更大。

第十一招：料猪分放。

饲喂下脚料养猪时，应当坚持料猪分放，即猪群和饲料储存间有适当的间隔距离。一般情况下，应保证猪圈和下脚料卸车点、加工点相互隔离15~30 m，能够超过50 m最好。确保未经加工和消毒处理的下脚料，以及下脚料运输工具和猪群不接触。

第十二招：强化卫生。

养成良好的卫生习惯，既是对饲养员的要求，也是对收集人

员的要求。既是树立爱心猪饲养户良好社会形象的需要，也是疫病防控的要求。必须做到定期洗澡、理发（洗澡≥1 次/周，理发 20~30 d/次）。进入饲养区时，要更换鞋、帽，戴手套，穿工作服。猪舍和饲养区每天至少打扫 1 次。每天一次清洗运送下脚料的工具、车辆（最低 1 次/周）。

第十三招：清理废物。

在收集宾馆、饭店下脚料过程中，经常有“搭便车”捎带清理其废弃物的情况。加上“泔水桶”中的茶叶渣、一次性筷子、桌台塑料膜、食品袋、牙签、一次性饭盒等就餐废物，爱心猪饲养场堆积的餐馆废物较多，不仅恶化环境质量，也因酸败臭气影响养猪环境。养猪户应养成良好的环境卫生习惯，经常清理打扫，保证每周处理一次。方法是分类处理，资源化利用。有加工价值的打包送交物资再生站，可作为燃料使用的加热饲料时使用，无任何价值的就地深埋，或打包后送往垃圾处理厂集中处理。

附 3-2　血样及其采集运送

开展免疫效果评价，或者病原监测，都会遇到采集哪些猪的血样，采集多少，如何保管、运送的问题。也是后蓝耳病时代养猪人的必备知识。

1. 评价免疫效果的血样　接种猪瘟、口蹄疫疫苗均满 1 个月后，随机选取健康猪 5 头以上，在耳静脉采集血样，3~5 mL/份即可，不加任何药品。采集后立即将针头折成锐角后戴上针头帽，针头向上呈 45°斜靠在猪圈舍内的安全地方，静置 10~15 min，待血液全部凝固后再带出猪舍送检或保存。短时间保存可标记后放入 2~8 ℃冰箱内，检测应在 6 h 内完成。需要到外单位检测时，应使用专用的样品箱或疫苗箱（简易的无外包装泡沫箱也可）运送，要求箱内温度 2~8 ℃。用冰块保持低温时，应注意血样用毛巾包裹，避免同冰块（冰袋）的直接接触而结冰。

2. 病原监测采集血样 在不同类群猪群等量随机选取健康猪各3~5头，在耳静脉采集血样3 mL，添加抗凝剂7 mL后摇匀，标记后将针头折成锐角戴上针头帽即可。保存温度同样是2~8 ℃，注意事项除了防止结冰外，还需防震荡。采样后立即监测结果最为真实，现实中要求6 h内送达监测单位，超过时间越长，结果失真的可能性越大。

3. 发病猪群的诊断检测 临床诊断时检测多数是抗体检测，怀疑病毒病参与的混合感染猪群也使用病原监测，以增加判断依据。此时的血样一定要选取典型病例采集。采血量、添加抗凝剂与否、保管运送注意事项，参照前述抗体检测和病原监测内容。样品数量依照发病猪群的大小和检测要求确定：当发病猪群低于20头，只采集发病猪3~5头即可。发病猪20头以下，但是群体超过100头时，除了采集发病猪的血样，还应随机抽样采集相邻圈舍假定健康猪血样6~8份，评价猪群面临的潜在风险。超过500头猪群，除了按要求提供发病猪血样外，相邻圈、其他栋、单元假定健康猪的评价监测更为重要，评价监测血样不应少于10份。1 000头以上猪群，发病时评价检测样本数不低于存栏数2%，5 000头以上猪群发病时评价检测样本数不低于存栏数1%。

附3-3 猪耳静脉血样采集操作要点

采集血样是日常饲养管理的一项基本技能。最常用的是耳静脉采血。其技术要点如下：

（1）采集血样时一个人用套嘴器套住猪嘴向前平拉，让猪处于自然仰头状态。要点：一是只要人、猪双方僵持即可，不可用力过大。二是老母猪、种公猪力量很大，暴躁时一个人固定困难，可将套嘴器另一端固定在树木或坚固立柱上。

（2）消毒猪耳面侧明显的经脉血管。要点：酒精棉球涂擦

2~3 遍。

(3) 采血者左手拇指（在上，耳面侧）与其余四指（耳孔侧）配合按压耳根部大静脉血管 2~3 min，使得耳面侧静脉血管突出明显。按压过程中也可以右手食指轻轻弹击采血进针点。要点：左手不可放松。

(4) 采血者右手持吸进 0.5~1 mL 空气的一次性针管（或灭菌处理后的玻璃注射器）顺血管走向朝耳尖方向轻轻刺入，见到针管内回血时，无名指和小拇指立即用力徐徐抽采。抽采中若感到有阻力，无名指和小拇指应有节律放松，再次用力回抽时放慢速度。抽够时左手放开耳根部的按压，3~5 s 后退针，消毒并按压针孔 5~10 min，检查针孔不再流血即可退去套嘴器。要点：无名指和小拇指不得用力过猛，否则吸力太大，血管壁会贴住针孔致使采不出血。

(5) 当猪太小或患有心脏收缩无力疾病，按压耳根血管数分钟仍然采不到血时，可采用耳静脉放血采集法。保定、按压血管要求相同，只是不在血管内采血，而是在血液流到耳面后采集。左手食指和拇指配合按压耳根血管，后三指尖从耳孔侧托耳面，使耳面背侧形成自然凹陷。右手持放血针（或 12#针头）划刺凸起的经脉血管，让其自然流血，然后持一次性针管抽吸至需要刻度。要点：一是划刺创口足够大，否则很快凝固，难以满足采血量。二是抽吸要迅速，动作迟缓凝固后采集困难。注意：此法采集血样只能用于抗体检测，不得用于细菌培养和药敏试验。

附 3-4　抗体检测报告的应用

不论是免疫效果评价，或是发病时临床诊断检验，都要做抗体检测。最常做的项目是猪瘟、口蹄疫的抗体检测，其次是伪狂犬抗体检测或鉴别诊断，再次为蓝耳病和圆环病毒的抗体检测。

将猪瘟、口蹄疫作为不同目的检测的必需项目，是因为该病仍然是养猪业的头号大敌。即使在免疫密度很高、临床典型猪瘟较少的背景下，猪瘟仍然扮演着“终极杀手”的角色。在多数混合感染病例或疫情中，经常见到的现象是猪瘟在“收官”、在“打扫战场”。所以，群内猪瘟抗体整齐并一直维持在较高水平，是群体安全的基本保障。

口蹄疫抗体作为检测时的必须项目的原因在于该病是人畜共患病，在于其通过空气传播的容易流行性，在于其结构的不稳定性。这三个特性决定了本病只能使用灭活疫苗，而灭活疫苗产生抗体的速率较慢，在4周的抗体逐渐上升期间，有可能受到多种因素的制约而达不到预期的抗体滴度。

抗体检测时将伪狂犬列在第三位考虑，是因为该病存在的普遍性和其对母猪繁殖性能的影响，以及该病对仔猪、保育猪和育肥猪的致病性。

2006年夏秋高温季节，在华东18个省市区流行的高致病性猪蓝耳病，使国人认识到蓝耳病对中国养猪业的危害之大。那些饲养有母猪的猪场，或者专门从事育肥但规模较大的专业户猪场，在免疫接种以后定期开展抗体检测，或者对发病猪进行抗体检测，就不难理解。

近年来因混合感染病例的增多，作为疫病帮凶的圆环病毒越来越受到规模饲养场的重视，因而在混合感染疫病的诊断中成为必须检测项目，一些规模较大猪场甚至将其列为定期检测项目。

1. 猪瘟抗体检测报告的读判和应用 猪瘟检测报告中最常见的记录是“0、2、4、8、16、32、64、128、256、512、1024、2048”，或者“0、1、2、3、4、5、6、7、8、9、10、11”。这两种记录数字的对应关系，是数学上的对数关系，即前者是以“2”为底的对数值，后者是对数的指数值。

$2^0=1$，$2^1=2$，$2^2=4$，$2^3=8$，$2^4=16$，$2^5=32$，$2^6=64$，$2^7=128$，$2^8=256$，$2^9=512$，$2^{10}=1024$，$2^{11}=2048$。

对一个个体，要求在接种猪瘟疫苗2周后必须检测到抗体，但是抗体滴度低一些，可能在“5（或32）”以下。4周后检测时，抗体滴度则应当在“5~8（或32~256）”。母猪或育肥猪加强免疫（如65 kg体重时的第三次接种），接种后4天可见到抗体滴度达到“7~10（128~1024）”的个体；接种后2周，或者接种猪瘟疫苗剂量较大时，抗体滴度可在9~11（512以上）。

评价免疫效果时，最直观的办法是同时接种的同一年龄段或同一种类猪血样的检测结果，要求抗体滴度合格的样品达到85%以上，并且整齐度越小越好。由于个体间的差异，或者年龄段的不同，品种品系、生理状况、性别，甚至圈舍间的差别，都可能导致接种疫苗后抗体滴度的差异。通常，只要同一批次猪接种了同一厂家、同一批次的疫苗，接种达到保护水平（5或32以上）的血样达到80%、抗体滴度在三个级差之内，就认为是成功免疫。只有50%~80%的样抽合格时，应从样本选择和血样的采集、保管、运送方面查找原因，必要时延迟1~2周后再次采样评价。当采样检测合格率在20%~40%，除了从采集、保管、运送方面查找原因外，还应从采样时机、样本选择，以及接种疫苗的剂量、接种间隔期查找原因。检测结果全部在20%以下，要从免疫程序和采样时机方面查找原因。样本中有数个0的检测结果，或者0和9（512）以上同时出现时，要考虑伪狂犬、蓝耳病、黄曲霉中毒等免疫抑制病对猪群的影响。

“抗体金”试剂条检测，常作为定性判断使用，多数用于现场快速检验。当检测报告中出现“阳性”“强阳性”“超强阳性”或“+”“++”“+++”时，多数为定性试验的检测结果。可尝试同“5~7”“7~9”“9~11”相对应。

疫病诊断时用猪瘟抗体检测结果一定要同样本的来源、临床病例的年龄段、生理状态、病例阶段结合起来考虑。“0”抗体样本可能还是免疫抑制病例，也可能是死亡时间过长病例。抗体滴度较低可能是病毒侵袭猪群后中和的结果，也可能是样本个体的年龄、性别、生理状态等个体因素，或者接种剂量、接种间隔、选择疫苗等客观因素所致。“9（512）”以上样本可能是野毒侵袭后机体的自卫反应，也可能是“超大剂量”接种后的表现，或是群带毒个体持续排毒刺激的结果。所以，读报告和临床观察的有机结合在此成为关键。

为了提高诊断的准确性，较大猪群发生疫情时，兽医常常要求一定的采样数量。

2. 伪狂犬抗体检测报告的读判和应用 市场供应的伪狂犬疫苗，除了少数几个灭活苗为全基因疫苗外，弱毒活苗多数是gE缺失的非完全基因疫苗，部分疫苗为gEgG、gEgI、gEgA的双基因缺失疫苗，华中农业大学发明后由武汉科前生物股份有限公司、成都中牧生物药业有限公司两家生产的为gE、gG、gTK三基因缺失疫苗。

科学家在设计检测试剂时，利用了野毒含有gE基因、疫苗不含gE基因的特性，设计了鉴别诊断和疫苗抗体检测评价不同用途的试剂盒。临床检测时，兽医需要提出检测目的要求，若用于判断是否感染野毒，就要用gE基因检测的鉴别检测，而单纯评价免疫效果的检测则使用gG基因的检测盒。

在鉴别诊断的检测报告中，常常见到的检测结果是“阳性”(也有简写为“阳”，或以“+”代替)、“阴性”（也有简写为“阴”，或以“-”代替)。阳性说明从你带来的血样中检测到了含有gE基因的野毒，或者说你的猪已经感染了伪狂犬病毒。当然，这是应当排除接种全基因灭活疫苗的情况。阴性说明从你带来的血样中没有检测到含有gE基因的野毒，或者说你的猪未感染伪狂犬病毒。

抗体检测评价时检测报告会有“-”“+”“++”“+++”“++++”的记录。其含义分别是：“没有发现gG抗体”“有抗体、

但是抗体滴度较低”“抗体滴度一般”“抗体滴度较高”“抗体滴度超高”。伪狂犬免疫效果评价时，“++”以上的抗体滴度是公认的有效保护水平。接种弱毒活疫苗2周或灭活疫苗4周后采集的血样，出现“–”的结果，不是无效免疫，就是免疫抗体被中和到检测不到的程度，或者免疫抑制，都不应该出现。同样，“+”的样本也不是我们的期望值，但是应当注意个体间的差异，以及年龄段、生理状态、选择的疫苗品种、免疫时机和间隔等因素的影响。“++”“+++”是人们期望的抗体滴度。“++++”的结果可能是免疫后处在抗体滴度峰值的反映，也可能是感染野毒后的表现，读判检测报告时应同临场表现相互结合。

3. 口蹄疫抗体检测报告的应用　猪场更关心的是病毒变异与否，但是此项监测内容属于国家机密，流行情况调查、检测活动、疫情发布均需获得授权，非授权单位不允许随便介入。所以，很少有猪场单独进行口蹄疫的免疫效果评价。发病季节，部分猪场在检测猪瘟免疫效果时随同进行。

抗体检测多用于混合感染病例的诊断，可参考猪瘟抗体检测报告读判。

对临床的疑似口蹄疫病例，可以通过马耳面试验予以鉴别。

4. 蓝耳病和圆环病毒抗体检测报告的应用　目前，蓝耳病和圆环病毒的抗体检测技术处于定性阶段。抗体检测报告的表述仅见“阳性”“阴性”，或者“+”“–”的描述。“阳性”和“+”表示检测血样中含有蓝耳病抗体，但并不能确定是接种疫苗后产生的免疫抗体，还是野毒抗体。“阴性”和“–”均表示没在检测血样中发现抗体。

对于未接种疫苗猪群，“阳性”和“+”可以作为感染野毒的判断依据。对于已经接种过疫苗，尤其是接种过弱毒活苗的猪群，必须结合病原监测结果和临床表现，综合分析后才能判定。

第四章　常见猪病临床症状及其判断鉴别

通过加强饲养管理和保健、免疫、预防用药，使得猪群不发病，常年处于稳定生产状态。

这是猪场兽医师的意识，猪场兽医师的追求，也是管理者的基本追求。当然，也应该是全场员工的意识和追求。

没有观念的更新，就不会有猪病诊断技术的创新，就不会有猪病诊断处置技术的创新，群体疫情的预防、控制和个体病例的治疗水平就难以实现实质性的突破。

在后蓝耳病时代，不论是基层一线的猪场兽医师，还是饲养车间的饲养人员，都应当明白：在我国特定的饲养环境中，猪由分散饲养到规模饲养，不仅带来饲养方式的变化，还带来了猪对人工环境的依赖性增强、行为习性和生理特性的改变、适应性和抗逆性下降等一系列变化，在享受出栏率和饲料报酬双重回报的同时，还得承受由此带来的环境恶化、猪群疫病复杂程度急剧上升的苦果。猪病防控难度的上升是发展的必然，是前进中的问题，悲观、恐惧、盲从，都无助于问题的解决。必须正视现实，迎难而上，转变观念，确立“养猪全过程防控”意识，把预防疫病的各项措施分解到各个岗位和人员，落实到养猪的各个环节，通过“全员防控”“全过程防控”“全方位防控”的“三全

防控”“多维防控”手段，将疫病危害降到最低程度。

一、常见猪病临床症状及可能的疫病

“全员防控”绝不单单是一个口号，它的内涵是要求猪场各个岗位的员工都要树立“疫病防控高于一切”的意识，在自己的岗位上恪尽职守，履行职责，确保不因自己工作的疏忽导致疫情发生。饲养员更应该及时发现猪群的异常表现，并立即报告技术员或兽医师、当班领导。技术员或兽医师在第一时间内赶赴现场进行初步鉴别、分析，找出可能的病因，进而采取相应的处理措施，实现将重大疫情扑灭在萌芽状态。所以，一线饲养员了解猪的习性，牢记健康猪的刚性模型，掌握猪群常见疫病的临床症状、示症性病变成为基本技能。

（一）健康猪的刚性模型

建立健康猪的刚性模型是提高饲养管理水平的需要，也是临床诊断的需要。总结、归纳我国规模养猪的实践经验，笔者认为，规模饲养条件下健康猪群模型应包括两眼有神、反应灵敏的精神健康，采食和饮水行为正常，正常的排泄，正常的繁殖和生活行为，生长发育正常，膘情和体况正常六个方面，也可简单称为“六个正常”。

1. 精神正常　健康猪群精神状态良好。被毛干净顺畅，白色皮肤里透出浅浅的鲜红色，两眼有神，反应灵敏，行动灵活，精神状态良好。

当饲养管理人员在添料、清粪、冲洗圈舍、打扫卫生时，群体中所有个体均会做出不同程度的反应。多数情况下是集群反应，体弱个体居于群体的中心或靠近圈舍墙壁一侧，强壮个体处于靠近管理人员一侧，多数呈昂头、瞪眼姿势，立耳型品种呈双耳向上方竖立、准备随时逃离姿势。

添料时自由采食、自由饮水猪群中，部分采食不足猪只会做出慌忙抢料、采食动作，多数保持目视饲养员或卧或站姿势；定时添料、自由饮水猪群中多数猪表现兴奋，或长或短的“唧唧—”“哼哼—”叫声不断，有的甚至在饲养员投料时抬头迎料；定时给料、定时给水猪群的所有个体则在添料、给水时骚动不安，长短不齐的叫声此起彼伏。

不论是哪种给料、给水方式的精神状态良好猪群，在驱赶、捕捉时所有猪只均处于警觉状态，中断采食和饮水，中断睡眠和嬉戏，然后迅速集群是必然的反应；那些处在相互打斗的猪只在继续打斗，只有当管理人员走近时才躲避，甚至边躲避边打斗。

当有其他猪群的猪进入圈舍时，初期本圈舍所有猪只会对侵入者进行攻击，后期会有 3~5 头强壮者持续攻击，多数处于集群、紧盯入侵者的临战状态。入侵者不论靠近哪头猪，被靠近着不论个体大小、体质强弱，只要无病，都会主动攻击入侵者。

2. 采食和饮水行为正常　采食行为和采食量是否正常，是衡量猪群健康与否的重要标志。

饮水行为和饮水量也是衡量猪群健康与否的重要指标。

健康猪的采食量和饮水量随着猪的日龄和体重的增长不断上升。不同品种、不同生理状态、不同年龄段的猪有不同的采食量和饮水量。通过采食量和饮水量的变化，饲养者很容易判定猪群的健康状况。

表 4-1 给出了不同日龄哺乳仔猪的补充给料量和饮水量。

表 4-2 给出了杜长大三元保育猪的每日给料量和饮水量。

表 4-3 给出了杜长大三元育肥猪的每日采食量和饮水量。

表 4-1　不同日龄哺乳仔猪的补充给料量和饮水量

日龄	采食量/天	累计采食量	饮水量/天	备注
15~18	20~30 g	75 g	—	日增料 5 g
19~21	40~60 g	225 g	—	日增料 10 g
22~25	100~120 g	555 g	—	日增料 10 g
26~30	140~220 g	1 455 g	200~250 g	日增料 20 g

表 4-2　不同体重保育猪的采食量和饮水量

体重（kg）	7	8	10	12	15	20	25
采食量/天	300~400 g	500 g	700 g	800 g	1 000 g	1 100~1 300 g	1 300~1 500 g
饮水量/天	600~800 g	1 000 g	1 400 g	1 600 g	2 000 g	2 200~2 600 g	2 600~3 000 g

表 4-3　不同体重育肥猪的采食量和饮水量

体重（kg）	30	40	50	60	70	80	90	100
采食量（kg）/天	1.5~1.7	1.8~2.0	2.0~2.3	2.3~2.5	2.5~2.6	2.5~2.8	2.6~2.9	2.7~3.0
饮水量（kg）/天	3.0~3.4	3.6~4.0	4.0~4.6	4.6~5.0	5.0~5.2	5.2~5.6	5.4~5.8	5.6~6.0

健康猪采食是连续行为。干粉料自由采食猪在采食中每隔3~5 min需饮水1次；定时给料猪群的猪由于抢料，多数在采食基本结束时饮水，饮水后采食干粉料量为该顿采食量的5%~15%。

半干料猪群采食完毕方才饮水。

稀料猪群采食时先选择固体饲料；单圈饲养猪采食稀料时，有的先采食固体饲料，有的先喝稀料，只有当水过多时，猪才边吹气边在料槽底部捞取固体饲料。

3. 排泄正常　健康猪群在固定地点排粪、排尿。其粪便形状为条状或下大上小的宝塔形，粪便的量、颜色和质地同饲料质量有关。饲料中粗纤维过多时可在粪便中见到纤维状物；饲料中蛋白质含量过高时粪便呈黑色，并有明显的熟鸡蛋样臭气味；饲料中能量含量过高，或白酒糟、啤酒糟过多时，粪便呈黄色，并有明显的酸臭气味。但前者不见糟糠，后者可见。此外，饲料矿物质营养（铜、铁等）、微量元素营养偏高，或添加有土霉素渣、青霉素渣时，粪便也会发黑，但是嗅气味儿不明显。饲料中麸皮含量过多，或饮水中添加 B 族维生素、补液盐过多或时间过长，添加多西环素等药品时，会导致群体性稀便。有的猪站立排粪，有的猪在走动中排粪。不论公猪或母猪，也不论年龄的大小，猪排粪时直立举尾或侧向扭尾，不抬腿，也不下蹲。

尿液：健康猪的尿液为无色清亮液体，并有特殊的猪尿臊气味儿。种公猪和经产母猪尿的异常气味强烈，育肥猪次之，保育猪再次之，哺乳猪尿的异常气味最轻。公猪和母猪均为站立排尿，不凹腰，不下蹲。

眼泪和眼屎：健康猪没有眼屎，也没有泪痕。

鼻液和鼻涕：健康猪鼻端湿润，鼻孔内清亮透明鼻液成滴后立即滚落。

4. 繁殖和生活行为正常　健康猪的繁殖行为包括发情、交配、妊娠、分娩和哺乳，生活行为除前文述及的采食、饮水、排泄之外，还包括睡眠、嬉戏和掘地、打斗等行为。本书重点介绍同疫病诊断有关的行为。

（1）发情行为。长约二元和约长二元母猪 8 月龄左右性成熟后开始有发情行为，多数地方品种母猪 6 月龄左右性成熟后即有发情行为。母猪发情期 1~3 d，多数母猪在发情 12~36 h 排卵。发情时母猪兴奋、情绪烦躁，采食量下降甚至很少采食，频频追逐或爬跨其他猪，有的母猪甚至跳出猪圈去寻找公猪配种。与此同时，母猪的阴唇逐渐肿胀，出现由“浅红色—红色—大红色—紫红色—浅红色”的周期性变化，并流出少许清亮透明黏液。发

情成熟母猪的阴门肿胀呈大红色，用手按压背部或指甲掐摁荐神经时，表现静立、凹腰、向侧面扭尾或向上举尾行为，此时即为配种的最佳时机。

（2）妊娠行为。妊娠母猪行为的最大特征是行动迟缓，懒动嗜卧，妊娠早期母猪增膘快，采食量猛然上升，在膘情明显改善的同时被毛平整、顺畅，颈背部被毛呈现特有的明亮光泽。妊娠中后期母猪运动谨慎，懒动嗜卧，对腹部的保护意识增强。

（3）分娩行为。临产母猪产前2周乳腺基部隆起，乳头增大明显，产前2~3 d即可从乳头挤出浅黄色黏稠乳汁，俗称“下奶”。产前6~12 h，部分母猪乳头自动往外淌奶水，俗称“漏奶”。从“下奶”开始，母猪的阴门很快充血、肿大至平时长度的3~5倍，为分娩做准备。临产前母猪采食下降明显，甚至拒绝采食，频频饮水使得饮水大量增加，频频排尿。散养的母性强的母猪还会自己噙来并撕碎杂草垫窝，规模饲养条件下母猪因无法噙草垫窝而情绪狂躁。分娩时胎儿的头先出生，最先出生的仔猪会抢占母猪最前面分泌乳汁多的乳头。仔猪依次出生完毕后，母猪会吃掉胎衣，并用吻突轻轻拱动检查仔猪的存活情况，对于站立困难的仔猪，母猪会用吻突频频拱动，以检查死活、帮助其站立。

（4）哺乳行为。仔猪通过3次哺乳，即形成固定乳头哺乳的定势，直至断奶也不再更换乳头。母猪每日放奶4~8次，随哺乳日龄的增长逐渐减少。非放奶时间，即使仔猪吮吸，也没有奶汁。哺乳时母猪每次放奶5~10 min不等，放奶时没有哺乳或哺乳不足的仔猪，只能在下次哺乳时补充。

（5）睡眠和休息行为。不同年龄段的猪的睡眠时间不等，正常情况下，杜长大三元育肥猪每天睡眠8~12 h，深睡2~3 h。健康猪的睡眠（包括不睡眠的卧地休息）姿势为闭眼、伸展四肢、自然伸尾，左、右两侧交替的侧卧姿势。

（6）嬉戏和掘地行为。游戏玩耍也是猪群健康的标志。同窝小猪间的游戏包括互相追逐，互相拱掀腹部，轻咬耳、尾、乳头、尿鞘、外阴部等。保育猪的游戏则主要表现为相互追逐、掘地（包括掘猪圈的地面、墙角、料槽）、轻微的打斗、啃咬异物、原地跳跃等。育肥猪的游戏则为掘地和跑动、原地跳跃。

5. 生长发育正常 健康猪群的生长发育均匀、正常，表现为同批次猪体型一致，被膘均匀，体重上下误差不超过5%。

6. 膘情和躯体外观正常 健康猪膘情良好，繁殖猪群不表现异常的肥胖和消瘦。仔猪、保育猪、中前期的育肥猪均处在中等略微偏上的膘情，肋骨时隐时现，膝关节前特有赘肉似隐似现，或稍有显现；后期育肥猪处于膘情丰满状态，脊背隆起、后臀滚圆、膝关节前肌肉丰满。并且，不管哪个阶段的猪，体表均不得有明显的可见异常和损症。消瘦戗毛、颜色改变、眼屎流泪、水肿气肿、疖痘疤痕、瘸腿瞎眼等明显体表异常，均为亚健康、亚临床或临床症状。

（二）140种常见猪病临床症状及可能的疫病

努力收集、捕捉临床信息，通过细微的异常症状，分析、辨别猪群的异常行为，评价饲养管理措施的具体效果，判定是否感染重大或烈性疫病，是否会暴发重大疫情，是猪场兽医师的日常工作，也是一个优秀饲养员良好素质的体现，更是规模饲养场实现长期稳定生产的基本功底。本书介绍140种个体常见临床症状及可能的疫病，供大家参考。也希望有志之士将收集到的临床异常行为和病变特征同笔者沟通、交流。

1. 精神迟钝 群体精神反应迟钝的表现是部分猪卧地不起，多数猪反应迟钝，饲养人员接近时无反应，对添水添料不感兴趣，甚至驱赶也不站立、抽打也不逃跑。可能的疾病是毒力较强的病毒攻击，或感冒发热，或四肢酸困，或处于瘫痪、昏迷状态。

2. 扎堆　不同年龄段猪群均可见到。哺乳仔猪多见于环境温度低；保育猪和育肥猪则见于毒力较强的病毒攻击和感冒等急性发热型病例的特有表现。

3. 持续不断性咳嗽　多发于保育猪群，育肥猪群也有发生。常见的为此起彼伏、持续不断的咳嗽声，多见连续4~6声，甚至10声左右。超过一周的小猪可见明显消瘦，为支原体肺炎的临床症状。

4. 应激性咳嗽　少数小猪在添料采食时咳嗽，或早晨和运动时、运动后咳嗽，见于肺丝虫感染病例。偶见于猪舍内空气尘埃严重超标猪群。被毛粗乱、个体瘦小猪出现此种情况，多同李氏杆菌感染有关。

5. 稀粪和球状干粪同在　常见的临床或亚临床现象，当保育猪群或育肥猪群圈舍地面出现不成形的稀粪、较为干燥的条状粪或球状干粪时，应怀疑为温和型猪瘟，也有可能是典型猪瘟暴发的前兆。

6. 神经症状　多见于哺乳仔猪和保育猪，育肥猪群偶有发生。包括躺地抽搐、口吐白沫、四肢或躯体肌肉颤抖、括约肌失控、后躯左右摇摆或站立不稳、后躯麻痹、全身或后躯失控、前肢麻痹、局部或全身瘫痪等，多数为伪狂犬、乙脑等病毒感染。弓形虫、胃穿孔等极高热所致神经症状多伴有濒死前的抽搐。无明显精神、行为异常猪躯体局部肌肉颤抖，见于体表寄生虫叮咬，蚊蝇骚扰，或消毒药液的腐蚀，或铜、铁蓄积中毒猪群的亚健康猪。

7. 呕吐　多见于繁殖母猪群和育肥猪群。有时因圈舍面积太小，或呕吐后吞食而难于观察到，但是只要见到群内有此种症状，即应怀疑为伪狂犬感染和蛔虫病（有时可在呕吐物中见到蛔虫）。

8. 嚼牙　多见于断奶前后仔猪和保育猪，育肥猪群偶有发生。嚼牙时间长的，可见嘴角有白色泡沫。多数为消化道线虫所致。

9. 采食中断或间断性采食 多见于育肥猪群，保育猪群也可发生。猪有食欲，添加饲料时也积极向前，但是采食几口就停止，或后退，或采食几口就不再采食。多数为伪狂犬、圆环病毒感染的早期或中期病例的特有症状。

10. 打斗不止 常见于哺乳仔猪和保育猪群，育肥猪群较少发生。巡视时可见猪只之间不停歇地打斗，或数头猪的耳部、颈部、肩部出现条状鲜红色咬斗伤痕。见于哺乳仔猪群的多数为串群或并群带来的后遗症，或光照过强、猪舍温度过高等。见于保育猪群的，则多为日粮中食盐过高导致的食盐中毒，或饲料中卟啉类物质过多引起的过敏，也见于猪舍面积太小或并群后遗症。见于育肥猪群的多为食盐中毒、并群串圈，或患预后不良疫病个体散发的特殊气味招致的攻击。

11. 关节肿胀 各龄猪均可发生。多数为副猪嗜血杆菌、关节炎型链球菌感染。

12. 瘸腿 多见于育肥猪群。多发于副猪嗜血杆菌、关节炎型链球菌感染、黄曲霉毒素中毒、镉中毒，或维生素A不足导致的蹄裂，或口蹄疫导致的蹄部疱疹性溃疡，四蹄系冠部、蹄缝溃烂，也可见于机械损伤。

13. 痉挛、抽搐和划水 多见于月龄内哺乳仔猪，出生仔猪有此症状多数同伪狂犬、乙脑感染有关。历经数天中热稽留，或数小时高热的保育和育肥猪，出现此症状多数为脑缺氧所致，多数预后不良。

14. 泪斑 多见于保育和育肥猪群。多发于猪瘟、猪流感、萎缩性鼻炎。

15. 耳朵干死 见于哺乳仔猪，多为母猪猪瘟带毒、妊娠期胎儿感染猪瘟的特有表现。保育猪和育肥猪群偶有发生，多为

“埋信”（埋置砒霜）的后遗症，宰杀后不得食用，也不得饲养动物，以免人和动物食入后“二次中毒”。

16. 耳朵萎缩变形　见于接种疫苗时部位不当，针头直接插入淋巴结或淋巴管，也见于埋置砒霜的后遗症，或见于近交导致的有害遗传基因的显现。

17. 耳朵颜色青灰　常称青灰色，或称汉砖蓝、汉瓦青，并有偶然性或2~3 d“一过性”的特征（即这种颜色改变过几天后又自动消失），有时出现在会阴部、臀部、肩部、腰荐部，为普通蓝耳病的特有临床表现。

18. 耳朵布满鲜红色出血点　见于猪肺疫、肺炎型链球菌病和高致病性猪蓝耳病。

19. 双耳紫红　多见于高致病性猪蓝耳病、溶血性链球菌病。

20. 双耳外半截红紫色　红白相交处边缘整齐，或有韭菜叶宽窄的橙黄色透明带，耳根不变色，多见于猪弓虫体病。若红白色交界处边缘不整齐，耳尖黑紫色，越向耳根部颜色越浅，分别表现为暗红色、玫瑰红色、鲜红色，最后过渡到白色，各种颜色最大的特征是边缘不整齐，为猪蓝耳病导致心脏代偿性肥大、心脏机能渐进性衰退的症状。

21. 耳部掉皮屑　多见于维生素 A 缺乏，也见于皮肤螨虫感染。

22. 耳部或体躯整块掉表皮　多见于胚胎期猪瘟感染。

23. 耳部不愈性溃烂　见于长期饲喂高铁饲料或饮用高铁饮水而导致的铁中毒。

24. 耳内外侧不愈性溃斑　多见于哺乳和保育猪群，多发于圆环病毒感染中后期病例，偶见于有害基因的遗传显现。

25. 单侧或双耳气肿　耳朵气肿部位不定，有局部气肿或全耳气肿。为圈舍卫生极差条件下气肿疽感染的特有表现。

26. 耳朵边缘增厚 猪耳朵边缘增厚严重，或轻微增厚伴有纵向出血、不出血裂纹，多为铜元素超标中毒的临床症状。

27. 全身潮红 多见于保育猪和育肥猪群。发病猪躯体所有皮肤呈现特殊的较浅薄的红旗样色泽，多数为温和型猪瘟，或猪瘟参与的混合感染前期病例。

28. 全身玫瑰红 多见于育肥猪群，保育猪群也有发生。病猪全身皮肤呈现特有的玫瑰红—紫红色泽，又称樱桃红，为溶血型链球菌病特有的示症性病变。

29. 全身水肿 多数从颈部水肿开始，5～7 d 后发展为全身水肿，为水肿病的特有症状。

30. 全身水肿、发亮 肩、背部和臀部水肿明显，在侧射光照下可见肩、背、臀部发亮，为砷元素蓄积中毒的特有症状。肩、背、臀部无明显水肿，但在侧射光照下可见肩、背、臀部发亮，为铜元素蓄积中毒的特有症状。

31. 会阴部和腹下大红及红紫色 常见于保育和育肥猪群。病猪会阴部、腹下、会阴部连同腹下出现片状、条状或连接在一起的大红、紫红色出血、瘀血斑，公猪也见于尿鞘，母猪可见沿乳腺基部向前条状延伸，多数为圆环病毒、猪瘟、蓝耳病混合感染的中后期病例。

32. 四肢下部紫红色 多见于保育猪和育肥猪。病猪常伴有发热症状，多数同弓形虫病或圆环病毒感染有关。也可见于圆环病毒、猪瘟、伪狂犬、蓝耳病和传染性胸膜肺炎，或 4 种病毒同副猪嗜血杆菌的 5 种以上混合感染病例。

33. 颈、肩部皮肤出血点 多见于育肥猪和保育大猪。常见猪的额头、颈部、肩部、胸部背侧皮肤的毛孔出血。多为肺炎型链球菌病的中后期症状。

34. 皮肤出血干斑 见于保育猪和育肥猪群、繁殖群。常见猪的臀部、肩背部皮肤毛孔有苍蝇屎样干血斑，为附红细胞体病

的特有症状。

35. 腹部皮下青灰色均匀微小点　皮肤颜色灰暗、无光泽的瘦弱猪，在强光照射下，撑展腹部、大腿内侧皮肤，可见皮下均匀分布针尖状汉砖青色小点，常见于附红细胞体病和圆环病毒病病例。

36. 吻突颜色灰暗　多发于哺乳和断奶仔猪群，保育猪群也有发生。患猪吻突干燥少汗、颜色灰暗呈“肝炎病人”特有的深褐色，多数同圆环病毒的早期感染有关。

37. 吻突鲜红色蹭伤　多发于保育猪和育肥猪群，断奶前后的仔猪群偶有发生。患猪吻突略显干燥，颜色白中透浅红色，但是在吻突上部或外侧，可见鲜红色片状蹭伤痕迹，有时痕迹在皮下。多为伪狂犬病毒初次感染的早期病例。

38. 吻突瘀血斑点　多发于保育猪和断奶前后的仔猪群，育肥猪群偶有发生。患猪吻突略显干燥，颜色白中透浅红色，但是在吻突上部的中间，随着年龄的增长，会有一个状如黄豆至半个小拇指大小的黑紫色瘀血斑，多数同伪狂犬病毒感染有关。

39. 吻突角质化　多发于育肥和保育猪群。常见病猪吻突苍白，其上部皮肤角质化，中间最高处呈浅黄白色。见于伪狂犬感染病例。

40. 红眼镜　多见于保育猪群，育肥猪群也有发生。病猪上、下眼睑发红，从远处或圈舍门口光亮处观察，好像许多猪都戴了眼镜一样，故称“红眼镜”。多数同圆环病毒、亚洲1型口蹄疫感染，或者高致病性猪蓝耳病、猪瘟等能够引起心脏疾患，导致心脏搏动异常、舒张无力的病种有关。

41. 紫眼镜　多见于育肥猪群，保育猪群也有发生。病猪上、下眼睑呈汉砖青色，从光线充足处观察，如同戴了灰紫色眼镜一样，故称“紫眼镜”。准确说是“青灰色眼镜”，多数为圆环病毒、亚洲1型口蹄疫、高致病性猪蓝耳病感染等心血管系统疾患的中晚期病例。

42. "红肛门" 同"红眼镜"伴发。

43. "青紫肛门" 同"紫眼镜"伴发。

44. 鼻孔流清水 鼻孔内鼻液聚集成流，表明黏性升高，流鼻涕，或鼻孔周围脏污均为病态。病猪吻突湿润，鼻孔流出大量清水，见于开放、半开放育肥猪群，保暖条件较差的保育猪群，为受到寒冷后的应激反应。见于封闭猪舍内猪群时，多数为猪舍内粉尘超标、废气超标的应激反应。伴发呼吸急促，大多数为支原体感染的中晚期病例，或为传染性胸膜肺炎、副猪嗜血杆菌感染的早期病例。

45. 鼻孔白苔 常见于封闭圈舍的空怀母猪群、妊娠母猪群和育肥猪群。患猪吻突如同水浸泡一般，鼻孔流大量清水，为肺部实变性病例的临床表现。常见的有支原体感染，尘肺病的中、后期病例，或结核、肺炎型链球菌的前、中期病例，以及传染性胸膜肺炎、副猪嗜血杆菌的中、后期病例。

46. 白色黏性鼻涕 多见于育肥猪群，保育猪群也有发生。病猪吻突湿润，鼻孔流出多少不等的白色黏性鼻涕，多伴发呼吸急促，喘气症状明显，多为传染性胸膜肺炎、猪肺炎型链球菌感染的中期病例。

47. 吻突干燥鼻痂 吻突干燥并流浑浊灰色或浅白色黏性鼻涕的，有时可见鼻涕结痂，多同萎缩性鼻炎感染有关。

48. 黄色黏性鼻涕 多见于育肥猪群，保育猪群也有发生。病猪鼻孔流出少量黄色黏性鼻涕，多伴发喘气症状。多为副猪嗜血杆菌感染的早期病例，或猪肺炎型链球菌病同副猪嗜血杆菌感染混合感染的早、中期病例，或猪传染性胸膜肺炎和副猪嗜血杆菌感染混合感染的中、晚期病例。

49. 尿鞘积尿 见于保育猪和育肥猪群。患猪尿鞘（俗称尿道口）积黄色、深褐色或白色尿液，检查时稍微用力挤压即可挤

出尿液，是临床检查的经常性项目。为慢性、温和型猪瘟的特殊症状。

50. 尿鞘脏污　见于育肥猪圈舍面积狭窄，也见于温和型猪瘟的尿鞘积尿病例。

51. 腹股沟淋巴结肿胀　临床检查经常性项目，各龄猪均可出现的症状。触摸病猪腹股沟淋巴结，肿大明显。肿大且结构紧凑的，多数同猪瘟等病毒病的急性感染有关。肿大但结构松散有明显颗粒状的，多数同圆环病毒感染或多病毒混合感染有关。肿大、结构松散有明显颗粒状、透过皮肤可见灰色的，常为圆环病毒参与的多病毒混合感染晚期病例，多数预后不良。

52. 腹股沟淋巴结青灰色　隔肚皮观察，腹股沟淋巴结肿大呈青紫色时多数淋巴结坏死，同病毒长期持续攻击有关，常发于保育猪，多数猪的免疫力下降甚至呈免疫抑制状态，多数预后不良。

53. 尾巴长疖痘　多发于夏秋高温蚊蝇活动猖獗季节，见于开放、半开放猪舍的保育猪和育肥猪，多同蚊蝇叮咬后感染圆环病毒有关。

54. 尾巴干燥坏死　见于哺乳仔猪。多数同胚胎期胎儿遭受猪瘟病毒攻击有关。部分为人工断尾不彻底的遗留症状，部分为体表螨虫感染所致。

55. 全身掉皮屑　见于各龄猪。10 日龄内仔猪出现此症状多为怀孕 57 d 后母猪遭受猪瘟病毒攻击的结果。断奶前后仔猪和保育猪出现此种症状，多数同维生素 A 营养不良有关，或为体表螨虫感染。育肥猪出现此症状，多数为螨虫攻击形成的蚧癣病，部分为维生素 A 营养不良。

56. 蜷卧　多见于哺乳仔猪的卧地姿势异常。病猪四肢蜷曲呈犬卧状。哺乳期正常猪群腕关节有疤痕，多数为猪舍温度过低、寒冷所致；精神萎靡的多伴发发热性疾病。保育和育肥猪出现犬卧姿势，则是发热性疾病所致。

57. 趴卧 为保育和育肥猪群的异常卧地姿势。病猪卧地时两前腿前伸，腹部和胸部着地。出现此种卧姿的猪多数为伪狂犬病毒感染所致，部分为受凉后胃肠痉挛所致。哺乳仔猪出现该卧姿为肠道寄生虫蠕动，伴有红色稀便的为球虫病病例。保育猪胃肠道寄生虫蠕动刺激和受凉应激时，也表现该异常卧姿。发热性疾病中、后期病例出现此卧姿，多数为结肠、直肠粪便干结，或溃疡形成所致。

58. 体温正常型卧地不起 见于各龄猪卧地行为异常，为临床病例症状，常见于黄曲霉毒素中毒的四肢关节疼痛。部分病例同大剂量或长时间应用大环内酯类药物、激素类药物导致的关节疼痛有关。见于发热后病例，则是病情严重、预后不良的表现。

59. 低体温型卧地不起 长时间卧地，驱赶时无站立反应，仔猪、保育猪伴有 38.5℃ 以下低温，繁殖猪伴有 37.5℃ 以下低温，育肥猪伴有 38℃ 以下低温，多数为预后不良、濒临死亡表现。

60. 红色粪便 见于 2 日龄以内仔猪的红褐色黏性稀便，多数为魏氏梭菌感染的仔猪红痢。

7~20 日龄仔猪排消化不良性紫红色稀便时，应考虑球虫病。

见于保育猪和育肥猪群的干性粪便表面的，多数为引起结肠或直肠出血的猪瘟的临床症状。

当黏性稀粪中有深暗红色时，多数同伪狂犬感染有关。

当水样稀粪中有深暗红色时，多数同流行性腹泻、传染性胃肠炎病毒感染有关。

61. 黄色粪便 各龄猪均可见到的症状。黄色稀便见于 3~5 日龄哺乳仔猪，多数为大肠杆菌感染的黄痢。

保育猪和育肥猪群出现黄色黏性稀水样粪便，多数同猪瘟、流行性腹泻、传染性胃肠炎等病毒病感染有关。

消化不良性黄色稀便，可能是多西环素、B-族维生素、喹乙醇添加量过高，也可能是饲料黄曲霉污染，或是感染伪狂犬病毒。

粪便形状正常但是颜色发黄的，多数同日粮能量过高、蛋白质营养不足有关，或蛋白质原料品质低劣所致。

持续多日黄色黏性稀便，见于育肥猪的，为肝脏机能异常、胆汁分泌机能亢进的临床表现，多数同过量，或长时间添加药物、饲料重金属超标、黄曲霉毒素中毒、饮用水污染有关。

62. 灰色粪便　多见于断奶后的保育猪群。病猪粪便稍稀，伴有消化不良症状，颜色呈灰色，多数为仔猪副伤寒感染所致。

见于黄白痢后期病例，粪便由黄变灰，或腹泻后期病例的水样稀便由黄变灰，多数为仔猪副伤寒的隐性感染病例。

63. 白色粪便　发生于5~20日龄的哺乳仔猪，其粪便中带有泡沫，呈现特有的腥臭气味，有时白色和黄色同在，或先白色、后黄色的“双色粪便”，多数为大肠杆菌感染的白痢。接近30日龄的仔猪拉白色的未消化的凝固奶块粪便，多数同伪狂犬感染有关。

64. 无异常气味黑色粪便　粪便形态正常、没有异常气味的，多同饲料中添加土霉素渣、青霉素渣有关，或见于铜、铁以及微量元素营养偏高的初期。当日粮中添加有酵母粉、啤酒糟等，粪便也会呈现黑色，但伴有酸臭气味。

65. 异常腥臭气味黑色粪便　多见于保育猪和育肥猪群。粪便形态正常但有臭鸡蛋气味的多数为日粮的蛋白质营养过剩，或添加有血粉，或混有不易消化的羽毛粉、皮张下脚料粉等。也见于铜、铁以及微量元素营养偏高的中晚期病例。

66. 形态异常黑色粪便　当伴有消化不良性稀便、黏性稀便、水样稀便时，粪便呈黑色，则应考虑伪狂犬、细小病毒感染，以及铜、铁、锌、锰等微量元素中毒的中晚期病例期。

67. 干球样黑色粪便 多数同发热性疾病有关。夏秋季应首先检查体温。体温正常时应考虑饮水供应是否充足，是否更换饲料。

68. 带白色黏液的干球样黑色粪便 多发于混合感染育肥猪7 d后病例，多数同猪瘟抗体低下有关，为结肠、直肠充血、肠黏液脱落的临床表现。

69. 带红色黏液的干球样黑色粪便 多发于混合感染育肥猪7 d后病例，多数同猪瘟抗体低下有关，为结肠、直肠溃疡形成初期，开始出血，很快转稀便的征兆。

70. 凹腰排尿和排尿中断 见于各年龄段公猪。患猪排尿时凹腰，或频频中断，呈间断排尿状态。多数同肾脏疾患导致的肾结石、尿道结石有关，也见于膀胱炎、输尿管阻塞病例。

71. 间断性排尿 不同性别猪均可发生。见于排尿行为初期的，为患病时的异常排尿，多数同尿液的pH值降低有关。见于排尿行为末期的为正常行为。

72. 睾丸肿胀 种公猪一侧睾丸肿胀，见于乙脑、伪狂犬、细小病毒、蓝耳病病毒和布鲁氏菌病菌感染。

73. 阴囊红紫 见于各年龄段公猪。临床常见育肥猪和成年公猪阴囊红紫色、睾丸红紫色，胎儿、哺乳仔猪常伴有阴茎全段出血、瘀血的鲜红或红紫色，保育猪群则见阴茎间断性紫红色，多数同蓝耳病，或蓝耳病病毒参加的多种病毒混合感染有关。

74. 隐睾 多见于近交个体或品系繁育后代，需通过外科手术治疗。

75. 阴囊疝 多见于近交个体或品系繁育后代，需通过外科手术治疗。

76. 脐疝 多见于近交个体或品系繁育后代，需通过外科手术治疗。

77. 屡配不孕 母猪连续配种3次以上仍然没有妊娠，为临

床常见现象。多见于初配母猪或使用前列腺素、催情素、雌二醇等干预发情母猪，也见于营养不良或过于肥胖母猪，或见于遗传品质不良母猪，更见于繁殖障碍疫病感染母猪。

见于初配母猪的，同品种特性（约克夏或杜洛克纯种）、发情症状不明显、饲养人员没有经验有关。

见于使用前列腺素等激素类药物干预发情的母猪，多因激素依赖所致。

见于过于瘦弱母猪，则同初配年龄不够，或营养不良有关。

见于过于肥胖的母猪，同能量营养过剩，运动量不够，饲料中维生素或卟啉类营养不足，以及微量元素营养不平衡有关。

见于遗传品质不良母猪，多数为同群选留、近交系数过高、母猪本身为品系繁育后代。

见于繁殖障碍疫病的同细小病毒、乙脑、伪狂犬、蓝耳病、猪瘟 5 种病毒病和衣原体、布鲁氏菌病感染有关。

78. 早产 饲养中常指在距离预产期 10 d 以内生产的现象。见于初产、经产母猪。同营养不良、饲养管理不当、转产房过晚、打斗、拥挤有关，也同妊娠后期感染猪瘟、口蹄疫，或感染弓形虫、衣原体有关。

79. 流产 常指配种后 1 月以上至预产期前 10 d 间的非正常生产的现象。初产母猪多发。同营养不良、饲养管理不当、转产房过晚、拥挤有关，也同饲料受黄曲霉污染、中毒性疾病、高热性疾病有关，还同口蹄疫、圆环病毒、高致病性蓝耳病等引起心血管系统疾患的疫病有关。

80. 隐性流产 常指配种后 1 个月内发生的不被人们察觉的流产。繁殖母猪配种后的下一个情期未见发情症状，而在间隔 1~2 个情期后再次发情。多数同母猪或种公猪猪瘟、细小病毒带毒有关，少数为急性感染，或管理不当所致。

81. 部分流产 妊娠中后期母猪突然发热，流产数头后停止，也有全部流产的。但是共同的特征是流产后母猪的体温、采食、精神状态迅速恢复正常。多数同口蹄疫、圆环病毒、蓝耳病等导致心脏血液循环机能障碍的病毒感染有关。

82. 妊娠期延长 饲养中指超过预产期 5 d 仍不生产的异常现象，多数伴发弱胎、死胎。同妊娠期日粮营养搭配不当，尤其是怀孕后期母猪日粮能量过高、粗纤维营养不足有关，也同饲养管理中圈舍面积过小、运动量不够有关。生产死胎或超过天数大于 3 d 的，同细小病毒、乙脑、伪狂犬、蓝耳病、猪瘟 5 种病毒病和衣原体、布鲁氏菌病单一或混合感染有关。生产死胎中有木乃伊的，为细小病毒、伪狂犬、蓝耳病三种病毒的一种或数种感染。

83. 产程过长 饲养管理中指生产时间超过 2 h 的现象。经产的高龄母猪易发，也见于早配的初产母猪。使用固定钢栏饲养空怀和妊娠中前期母猪的规模猪场尤为多见。

高龄经产母猪同妊娠期日粮营养不足，尤其是可消化蛋白质不足、维生素营养不良有关；初产母猪同妊娠后期日粮能量过高、粗纤维营养不足有关。

发生于不同胎龄母猪时，多数同饲料微量元素营养不平衡或维生素、卟啉类营养不足有关。也同母猪感染繁殖障碍疫病导致死胎有关，还同临产前 10 d 内感染猪瘟等引起中热、高热的疫病有关。

84. 妊娠母猪无异常停食 妊娠期母猪无明显的异常表现，但就是不吃食。

见于在妊娠的前、中、后期使用一种饲料的母猪，多数同酮血病有关。

见于肥胖母猪的，多数同营养过剩有关。

见于粪便发黑、有腥臭气味的，多同蛋白质营养过剩、维生素营养不足有关。

见于老龄母猪的，多数同卟啉类营养不足、维生素营养不

足、饲料蛋白质品质低下有关。

85. 妊娠母猪无名发热　多数为猪瘟、蓝耳病、圆环病毒、口蹄疫的急性感染的临床表现。

86. 死胎、弱胎、木乃伊　经产或初产母猪生产死胎，或生产弱胎、死胎，或生产弱胎、死胎、木乃伊，是近十年来常见的一种繁殖障碍现象。原因非常复杂，除了管理因素之外，营养方面主要与饲料的基本营养不能满足需要，饲料的黄曲霉污染，预防性化学药品的过量，微量元素的过量和不足，以及维生素营养的不足有关。疫病方面，妊娠期感染口蹄疫、圆环病毒、高致病性蓝耳病等能够引起心血管系统障碍，弓形虫、猪流感、溶血性链球菌病、衣原体感染等急性发热性疾病，伪狂犬、乙脑等神经系统障碍疫病，传染性胸膜肺炎、副猪嗜血杆菌、支原体、肺炎型链球菌、巴氏杆菌、猪肺疫等呼吸系统障碍疾患，均可导致此种现象出现。确诊需要综合既往病史、现场观察、临床检查、解剖检查、实验室检测检验诸方面结果分析。

87. 木乃伊　见于细小病毒、伪狂犬、蓝耳病 3 种病毒的一种或多种混合感染母猪的流产或正产胎儿。

88. 胎儿头盖骨肥厚　见于配种前或妊娠中期感染乙脑母猪所生胎儿。

89. 频繁流产　多见于初产母猪。同饲料的黄曲霉污染有关，同乱用激素干预发情有关，同繁殖障碍病感染有关，也同饲养管理人员技术水平低下、妊娠后再次配种有关。

90. 阴道流淌白色浑浊黏液　多发于经产母猪，也见于妊娠前期母猪。前者同母猪感染猪瘟（俗称猪瘟带毒）有关，也可见于生殖道炎症，尤其是不规范的人工授精母猪群。后者多见于外生殖道疾患病例。

91. 假妊娠　多发于经产母猪。发生于同一家族或家系时，同种猪品种质量有关，发病母猪为品系繁育或自繁自养的近交或回交个体，尤其多发。零星散发的，多数同妊娠中期感染发热性疫病有关。也可见于内生殖道瘤，尤其是人工授精母猪群。

92. 躯体苍白 发生于不同年龄段猪群。伴有微热或低热的，最常见的为附红细胞体感染的中前期病例。伴有42 ℃以上极高热的，多数为急性内出血病例。伴有38 ℃以下低热的，多数为胃肠道急慢性溃疡出血的中晚期病例。

93. 躯体黄染 多发于育肥猪群。病猪躯体被毛黄染明显。多数为附红细胞体感染的黄疸期病例。少数见于鱼粉保管不当，尤其是夏季高热季节大肠杆菌超标鱼粉。偶见于饲料添加黄色素猪群。

94. “黑豆斑” 多见于育肥猪群，保育猪群有时可见。在猪的躯体和四肢下部皮肤，出现大小如绿豆至豇豆，近于黑色的深紫色，或黑色不突起皮肤表面的圆形、椭圆形瘀血斑块。多数同副猪嗜血杆菌感染有关。

95. 躯体红疖子 见于育肥猪和保育猪群。在猪的躯体和四肢中上部、双耳的外侧、尾巴，出现绿豆大小的红色疖子，类似于人类的毛囊感染。多数同蚊蝇叮咬后圆环病毒感染有关。

96. 四肢下部、口唇、舌头“红疖子” 在猪的四肢下部蹄壳与皮肤交界处、口唇、牙龈、舌头边缘、上腭出现疖痘，以及蹄壳下出现鲜红色绿豆大小的出血斑，应首先怀疑为口蹄疫、水泡病。

97. 黄疖子 多发于保育猪，育肥猪也可见到。在猪的耳根、双耳的外侧、躯体背部、四肢下部，甚至尾、蹄，以及蹄的系冠结合部、蹄缝，出现绿豆大小的顶端溃烂后流黄色体液，最终形成黄色干酪样物的现象，有时甚至形成整个耳部、躯体大面积相连的片状黄色溃烂。多数同圆环病毒感染有关。

98. “黑疤突起” 育肥猪群偶尔可见。患病猪多伴有41 ℃稽留热，在猪的臀部、体侧、颈肩部，出现菱形、圆形、不规则

形状，且突出于皮肤表面的黑色斑块，为猪丹毒病的特征性病变。黑色斑块发亮的，多见于皮肤型炭疽病。

99. 体表局部鲜红　多见于育肥和保育猪群。常见的鲜红色现象出现于猪的躯体从头到尾的背侧，或两侧的一侧，或腹下，或会阴部。第一、第二种现象多数为消毒液的浓度过高，喷雾消毒时消毒液直接落于体表，或躺卧休息时蹭到地面的消毒液所致。第三种现象单独见于腹下皮肤较薄处，有时红肿的，多为蚊子叮咬所致。仅见于会阴部的条状、片状，面积小于手掌的，在怀疑蚊子叮咬的同时，还应怀疑蓝耳病。

100. “油皮”猪　多见于哺乳仔猪和断奶前后仔猪，年龄越大越少见。病猪呈现油脂通过毛孔向外渗漏状态，躯体被毛和皮肤被黏性污浊的黄色物严重污染。多数同胚胎期受猪瘟病毒攻击有关。部分为过敏反应后遗症。

101. “脓皮”猪　多见于保育猪群，育肥猪偶尔可见。病猪表皮多为凸凹不平的脓包，部分溃烂流淌的黏性物和创面形成痂皮，被毛和皮肤脏物污染严重。多数为体质过敏，出生后，在产床或保育舍内感染化脓性葡萄球菌所致。

102. 乳头发红　各年龄段猪均可见到。病例的多数乳头整体连同乳腺基部深红色，大多同蓝耳病、圆环病毒感染有关。最后一对乳头的顶端或基部充血鲜红，或全部变红的，多同蓝耳病感染有关。

月龄内或保育猪的前部或中间仅见一个乳头，或相互间隔的乳头呈鲜红色时，应考虑伪狂犬感染、过敏、体表寄生虫、异嗜癖等。

103. 乳头发黑　多见于哺乳仔猪和保育猪，常同红眼镜、紫眼镜并发。病猪倒数 1～2 对乳头全部或上部发黑，也有仅见乳头基部褐色环的表现，均为普通蓝耳病的临床症状。

104. 上眼睑或眼眶上皮肤肿胀　多见于保育猪群，育肥猪也可见到。可见患猪上眼睑或眼眶上皮肤明显的肿胀。

多数伴发40 ℃以上稽留热，伴发流眼泪的病例，应考虑猪流感、萎缩性鼻炎感染。

大量眼屎同时存在的病例，应考虑猪瘟病毒侵袭。

仅见眼眶上皮肤肿胀，但是不充血仍然苍白的，应考虑乙脑。

105. 肿脖子 各龄猪均可见到的临床症状。患猪颈部下部肿胀明显，但是近期未用药。并伴发41 ℃稽留热的，多数同猪肺疫有关。

颈部背侧肿胀，或整个颈部肿胀，或伴有头面部肿胀的，应考虑水肿病。

颈部背侧肿胀并伴有肩部肿胀的，应考虑肺部气肿。

肿胀见于颈部两侧，近期注射疫苗或药物的，多数为疫苗和药品吸收不良所致。

106. 眼结膜潮红 育肥大猪群多见。没有任何其他症状的多数同猪舍环境中尘埃超标，或尘埃中混有病原微生物有关，也同空气质量恶劣，空气中氨气、硫化氢、二氧化硫浓度过高有关。伴发大量眼屎或流泪的，多同猪瘟、猪流感等急性发热性疫病感染有关。

107. 眼结膜苍白 见于育肥猪和保育猪群的一种仔细观察方可发现的症状。患猪表现四肢无力，运动迟缓，喜卧懒动，部分伴有微热或低热症状。多数同附红细胞体感染有关，也可见于消化道寄生虫病，偶见于急性失血病例。

108. 眼结膜黄染 为育肥猪和保育猪群的一种仔细观察方可发现的症状。患猪表现四肢无力，运动迟缓，喜卧懒动，多伴有微热或低热症状，多数同附红细胞体感染有关，部分为肝炎病例。

体温正常的多为黄色素药物残留的症状。

伴有腹泻、拉稀的，应考虑饲料中鱼粉变质。

伴有脱肛的，应考虑饲料的黄曲霉菌污染。

109. 血流不止　各年龄段猪均可见到。多见于采血时，偶见于创伤后。病猪血液稀薄，拔掉针头后仍流血不止，或创伤流血不止。多数同附红细胞体感染有关，部分为维生素 K 缺乏。

110. 采血困难　各年龄段猪均可见到。多见于采血时。对病猪采血时，针头插入静脉血管后见到回血，但抽动针芯时采集的血液很少，采集 2～3 mL 血样需要 3～5 min，甚至更长时间。多数同圆环病毒感染有关，也可能为混合感染的后期病例。

111. 唇和牙龈、舌边缘疖痘样溃烂　育肥猪和保育猪群，以及断奶前后仔猪群拒绝采食，仔细检查可见的症状。病猪多伴有采食量下降或拒绝采食症状，中热稽留。在病猪的口角、上下唇边、唇缘内侧、舌端或边缘、牙龈，可见周围暗红、中间同所在部位组织颜色一致，大小如绿豆的溃烂斑，或基部暗红、明显突起绿豆大的疖痘，或表皮下组织中出现米粒至绿豆大小的鲜红色出血斑。多数同遭受口蹄疫病毒攻击有关。

112. 口吐白沫　常见于育肥和保育猪群。病猪呼吸急促，口吐白沫，多为腹式呼吸。

无发热症状的多为天气炎热，或长途运输时密度过大所致。

伴有 40～40.5 ℃稽留热的多数为传染性胸膜肺炎、副猪嗜血杆菌、蓝耳病、猪瘟的混合感染病例。

伴有 41 ℃稽留热的多数为肺炎型链球菌、弓形虫、猪瘟的单一或混合感染病例。

113. 口吐血沫　常见于育肥和保育猪群。多数病猪卧地不起，呼吸急促，口吐带血白沫，腹式呼吸，伴有四肢的近体端肿胀和 40～40.5 ℃稽留热。多数同副猪嗜血杆菌感染有关，部分为口腔溃烂、牙龈出血病例。使用作用于肺部的抗菌药物无效的，多数伴有蓝耳病、圆环病毒病或猪瘟。

114. 关节肿胀 常见于育肥和保育猪群。多数病猪关节肿大明显，不愿走动，驱赶时缓慢起立，逃离后居于接近观察者的群体外。多为关节炎型链球菌（剖检关节积液浑浊）、副猪嗜血杆菌（剖检关节积液呈现黏性，程度不同红色）、风湿性关节炎（剖检关节积液清凉无黏性）和霉菌中毒性关节炎（剖检关节积液有黏性但无颜色）病例。

115. 四肢肿胀 多见于育肥和保育猪群。病猪四肢肿胀明显，多数伴有中热稽留。接近于躯体端肿胀严重的，多同副猪嗜血杆菌感染有关。远端肿胀严重的多数同大剂量，或长时间使用抗生素后的肾脏损伤有关。

116. "贴墙走"或"贴栏走" 多见于保育猪群，育肥猪群也有发生。病猪因长时间高热稽留，或拉稀，或后肢关节炎症，形成后躯无力，或后肢协调失灵、站立不稳，需借助外力保持站立姿势，行走时呈现紧贴围栏或圈舍墙壁走动的现象。多数同伪狂犬、乙脑感染等神经系统疾病有关，部分见于高热稽留历时较长病例，部分为腹泻脱水病例。

117. 后躯左右摇摆 多见于保育和育肥猪群。病猪因长时间高热稽留，或拉稀，或后肢关节炎症，形成后躯无力或后肢协调失灵，行走时后躯左右摇摆，或称"猫步"。膘情正常的多数同高热稽留有关。部分微热病例为伪狂犬、乙脑感染所致。消瘦明显的为流行性腹泻病毒感染所致。

118. 后躯瘫痪 多发于保育和育肥猪群。病猪荐神经受到压迫，或中枢神经机能异常，呈现后躯轻度麻痹、运动障碍。有的猪依靠前肢拖带后躯前往采食（俗称"逶爬前行"）。多数同伪狂犬、乙脑感染有关，也见于高热性疾病的后遗症。

119. 逶爬采食 参见后躯麻痹。

120. 耳尖发凉 触诊时才能发现的现象。多见于断奶前后仔猪，保育群也常发生。病猪精神萎靡，被毛粗乱，皮肤颜色灰

暗，多数有腹股沟淋巴结肿大、隔肚皮观察呈青紫色症状，触诊时耳的前后端，或耳尖、耳根温度差异显著。多数同代谢机能衰退、寄生虫病、免疫抑制性疾病有关。

121. 皮肤干燥无弹性　多发于哺乳仔猪和保育猪群。多数患病猪明显消瘦，皮肤干燥无血色，被毛粗乱无光泽，反应迟钝，行动迟缓。多数同营养不良、消化道寄生虫、肝炎有关，部分为经历猪瘟疫情后的“僵猪”。

122. 喷射状水泻　单一的喷射状水泻，单一的失禁性水泻，以及两者同时发生于一个猪群，发病小猪多数脱水、衰竭而死，年龄愈小，病死率越高，是2005年以后多发、2010年后高发于断奶仔猪和保育猪群的一种临床症状。多同轮状病毒、冠状病毒的单一或混合感染有关，也有学者认为同近年来政府招标采购的猪瘟疫苗受牛流行性腹泻病毒污染有关。

123. 失禁性水泻　临床可为初始表现，也可为后期表现。消瘦病猪大便失禁，水样稀便顺腿流，常因水样稀便的刺激而使肛门、阴门，甚至会阴部呈鲜红色。多数同轮状病毒感染有关，或为轮状病毒、冠状病毒的混合感染病例。

124. “大头猪”　猪的头骨轮廓明显大，同躯体的结构不相称。随年龄增长，不相称的差异逐渐缩小，但生长速度明显低于平均水平。多数为胚胎期营养不良所致。

125. “长脖子猪”　猪的脖子明显长，四肢骨节粗大，躯体结构松散，外观明显异常。随年龄增长，异常程度逐渐缩小。多为哺乳期营养不良所致。

126. “接地红”　出生后存活仔猪吻突和四肢下部血液循环不良症状日益明显，呈现典型的“接地红”（即四肢下部和吻突暗红）症状，死亡仔猪接地侧瘀血明显。多数同母猪圆环病毒带毒，分娩时通过产道感染有关。

127. “抖抖猪”　10日龄以下仔猪发生颤抖。或出生后即有颤抖、吻突干燥症状，皮肤灰暗，被毛粗乱无光泽。多数为圆环病毒、伪狂犬的单一或混合感染病例。

128. “畸形猪” 包括脐疝、阴囊疝、隐睾、躯体不同部位出现的表皮缺失、瘤、阴门肛门合并、先天性凹腰、先天性弓背、无尾巴、双头、五条腿、双尾巴等畸形。多为近交系数过高后有害基因表达所致，部分为遗传基因突变，部分见于人工授精的后代。不排除精液采集后处理中添加药物，以及母猪怀孕中受到辐射、噪声等强刺激，以及饲料中添加化学药品的影响。

129. 脱肛 各龄猪均可发生。发生于夏季和秋季的单一性脱肛，或群体内有的拉稀，有的脱肛，多数同饲料的黄曲霉污染有关。发生于保育猪群，特别是伴有后躯瘫痪时，为铁中毒、铁锈中毒的特有症状。

130. 天然孔出血 俗称七窍出血，即鼻孔、双眼角、耳道、口腔、阴道和肛门同时或多数出血，为炭疽病例的特有症状。临床遇到时严禁解剖。

单独发生鼻孔纯粹性出血的，多数同萎缩性鼻炎有关。

鼻孔流出的清水样涕中带有血红色的，多数为流感、巴氏杆菌等急性肺出血病例。

131. 睫毛孔出血 病猪的眼睫毛孔出血，有的形成紫红色点状血痂。常见于保育和育肥，多数同猪流感有关。

132. 鬃毛孔出血 临床可见育肥猪或保育后期猪的颈部、肩部、胸部背侧（即鬃毛处）的部分或全部毛孔出血，手捋鬃毛见手掌有大量鲜红色血液，首先考虑典型猪瘟。

若出血不明显，手捋猪鬃后仅见轻微红色，或红色成不均匀条状，多数同肺炎型链球菌病有关。

当体侧毛孔出血干涸成为略小于米粒的圆形血痂，应考虑附红细胞体病。

133. 蹄溃烂 病猪的蹄部糜烂性溃烂，严重的蹄壳脱落。

有的病猪因蹄部疼痛，呈现瘸行、卧地不起等衍生症状，多数同口蹄疫、水疱病有关。少数病例同长时间不修整猪蹄，导致猪的蹄壳外伤性脱落有关。

134. 蹄溃斑　育肥猪和保育猪的悬蹄、蹄缝、蹄底，以及蹄锺角的角质同皮肤接触处，分布数量不等、大小如绿豆的不愈性溃斑。此时若仔细观察，可在病猪的唇、牙龈、舌面或边缘发现同样的溃斑，多数为口蹄疫的非典型病例（或称口蹄疫的亚临床病例）。

135. 蹄隐性出血点　育肥猪和保育猪的蹄壳下，见有绿豆大小的鲜红色点状出血；系冠结合部皮下若有出血，则表现为绿豆大小的鲜红色出血圆斑。此时若仔细观察，可在病例的唇、牙龈、舌面或边缘发现大小如绿豆的不愈性溃斑。多数同非典型口蹄疫感染有关。

136. 群体骚动　群体表现惊觉、恐惧、骚动不安，多为猫、狗、鸟、蛇、鼠等小动物，或从未见过的人进入猪舍，以及新型器械的噪声、突然的强光所致。

137. 无异常群体拒食　表现为猪群无任何异常情况下的采食量陡然下降。常为饮水不足，或饮水中添加药物，或突然更换饲料所致。

138. 无名原因采食量渐进性下降　在无任何异常表现的情况下，群体采食量从第一天下降5%开始，数日内缓慢下降，多数同饲料霉变、饲料中添加适口性极差的药物、饮水供应不足有关。

139. 群体恶性打斗　在没有新猪进入和并圈的情况下，不同圈舍内猪只之间频繁发生打斗现象，多数同光照过强、饲料或饮水中食盐超标、卟啉类营养过剩有关。

140. 僵尸不全　指病死后超过6 h尸体未僵硬，或未完全僵硬。见于炭疽、附红细胞体、CO中毒、亚硝酸盐中毒、鼠药中毒死亡病例，在未确定死因前禁止解剖。

炭疽病例多数伴有天然孔出血症状。

附红细胞体病例血液颜色鲜红、稀薄。

CO 中毒和亚硝酸盐中毒时血液呈深褐色黏稠状，但天然孔不出血。

鼠药中毒死亡病例则可见血凝不良，或嗅到大蒜臭味。

二、常见猪病示症性病变

近年来，临床常见猪病包括猪瘟、伪狂犬、蓝耳病、圆环病毒、支原体、副猪嗜血杆菌病、传染性胸膜肺炎、附红细胞体、弓形虫、口蹄疫等，并多以病毒病参与的混合感染形式出现。剖检发生疫情后的死亡个体，多为数种病毒和细菌混合感染病例。所以，能否尽早捕捉示症性病变，成为避免疫情，或减轻疫病损失的最基本措施。

（一）重大疫病的示症性病变

1. 猪瘟

【个体的临床示症性病变】中热稽留；卧地不起或扎堆；减食，或食欲废绝；躯体潮红；尿闭；先便秘粪干成球，后拉稀便。

【群体示症性病变】以发热、卧底不起或扎堆、减食或食欲废绝、躯体潮红为主要特征的病例陡然大量出现，群体采食量陡然下降 30%～50%，甚至在发病当天就发生死亡；圈舍中稀粪、干结的球状粪均有；发病公猪多有尿道口积尿症状。

【剖检示症性病变】回盲凸水肿、充血，或瘀血，或结痂，或溃烂，结痂痊愈痕迹表明已经耐过。

回盲凸及整个盲肠、结肠出现“扣状”“连片状”，甚至“穿透性”溃烂斑，回盲凸、盲肠、结肠结痂痊愈痕迹表明已经耐过。

花斑肾。

扁桃体的充血、出血和化脓性炎症。

2. 口蹄疫

【个体的临床示症性病变】口、唇、牙龈舌边缘，以及蹄底、蹄壳下组织、蹄壳同系关节连接处、蹄缝间皮肤上有疖子状溃斑，或鲜红色、暗红色大小如同绿豆样的出血、瘀血斑点。

【群体示症性病变】群体突然出现采食量下降20%~30%，瘸腿，蹄壳脱落，部分发热个体在四肢下部、口唇疖痘出现后退热，疖痘受细菌感染个体形成溃烂斑的呈40 ℃左右稽留热。

【剖检示症性病变】心室肿胀增厚、点状或片状出血等心肌炎症状明显。

虎斑心。

心耳渗出性出血。

3. 蓝耳病

【个体的临床示症性病变】普通蓝耳病以双耳的全部或局部、会阴部的“一过性”蓝紫色（汉砖青、汉瓦青、自动饮水机旧桶蓝）为示症性病变；变异蓝耳病以双耳的全部或局部、会阴部至臀部、躯体的鲜红色—暗红色—紫褐色“渐进性紫变”，简称“紫红色”（同一个体先出现区域率先加重颜色）为示症性病变。

40~40.5 ℃稽留热为两种蓝耳病单独或混合感染的特有热型。

【群体示症性病变】；母猪妊娠期正常但产弱胎、死胎和木乃伊；7日龄内哺乳仔猪无明显症状的极高死亡率（有时为100%）为群体和个体的临床示症性病变。

【剖检示症性病变】左右大叶或全部肺脏呈出血、瘀血。

出血肺叶下部呈蓝灰色（普通蓝耳病），或紫红色中略显蓝色（变异蓝耳病）。

肺泡间质水肿，肺脏大叶表面间隔增宽，呈现明显的“网格肺”。

4. 伪狂犬病

【个体的临床示症性病变】仔猪以抽搐、发抖、站立不稳等神经症状，结合呕吐、腹泻为示症性病变。保育猪以“过料性”水样腹泻为主，少数伴有神经症状。育肥猪和繁殖猪群内的个体以呕吐、吻突的变化为示症性病变。

【群体示症性病变】母猪妊娠期延长并产弱胎、死胎、木乃伊胎；母猪和育肥猪呕吐，间断性采食。

幼龄猪吻突的充血、出血、瘀血和育肥猪吻突的角质化。

各类猪均呈现“过料性”水样腹泻或黑色粥样、水样腹泻。

仔猪和保育猪较高发病率的抽搐、后躯麻痹、瘫痪等神经症状。

【剖检示症性病变】腹股沟淋巴结脂肪浸润。

髂骨前淋巴结脂肪浸润伴有水肿、充血、出血和瘀血、灰色坏死。

胃非出血性、出血性溃疡，或胃穿孔，或幽门突起非出血性、出血性溃烂。

（二）常见呼吸道疫病的示症性病变

1. 传染性胸膜肺炎

【个体的临床示症性病变】被毛紊乱、无光泽，消瘦；中热稽留；持续性喘息，甚至表现混合式呼吸，病例鼻孔流白色黏性鼻涕。

【群体示症性病变】喘气症状明显，伴中热稽留，并随病程渐进性加重逐渐升高至40.5 ℃。

躯体消瘦无光泽。

鼻孔流淌白色、灰色黏稠鼻涕为群体和个体的临床示症性病变。

【剖检示症性病变】绒毛心。

心包增厚、心包液灰白色浑浊，胸腔积浑浊液。

肺脏表面多覆盖较厚被膜，并同胸壁、膈肌、心包粘连。

2. 副猪嗜血杆菌病

【个体的临床示症性病变】四肢上部肿胀，中热稽留；持续性喘息，甚至表现混合式呼吸，死亡病例鼻孔流淌带有鲜血的清水样鼻液。

【群体示症性病变】喘气症状明显，多数有蓝耳病症状，病例传染性强，3 d 内可有 30%～50%个体发病，体温 40.5 ℃，热型一致；一条或多条腿水肿，部分病例伴有关节肿大；鼻孔流血。

【剖检示症性病变】肺脏有明显的最小如米粒，多数如绿豆、指甲盖大小（最大可见整个肺叶）边缘整齐的瘀血性实变（间质增宽不明显但实变界限明显），临床形象地称之为“鲤鱼肺”。

胸、腹腔浆膜增厚浑浊，脾脏表面因浆膜脏层浑浊呈灰白色。

3. 猪支原体肺炎

【个体的临床示症性病变】连续数声的咳嗽；渐进性消瘦。

【群体示症性病变】群体咳嗽、渐进性消瘦病例增多，圈舍内咳嗽此起彼伏。

膘情、体重分化严重。

被毛粗硬灰暗。

鼻孔外流清水量明显增多，或见鼻孔内壁水浸样“白苔”。

【剖检示症性病变】肺脏心叶和膈叶，或左右大叶下部“对称性”“虾肉样变”实变，实变区域因病程进展自下向上扩大。或称“水煮肉样变”“熟肉样变”。

4. 猪链球菌性肺炎

【个体的临床示症性病变】以连续数日的高热稽留。

喘气频率逐渐加快，症状逐渐加重。

颈肩部毛孔出血。

【群体示症性病变】育肥猪群内可见关节明显肿胀个体，散发高热稽留、呼吸加快、喘气病例陡然增多。

仔猪群可见到“油皮猪”或“脓皮猪”。

保育猪群内关节明显肿胀个体很多。

群体被毛无光泽，生长速度放慢。

【剖检示症性病变】肺大叶急性出血症状明显但不完全的“大红肺”。

剖检四肢关节腔可见关节液黏稠，明显增多，浑浊程度同病程长短有关，感染时间越长浑浊越严重，故可见黏稠透明、黏稠灰白、黏稠白色关节积液，痊愈病例关节腔内充满白色干酪样物，关节腔压力增大致使疼痛现象明显。

（三）常见血源性疫病的示症性病变

1. 乙型脑炎

【个体的临床示症性病变】正产母猪产出前躯水肿或头盖骨肥厚明显的死胎，初生仔猪共济失调的神经症状明显。

【群体示症性病变】群内正产母猪生产苍白死胎现象增多，同胎次存活仔猪发育正常；母猪体表苍白症状明显。

【剖检示症性病变】剖检死胎可见脑组织“水化”，头盖骨肥厚，苍白死胎前躯皮下水肿明显。

2. 附红细胞体

【个体的临床示症性病变】眼睑苍白—体表苍白—黄染的渐进性过程长达 2 周，或更长时间。

尿液由黄色逐渐转为褐色，落地后可见明显的血尿瘢痕。

躯体毛孔可见“苍蝇屎样”干血痂。

【群体示症性病变】多数个体体表苍白，个别呈现毛稍发黄、体表“苍蝇屎”症状。猪圈内地面可见“地图样尿痕”。

【剖检示症性病变】血液稀薄，采血时出血不止。皮下毛囊可见血细胞破裂形成的均匀点状铁锈色污染。

肝脏、肾脏和脂肪、结缔组织黄染。

3. 弓形虫

【个体的临床示症性病变】高热或极高热（42 ℃以上）。

四肢下部红紫色；双耳的外端或整个耳朵呈红紫色，半截发红时同未变色部位有明显的透明浅黄色过渡带。

【群体示症性病变】发病急。

双耳暗红、四肢下部暗红单一或同时出现的病例急剧增多。

极高热症状明显，病程短，呈明显的突然性。

多数疫情的发生同天气变化、免疫接种、阉割等应激因素有关。

【剖检示症性病变】肺间质和肺叶间多少不等的胶冻样渗出物。

心包、胸腔积存鲜红色、浅黄色透明液。

脾脏紫黑色圆形、椭圆形突起出血的圆形、不规则形状梗死斑。

(四) 其他常见疫病的示症性病变

1. 圆环病毒

【个体的临床示症性病变】哺乳仔猪毛色灰暗、紊乱，吻突干燥呈暗红色，保育猪“落地红”，育肥猪体表分布多少不等疖子。

触诊腹股沟淋巴结肿大明显为各龄中都存在的共性病变。

【群体示症性病变】育肥猪、成年公母猪体表的疖子、痘状溃烂；仔猪体表灰暗、被毛无光泽且紊乱；吻突干燥且颜色灰暗，吻突干燥瘀血呈玫瑰红色。

【剖检示症性病变】腹股沟淋巴结水肿、颗粒肿。

胆囊壁水肿、内壁出血；胆总管水肿质地变脆。

肾表面绿豆至豇豆大小的白色坏死灶。

胃贲门区黏膜环状、条状脱落，放射状增生，以及该区胃底的绿豆至拇指大的圆形出血性溃烂斑，或穿孔性溃疡。

2. 黄曲霉毒素中毒

【个体的临床示症性病变】渐进性消瘦，消化不良性稀便。阴门局部或全部呈鲜红色，或潮红肿大如发情状，脱肛，子宫脱垂，关节疼痛。

【群体示症性病变】群体食欲差，采食量渐进性下降；被毛失去光泽，精神萎靡；增重速度明显放慢。

不同年龄段猪出现拉消化不良性稀便、阴门鲜红，或潮红肿大。

母猪屡配不孕。

关节疼痛，瘸行或懒动、脱肛个体逐渐增多。

【剖检示症性病变】肝脏肿大、黄染、瘀血症状明显，或有肿大硬变，胆汁少且浓稠；肠系膜淋巴结群肿大，充血或瘀血明显。

3. 疥螨病

【个体的临床示症性病变】频频蹭痒，被毛干燥无光亮；皮肤粗糙无色泽；皮屑明显增多。

【群体示症性病变】增重速度放慢。多头猪出现蹭痒症状。保育猪和育肥猪群体被毛失去光亮，皮肤失去色泽；繁殖猪群可见被毛稀少，肩背侧皮肤干裂。

【剖检示症性病变】确诊不需解剖检查。可作食盐水试验。即收集脱落皮屑，投入饱和食盐水中，60 min 后用放大镜观察悬浮物，可见虫体。

4. 肠道寄生虫病

【个体的临床示症性病变】渐进性消瘦；磨牙；异嗜，偶尔在呕吐物、粪便中见到线虫。

【群体示症性病变】体重分化严重；不同圈舍内均有数量不等的病例出现，嚼牙、异嗜症状明显；消瘦个体逐渐增多；有时可在粪便中见到蛔虫。

【剖检示症性病变】肝脏表面有云雾状的银灰色奶油斑；十二指肠内壁点状、片状间断性发红；结肠、盲肠、直肠有多少不等、大小不一的米粒样白色突起。

5. 猪流感

【个体的临床示症性病变】眼结膜发红、眼眶下有泪痕；眼屎；中热稽留伴喷嚏、咳嗽；懒动扎堆。

【群体示症性病变】多数在天气变化应激下发生，群内有喷嚏声、短促响亮咳嗽声时，应稍有减食，多数病例 7 d 内自愈。

【剖检示症性病变】喉头充血，声带发红。

三、群体示症性病变的捕捉及其分析

在规模猪场内，捕捉群体的示症性病变比治疗具体的单个病例更为重要。

兽医师自己要通过不断巡视，发现猪群的细微变化，还要通过制度建设，调动饲养员的积极性和主动性，实现全员监控猪群变化，全员预防猪群疫病。

（一）通过不同形式的奖励建立激励机制

实事求是地讲，目前许多猪场也都制订了很多种制度，但是这些制度多数是为了应对各级相关的行政管理部门的检查，对猪场平稳生产并没有多少实际意义，有的制度甚至是有关部门统一印制的。因而笔者在此明确强调，猪场内有些制度是花架子，可有可无，粘贴到墙上就算完成任务。但是涉及猪群安全生产、质量管理、疫病防控的制度不仅要有，还要认真执行。特别是同疫病防控有关的制度，不仅要认真执行，还要长期化、模式化，并通过这些制度的执行，逐渐形成全场员工的自觉行为。具体的方法不外乎口头表扬、上车间黑板报或红榜、全场视频通报表扬、适当的奖金等，关键是形成一种自觉行为、一种习惯，长期坚持下去。

员工要养成自觉观察猪群细微变化并及时向兽医师报告的习惯，老板也要养成及时兑现奖励的习惯。

许多猪场设计有挺好的制度，之所以执行不力，以至于发生重大疫情的根本原因，在于制度执行的随意性，在于没有持之以恒地坚持行之有效的管理制度。此种深刻教训，所有从事养猪业的管理人员都应当认真吸取。

（二）综合分析准确判断

兽医师接到饲养员关于猪群异常表现的报告后，认真核对所反映的信息。兽医师一定要到现场重复观察、检查，鉴定、甄别信息的真伪。

结合该车间、圈舍的具体情况，气候条件、舍内环境、免疫、用药、消毒等因素，以及既往病史，认真思考，综合分析。

及时采取隔离、消毒、用药、接种疫苗等相应对策。

若疑似重大动物疫情苗头，在采取措施后立即记录，腾出时间后应立即向技术部有关领导汇报。

重要的异常情况应记入档案备查。

（三）及时提出应对措施

不论饲养员报告的猪群异常信息有无价值，兽医师不得有厌烦的语言表示，更不得有厌烦行为表示。至于兽医师到底采取何种措施，在什么时间执行，只能在兽医师对异常信息的科学分析之后才能决定。

（1）兽医师对各种异常现象的发生，所代表的意义，以及是否是重大疫情的苗头，是否会对猪群的健康构成威胁要心中有数，设计相应的处置预案，并熟记于心中，以便随时运用，是工作需要，也是水平的展现。因而，牢记猪的刚性模型，尽可能多

地掌握猪的行为表现，以及常见疫病的临床、亚临床、亚健康症状，成为猪场兽医师的一项基本功（本章内容及本书所附照片可供参考）。

（2）兽医师要想减轻负担，就得教会你的饲养员，让其掌握猪的行为学特性，以及一些可能经常发生但危害并不严重的异常现象的处置方法。当然，不论饲养员水平多高，作为兽医师每天到猪舍巡视，是必不可少的功课。

（3）对重大疫病、烈性病的苗头要立即扑灭。

（4）认真填写异常信息档案。潦草从事，马虎应对，不仅是工作不负责任的表现，也对自己技术水平的提高不利。异常信息登记薄的登记内容应包括

事件发生的时间：（某年月日时）

报告人：

报告地点：

反映的异常现象：

处置措施：

处置效果：

（5）饲养员报告的信息可能是无关紧要的，也可能是重大疫情的信号。但是不论何种情况，兽医师都要嘱咐饲养员执行企业保密制度，不得向其他人扩散。

附 4-1　伪狂犬病的兔体试验

鉴于伪狂犬病的普遍性和不同年龄段临床表现的明显不同，猪场伪狂犬病净化的艰巨性和长期性，在今后相当长时期内，我国猪群仍将遭受伪狂犬病的危害。特将生产中容易采用的兔体试验介绍如下。

使用一次性塑料注射器，耳静脉采集疑似伪狂犬感染猪血 3～5 mL，避光倾斜放置，2～8 ℃环境静置 15～25 min 后。以另外

一支经无菌处理的塑料注射器刺入血样注射器的血清上缘，略微倾斜，使静置后的血清淹住刺入的针尖，缓慢抽取血清1~2 mL。

持1~2 mL注射器，吸入等量生理盐水，摇匀备用。

捕捉20~30日龄小兔3~5只，将备用注射器中的稀释血清，按照1 mL/只剂量，在小兔的左侧臀部（注射部位不允许剪毛）皮下注射。注射后4 h、8 h、12 h、16 h、20 h、24 h、48 h七次观察，最少要有24 h、48 h两次观察，并记录小兔是否有发痒、撕咬被毛、狂躁表现，两次重点观察臀部注射部位是否湿润、掉毛、暴露皮肤。

当24 h观察时，发现小兔观察部位出现湿润、掉毛，或48 h观察部位湿润、掉毛、暴露皮肤，均判为“阳性”。

出现“阳性”，即可确诊伪狂犬感染。

第五章 巧妙运用疫苗特性，科学制订猪群免疫程序

2003 年的“非典”、2009 年的猪流感（H_3N_5）、2013 年的“禽流感（H_7N_9）”，2014 年埃博拉病毒在西非的肆虐，2014 年年底和 2015 年元月台湾、浙江先后在人的病例中检出了 H_7N_2 禽流感病毒。新病毒的不断出现，给人类健康再次敲响警钟。同样，随着新病毒的不断出现，猪病防控的压力越来越大。因为猪群不但是容易变异的流感病毒的搅拌器，还是容易变异的蓝耳病、口蹄疫病毒的载体。加上猪群面临多种饲养方式并存、饲养区密集、猪舍简陋、病死猪处理手段落后导致的局部环境恶化、饲料和兽药等投入品质量不稳等不利因素的影响，我国猪病防控面临空前的挑战，甚至成为人类生命和健康安全的隐患。在此非常时期，有必要强调免疫程序的重要性。本章从动物免疫的一般概念和猪用疫苗的特性入手，介绍免疫程序的重要性和制订免疫程序的原则。

一、一般概念

重温动物免疫学的一般概念，有助于理清思路。重新认识免疫程序的意义，是做好猪群疫病防控的基础工作。

1. 抗逆性 动物对自然环境的适应能力称之为适应性，衡

量动物对模拟不良环境因子的抵抗能力强弱时，使用抗逆性的概念。

2. 免疫和免疫力 能够避免感染某种疫病的现象称之为免疫，免疫力是衡量动物抵御疫病侵袭能力的指标。

3. 猪免疫力高低的一般规律 猪同其他哺乳动物一样，有对疾病的非特异性免疫（多数是先天性）和特异性免疫（包括出生后自然接触形成的免疫能力和人工接种疫苗形成的免疫能力，也称获得性免疫）两种免疫能力。显然，免疫力的高低同猪的品种有关，也同品系、杂交组合、自身的亲缘系数、年龄，以及猪的生理状态、身体健康状况有关。临床衡量特异性免疫力的高低，通过抗体检测完成。对一个具体样本，用抗体的滴度表示（用以 2 为底的对数形式反映，如 2^0、2^1、2^2、…2^{10} 表示，或 1∶1、1∶2、1∶4、1∶8、1∶16、1∶1 024、…1∶2 048 表示）。

对于一个群体，则用免疫后群体随机抽样的抗体合格率表示。如：在保育猪舍随机抽检 20 头猪的血样，猪瘟抗体滴度在 1∶32 以上的血样共有 18 份（90%），1∶8 血样 2 份，尽管有两份血样的抗体滴度不理想，但仍然判定该保育猪群猪瘟免疫成功，因为判定群体免疫合格与否的最低合格率指标是 85%。显然，该猪群已经达到了合格要求。

4. 影响猪免疫力高低的因素 在一定的区域内，或者在某一个猪场，会有如下表现：

（1）地方土种猪抵抗在当地流行疫病的能力要比外来品种强一些。高度纯化的品系（或家族）的抗病力低于纯度低的品系（或家族）。

（2）杂交是提高个体和群体抗病力的有效办法，近交的家系、家族成员的免疫力明显降低，而父母双方血缘关系较远或者不同品种之间的杂交，其后代抵御恶劣环境和抗御疾病的能力明显高于纯繁个体和近交个体。

（3）某些疫病的病原微生物仅在一定年龄段致病。例如仔猪副伤寒临床只在20日龄以上、半岁以下猪群致病，红痢多见于2日龄以内、黄痢见于5~20日龄、白痢见于20~60日龄仔猪群等。

（4）猪的体质下降时感染或发生疫病是最常见的现象。如群体位次最末的小猪容易发病；高温季节长期的热应激状态下猪的抗病力下降，容易发病；冬季寒冷时由于关闭猪舍门窗导致通风不良，猪群容易发生呼吸道疫病并通过空气传播感染疫病的大面积流行。

（5）气候因素。疫病的发生，除了同猪自身因素有关之外，气候条件、气温变化也是重要因素。如大风、降温、浓雾等因素常诱发疫病。某些疫病本身就是季节性流行的疫病。只是在管理水平较高时，不易大面积流行而只是零散发生罢了。如常在夏季发生的猪的乙型脑炎、猪附红细胞体病、猪弓形虫病。再如常在冬春季发生和流行的口蹄疫病等。

（6）局部小环境是否符合猪的生长发育需要，不仅影响猪的生长速度，也会导致猪抗病力和免疫力降低。例如，一些猪舍面积不够，或者猪舍设计有缺陷的猪群容易发病，集中养猪区的猪群容易发生流行性疫病。

（7）管理因素常常是疫病暴发的导火索。曾经发生过因阉割、转群、燃放爆竹、排放天然气导致猪群发生疫情的事件。

（8）其他因素。饲料质量不佳、饲料霉变导致疫情发生的事件更是司空见惯。寄生虫病的存在，常常导致羸弱个体的形成，使之成为疫病暴发的突破口。

5. 提高猪群免疫力的途径　在品种、环境、饲养、管理等条件确定的情况下，要提高猪群的抗病力，常用的办法是免疫接种和药物预防。

目前猪群中尚未发现一次免疫终生不再致病的疫病，只有少数疫病可以通过健康猪同染疫猪（或隐性感染的带毒带菌猪）的相互接触形成免疫。如细小病毒病，通常产仔3胎以上或3岁后的母猪不再免疫细小病毒疫苗。大部分疫病需要通过人工接种疫苗才能形成有效的免疫力。

（1）黏膜免疫。是指对猪群通过鼻腔喷雾、滴鼻的方式接种疫苗之后，刺激猪的上呼吸道黏膜，形成呼吸道上皮组织分泌富含抗体的黏液，截断病原微生物通过呼吸道进入肺部的免疫机制。多用于呼吸系统感染疫病的预防。

（2）体液免疫。是指对猪体接种疫苗之后，特定抗原刺激猪体，激活猪体的网状内皮系统，从而引起体内免疫器官产生大量特异性抗体，并激活体液中广泛存在的B细胞、T细胞，从而杀灭并清理体内病原微生物的过程。

（3）细胞免疫。是指接种疫苗之后，特定抗原直接激活猪体内具有免疫功能的细胞，免疫细胞迅速释放免疫物质进入体液，进而杀灭病原微生物的过程。细胞免疫发挥作用需要的时间较短。据报道，多数弱毒活疫苗免疫时，能够激活细胞免疫。

免疫现象的物质基础是特异性抗体的存在。体液中普遍存在的抗体具有对多数体积较大病原发生中和反应的能力，通俗的说法是具有较宽的免疫谱。但是，对于一些体积较小的病原微生物（或称小颗粒病原微生物），如细小病毒、圆环病毒、蓝耳病等直径只有10~30 μm的病毒，抗病毒药物难以杀灭。所以，体内抗体的多少，尤其是体内特异的能够杀灭某种特定病毒的抗体水平的高低，直接决定着免疫效果。对于直径较大的病原微生物，可以通过激活体液免疫予以杀灭，而那些直径较小的病毒，则必须通过激活细胞免疫才能有效清理。

二、不同途径的接种方法在免疫中的意义

免疫途径俗称接种方法。设定接种方法时要考虑疫苗自身的

特性，还要考虑佐剂的性质，也要考虑接种的目的。这是因为人工制弱以后的抗原同制弱前的病原微生物一样，具有在特定的组织或器官（靶组织或靶器官）生存、增殖的特性。不符合要求的接种途径，会使抗原在进入靶组织或靶器官的过程中陨灭，或失去活性，难以激活免疫活动，或者延长激活时间。

一般的弱毒活疫苗的佐剂，都要考虑保护抗原活性，多数在佐剂中添加抗生素、抗冷冻剂。某些品种的弱毒活疫苗，由于抗原用量较大，为了避免变态反应而在佐剂中添加抗过敏药物，以避免免疫之后的应激现象。有的疫苗佐剂中添加了缓释剂，具有控制抗原缓慢释放的功能，形成持续刺激、持续释放和降低接种后的免疫应答强度、抗体逐步上升的特性。2008 年以来，某些企业为了提高疫苗的临床控制作用，甚至在佐剂中添加了白细胞介素。免疫应答的强弱、刺激性、腐蚀性、缓慢释放和缓慢作用、干扰作用的强弱。这些都是制定免疫程序时必须考虑的因素。

接种目的的差异主要表现为：①直接产生免疫力；②短时间内清理病原微生物的快速杀灭；③激活免疫机能；④相互干扰；⑤再次反应。显然，由于免疫目的的不同，免疫时所选择的疫苗种类、接种剂量肯定不一样。

常用的免疫途径包括肌内注射、口服、穴位注射、肺部注射和特殊部位注射。疫苗说明书无明确要求的疫苗，都可以通过肌内注射接种。

1. 肌内注射免疫　指通过肌内注射给苗的接种方法，是最常用的接种方式。需要保定、捕捉，工作量大，还容易造成捕捉保定应激。因而，对于妊娠母猪和仔猪，应当严格执行疫苗说明书规定或兽医嘱托的接种对象和剂量接种。如猪瘟、伪狂犬、蓝耳病等疫苗的接种。

2. 口服免疫　指通过口服给苗的接种方法。某些疫苗通过口服给苗免疫效果更好，不用捕捉、保定，能够避免捕捉保定造成的应激，也可减轻接种工作量。如布鲁氏杆菌苗的接种。

3. 穴位注射免疫 是指在某些特定穴位注射给苗的接种方法，是近年来免疫学同中兽医经络学说相结合的探索结晶。作用机理一是穴位的接种直接刺激穴位激活猪体的免疫功能，二是某些穴位靠近大血管，接种后可因渗透作用而使疫苗缓慢持续进入血液，实现长期刺激、抗体缓慢上升的目的。如仔猪流行性腹泻疫苗、仔猪黄白痢疫苗均在后海穴接种等。

4. 鼻腔接种免疫 指通过滴鼻或喷雾给苗的接种方法。这种途径的免疫不期望产生多高滴度的抗体，只期望形成局部的黏膜免疫，使猪体认识该种疫苗，为再次免疫时形成记忆反应创造条件。如3日龄伪狂犬基因缺失弱毒活疫苗的接种。

5. 特殊部位注射免疫 包括肺组织注射接种、胸腔注射接种、腹腔注射接种等接种方法。如南京天邦生物制品公司生产的猪喘气病疫苗，要求直接穿透胸腔在肺部接种。

三、猪用疫苗的种类和特点

疫苗分类的方法很多，按照形态分类有固体疫苗（包括干粉剂)、液态疫苗，按照活性特征可分为活苗（弱毒苗)、死苗(灭活苗)，按照保存温度可分为冷冻苗（-15~0 ℃)、常温苗(2~8 ℃）等。这些分类方法适用于不同的工作环境，在不同的人群中使用。对于免疫程序制订者来说，更高的要求是除了必须熟悉前述分类方法的含义以外，还应熟练掌握疫苗的具体特性，以及不同保存方式可能带来的影响，如佐剂的类型、制作工艺、解冻速率、稀释倍数、免疫应答的强弱等。

1. 弱毒活疫苗 具有生物活性，不仅要求严格的冰冻保存条件，而且对运输中的颠簸震动、解冻温度、解冻液的pH值、渗透压都有严格要求。通常其周转箱内都放置冰袋、箱体都有隔

热防震层、使用具有制冷功能的专用车辆运输，并且都配备有专门的解冻液以保证活性。由于具有良好的生物活性，弱毒活疫苗接种后，猪体的免疫应答反应明显，抗体产生的也较快。多数弱毒活疫苗在首次免疫的情况下，接种 7 d 后可在血样中检测到抗体，在 2~3 周达到保护水平。最新的报道甚至认为只有弱毒活疫苗可以激活细胞免疫。显然，弱毒活疫苗在具有前述优势的同时，包装、运输、保存条件苛刻是其伴随的属性，运输、保管环节一旦脱离冷冻环境，野蛮装卸、未使用规定的解冻液、添加药物，或解冻操作不当时，都有可能使弱毒活疫苗降低或失去活性。此外，解冻液体积过大、操作时未采取有效的保定措施、接种废弃物未按规程集中处理，又容易导致散毒污染养猪环境的事件发生。所以，许多能够威胁人畜健康和对养猪业危害严重的疫病，不轻易使用弱毒活疫苗进行免疫。

为了获得同时激活体液免疫和细胞免疫的效果，克服全基因弱毒活疫苗散毒的缺陷，近些年，科学家利用基因工程技术，设计了基因缺失疫苗，即利用生物工程技术将病毒中的有害基因或包含有害基因的片段切除掉，或者在基因中镶嵌进某种基因或其片段。投入生产中使用的基因缺失疫苗是指缺少某个基因位点或某些基因片段的疫苗，添加基因或片段的疫苗称为基因工程苗。二者都是弱毒活疫苗。

为了减轻接种弱毒活疫苗的免疫应答反应，同时也为了提高弱毒活疫苗的抗逆性，一些疫苗生产企业又设计了专门的佐剂和稀释液。这类疫苗在供给猪场使用时，一般都配给专门的稀释液，使用时必须使用其配给的稀释液，否则，将会降低其免疫效价。

2. 灭活疫苗　不具生物活性，多数要求低温保存（2~8 ℃），个别添加特殊佐剂的灭活疫苗可在常温下保存。同弱毒活疫苗相比，灭活疫苗具有包装简单但是体积较大、运输和保管条件相对简单的特点。由于其基因结构完整，产生的抗体是全基因抗体，免疫效果确实，针对性也很强；缺陷是接种后猪体激活较慢，首次免疫的多数在2周左右才能在血样中检测到抗体，抗体滴度达到保护水平则需4周。显然，由于免疫后抗体上升的较慢，对于多发的混合感染病例使用灭活疫苗时难以实现迅速发挥作用的目的。繁殖猪群使用灭活疫苗，不用担心因接种过程中操作不规范导致的散毒。

早期的某些灭活疫苗由于佐剂的原因，接种后的免疫应答非常强烈，应严格按照说明书标定的剂量使用，不得加大剂量。近年上市的某些灭活疫苗由于佐剂的改进，接种后的免疫应答轻微。山东省农业科学院滨州畜牧兽医研究院沈志强发明的蜂胶佐剂最为突出，其伪狂犬gE缺失灭活苗、普通蓝耳病灭活疫苗、肺炎和关节炎型链球菌灭活疫苗、3价大肠杆菌疫苗，用于妊娠后期母猪非常安全，甚至10日龄仔猪接种后也未见采食量下降。

不企求短期内发挥免疫作用的非发病猪群，可以使用灭活疫苗。

经常使用基因缺失弱毒疫苗的繁殖猪群每年应使用一次全基因疫苗（灭活疫苗或弱毒疫苗）。使用基因片段缺失弱毒活疫苗的猪群，更应注意此问题。否则，会出现检测时免疫抗体滴度很高但猪群依然发病的现象。某些基因缺失过多的疫苗，甚至可以作为干扰素使用，如武汉科前公司的伪狂犬HB98株，虽然正常使用时抗体正常但保护力较差，但在数种病毒病混合感染的临床疫情控制中效果良好。

尽管灭活疫苗不具有生物活性，但是超过保质期限，或者未超过保质期限但是保存温度超过了规定的温度要求，都可能导致疫苗失效或变质。前者导致免疫失败，后者甚至造成接种后大群在数小时内发病的免疫事故。

某些种类的灭活疫苗，由于佐剂的刺激性强，接种部位常形

成吸收不良的硬斑块，处置不当时甚至溃烂，应严格执行接种剂量、途径和日龄规定。

3. 自家苗　属于灭活疫苗，临床应用于多种病毒混合感染疫情的控制，在容易变异的病毒病占主导地位的背景下，临床效果最为突出。但应注意尽可能不用或少用。因为，自家苗的制作要求严格的环境和技术条件，未达到要求条件生产的自家苗隐患较多，如采集病料时摘取得不准确，漏掉了病变器官的淋巴结，取之于没有代表性病例的病料，病料全部来自于病死猪或死亡时间超过 6 h 的病猪，灭活不彻底，制作中污染或环境污染，佐剂的质量和添加量不准确，没有进行灭活效果评价等，均可能导致临床应用效果的降低或无效，严重时甚至造成免疫事故。

为了控制疫情，在不得已情况下使用时，应注意下述事项：

（1）严格控制使用范围，只在发病猪场的发病猪群使用。

（2）选择技术水平较高和基础条件较好的有资质单位制作。

（3）严格限制使用病种：只用于易变异的小颗粒病毒病感染占主导地位的疫病，只用于没有疫苗可用，或现有疫苗免疫效果不佳的病毒病感染。

（4）猪瘟、口蹄疫感染或混合感染中占主导地位的病例不得使用自家苗控制。细菌感染占主导地位的病例不使用自家苗。

（5）使用过自家苗的繁殖母猪应在 1~2 年内逐步淘汰。

（6）超过 6 个月以上的自家苗抛弃不用。

四、免疫反应及猪体免疫抗体形成、传递的一般规律

体质体况良好的猪群，接种以后会有轻微的免疫应答反应，如体温微升、采食量下降、懒动等。正常情况下，3~5 h 后懒动现象即消失，减食 1~2 顿，体温多在 24~48 h 恢复正常。首次免疫时，接种弱毒活疫苗 7 d 左右才能在血样中检测到抗体，2 周后抗体滴度达到保护水平；接种灭活疫苗时，则在 14 d 后才

能在血样中检测到抗体，4 周后抗体滴度达到保护水平。

免疫抗体在体内持续存在是有效保护的前提，存在时间越长，保护时间就越长；抗体滴度越高，保护效果越好。多数疫苗接种后产生的免疫抗体在体内的持续期可达半年。

具体到某一个猪场或猪群，其抗体消长规律则受多种因素制约。有的猪群受免疫抑制疾病和黄曲霉毒素中毒的影响，免疫之后在预定的时期没有产生抗体，或产生的很少。有的猪群由于猪舍内病毒的大量存在，或者持续排毒的带毒猪的存在，环境内病毒的持续不断侵袭，使得体内的抗体很快消失，不能实现有效保护，或者保护期缩短。抗体传递有如下规律：

1. 初乳传递 多数抗体可以通过乳腺进入乳汁，这是仔猪必须哺乳母乳，尤其是初乳的重要原因。那些导致仔猪在哺乳期大量死亡的疫病，多数需要通过对妊娠期母猪接种疫苗来解决。当哺乳期仔猪群病死率较高时，为了获得含母源抗体滴度较高的初乳，可对怀孕中期母猪实施疫苗接种。严重时甚至在怀孕中后期使用同种疫苗二次接种。但需注意，有基因缺失疫苗的使用基因缺失弱毒活疫苗，没有时可使用灭活疫苗。为了避免过于强烈的免疫应答，也可在二次免疫的后一次，或一次免疫但是接种时间较晚（如接近或处于产前 15 d）时，选择免疫应答较弱的疫苗。

2. 记忆反应 哺乳动物的躯体都具有天生的记忆某种病原微生物的能力，当病原微生物再次侵入躯体时，记忆反应发挥作用，体内免疫系统迅速启动，在短时期内形成大量的抗体抵御病原微生物对躯体的侵袭。猪是哺乳动物，自然也有这种特性。这是许多传染病一次免疫（或自然接触感染后）后，就可以形成终生免疫的免疫学理论基础。

3. 再次免疫 对健康猪再次免疫时，不论接种的是弱毒活疫苗，还是灭活疫苗，抗体形成的很快，抗体滴度也较高，称为

再次免疫反应。利用这个原理，兽医在控制疫病时，常常采用再次免疫的办法对付那些危害严重的传染病。健康猪群再次免疫时抗体滴度多数在1周以内上升到保护水平。若接种过猪瘟疫苗二次以上的猪群，发生疫病时接种猪瘟脾淋苗，可因再次反应，抗体滴度在免疫后3~4 d即上升到保护水平。

4. 胎盘屏障　猪瘟抗体可突破胎盘屏障。因而对猪瘟危害严重的母猪群，加强猪瘟的免疫可以有效提高仔猪的育成率。但是，猪瘟病原也能够突破胎盘屏障，并且猪瘟疫苗接种后免疫应答强烈，所以母猪妊娠期不轻易接种猪瘟疫苗。欲使母猪获得较高的猪瘟抗体滴度，可在配种前实施多次免疫，进入繁殖期应在每次分娩后的哺乳期免疫二次，并在免疫时选择纯度和抗原含量均较高的疫苗，适当加大猪瘟疫苗的接种剂量。

蓝耳病抗体和病原均能够突破胎盘屏障，所以临床非控制疫情状态，很少有兽医建议对妊娠母猪接种蓝耳病弱毒活疫苗。

伪狂犬抗体和病原均能够突破胎盘屏障，但是伪狂犬疫苗多数为基因缺失疫苗，所以受伪狂犬病毒威胁猪群，经常对妊娠后期母猪接种伪狂犬基因缺失弱毒活疫苗。

圆环病毒抗体可以通过胎盘屏障进入乳汁中，所以，母猪群接种圆环病毒疫苗后，抗体可以通过初乳传递给仔猪，使得哺乳期和保育期仔猪受到保护。

五、免疫时机、间隔同抗体滴度的关系

猪同其他哺乳动物一样，在漫长的进化过程中形成了后天获得性免疫的能力。但是，对于不同的个体来说，这种能力的强弱是有差异的，是受个体体质体况影响的。体质体况良好的个体，具有完善的免疫反应机制，受到外源性病原微生物攻击时，可以及时启动免疫功能，形成足够数量的抗体。显然，如果受到攻击的病原微生物毒力太强，致病作用太快，猪体来不及反应，就只

有发病死亡；或者一次进入体内的量太大，超过了猪体的反应速度，产生的抗体不足以完全中和病原，病猪体内的病原微生物会呈逐渐积累增长的趋势，当增加到一定的量时，病情突然恶化而死亡。同理，即使一个健康的个体，在人工接种疫苗时，如果一次接种的疫苗量太大，轻则由于猪体反应能力所限，出现严重的副反应，也可能由于接种的原因激发疫病。

当在一定的时间段内接种数种疫苗时，如果接种的时机、剂量、品种组合掌握得恰如其分，就会依接种疫苗的次序和功能，陆续形成多种免疫保护能力。反之，如间隔不足或一次接种大量的疫苗，轻则导致强烈的免疫反应，重则直接激发疫病。所以，为了获得免疫力而进行的正常免疫接种，一定要按照产品说明书规定或兽医嘱托的剂量和间隔时间接种。

为了在短期内获得强大的免疫力，可以选择活疫苗。注意，繁殖猪群尽量不使用弱毒活疫苗免疫，尤其是全基因序列的弱毒活疫苗。

为了获得对某一种危害严重疫病的强大免疫力，可以选择适当增加接种剂量，或施行同种疫苗多次接种的方法。注意，疫苗说明书规定“大小猪均按 1 头份接种” “不得加大接种剂量” “严格控制使用量” “妊娠母猪不得使用” 的疫苗不得增大接种剂量。

某些猪群受某种疫病威胁严重时，制订免疫程序时常采用间隔 3 周再次接种同种疫苗的办法。多次接种同种疫苗的剂量，应选择产品说明书推荐的剂量，时间间隔通常选择在 18～21 d（或称间隔 3 周）。不论是增加剂量，还是多次接种的次数和接种间隔，均应听从有实践经验兽医的安排。

注意，再次免疫虽然能够通过记忆反应使得抗体滴度在短期内快速上升，但若间隔时间不恰当，则可能因为抗原抗体的中和反应而使猪体内抗体滴度降低至最低水平，通常再次免疫抗体滴

度最低水平出现在接种后的4~7 d。如果在猪体抗体滴度接近消失的状态下实施再次免疫，多数情况下会直接激发疫情。

为了在短时期内获得对数种疫病的免疫力，可间隔7 d相继接种不同种的疫苗。当掌握某种疫苗的抗体产生规律时，也可适当缩短间隔。有经验的兽医在临床控制疫病时，会根据不同品种疫苗的特性，以及接种后的免疫反应强弱、抗体形成的时间规律，设计较为复杂的免疫程序，从而实现在最短的时间内形成足够强大的免疫力。

临床也可见到多种疫苗同时接种的现象。这种接种方法是通过接种疫苗后，体内发生的竞争和干扰作用，弱化主要病原微生物对猪体的危害，为尽快控制疫病的危害创造条件，不是为了获得正常的免疫力。对疫苗品种的选择、不同种类疫苗剂量的设定，均有严格的要求，稍有不慎就有可能适得其反，其方案需由有较深造诣和丰富经验的临床兽医制订，养猪户不可效仿。

六、免疫方案和免疫程序

二者都是组织免疫工作的术语。免疫方案包括免疫病的种类，使用疫苗、器械的数量，资金需求，人力安排，时间进度等，是就宏观而言。免疫程序则用于微观指导，用于技术员和饲养工人的具体操作，包括接种对象（如公猪、后备猪、空怀母猪、妊娠母猪、哺乳或断奶仔猪、保育猪、育肥猪等），所用疫苗（灭活疫苗或弱毒疫苗、自家苗，生产企业或品牌）的具体品种，接种的方法和途径（如肌内注射、滴鼻、穴位注射、胸腔注射等），稀释方法和稀释倍数、接种剂量，接种的日龄、次数和间隔等。

显然，制订免疫程序的目的在于方便操作，规范操作，在于减少操作的随意性，在于避免操作失误。其前提是临床猪病复杂、混合感染病例的不断增多，尤其是胚胎期感染或分娩时通过产道感染病例的增多，而使初生仔猪大量死亡的疫病的存在，使得免疫程序科学与否成为猪群能否稳定、繁殖率高低的决定因素，成为猪场经营成败的关键因素。

科学的免疫程序不仅能够有效预防疫病，并且选择疫苗的品种恰当、使用疫苗的剂量合适，除了节省疫苗、节省经费、节省劳动之外，更重要的是能够避免接种应激、免疫麻痹、免疫抑制的发生。要求制订者具备熟练的临床疫病常识，熟练掌握不同种类、不同品种疫苗的功能和特性。同时，还要清楚猪群疫病的本底，以及本场曾经发生疫病，周围猪群存在或可能流行的疫病，使得免疫程序具有一定的前瞻性。

1. 巧妙运用疫苗特性　灭活疫苗多数为全基因疫苗，其抗体基因序列完整，针对性较强。其缺陷除了体积大不方便运输之外，也有专家认为主要是通过体液免疫发挥作用，不能激活细胞免疫作用，抗体滴度较低。临床还应注意接种后动物体反应滞后，抗体上升较慢。弱毒疫苗有全基因疫苗、基因缺失疫苗两大类，前者同样具有基因序列完整的特性，后者基因序列不完整，显然，使用弱毒疫苗时前者存在散毒和毒力反强的风险，后者则相对安全。另外还需注意，不论是全基因弱毒疫苗，还是基因缺失疫苗，接种后的免疫应答均较灭活疫苗强烈，应尽量避免在妊娠母猪和哺乳仔猪身上使用，必须使用时应严格掌握剂量，并精确选择接种时机，做到疫苗用量和接种时机的精准，减少应激性流产和应激性死亡事件的发生。

2. 把握猪群体质特征　不论是灭活疫苗，还是弱毒疫苗，初次接触的个体，免疫应答表现强烈，再次接触时免疫反应相对减弱，这是不同品种、不同类别、不同年龄段猪的共同特征。所以，首次使用的疫苗，应严格执行说明书规定的剂量，并选择少数几头进行实验性接种，观察免疫反应，确定接种安全后再接种大群猪。

(1) 含有地方土种基因的猪多数抗逆性较强，抗御接种应激能力也较强。引进品种除了杜洛克之外，多数抗逆性和抗应激能力较差，最为突出的是皮特兰和含有皮特兰基因的品种或品系，不仅抗逆性差，抗应激能力也较差。此外，近亲个体和三元母猪后代的抗逆性和抗应激能力也较差。同胎次产仔数较多时，群中弱小个体的抗逆性和抗应激能力也较差。对于前述抗逆性和抗应激能力较差个体，使用弱毒疫苗尤应当心。

(2) 猪体对再次免疫可因记忆而实现快速反应，抗体上升速度很快。使用弱毒疫苗时抗体可在 3~5 d 间达到保护水平，使用灭活疫苗也能在 7~10 d 达到保护水平。

初生仔猪和处于阉割、转群、断尾等应激敏感期的个体，以及患寄生虫病、慢性呼吸道和消化道疾病而致体质瘦弱的个体，抗应激能力均较低，极易发生免疫应激，在制订免疫程序时应予以关注。

临产和临产母猪，处于发病期的母猪，体质均较敏感，对捕捉和免疫接种反应非常强烈，尽量避开在此期免疫是明智的选择。

饲喂霉变饲料的个体不仅抗应激能力下降，严重的甚至发生免疫麻痹、免疫抑制，接种疫苗后经常发生不应答现象。

3. 认真区分猪群类型 理论上凡是传染病都可以使用疫苗，通过接种疫苗使猪的体内产生抗体，一旦病原微生物侵入时，便会由于抗原抗体的结合而使病原微生物丧失致病性。但是，目前我国猪群疫病种类较多，并且在许多猪场呈现以病毒病为主的混合感染，因而在猪群疫病的防控中，接种疫苗主要是对付病毒性疫病，细菌性疫病多数通过定期给药解决，寄生虫病的防控则很少考虑使用疫苗。

就一个猪场而言，如果能够正常生产，没必要接种任何疫苗。但这只是一种美好愿望，现实是混合感染严重，并且多数猪群存在5种以上病原微生物。因而在制订免疫程序时，应遵循如下原则：

（1）猪场经营特点不同，制订免疫程序时侧重面也不一样。短期育肥猪场只考虑猪群现有疫病和周围猪群目前流行疫病的免疫。长期经营的育肥猪场，除了考虑猪群现有疫病和周围猪群目前流行疫病之外，还要考虑未来3~5个月内可能发生疫病对猪群的影响。专门生产仔猪的种猪场或自繁自养猪群，在考虑猪群现有疫病、周围猪群疫病的影响之外，还要考虑当地历史上曾经发生过疫病的影响，对未来可能发生的疫病也要有前瞻性预防措施（具体时段长短可因种猪群的类型、投资能力而异，一般不低于3年）。

（2）猪场规模不同，对免疫程序的要求也有差异。规模不大的猪群免疫程序简单。规模较大或长期饲养猪群，免疫程序相对复杂，除了能够应对当前流行疫病、确保安全生产之外，还要有一定的前瞻性，要安排未来养猪期内可能发生疫病的免疫。

（3）考虑疫病危害的严重性。首先应考虑人畜共患病的免疫，然后是对猪群危害严重的病毒病。法律规定免疫或政府组织免疫的病种，多数是对人畜健康有威胁，或对猪群健康威胁严重的疫病，制订免疫程序时应优先考虑。

4. 可操作性 前述三项是技术人员在制订免疫程序时必须考虑的内容。科学的免疫程序不仅能够获得良好的临床效果，而且操作容易，便于落实。

制订免疫程序时最常见的错误是面面俱到，什么病都要免疫，期望通过免疫解决所有问题，导致程序庞大复杂，执行起来困难重重，这是一些猪场仔猪出生后一直不断免疫的一个重要原因。实践证明，面面俱到的免疫程序，执行后效果并不理想，不仅仍然出现疫情，而且圆环病毒病的危害程度明显上升。所以，制订免疫程序时一定要注意在保证有效抵御疫病的前提下尽量简

化，提高程序的可操作性，努力避免烦琐复杂。其次，免疫病种过于繁杂时常带来疫苗采购困难，也常常是主要疫病漏免的原因。设计免疫程序时突出主要矛盾、抓住主要矛盾做工作很有必要。对猪群危害严重的疫病，可以通过配种前免疫、妊娠期免疫、二次免疫等手段提高其抗体滴度，有时甚至三次免疫（如猪瘟）。能够通过定时定量用药解决的疫病，通过用药解决。再次，免疫程序中所用疫苗要相对稳定。尽可能使用规模较大、历史较长、信誉较好企业的产品，有条件时可使用品牌产品。不论价位高低，来自于哪个企业，是否名牌产品，临床有效、稳定供应是制订程序时选择疫苗必须考虑的因素，价格低廉放在次要地位。

复杂的免疫程序仅适用于兽医或技术员直接操作接种的猪场。若由饲养员实施接种，免疫程序要尽可能简单易行。

5. 经济实用　经济实用是一种普遍要求。制订免疫程序时应体现在设计的免疫程序使用效果确实明显降低了发病率和病死率，能够为企业创造效益。其次才体现在程序所用疫苗价格相对较低，能够实现以较少的投入获取较大收益的目的。

6. 季节、气候和其他因素　有些疫病发病有明显的季节性，如冬季到来后发生的疫病，夏季到来后发生的疫病，疫情到来前的一次免疫可以有效避免疫情的发生，所以在制订免疫程序时应尽可能照顾到。某些疫病的发生常同气候因素有关，如突然的降温、丰水年、暖冬和缺少降水的冬季、春寒、高湿漫长的夏季、持续大旱等，因而要求制订免疫程序时最好研究一下当地的气象资料，了解一些气候变化规律，从而使得制订的程序更加有效。

7. 用药对免疫效果的影响　鉴于猪群混合感染严重的现实，在饲料中添加药物的现象较为普遍。某些地区由于土壤缺少微量元素，母猪或仔猪有时要通过肌内注射补充矿物质营养（最常见的为补硒、补铁）。所以，制订免疫程序时要考虑药物副作用和肌内注射、捕捉应激等临床反应对免疫效果的影响。

通常，怀孕后期母猪和仔猪肌内注射补铁对免疫的影响主要是注射后的应激反应，当所用补铁制剂质量不佳时，应激反应尤其强烈。为了避免接种疫苗的免疫应答同肌内注射补铁时应激反应的叠加，设计免疫程序时可用间隔 2 d 的办法，即接种疫苗 2 d 前或 2 d 后肌内注射补铁，或肌内注射补铁 2 d 前或 2 d 后接种疫苗。

饲料中添加抗病毒药品，对弱毒活疫苗的活力肯定有影响。所以，不管使用的是西药，还是中草药（包括单味中药、多味中药，中成药），用药后 3 d 内不安排接种。

饲料中添加抗菌药物，不论是抗生素，还是磺胺类，均有可能影响甚至降低免疫效果，当使用的药物中有增效剂存在时，这种作用更为强烈。所以，在添加期和药物的有效期内，不适宜接种弱毒细菌苗。制订免疫程序时，应提出明确要求，一般应放在停药 5~7 d 后接种疫苗。

消毒药品的使用能够有效杀灭病毒和病菌，让其同疫苗直接接触，会导致疫苗的抗原活力降低或失活。所以，类似于仔猪 3 日龄伪狂犬滴鼻等特殊的通过呼吸道接种，接种后若实施喷雾、喷淋消毒，有可能导致疫苗同消毒药品的直接接触，因而，在制订免疫程序时应明确提出免疫当日不得实施喷淋、喷雾消毒的要求。弱毒活疫苗接种前后实施消毒的做法争议很大，支持的理由是接种活动中有可能因为接种活动的不规范，接种后消毒能够有效避免散毒；反对的理由是接种前后免疫有可能由于吸入消毒剂降低疫苗活力。笔者的意见是区别对待，对于接种全基因弱毒活苗猪群，尤其是那些容易变异的病种（猪流感、蓝耳病），接种中难以保证操作规范，散毒的危害太大，风险系数太高，不但接种后应立即实施喷雾消毒，还应实行在固定地点接种，最好在接种中间隔 1~2 h 对接种地点实施喷雾消毒。即使接种的是不会变异的弱毒活疫苗，如果接种中操作不规范，如不保定接种、废弃

物的随意丢弃，都有可能造成养猪环境的直接污染，也应坚持接种后实施喷雾消毒。基因缺失弱毒活疫苗的散毒虽然不会直接污染养猪环境，但会对微生态环境造成压力，也应实施接种后的喷雾消毒。当接种的是灭活疫苗时，散毒风险同消毒应激相比退居次要位置，接种时或接种后不需消毒。

不论是正常的新陈代谢，还是接种疫苗后抗体的产生，都是一系列非常复杂的生理生化活动过程。而在生理生化过程中需要数量众多的活性酶的参与，酶的合成或激活需要维生素作为前体或参与。所以，维生素供应充足并且平衡的动物，生命力强大，抗逆性自然非常强。接种疫苗的猪群若有充足并且平衡的维生素供应，就能够最大限度地降低接种疫苗的副反应。所以，生产中常在接种的前一天、当天、后一天的饮水中添加电解多维，以避免应激，弱化免疫应答，减轻副反应，提高免疫效果。

干扰素、聚肌胞、小肽、白细胞介素、核酸、糖蛋白等生物工程技术产品，会通过对体液免疫和细胞免疫的直接或间接作用，影响接种后的免疫效果，建议在安排免疫程序时设置适当的间隔，通常的做法是间隔 3 d。即使用 3 d 后接种疫苗，或接种疫苗 3 d 后使用。

血清抗体、卵黄抗体能够直接杀灭病原微生物，也同样能够直接使抗原失效。因而，除了临床治疗的需要，不可在接种弱毒活疫苗的当天和前后 2 d 注射抗体。

自家苗的作用类同于灭活疫苗，使用自家苗后再接种疫苗相当于增加接种剂量，通常在临床控制疫病时使用，正常的免疫活动中极易发生操作失误。制订免疫程序时应根据使用程序企业的技术水平、员工素质、管理水平谨慎使用。

8. 其他因素　除了上述影响因素之外，初乳中母源抗体的影响是必须考虑的因素。另外，母猪泌乳量陡然下降带来的应激也应考虑。猪的初乳期较奶牛短，只有 3 d，所以分娩后 3 d 内最

好不安排肌内注射免疫。母猪的泌乳期为1个月，但是产后第21 d产奶量会陡然下降，饥饿迫使仔猪采食饲料，以适应满月后无奶的生存环境，这是长期进化的结果，有利于猪的种群延续。但是母猪泌乳力的陡然降低，对仔猪是一种强烈应激，制订免疫程序时应尽量避开，避免双重应激的叠加。

附5-1 传代猪瘟疫苗的评价和应用

2010年后，随着组织苗的大面积应用，尤其是政府采购的大面积开展，猪瘟疫苗季节性供应紧张非常突出，中标是所有猪瘟疫苗生产企业的最大期望，中标后却由于无特定病原犊牛(SPF)的供应不足而使猪瘟疫苗的安全性受到影响，突出的问题是牛流行性腹泻病毒（BVDV）污染，受污染母猪群所生仔猪在哺乳期（最短的出生3 d后）内就暴发流行性腹泻，对稳定生产构成威胁。针对此种情况，科学家采用了新的生产工艺，直接使用标准细胞培养病毒，避开了在犊牛睾丸继代的生产环节，从而保证了猪瘟疫苗的洁净。

此种工艺生产的猪瘟疫苗，除了洁净无污染之外，另一突出的特点是抗原含量高。据一些生产企业测定，市场供应的猪瘟传代疫苗中，抗原含量最低7 500 RID/mL，中等的在12 000~15 000 RID/mL，高的可达20 000 RID/mL。当然，由于洁净和抗原含量高的原因，投放市场后，很受养猪企业欢迎，处于高价位不难理解（通常每头份在1.5~2.0元之间）。

笔者认为，对于生产企业，应当视自己猪场的实际情况决定所使用的疫苗种类。

短期育肥企业，如果仔猪来源于大型猪场或母猪专业户，免疫本底清楚，使用普通细胞苗就可以解决问题，何必使用高端疫苗增加成本。

短期育肥企业，仔猪群来源不一致，免疫本底不清，仔猪

（或 20~30 kg 架子猪）进场后，最好使用猪瘟脾淋疫苗，再次免疫时可以考虑使用猪瘟传代疫苗，以防个别猪由于免疫麻痹而没有产生抗体。

已经使用过猪瘟脾淋疫苗，或每头次 15 头份剂量以上普通细胞苗后发病的猪群，应当使用猪瘟传代疫苗，以激活免疫麻痹猪的免疫系统。

母猪群无论是否带毒，是否使用过脾淋疫苗，均建议改用猪瘟传代疫苗，以避开 BVDV 的影响和危害。

使用时肌内注射 1 头份即可。若前次注射过多头份，本次和下次可按 0.2 头份的量增加。

使用前解冻同样要注意避光、快速、避免振荡，最好使用厂家提供的稀释液稀释，无稀释液时可用注射用水稀释，或用生理盐水稀释。

第六章 后蓝耳病时代猪病特征及防控

2009年下半年全国范围强制性免疫高致病性猪蓝耳病弱毒活疫苗，成为中国猪病防控的一个标志性事件，它标志着中国猪病进入了一个新的历史时期，中国猪病防控进入了一个新的历史阶段。

一、不同类型蓝耳病的临床特征

猪蓝耳病学名是繁殖与呼吸综合征（PRRS），病原是尼多病毒（Nidovirale）目、动脉炎病毒科（Arteriviridae）、动脉炎病毒属蓝耳病病毒。顾名思义，就是能够导致猪繁殖和呼吸机能障碍。世界上的蓝耳病病毒分为欧洲株和美洲株两大亚群，中国猪群的蓝耳病病毒属于美洲株。近年来一系列对美洲株蓝耳病病毒（也称普通株）的研究表明，猪肺脏间质细胞是病毒的靶细胞，随着病毒的增殖，泡液增多，肺泡间质增宽，压迫改变了肺泡的空间结构，从而导致肺泡气体交换机能的丧失和整个肺脏功能的下降，在危害胎儿 O_2 供给和 CO_2 排泄、导致胎儿在不同胎龄死亡的同时，也导致母猪体质的快速下降，如：心室代偿性肥大、心衰，免疫阈值上升、免疫应答迟钝、免疫抑制等。因而，肺脏气体交换机能的逐渐下降是体质锐减的主要原因，也是死胎、流

产的主要原因。与普通株蓝耳病病毒相比较，高致病性蓝耳病病毒（H-PRRSV）的毒力更强，不仅肺间质细胞是其靶细胞，并且能够侵袭主动脉和组织间的微动脉，导致升主动脉、肺静脉、主动脉、肌肉组织间的微动脉管破裂出血，进而在表现呼吸道障碍的同时，出现双耳鲜红色的充血、暗红色瘀血，以及荐部、臀部、股部等肌肉丰满部位的大量内出血所致青紫斑的特殊症状。由于生理状态和个体之间年龄的差异，体质强弱和混合感染病原的不同，临床表现各异。母猪群妊娠中后期流产和分娩日期推后、产程延长，流产、难产胎儿中均见死胎、木乃伊，多数分娩日期推后，胎儿中有死胎、弱胎，部分分娩日期推后胎儿中有木乃伊；大量集中在30~60 kg育肥初期的病例，在表现呼吸障碍、中热稽留、拒绝采食、双耳发红变紫后死亡，部分表现为双耳鲜红、耳尖暗红、躯体鲜红时死亡；育肥中后期病例则在呼吸障碍，中热稽留，采食废止，双耳鲜红、暗红症状出现的同时，有从会阴部、臀部、双耳开始的全身充血鲜红，从耳尖、臀部率先出现的瘀血性暗红的表现过程。

解剖检查时，共性的症状是肺脏和心脏呈不同程度的病变。普通蓝耳病死亡病例的肺脏病变以间质增宽、肺脏下部瘀血为主，与健康猪的肺脏相比，病猪的肺脏网格状明显；死亡病例除此症状外，还有肺脏黏膜脏层增厚呈现灰白色、肺叶下部瘀血或血液中铁离子游离于组织液间而显现隐约的蓝灰色症状，此外，整个心脏尤其心室的代偿性肥大特征明显。

超过半数的高致病性蓝耳病病例是同猪副嗜血杆菌的混合感染，肺脏表面干净，但是出血、瘀血症状明显，在网格状肺脏表面可见零散的鲜红色出血、暗红色斑块状瘀血，也可见点状出血、边缘不整齐的片状出血。死亡病例可见整个网格状肺脏全部出血的大红色（临床呈大红色的“鲤鱼肺”），也可见局部出血（鲜红色）、瘀血（暗红色），但是边缘整齐的“斑块肺”，或在

升主动脉、肺静脉、大动脉有鲜红色的出血点，以及臀部、股部、荐部、肩部肌群肌肉组织间的微动脉管破裂后的大量瘀血，是普通蓝耳病例所没有的。心脏的病变集中在心室的肥大、心包液的增多，以及心室的点状、片状出血。同放线杆菌混合感染的可见心包增厚、心包表面多少不等的沉积（严重者呈现"绒毛心"）、心包粘连，心包液有不同程度混浊（严重者如同稀粥状）。同巴氏杆菌混合感染时，肺脏急性出血严重，但是出血部位边缘不整齐，且网格状不典型，故呈边缘不整齐的鲜红色。同肺炎型链球菌混合感染时，以鲜红色针尖到米粒大小的点状出血为主要表现。

普通蓝耳病的病程渐进性表现明显。发病猪群从眼睑充血变红（红眼镜）、瘀血变紫（紫眼镜）多数有1周以上过程，"紫眼镜"到死亡也要经历7~15 d的时间。即使饲养管理水平低下、混合感染严重猪群，从发病到大批死亡，多数需要2周的时间。高致病性猪蓝耳病从耳尖发红到双耳变红，发紫，或后躯的发红、紫斑，有5~7 d的病程，至躯体全部呈现鲜红色，或躯体瘀血斑扩展至2/3的死亡阶段，又需2 d时间，7~8 d进入死亡高峰。当同口蹄疫、圆环病毒混合感染，或口蹄疫耐过猪群，发病后3 d就开始死亡。病程的缩短，既是高致病性蓝耳病的一大临床特征，也是临床判断混合感染病种的依据。

二、后蓝耳病时代已经到来

第一台蒸汽机的诞生标志着现代工业时代的到来，第一台计算机的诞生标志着现代信息时代的开始。那么能否说第一例猪蓝耳病的出现就标志着猪蓝耳病时代的到来？显然不能。因为，蒸汽机的诞生伴随着交通运输行业的大踏步前进，从而导致社会生活节奏的加快，进而引起人们生活方式的改变，所以，第一台蒸汽机的诞生是一个标志。第一台计算机诞生的时候，虽然运算速

度还没有算盘快，体积也很大，许多人还不以为然，如20世纪70年代还有人用算盘同计算机进行计算速度比赛。但是随着电子工业的发展，尤其是大规模集成电路的开发，计算机的体积迅速缩小，运算速度快速提升，计算机技术很快扩展到通信、管理行业，进而以智能产品的形式渗透到社会生活的各个领域，所以，第一台计算机的诞生是现代信息时代开始的标志，大规模集成电路的出现才是现代信息时代的标志。同样，第一个猪蓝耳病病例的出现不是猪蓝耳病时代的标志。那么，猪蓝耳病的出现会不会导致养猪方式的转变？什么时候、什么事件才能算作猪蓝耳病时代到来的标志？要说清楚这个问题，还得从猪蓝耳病的危害和特征说起。

1. 蓝耳病是当前中国存栏母猪面临的最严重的疫病　中国猪群猪蓝耳病病毒属美洲株，也称传统的蓝耳病，其危害首先表现在对猪繁殖性能的破坏，妊娠母猪在怀孕的中后期流产，产死胎、弱胎、木乃伊，新生仔猪出生后7 d内的大批死亡（死亡率30%~100%）。在美国有“流产风暴”之说，疫病所到之处，母猪频频流产，繁殖成绩急剧下降。在中国，这一部悲剧演绎的同样惨烈。笔者曾经统计分析过生猪主产区河南省2001~2004年四年的繁殖成绩，每头存栏母猪的繁殖率只有9.11头，仅为每头存栏母猪每年繁殖20头商品猪指标的45.55%。部分母猪专业户和少数规模猪场的母猪群甚至一个冬春过后，繁殖的仔猪还没有母猪头数多。笔者曾经提出，现代科技和工业发展带来的养猪业技术进步已经被疫病危害吞食。显然，以破坏母猪繁殖性能为主要特长的蓝耳病起主要作用。

2. 变异后的蓝耳病病毒在中国特定养猪环境中危害各龄各类猪群　首先，该病的临床最大特征是病毒打开了猪的呼吸道门户，为放线菌、副放线菌、支原体、链球菌、巴氏杆菌等致病菌侵袭猪呼吸器官，尤其是肺脏创造了条件。部分病猪由于传染性胸膜肺炎、副猪嗜血杆菌病、喘气病、链球菌病的持续感染，出现喘气、口吐白沫、关节积液，最终因肺泡的大部分破裂（肺叶严重瘀血，左右大叶的下部出现程度不同的蓝紫色）、实变（喘气病）而死亡。在中国，由于临床疫病的复杂，多数病猪为蓝耳病、伪狂犬、圆环病毒、口蹄疫、流感等病毒的不同组合的混合感染个体，发病后仅仅依靠抗生素治疗效果很差，或基本无效，多在病程的中后期继发猪瘟、猪肺疫而大批死亡，这也是2006年以来猪群连续数年疫情不断，保育猪、育肥猪大批死亡的根本原因。其次，保育猪和育肥猪肺部的感染，不论是放线菌、副放线菌，还是支原体、链球菌、巴氏杆菌，在猪体还有抵抗能力的情况下，都有一个渐进的过程，一般在5~7 d后开始死亡，2周后渐趋稳定。在这个过程中，随着肺脏气体交换能力的下降，心脏的压力越来越大，代偿性的心动过速使得心脏一直处于超负荷运行状态，心动过速，血液氧分压降低，直至超越其极限而致死亡。临床常见的表现是心室肥大，血液颜色深暗、黏稠。再次，如果病例有圆环病毒、口蹄疫感染的经历，或在发病后感染了圆环病毒、口蹄疫，心、肺功能同时下降，病程缩短，病情急剧恶化，不仅肺部出现明显的病变，而且受病毒攻击的心脏在代偿性肥大的同时，出现心包膜增厚、心包液增多、心室肿胀或片状蹭伤型出血、心耳渗出性出血等特异病变，发病后3 d即可出现大批量死亡的现象，即使是50 kg以上的育肥猪、100 kg以上的后备猪，以及200 kg以上、抗病力极强的母猪、种公猪都不能幸免。

3. 蓝耳病在中国猪群广泛存在 病毒结构不稳定、能够不断变异是蓝耳病病毒自身结构的最显著特征。研究表明，蓝耳病病毒有多个开放窗，能够不断发生飘移和重组，形成新的毒株。甘孟候、杨汉春等认为蓝耳病病毒能够通过空气传播，也有学者认为蓝耳病是一种高度接触传播的传染病，客观现实是最迟2006年6月蓝耳病已经在我国东部18省的许多猪场存在，当年

夏季的所谓“高热病”风暴之后，相当多的被检猪群检测结果是蓝耳病抗体或病原阳性（发病或未发病猪群）。

4. 大量变异株的出现对疫苗免疫的思路提出了挑战　出于快速发展的热情和冲动，我们学习西方国家的规模养猪，但我们的投入能力、土地使用、管理水平等基本条件有限，许多方面被迫结合本场实际加以改造，这种改造有的做到了因陋就简、因地制宜，能够基本满足猪群在集中饲养条件下的环境需求，有的则是简单凑合，超越了集中饲养猪群对环境要求的底线，失去了规模饲养猪场设计的基本功能，使得猪的生存环境恶化到难以生存的境地，加上多种饲养方式并存、猪场密度过大、病死猪处置不当、假冒伪劣的饲料和兽药等特殊的背景条件，为蓝耳病病毒变异特性的发挥提供了足够的方便，使得美洲株蓝耳病病毒在中国出现了大量的变异株。截至 2010 年年底，国内公开及未公开报道的变异株：河南省 16 株，浙江省 8 株，山东省 1 株，吉林省 1 株，扬州大学叶俊平、盛喻等 2005—2006 年先后从江苏地区的病例中分离到 3 株、6 株，2007 年江苏省农业科学院邵国青等又分离到 4 株，尽管分布于不同地区的毒株有可能相同，但已充分说明中国猪群的蓝耳病病毒发生了极为强烈的变异。2010 年年底前，我国已经向世界基因银行申报的蓝耳病病毒株达 23 株，加上生产中使用的普通美洲株、JX-1 株、SD1 株、HN1 株、自然弱毒株 5 株，我国猪群目前存在的蓝耳病毒株已近 30 株，说明了病毒变异的复杂性和普遍性、严重性。病毒变异严重，株群内结构复杂，有限的疫苗株已经难以提供具有针对性的有效保护，未来我国蓝耳病的防控将进入长期、艰难、复杂时期，单独依靠疫苗免疫保护猪群不受侵袭的防控思路面临严重挑战。

5. 中国养猪业已经进入蓝耳病时代　如果说第一例蓝耳病病例的出现不能算作蓝耳病时代的开始，蓝耳病在中国大面积发生也没有引起饲养方式的转变，还可以不算作标志事件。但是，

毒力增强的高致病性蓝耳病变异株的出现应该算作一个新时代的标志。因为高致病性蓝耳病变异株在临床已有截然不同的表现。一是毒力增强，病毒能够导致发病猪心室肌点状或大面积出血，心脏的升主动脉点状、弥漫性出血，主动脉出血，会阴部、腹直肌的肌肉组织，以及四肢关节相邻肌组织微动脉破裂出血。在导致肺部感染的同时，心脏的出血使得临床病例的脆弱性进一步提高，临床病例的病死率大幅度提升，该病对养猪业的危害已经上升到能够同猪瘟一争高下的地位。二是随着病毒毒力的增强，病例的临床表现已经从普通蓝耳病主要导致繁殖障碍和肺泡间质增宽转换成以急性死亡、大批死亡为主，不同日龄猪群均可感染，且幼龄猪发病率、死亡率畸高。三是临床特征的明显不同。普通蓝耳病病例体表病变主要表现为乳头顶部或基部颜色变红或发黑，会阴部或耳郭的"一过性"蓝紫色变化，眼睑发红或青紫色，其他部位无明显异常。高致病性蓝耳病由于毒力的增强，对动脉血管，尤其是微动脉的破坏能力大幅提升，以及心脏受攻击后功能的异常（始亢进后下降），病猪耳部不表现"一过性"的蓝紫色，而是从耳尖开始，逐渐向耳郭的内部蔓延，直至全耳郭的红紫色，会阴部、腹下、臀部、肩部皮肤表面因病程的进展依次呈现鲜红、紫红（或称暗红、玫瑰红）、核心区瘀血性紫红的躯体特征。前述三个方面的表现说明，中国猪群的蓝耳病虽然不是欧洲株蓝耳病，但其临床表现已经不同于传统的美洲株蓝耳病。有学者分离的变异后新病毒其结构同美洲株 2 332 相比较，基因同源性只有 63. 3%、52. 5%。显然，将这种基因结构差异悬殊的病毒，命名为蓝耳病变异株有点勉强，对该病的危害及其病原应当重新认识。

2006 年猪高热病暴发后，主管部门迅速召集有关专家开展病毒分离、疫苗研制工作，并在半年的时间内生产出了高致病性蓝耳病疫苗，迅速供应基层使用，期望尽快控制疫情。事实表

明，主管部门供应的 JX_1 株灭活疫苗的临床效果并不理想，2009 年起，开始向基层供应弱毒疫苗。尽管抗原的毒株做了调整，但是临床效果仍然存在变数，相关结论仍然值得商榷。在此，我们暂不讨论使用弱毒活疫苗后的变异问题，只从弱毒活疫苗使用中的散毒方面分析。我国动物免疫技术规程的许多规定，存在同客观实际相脱离现象是不争的事实，快捷、简便、低劳动强度等实际操作中必须考虑的因素，规程并未考虑。如规程规定的免疫操作中的消毒、进针方法，注射疫苗、退针等措施，在实际免疫操作中很难落实。否则，从 20 世纪 80 年代就杜绝的“打飞针”现象，现在不会依然存在。同样，猪瘟免疫中的“打飞针”现象在高致病性蓝耳病弱毒活疫苗的免疫中同样存在，同样具有普遍性。同样道理，猪瘟接种中“人为散毒”的悲剧在高致病性猪蓝耳病弱毒疫苗的接种中也同样存在。由于接种弱毒活疫苗过程中的“人为散毒”，高致病性猪蓝耳病弱毒活疫苗普遍使用后，那些尚未感染的猪群将变为病原阳性猪群，蓝耳病带毒将同猪瘟一样普遍，我们将迎来一个高致病性蓝耳病在猪群广泛存在、猪群大面积带毒的时代。至此，我们可以说，中国已经进入了后蓝耳病时代。如果非要讲标志的话，2010 年全国范围大面积接种高致病性猪蓝耳病活疫苗（人工减毒的弱毒疫苗和自然弱毒疫苗）应当算作一个标志性事件。

三、后蓝耳病时代猪病临床表现

河南、山西、湖北、湖南等内地猪群，使用弱毒活疫苗后，高致病性蓝耳病控制收到明显效果，“13 个月周期”已经终止。但是，2010 年起，口蹄疫病危害的加重，仔猪流行性腹泻的大面积发生，并且近三年发病率居高不下，加上各地猪群零星发生的蓝耳病疫情，在促使人们反思防控思路的同时，引发“弱毒活苗加快蓝耳病毒变异”的担忧合乎情理。后蓝耳病时代蓝耳病的临床表现集中在以下四个方面。

1. 疫情得到有效遏制 东部地区猪群，强制免疫使用弱毒活苗后，周期性发生的疫情得到有效遏制。河南及周围地区，自2006年6月华东地区发生大面积疫情后，虽然也开展了高致病猪蓝耳病的强制免疫，但使用的是灭活疫苗，一些猪场老板反映接种后7~9 d开始死猪，导致许多猪场将政府免费发放的高致病性蓝耳病灭活疫苗废弃不用。2007年7月、2008年8月、2009年9月先后发生疫情，呈现13个月周期律。2009年秋季大面积使用弱毒疫苗后，未再发生大面积蓝耳病疫情。

2. 零星发生依然存在 不论是灭活疫苗，还是弱毒活疫苗，产生的抗体均有专一性，高致病性蓝耳病疫苗产生的抗体，只能中和掉高致病性蓝耳病病毒。选用最新型的自然驯化的弱毒株活苗，只是覆盖面宽些，也不可能将猪群内存在的不同亚型蓝耳病病毒全部中和。那些亚型不相符合的猪群，由于病毒的存在，打开了猪呼吸系统感染门户，副放线杆菌、放线杆菌、肺炎型链球菌、巴氏杆菌感染成为必然。这种推论以及混合感染发生率的顺序，已经被临床病例的解剖检查结果证实。

3. 猝死特征明显 零星发生的病例，多数集中在下保育床前后猪群，其次是65 kg左右猪群。前者在出现耳尖变红0.5~1.5 d，耳尖呈现暗红色后，再坚持1~2 d，部分表现呼吸困难症状，部分病例甚至没有呼吸困难症状即死亡；后者则不见体表明显的异常，在仅仅采食量下降、精神萎靡后2~3 d即死亡。同普通蓝耳病发病后2周出现死亡、高致病性蓝耳病发病7~8 d死亡相比，3 d的病程显得非常陡然，那些没有明显体表异常的育肥中期肉猪和成年母猪，甚至可以用猝死描述。

4. 母猪流产 流产既见于内地母猪群，也见于西部母猪群，但二者的原因不尽相同。河南、山西、湖北等内地猪群，多见于妊娠中后期，并且流产胎儿中有木乃伊，怀疑同疫苗株型不符合

的无效免疫有关。四川、甘肃、新疆等西部地区的猪群，母猪流产多见于接种弱毒苗后 20 d 左右，并且多数表现为“一过性”的早期流产。即同一母猪群再次在妊娠期接种弱毒活苗时未发生流产，一些再次免疫母猪群，甚至接种 2~3 头份/头次也未见流产。怀疑此类流产同西部地区猪场密度较小、猪群本来为阴性、接种弱毒活疫苗后反应强烈有关，或者群内仅有普通蓝耳病毒有关。

四、后蓝耳病时代猪病防控面临严峻挑战

接种弱毒活疫苗提高了群体对高致病性猪蓝耳病的抵抗力，但在提高猪群免疫力的同时，弱毒病毒扩散普及所有接种个体，那些已经强制接种猪群仍然有蓝耳病的发生，是否同变异加速有关值得怀疑。不可否认的现实是猪瘟病毒在中国猪群广泛存在，许多猪场伪狂犬净化并不彻底，口蹄疫由于牛、羊感染后的持续排毒成为猪群头顶的“堰塞湖”，近半数猪群圆环病毒带毒。再加上蓝耳病、流感、口蹄疫病毒的不断变异，诸多病毒同细菌的混合感染，以及粗放的管理，表明后蓝耳病时代猪病防控面临更大的压力。

1. 病毒病更加猖獗 猪瘟、口蹄疫等老病毒在猪群依然广泛存在，其危害由于蓝耳病的免疫抑制作用更加猖狂。猪场内狗的大批死亡原因，多数专家已经根据河南省动物疫病预防控制中心和华中农大的检测报告统一了认识：伪狂犬病毒变异是这种神秘现象的病因。仔猪水样腹泻 2010 年以来在华东、华南和中南地区持续流行，即使管理水平很高的大型规模场也未幸免，导致仔猪、育肥猪大批死亡，在否认病原是库克病毒后，新的研究结果已经证明了流行性腹泻病毒的变异株的存在。这些现象的发生，不仅表明病毒病更加猖獗，也表明猪群整体体质的脆弱。就像一座八面透风、四处漏雨的破房子，堵住了一两个大洞仍然解

决不了透风漏雨的问题。

2. 条件性致病菌肆虐 夏、秋季节的附红细胞体病、弓形体病、乙型脑炎，春季和晚秋的传染性胸膜肺炎、副猪嗜血杆菌病、肺炎型链球菌病，冬、春季节的支原体肺炎，都是在遭受蓝耳病病毒侵袭时“凑热闹”的角色。在接种亚型不相符合疫苗猪群，这些细菌病的来势更猛，常常导致患病个体体表症状不明显（饲养者熟悉的体表发红不明显），或者示症性症状未显现时突然死亡。

3. 普通病危害加重 夏、秋高温季节的热射病，导致睡眠不足和睡眠质量下降，冬、春季节猪舍封闭严密时的尘肺病，常年存在的玉米、麸皮的黄曲霉污染和鱼粉的大肠杆菌超标，预混料中铜、砷等微量元素和食盐的超标等，这些因素对于地方品种，可能构成威胁但不至于毙命，一些因素甚至不会构成威胁，如高砷、高铜、高锌日粮，曾经是饲料企业作为改善猪皮肤亮度、颜色，促进被毛顺畅的措施。但是在后蓝耳病时代，则成为体质下降的主因，常常诱发疫情。

五、病因分析及示症性病变

不论是自然感染的普通株、变异株，还是人为接种的弱毒株，只要一种新型病毒进入，猪群都有一个驯化、适应的过程。在此过程中的临床表现，人们只有不断总结分析后才能够认知，这种认知需要表现、需要时间。同科学的认识论相反，猪场老板和专业户最害怕表现，最希望的是不表现。

1. 蓝耳病及其成因 目前收集的容易观察到的蓝耳病临床症状：从耳尖开始，逐渐扩展到整个耳面的鲜红、暗红、蓝灰色，会阴部“一过性”蓝紫色斑，臀部、荐部、肩部瘀血的蓝紫色斑。眼睑鲜红色的“红眼镜”和眼睑呈现蓝灰色的“紫眼镜”。母猪的流产、分娩期推后，产弱胎、死胎、木乃伊。

不论是普通美洲株，还是变异株，或者是高致病性蓝耳病病毒，作为动脉炎病毒科的小病毒，其接触传播为主的传播方式、肺脏间质细胞为其靶细胞的特性，决定了在猪群内传播和体内增殖的渐进性。在这个渐进性的过程中，首先影响的是猪的肺脏的气体交换功能。动物体自我调节的本能，又使得气体交换功能的下降通过心室收缩压的升高予以补偿。所以，在解剖检查时，能够看到肥大的心脏或肥大的心室。如果收缩压、舒张压能够同步升高，猪体内血液循环就能够维持正常。但是随着猪舍内病毒不断进入肺脏和已经进入肺脏病毒的大量增殖，收缩压的增高总是先于舒张压的增高，当体质下降到舒张压增高难于同收缩压同步时，在循环末梢就会出现微动脉供血量大于微静脉回血量的状况。此时由于猪体构造的原因，头部动脉流向耳部的分支埋藏较深，长白或中国地方良种等垂耳型猪，由于双耳下垂，耳动脉分支几乎没有角度平直的通过；约克夏、汉普夏等立耳型品种则稍有弯曲，静脉血管埋藏较浅。对于垂耳型猪，有向上的弯曲迂回，而那些立耳型猪种，耳静脉分支以小于90°的锐角通过。不难理解，垂耳型猪种耳部的血液循环在正常的情况下需要比身体其他部位较大的压差才能完成，患病时压差缩小，耳部首先表现出血液循环的回流障碍、耳面远端微动脉首先爆裂出血、组织瘀血的鲜红、暗红、发蓝（游离于组织液中铁离子）症状；立耳型猪种由于耳静脉分支呈锐角的原因，这些症状更容易出现。同样道理，眼睑也随着病程的进展呈现“红眼镜”到“紫眼镜”的变化。会阴部的“一过性”蓝紫色斑的出现，同耳部发红变蓝的原理大同小异，相同的是该部位的静脉弯曲大于动脉，不同的是由于两腿的不断走动，便于血液循环回流障碍的疏通，否则就没有“一过性”表现。臀部、肩部、荐部的瘀血斑则是微动脉管爆裂后组织瘀血的表现。

蓝耳病成因分析的启示，就增强对蓝耳病的抵抗力而言，在

“三元杂交”生产商品猪的过程中，“长白二元杂”母猪应当是首选母本。

2. 繁殖障碍是猪群天赋的自然表现 对于妊娠母猪，肺脏渐进性气体交换功能的下降，直接影响脐动脉血液的氧分压。妊娠前期，胎儿体积较小，较低的氧分压依然能够维持其生命活动。但是随着胎龄的延长、胎儿体积的增大，需氧量急剧上升，功能受损的肺脏难以满足需求，心脏的代偿性搏动和收缩压的增加也难以满足其需求时，胎儿出现陆续死亡，腐败后成为木乃伊，这是蓝耳病特有的木乃伊大小不同的根本原因。当然，随着母猪体质的下降，流产、分娩期推后、产程延长的发生水到渠成。部分年轻体壮的母猪不发生流产、分娩期推迟，只是生产的仔猪体质强弱不同，或有死胎，或有木乃伊，或壮胎、弱胎、死胎、木乃伊均有。

应当明确，不论是胎儿死亡，或是流产，都是母猪面临生存压力时的本能表现，是其天赋的自然表现。对人们的启示是，仔猪7日龄内大批死亡、流产、死胎中有大小不等木乃伊现象的出现，是母猪群遭受病毒侵袭的极端反应，管理者应当立即开展筛查，并依据筛查结果，采取免疫、治疗、隔离、淘汰等相应处理措施。

3. 猝死的必然性 其一，同人类不同，猪没有汗腺，呼吸器官既承担气体交换的任务，也要承担多余体热的散发任务。所以，肺脏在其维持生命活动过程中的地位比人要高。同样道理，因其在生命活动中的地位重要，可塑性也非常强大。自然环境中，野猪仔出生后，很快要跟随母猪奔跑，肺脏得到了充分的锻炼。家猪在规模饲养状态下，后天锻炼肺脏的机会几乎被剥夺殆尽，肺脏锻炼的不足，是规模饲养条件下猪抗病力、抗逆性下降的基本原因，当然是染疫发病的伏笔。其二，猪舍空气质量的低劣，NH_3、H_2S、CO_2 等有害气体的超标不断刺激上呼吸道，呼

吸道分泌物的增多也不利于猪的呼吸。其三，粉料、颗粒料、自动料仓等一整套干料喂猪工具和器械的使用，使得猪在采食时吸入了许多附着有病原微生物的粉尘，提高了尘肺病、支原体肺炎等呼吸道疾病的发病率。其四，广泛存在的猪瘟病毒无时不在中和猪瘟抗体，当猪瘟抗体低于保护阈值时，猪体通过加快心搏频率、加快血液循环予以抵抗。其五，部分猪群中不同程度存在的口蹄疫、圆环病毒，以及变异强烈的蓝耳病病毒，在损害肺脏，影响其功能的同时，又可直接导致心脏的损伤。

试想，在一个上述五种因子不同组合的猪群，一旦遭受蓝耳病病毒攻击，肺脏功能下降，需要通过心脏快速搏动补偿时，心脏却因损伤（口蹄疫、圆环病毒）无法承担，只能是生命活动的终结。同样，当猪瘟抗体下降到低于保护阈值时，急需加快心搏，受到损伤的心脏无法完成，也只能停止生命活动。同理，当一个猪群的猪瘟抗体降低到谷值时，高致病性蓝耳病病毒、口蹄疫、圆环病毒，随便哪一个，或以组合形式攻击猪群，就是难以抵抗的骤然袭击，病程缩短、难以见到示症性病变的猝死，是必然结果。

要命的是，现阶段即使设备先进、管理规范的猪场，也存在两种以上的不同组合。那些条件简陋、管理水平低下的猪场，常常呈现三或四种组合。所以，120 kg 以上育肥猪、经产母猪群的无预兆猝死，成为后蓝耳病时代临床猪病的一大特征。

4. 示症性症状　经过十多年的积累，人们对猪蓝耳病的认识不断丰富，通过多种临床表现的综合分析，多数猪场兽医能够判断该病。归纳起来，示症性症状有如下几个方面。

（1）繁殖障碍。多数感染母猪有产死胎、弱胎、木乃伊的记录。妊娠期满却没有临产症状，需要使用催产药物才能启动分娩。弱胎增多，即使群内母猪没有生产木乃伊记录，但是所生产仔猪在 7 日龄内无明显异常却大量死亡，或抗病力下降极易感染，断奶仔猪成活率低于75%。

（2）呼吸综合征。群内仔猪、保育猪和育肥猪易发生呼吸道疾患。突出的表现是呼吸频率加快至40~60次/min。这一点经常被饲养员忽视，待出现明显喘气症状时，多数呼吸频率已达到80次/min以上。解剖检查可在胸腔的肺脏、心包膜，腹腔的肝脏、肠系膜见到不同程度的放线杆菌、副放线杆菌感染。

（3）体温变化。首先，测试多头病猪，会发现体温均在40 ℃以上，没有低于40 ℃的个体，也没有超过40.5 ℃的个体。不同群体、不同发病日龄的表现会有差异。如40.1~40.3 ℃，40.2~40.4 ℃。同一群体内发病个体的体温一致性很强，多数在0.3 ℃以内。其次，管理水平越低的猪群，体温一致性越明显。再次，随着病程的延长，体温缓慢上升，但是不超过40.5 ℃。体温40~40.5 ℃是本病的特殊表现。

（4）病程进展。7日龄内仔猪，发病个体多在3 d内死亡。断奶前后发病个体，在发病2~5 d陆续死亡。保育猪则在3~7 d死亡。转入育肥舍内的体重30~60 kg阶段，为高发病年龄段，转归期3~12 d。60 kg以上较少发病，一旦发病则预示猪群疫情的到来，死亡可见于病程的3~15 d。60 kg以上的病程随着年龄的增长而延长。这种现象提示人们，三元杂交商品猪，只有体重达到60 kg后才能形成对本病较强的抵抗力。

六、开辟猪病防控新途径

后蓝耳病时代临床猪病趋向更加复杂、更加难以控制，随之而来的是对养猪业的危害更加严重。主要特征是病毒病更加猖獗，多种病毒和细菌的混合感染占据主要地位，常见的条件性致病细菌也能够导致疫情的发生，普通病的危害地位不断上升。面对严峻的疫情形势，养猪人需要转变观念，更新理念，开辟猪病防控的新途径。

牢固树立“以防为主，防重于治，养重于防”的疫病防控新理念，并将这个理念贯彻落实于养猪的整个过程。从猪场设计、选址，到种猪采购、杂交组合的确定，从饲料采购，到饲养车间给料形式的选择，从产房温度、光照、水温水质、空气质量的控制，到每日巡视检查的次数、断奶日龄的选择，从隔离舍的位置、消毒方式和频率的安排，到粪便和病死猪的处理、废水处理等，在所有工作中都要考虑疫病防控的需要。将单纯依靠兽医变为全员参与，将仅仅依靠免疫、预防用药，改为种猪隔离观察、病猪隔离治疗、制度化消毒、加强猪群巡视、猪群保健相结合的全过程、全方位的综合防控（简称“三全防控”）。

（1）全进全出是后蓝耳病时代猪病防控的灵魂。无须赘述，“全进全出”是规模饲养的技术核心。通过全进全出技术路线的贯彻落实，能够避免母猪群内个体间的传播，对于多数存在设计缺陷的“大产房”“大保育”“流水作业”猪场，即使没有高致病性蓝耳病，没有使用弱毒活疫苗，也具有非凡的意义。对于小型阶段育肥猪场，贯彻全进全出技术路线，不再将上一批次没有达到出栏体重的育肥猪，同新购进“架子猪”混群饲养，能够有效避免前后批次间的疫病传播。在高致病性蓝耳病弱毒活疫苗广泛使用，猪瘟病毒广泛存在，伪狂犬、口蹄疫威胁严重的后蓝耳病时代，其现实意义显而易见。

由于猪场规模和定位的差别，贯彻全进全出技术路线应因场制宜，灵活处理。首先，猪场老板要确立“全进全出”理念，无论是新猪场设计，还是老猪场改造，都要遵循这一设计理念。其次，规划设计人员要将这个理念贯穿于具体的设计之中，变“大产房”“大保育”为“小产房”“小保育”，为产房母猪、保育舍小猪、育肥猪的“全进全出”创造条件。再次，宏观管理部门要摒弃“自繁自养”观念，支持专业化生产，形成母猪饲养场或专业户专门生产仔猪、商品猪场专门购买仔猪育肥的分阶段饲养格局。最后，通过技术培训、媒体宣传，引导待就业人员从事商品猪生产。在技术培训时，将“同批次仔猪来源于一个母猪场或专业户”，“同一批次仔猪体重误差在5 kg以内”，“规模较大的商品猪场，将来源不同的仔猪在不同的小区育肥”作为必须掌握的基本知识予以灌输，以保证“全进全出”技术路线持续不断地贯彻执行。

（2）大力推行湿料喂猪。不论何种规模的猪场，都应实行湿料喂猪。通过湿料喂猪的推广，避免采食时吸入粉尘，并降低猪舍粉尘浓度，从根本上清除尘肺病和支原体肺炎的发病隐患。

（3）创造全员防控条件。培训一线饲养人员，使其牢记健康猪的刚性模型，熟练掌握常见猪病的示症性症状，为巡视时及时发现创造条件，使早发现、早诊断、早处理落到实处。

（4）培养母猪健壮体质。后蓝耳病时代疫病防控的效果，取决于母猪群体质的优劣状况。一个不可否认的事实是，由于片面追求终身产仔数、高产仔率和断奶重，多数猪场母猪处于超负荷低效率利用状态。越是高产母猪，“热配”愈加频繁，两次妊娠之间的短暂间隔，限制了母猪体质的恢复，“气血两亏”非常普遍。“气血两亏”母猪不仅自身抵抗力低下，非特异性免疫力显著下降，显得极为脆弱，蓝耳病、流感、圆环病毒这些极其细小的病毒就能成功侵袭，使其感染发病。另一方面，所生仔猪处于“胎气不足”状态，这些先天性弱胎，在伪狂犬、猪瘟、口蹄疫等病毒和病原菌密集存在的产房和保育舍内，易感性特强。显然，母猪体质衰弱是规模饲养猪群疫病频发和疫情复杂的根本原因，培养母猪群健壮体质是后蓝耳病时代饲养管理中猪病防控的首要任务。

培养健壮母猪的方法很多，笔者推荐的是利用中兽医和中兽药手段，即益气健脾、强心保肝。可利用的中兽药包括人参强心散、补中益气散、四君子散、茵陈蒿散等。母猪群可每月投药一

次，每次用药7 d。

(5) 提高仔猪群的体质。后蓝耳病时代猪病防控的切入点应该是提高仔猪的群体体质。因为在超负荷的繁殖压力下，先天性弱胎和仔猪群体体质整体下降非常普遍。中兽医讲“先天在心，后天在脾”，《中西中仲录》有“脾主运化，为气血生化之源，后天之本”“脾居中央，灌溉四方，五脏六腑，皆赖其养”“脾气健旺，则五脏受荫，脾气虚弱，则百病丛生”。《黄帝内经》云：“正气存内，邪不可干，邪之所凑，其气必虚。”脾胃和则运化顺畅，胃肠道机能良好，食欲旺盛，消化机能强大，能够大吃大喝是快速生长的基础，也是具有较强抗病力和抗逆性的基础。反之，则食欲低下，采食减少，消化不良，逐渐进入代谢负平衡状态，生长发育自然缓慢，体质肯定逐渐下降，对环境条件的适应性和抗病力也就全面下降。所以健脾开胃是现阶段提高仔猪群抗逆性、抗病力的需要，也是提高饲养效率的关键措施。抓住了健脾就抓住了要害，抓住了关键。运用中兽医理论，在饲料中添加一定量的健脾益气、开胃疏肝的中药，达到益气健脾、增强猪的非特异性免疫力之目的，是现阶段环境、饲料、饲养管理等许多不良因子存在，且短期内又难以改变条件下，提高仔猪群体体质的一条捷径。

(6) 改善猪舍小环境。努力改善猪舍小环境，尤其是封闭舍的改造、改进，应作为猪场技术创新的首要任务。欧美等西方国家提出“注重生猪福利”，有泛爱、慈善的因素，更多的原因是认识到人类对动物过度索取所带来的严重后果。国内猪场普遍运用的封闭舍饲养、限位栏、断牙、断尾等貌似先进技术，事实已经证明是在摧毁、泯灭猪的天性，严重地损毁猪的非特异性免疫力和生存本能。在猪瘟、蓝耳病、伪狂犬病、口蹄疫等病毒广泛存在的后蓝耳病时代，想要稳定生产，就必须千方百计创造适合猪生存的小环境，而在改进猪舍小环境的过程中，改进猪舍结构，提高猪舍隔热和通风换气效率，让猪呼吸到清新空气是当务之急。

(7) 加强消毒和隔离工作。在后蓝耳病时代，加强消毒工作，对于不同类型的猪场，有不同的侧重点。那些已经建立并很好执行消毒制度的大型猪场，侧重点应当放在消毒效果的评价上，努力避免无效消毒。有消毒制度但是执行力有待提高的中小型猪场，重点应放在消毒制度的执行方面，应通过督促检查确保消毒制度的执行，同时开展消毒效果评价，提高消毒的实际效果。专业户猪场和短期育肥的阶段饲养猪场，首要问题是重视消毒工作，建立消毒制度，至少做到人员、车辆和猪只进场消毒，场内定期消毒，出栏前消毒，以及本场和周围出现疫情时的拦截消毒；其次，应注意定期更换消毒药品，实现不同种类消毒药品的交替使用；有条件的场也可开展消毒效果评价。

曾经有人认为，在猪场随意布局、密度过大的背景下，隔离已经没有意义。但是应当明白，即使如此，对于新引进母猪的隔离观察和病猪的隔离治疗，仍然能够延缓病毒在猪群内的扩散。需要改进的是许多猪场的隔离舍同健康猪舍的间隔不够，一些专业户甚至认为将病猪剔出后放在隔壁空圈就是隔离。所以，笔者强调新引进种猪和后备猪的隔离观察，3 周以上的观察期可以满足常见猪病的潜伏期要求。隔离舍距离健康猪舍不小于 200 m。

(8) 高度重视病死猪处理和“三废”治理工作。随意抛弃病死猪是一种陋习。野外或沟渠中猪尸体腐败过程中，会产生大量的病原微生物，其扩散过程会破坏局部微生态平衡，引发疫病在猪群流行，恶化养猪环境。同时，也恶化人类生活环境，引起周围居民的不满。猪场老板和专业户主应当自觉摒弃陋习，养成不出售病死猪、规范处理病死猪的习惯，因地制宜选择深埋、熟制、焚烧等方法予以处理。

后蓝耳病时代养猪场“三废”［废水、废气和固体废物（主

要是猪粪的简称）］治理已经提上各级政府的议事日程。规模饲养猪场和专业户猪场均应高度重视，在猪场升级改造时统筹安排，做到“三废”治理工程和主体工程“同时设计，同时施工，同时运行”。通过“三废”治理，优化猪场小环境。

阶段性育肥的小规模猪场，也应通过“三改一分一沉淀”（改水冲式清粪为干清粪，改同一高度固定饮水器为不同高度饮水器或自由饮水碗，改敞开式排污管道为隐蔽式排污管道；实行外排雨水管道和污水管道的分离设置；每栋猪舍两端设立交替使用的“二联沉淀池”），降低“猪场废水”产量。通过规范“储粪场”建设，实现猪粪的集中堆放，发酵处理。实现有限废水和粪便处理后的就近利用，减轻环境压力。

（9）改进预防性用药方法。后蓝耳病时代猪场预防性用药应从长年不断添加改为“脉冲式交替给药”。通常的做法是将预防病毒性疾病中成药，抗支原体的四环素类，抗附红细胞体、弓形体、大肠杆菌的磺胺类药品，在每月的上中下旬依次投药一次，每次用药3 d，相邻两个月使用同一类型但是不同品种的药品。达到降低预防性用药总量，减轻肝脏、肾脏压力，避免病原菌产生耐药性的目的。

严格执行用药规定，不使用超范围药品，不随意加大剂量，不销售休药期不满的育肥猪。

（10）开展疫情监测和免疫效果评价，切实做到处方化免疫。不论何时何地，猪群免疫必须坚持的原则，是根据本场猪群疫病的实际情况（生产中也称疫病本底，包括本场流行和染疫情况、疫病史，相邻猪场或农户猪群疫病流行情况等）、疫病流行趋势以及猪群的类型，制订各具特色的免疫程序，即实行处方化免疫。就蓝耳病的防控，应注意以下几点：①已经接种过高致病性蓝耳病弱毒活疫苗的母猪群，在继续坚持免疫的同时，每年至少进行一次病原监测。②个别偏远地区未曾使用弱毒活疫苗但是生产稳定的猪场，可继续坚持实行原来的免疫程序，但是要对每一批保育猪抽样，检测猪瘟抗体。通过仔猪群对猪瘟疫苗的应答情况，判断是否感染蓝耳病。③未接种弱毒活疫苗但是前三胎母猪零散发生繁殖障碍，或保育猪和育肥猪无明显征兆突然死亡猪场，应立即随机采集病死猪血样，进行蓝耳病病原的鉴别检验，为正确选择疫苗提供技术支持。④到已经免疫种猪场引进母猪时，必须索要蓝耳病抗体和病原监测结果。⑤专门育肥的商品猪场，购买仔猪或“架子猪”时应索要免疫记录，卸车时应采集血样进行猪瘟抗体检测，为再次接种猪瘟疫苗和判断蓝耳病感染情况提供支持。

七、临床处置体会及建议

基于对猪蓝耳病病毒致病机理和临床表现的认识，在临床病例的处置中，坚持辨证施治，获得了较好的临床效果。现将曾经采取的有效处置措施归纳如下，供各位读者参考。

1. 基本办法

（1）免疫接种法。考虑到前期病例多数尚有免疫机能和抵抗力，临床对单一的蓝耳病感染病例，通过接种“普通株猪蓝耳病活疫苗”，使其在短期内形成大量抗体，从而中和体内病毒，进而达到治愈的目的。

此种病例在临床多数为咨询病例，本人直接或通过电话反映母猪流产，并有木乃伊、弱胎、死胎，但无发热、喘气、呕吐等症状，新生仔猪无明显异常但在 7 d 内死亡过半；继续询问免疫情况时会发现未免疫蓝耳病疫苗；采血样检测时抗体为阳性，说明该母猪群在饲养过程中感染了普通蓝耳病。显然，这种病例为相对简单病例，通过分析流行病学特征（母猪流产并有木乃伊）、临床表现（初生仔猪 7 d 内大批死亡、母猪不呕吐），即可大致判定。若为散养农户，可直接使用普通蓝耳病疫苗免疫；若

为规模饲养的专业户或中小型猪场，为了安全和保险，应进行抗体检测，隔离治疗抗体阳性个体。

（2）阻断治疗法。对临床前、中期病例，通过使用“干扰素+热必退+增免开胃素”的办法，阻断病毒的复制，进而达到治愈的目的。

此种方法多用于处置高致病性蓝耳病、普通蓝耳病伴有病毒病或细菌病的混合感染、双重感染的前、中期病例。精神萎靡不振、发热40～40.5 ℃、颤抖、扎堆；减食（或拒食）但喝水；红眼圈，双耳的边缘、局部或全部发红，或皮肤局部发红为临床的共性表现。此类病例诊断时必须剖检，并做血液学检查，通过剖检病变和血液学检查判断是否为高致病性蓝耳病，以及混合感染的病种，治疗中使用干扰素的目的在于干预病毒的复制，阻断主导病因，减缓临床症状的恶化；使用热必退的目的是退热，避免持续发热导致中枢神经机能障碍；使用增免开胃素的目的是促进采食能力的恢复，尽快增强病猪体质，为猪体免疫机能的恢复创造条件。

（3）干扰治疗法。考虑到该病临床常呈混合感染，尤其是对同猪瘟、伪狂犬病、环状病毒三种病毒病中的一、二、三种混合感染或继发感染病例，临床诊断时群体感染状况明确但各个个体感染不确定，我们尝试运用干扰理论和模糊数学理论处置，也取得了较为满意的效果。即对前述混合感染的临床前期、中期病例群，同时接种数种疫苗，如：蓝耳、伪狂犬、猪瘟同时接种。通过多种疫苗的同时接种，在不同的个体身上，形成次要毒种疫苗对主要致病毒种复制的干扰，并逐渐产生主要致病毒种抗体，进而缓解症状，逐渐康复。

（4）竞争治疗法。基于同干扰治疗法面临同样的情况，我们在该病同猪支原体、传染性胸膜肺炎、副猪嗜血杆菌、链球菌、弓形虫病、巴氏杆菌的一种或数种同时感染病例的处置中，尝试运用了竞争治疗法。该法同干扰疗法大同小异，抑制病毒药物和抗生素同时使用于群体病例，主要用于该病的多重感染的中、晚期病例。出发点一是缓解临床症状，为临床处置赢取时间。二是控制细菌和寄生虫病的临床药物较多，选择余地较大，处置起来容易，效果也明显（也称先易后难疗法，或先次后主疗法）。具体做法是选择针对猪支原体、传染性胸膜肺炎、副猪嗜血杆菌、链球菌、弓形虫病、巴氏杆菌、蛔虫的主攻药物，结合使用干扰素，在控制、杀灭细菌性（支原体、寄生虫）病原的同时，干扰、阻断病毒的复制，为以后使用免疫治疗法、阻断治疗法、干扰治疗法创造条件。处置时一要注意筛选敏感药物；二要注意药物配伍，尽可能发挥协同效能，至少要避免副作用；三要注意根据治疗进展及时调整药物组合，力求辨证施治。

（5）放弃治疗法。对基层兽医治疗用药 5~7 d、剖检肝肾损伤严重但脾脏病变轻微病例，运用干扰素处理 1~2 次，并结合施行保肝通肾 2~3 d 后，放弃用药治疗，让猪体自身逐渐恢复。

对基层兽医治疗用药中运用过干扰素处理、剖检肝肾损伤严重但脾脏病变轻微病例，仅运用中药保肝和补充电解多维 2~3 d 后，停止使用所有抗菌消毒药物，支持猪体完成自身免疫功能的修复。对全群多数个体后躯发红、全身发红呈红紫色、开始出现死亡的群体，临床处置时，重点放在尚未出现症状个体的预防和症状相对较轻个体的治疗。

体温的高低，是猪只生命状况的基本标示。由于年龄、生理状态、运动、测试时间等因素，测试时体温高出或低于正常值（39.1 ℃）0.5 ℃为正常现象；若超过正常值 0.5 ℃，则是病理性发热（低热、中热、高热、极高热）；低于正常值 0.5 ℃，同样为病理现象，多见于寄生虫病和代谢机能下降疾病。经历过发热阶段的蓝耳病病例，一旦出现低温，常为功能器官损伤严重的衰竭表现，多数预后不良，以死亡为终结，用药是一种资金、精

力和医疗资源的浪费，因而对全身红紫色、体温低于 38 ℃的临床病例，建议放弃用药。

2. 可借鉴的几点体会

(1) 有舍有得——迅速调整养猪业发展战略。社会经济生活中，任何一个产业发展过快，都会造成同相关产业的不协调，都有可能造成产品过剩。协调的结果是过快的产业放慢发展速度，不协调的相关产业加快发展，进而实现新的更高质量的发展。把养猪业面临的问题放到社会经济发展的总体中考虑，笔者认为，面对人口持续增长、耕地资源有限的基本国情，必须迅速调整养猪业发展的战略，由目前“扶持发展”变为“有限支持，市场调节”，将现有的“规模饲养补贴”用于牛、马、驴、骡、骆驼、兔、鹅、鸵鸟等草食畜禽的发展，通过补贴措施拉动草食家畜快速发展、降低草食动物肉品的价格，进而通过价格的竞争，迫使“耗粮型”养猪业放慢发展速度。这样做，一可以减轻对粮食生产的压力。二可给快速发展的养猪业一个休养生息、整顿、调整的机遇，吸引相关行业引用现代科技成果，研制支援规模养猪的新装备。三是减轻养猪业发展对环境的压力。

(2) 釜底抽薪——顺势引导养猪业重心西移。要改变东部养猪密集区空气污染、环境污染、疫病频发的现状，应当考虑养猪业重心向中西部地区转移。我国中西部地区地域辽阔，丘陵区地势起伏、土壤贫瘠，单位耕地面积产出低，经济发展慢，农民收入低，有大量的急待就业人员，有大量的荒山、荒漠急待改造。在中西部地区发展中、小规模的养猪业，可以降低东部地区高产良田的消耗，并可由于疏林地和荒漠草场的改良，实现猪粪、废水的就地消化，不会给环境带来过大的压力。并且，养猪生产中蓄积降水的小水库、水塘、蓄水池的建设，废水“三级处理”过程中的沉降池、消化池、净化池等处理设施的建设，又能够同小流域治理工程有机结合，收到事半功倍的效果。此外，西部丘陵山区大面积有坡降、沟豁的地理环境，可用较少的投资建成相对封闭的饲养环境，有利于猪场的长期稳定经营，也有利于实现林地放养、果树地放养等“优质猪”的生产。另外，西部地区土地辽阔、海拔较高、紫外线辐射较强、地势有起伏、气流通畅、水流距离长且有落差，“废水”在流淌的过程中有较多的同空气、阳光、紫外线接触机会，自净能力较强。当然，中西部地区养猪业的发展，也会吸纳相当部分的劳动力，推动农民“本土就业”，直接支持分解“民工流”、削减“春运高峰”，直接支持西部地区农民脱贫致富。

就养猪业自身结构的优化而言，降低东部地区的规模饲养密度很有必要，可以通过扶持中西部地区种猪场的建设，扶持中西部地区 200~500 头规模的中小型育肥场建设，逐步将养猪业重心向西部地区转移，并在转移的过程中实现种猪饲养、育肥猪饲养的分地点、分阶段饲养的模式转换。

（3）亡羊补牢——调整猪群疫病防控研究的方向。成语“亡羊补牢”讲的是羊群受到狼攻击后，迅速修整篱笆、栅栏、圈门，以防羊群继续受到狼的攻击。现在，猪群受到细菌和病毒攻击后，首要的工作应当是增强猪群对细菌和病毒的抵抗力。然而，许多科研机构热衷于病毒的分离、基因结构的比对、新疫苗的研究。诚然，这些研究对于整个养猪行业的发展、疫病防控的全局仍有必要，但是对于目前疫病的控制似有隔靴搔痒的效果，至少不应该一窝蜂都搞病原的分离。可以想象，牧羊人用最简单、最原始的方法修复羊圈，同鉴别到底哪种狼咬死了羊，是公狼、母狼，或是成年狼、青年狼，还是灰狼、黄狼、白尾巴狼？分别用什么办法才能有效对付？等弄清楚了这一连串问题再去对付狼，羊圈中恐怕已经没有羊了。所以，在猪群面临多种病毒攻击，病毒又在不断变异，并且细菌病种类也很复杂的情况下，研究实用廉价、易行的增强个体体质、提高其群体健康水平的方

法，即提高其抗逆性和非特异性免疫力，应当是猪病预防控制的首要攻关任务。不管是土法，还是洋法，不管是中兽医的套路，还是西方专家学者的套路，不管是畜牧学的方法，还是兽医学的方法，只要能够优化猪的生存环境、增强猪的体质，或能够减少病毒和细菌同猪的接触机会，只要能有效降低发病率，都是好方法，这应该是猪群疫病频发背景下疫病控制的基本思路。

（4）全进全出——必须坚决贯彻的技术措施。实践证明，无论是种猪场，还是商品猪场，也不管规模大小，全进全出后彻底消毒，尤其是封闭熏蒸和火焰喷射消毒，是净化猪舍的最有效措施。一些猪群之所以疫病复杂，其根本原因是持续不断的流水作业和多处采购种猪（见于育肥专业户的则是多点采购仔猪、前后批次的混群饲养）。而要实施封闭熏蒸消毒，其前提是空舍，是全进全出。笔者认为，这一规模饲养的技术核心在我国没有很好执行的一个重要原因同技术部门过分夸大自繁自养的优点有关。实事求是地讲，自繁自养减少了引种带进疫病的机会，但是如果养猪者过分依赖此项措施，轻视、放松了日常管理的隔离、消毒措施，同样会通过人员和物品的流动带进新的疫病。在密集养猪区域，由于局部小气候的原因，自繁自养猪群同样不可幸免，与其通过母猪和产房持续感染，不如放弃此种做法，通过合同购买、在隔离舍观察等项综合措施，实现全进全出的分阶段饲养，来降低猪群的感染概率。

（5）无污染消毒——值得重视推广的消毒方法。相对于化学消毒法对猪体健康的负面效应和对环境的压力，机械消毒、物理消毒、生物消毒要小得多。如在饲料中添加微生态制剂，加强粪便清理、粪便堆积后封土发酵，及时隔离病猪，喷洒环境改进剂，太阳下暴晒用具，紫外线净化处理空气，改进通风条件、降低猪舍氨气和硫化氢等有害气体浓度，使用烟叶水或沼气池废液喷洒消毒等。这些措施运用起来可能有这样那样的困难，但是同频繁地使用单一的化学药品消毒相比，对猪群体质健康的危害小，很少或基本没有水体、土壤的污染等副作用，建议尽量采用。

（6）源头治理——未来养猪业持续发展的关键措施。不论是大中型城市，还是县城、乡镇，污染治理的压力都很大，宾馆饭店的泔水处理在污染治理中排位又不靠前，其中的大量有机物降解过程是城市废水 BOD（生物需氧量）上升的主要原因，与其通过排水系统送到污水处理厂降解，不如让城郊农民用于养猪。但是应改进使用方法，譬如通过水洗、高温高压、酸化等方法杀灭病原微生物，实现健康养猪，变城市近郊的猪病高发区为廉价、安全养猪区。

猪群疫病频发的另一个重要因素是种猪的扩散过程散毒。国家应实行种猪生产许可制度，引入市场机制，通过择优扶持、低息贷款、定期在媒体免费公布抽检排名等手段，净化种猪群。在加强种猪群疫病控制的同时，还应强化猪精液质量的管理，将猪瘟、口蹄疫、蓝耳病、圆环病毒列入质量检测标准。

强化兽药、疫苗等养猪业投入品市场的监管，肯定会对猪群疫病的控制有明显的推动作用，方法也很多，关键的问题是目前的管理体制不适应，编制不足，人手不够，手段落后，正常的管理难以真正到位，强化监督只能是纸上谈兵。笔者同所有养猪人一样期盼国家早日推行饲料、兽药、疫苗质量监管体质的改革。

（7）扬汤止沸——不得不采取的几项措施。扬汤止沸虽然效果有限，但是作为一种临时措施仍然有一定功效。笔者推荐的临时措施如下。

1）控制日粮质量并按照采食量标准检查每日耗料量。至少做到不使用霉变饲料，不使用微量元素超标饲料，不使用添加抗生素类兽药的饲料。最有效的方法是通过固定供货渠道采购质量有保证企业的饲料。

2）适当降低存栏负荷。酷暑期到来之前和冬季封闭窗户之

前，尽量出栏育肥猪。采用塑料大棚饲养或在猪舍内加装塑料薄膜防寒层的猪场，应开挖通风口，做到每日 12～16 时短暂或持续打开，利于通风换气。

3）定期检查供水质量。至少在每年的春季和秋末各清洗 1 次供水系统。每批次猪出栏（或者转栏）后喷雾消毒饮水器，并将鸭嘴拆卸后清洗、消毒。酷暑期日均温超过 26 ℃时夜间开灯 0.5 h，督促猪饮水和排尿。

4）每日巡视猪群 2 次以上，每日清粪不少于 2 次。发现病猪立即报告兽医实施隔离治疗；发现死猪后应检查同圈舍假定健康猪，并立即对猪舍实施消毒处理。

5）各个猪场根据自己猪场的传染病病种、既往病史、周围猪场染疫信息，制订符合本场实际的个性化免疫程序，并按照程序规定的疫苗品种、接种剂量、途径、接种时间和接种对象免疫。

6）开展免疫效果评价。至少应在免疫猪瘟 20 d、免疫口蹄疫 30 d 以后，采样检测猪瘟、口蹄疫的抗体效价。

7）定期开展病原检测。根据当地病毒病的流行情况，每年对公猪、20%～25%的繁殖母猪群开展 1 次主要病毒病的病原检测。

8）开展消毒效果评定。每年对所用消毒剂进行 2 次质量评价。每季度在圈舍采集地表、墙壁样品进行免疫效果评价 1 次。

9）加强猪的行为学、生物学特性、猪场日常管理知识，以及常见病临床症状等基础知识的学习。

（8）多方位着手——控制猪群疫病的若干建议。遏制猪病流行或在局部暴发是相互协调的系统工程，需要采取综合措施，需要社会各个相关方面的参与。各个规模猪场和饲养场（户）应当迅速行动，从一点一滴做起。现阶段能够采取并能容易见效的综合措施包括如下几个方面。

1）强化改良和引种安全。

a. 适当导入地方品种的遗传基因，以4～5代时横交固定为宜。

b. 不从口蹄疫、猪瘟、蓝耳病、伪狂犬病带毒猪群引进种猪。

c. 引种后主动报检，实施种猪的到场后再次检疫，确保进场种猪清净无疫。

d. 严格执行隔离观察制度，进场种猪隔离饲养2～4周，经检测无口蹄疫、猪瘟、蓝耳病、伪狂犬病带毒时，方才混群饲养。

e. 不论是规模猪场，还是散养母猪，人工授精时所用混合精液必须是经检测合格的精液。

2）选种选配选猪仔。

a. 坚持后备公、母猪60 kg、90 kg和120 kg的3次选种，坚决淘汰不合格种猪。

b. 严格控制初配年龄：公猪10月龄、母猪8月龄以上（或体重130 kg以上）。

c. 规模猪场参加配种的种公猪必须达到特、一级标准；参加采精的种公猪必须达到特级标准，每隔5年使用无血缘关系的种猪更换1次。使用中严格坚持登记制度。

d. 对外配种的种公猪，应远离对内配种种公猪单独饲养，并做到每隔3～4年使用无血缘关系的种猪更换1次。

e. 自繁自养时从2～3胎仔猪中选留种猪，不从头胎仔猪中选留公、母猪。

f. 加大公猪选择强度：坚决淘汰猪瘟、蓝耳病、圆环病毒病阳性公猪。未经口蹄疫免疫检测但是血样抗体阳性，或者免疫后抗体检测阴性，以及流行季节发生口蹄疫临床症状的公猪必须坚决淘汰。有弓背、凹腰、“X”形腿、性欲不佳等损症的公猪坚

决淘汰。

g. 加大经产母猪选择强度：淘汰头胎产仔数5头以下和10头以上母猪；淘汰所产仔猪频繁发生黄、白痢的母猪；淘汰猪瘟病原带毒母猪；淘汰蓝耳病病原变异的带毒母猪；淘汰萎缩性鼻炎病阳性母猪；淘汰泌乳力极差和母性不良、屡配不孕、生产畸形胎儿母猪。

h. 实施自家苗免疫或蓝耳病驯化的母猪群，应在2~3年内全部更新。

i. 专门育肥的散养户，应通过签订预购合同，从专门生产仔猪的规模猪场（或母猪饲养专业户）购买仔猪育肥，并且1个批次足额购置体重均匀的仔猪（体重差异在2.5 kg以内，或日龄差在1周以内）。切忌一批育肥猪来自于数个猪场（或专业户），切忌从集市上购买，切忌购买流动销售的仔猪。

3）确保使用合格饲料。

a. 购买有信誉的品牌饲料（全价料、浓缩料、预混料），并签订相应的质量保证合同。

b. 无论是购买原粮，还是购买饲料（全价料、浓缩料、预混料），均应从固定渠道购买，并签订合同。

c. 养成购买饲料索要发票的习惯，定期监测饲料品质，尤其应当防止三聚氰胺、羽毛粉、皮张下脚料等假冒伪劣产品进入饲养环节。

d. 对原料玉米进行过筛、脱胚处理。

e. 做好饲料及原料库的防潮湿、防霉变、防鼠、防雀工作。

f. 不同季节、不同生理状态（空怀、怀孕前期、怀孕中期、怀孕后期、哺乳期、育肥前期、育肥中期、育肥后期）使用相对应的饲料。怀孕后期母猪日粮中应有足够量的粗纤维。

g. 保证日粮中有1%~3%的动物蛋白。

h. 加工、储存中的维生素消耗应在饲养环节加以弥补。

i. 严禁狗、猫进入原料和成品库，以及猪舍的临时储料间。

j. 通过饲料投喂的药物，在使用时临时添加。

4）重视水质控制

a. 建场前对计划使用的水源进行水质检测，运行中至少每1~2年检测1次水质。

b. 定期清理供水管网，做到每半年1次。

c. 对场区排污系统进行管道化或水泥硬化处理，努力避免生产过程的污水污染水源。

d. 高温季节添加葡萄糖、电解多维、维生素C等营养药物时，应随配随用，避免饲喂添加药物后剩余的“过夜饮水”。

e. 发病猪群投喂药物时应现添现用，疫情稳定后应清洗、消毒处理饮水器和水箱。

f. 不论产房、保育舍，还是育肥舍，均应做到每批猪出栏后立即消毒处理饮水器。

g. 在每栋猪舍供水前端安装储水罐，并加装控制阀门。

h. 在每栋猪舍端建设二联污水初级沉淀处理池，定期清理，交替使用，尽量减少固体废物进入排水系统，避免由于排污管道的淤积使污水外溢污染水源。

5）提高猪舍空气质量。

a. 降低舍内猪群密度。尤其是夏季到来之前要及时出栏育肥猪。

b. 尽量采用负压通风技术。空气对流模式从目前的窗口对流变为地面进风、房顶外排。

c. 在猪舍间隔地带种植有特殊芳香气味的可驱除蚊蝇的花草或饲料作物。

d. 将现有的砖混结构圈栏隔墙改为金属隔栏，减少通风死角。

e. 改进进风口。设计进风口时有意识增加拐角，避免大风

直灌。在进风口安装百叶窗、窗纱、防鼠防雀网等，以减少粉尘、避免鼠害。有条件的可将进风口的一定长度埋于地下，以便冬季利用地热预热空气，也可在进风地段加装紫外线灭菌装置，以杀灭进风中携带的病原微生物。

f. 定期使用超低量喷雾器喷雾消毒猪舍空气，可有效降低猪舍内病原微生物的浓度。

g. 暂时无法改造的猪舍，夏季可加装风机，通过抽气确保空气流通。

h. 安装紫外灯电离空气或臭氧发生器等物理性空气净化装置的，可通过室外安装、避免直射等措施，消除紫外线对猪的不良影响。

i. 饲喂时在饲料中添加酶制剂，可提高饲料营养成分的分解吸收率，降低异臭气味产量。

6）改造猪舍。

a. 产房温度控制的核心是仔猪防寒，空怀舍、种公猪舍、育肥舍温度控制的核心是防高温，猪舍房顶设置隔热层（中间有空隙的双层石棉瓦，彩色泡沫塑料钢瓦，多层复合材料），栽植藤蔓类植物等，对于猪舍防暑防寒，均有良好作用。

b. 猪舍建筑以三角起架或拱券顶为宜，平顶房舍内空间太小，不利于降低猪体生物场的相互干扰。

c. 门口、窗口、通风口等所有同外界连通部位，夏季应安装窗纱并定期清洗和检修，以免蚊蝇骚扰。

d. 定期检修、更换饮水器，避免跑冒滴漏。

e. 猪舍间距以 50 m 为宜，场地面积有限时以 3~5 倍的猪舍高度为下限。舍间种植饲料作物对提高土地利用率、提高猪舍空气质量、美化猪场环境都有良好的作用。

f. 产房使用天蓝色或果绿色灯泡和白炽灯交替照明，其他猪舍使用白炽灯照明。

g. 猪舍隔离钢栏、水管以天蓝色，天花板以天蓝色，墙壁以苹果绿，地面以土壤灰色为佳。

h. 改进、推广发酵床养猪猪舍。改进的内容一是加宽发酵床周围的水泥硬化床面，以保证夏季足够的休息区；二是探索使用花生壳、棉花秆、碎树枝、玉米芯、玉米秸秆等可以就地取材的大宗原料。推广的对象是用于育肥猪的饲养。

7）科学选择猪场位置。猪场选址应当注意选择向阳、通风、地面基质坚固一致、远离居民区、距离大型水库等水源地不低于500 m、周围500 m范围内没有养殖场和居民区、容易封闭隔离的地段。

8）优化猪场内布局。

a. 猪场内沿主风向的垂线上平行排布办公区和员工宿舍(员工宿舍处于上风区)、仓库和饲料加工区（加工区两侧分别建员工运动场和晒场，实现同办公区和饲养区的隔离)、饲养区。

b. 饲养区内沿主风向自上而下依次为(地势起伏时从上而下、有交通线时自远而近)：种猪舍（种公猪舍和后备猪舍平列)、繁殖母猪舍、产房、保育舍、育肥舍（育肥小猪舍、育肥中猪舍、育肥大猪舍)、废水处理池和储粪场（二者平行排布)、隔离观察舍。

c. 隔离观察舍位于废水处理池外侧，距离育肥舍不低于300 m。

d. 猪场内各个功能区之间应有建筑物或高大乔木隔断，饲养区内各个类型区域应有景观植物组成隔断。在避免各类管理人员随意走动、串岗的同时，美化猪场环境。

9）优化猪的生存环境。

a. 不追求过高的生长速度，不在饲料中添加催眠剂、促生长剂。

b. 不追求不切实际的瘦肉率，坚持不用瘦肉精。

c. 不追求 12 头以上的产仔数。

d. 将母猪的单头固定钢栏改为钢栏单圈，便于母猪运动。

e. 仍然使用单头固定钢栏的母猪群，进入产房的日期应适当提前，至少不低于产前 3 周。

f. 实行 28 d 的哺乳期，断奶 1 周后转入保育舍。

g. 废除断尾、断牙，育肥猪 30~35 日龄间去势。

h. 保育舍冬季夜间应开灯 0.5 h。

i. 在保育圈内投放废弃罐头桶、方木块、砖头等结实的玩具，供小猪戏耍。

j. 利用猪对异常声音的敏感性，通过吹哨、敲锣等，每日驱赶公猪和空怀母猪强制运动 1~2 h。

k. 伏天晴朗的夜间 10 时之前，各类猪舍均不应关闭抽风机；遇到暴风雨前的沉闷低气压天气时，应视气温高低适当延长或缩短抽风时间，并在夜间开灯 0.5 h，让猪充分饮水。

l. 有条件的场应在运动场外侧建立游泳池，以便于猪夏季运动后嬉水、洗澡。

m. 高温季节封闭不良和半开放猪舍，可安装超声波灭蚊器杀灭蚊子。

n. 定期向圈舍内投以洁净红壤土、膨润土、煤渣等，供猪自由采食。

o. 规范猪场粪便等废弃物和易污染物的管理方法是：①加大现有储粪场的面积，实现粪便的有效集中；②改造现有储粪场，对储粪场地面进行硬化、防渗漏处理，并在其边缘建 1~2 平砖高的边沿，避免雨天粪便外流；③对未及时运出场的粪便实行土壤覆盖，每个粪堆表面覆盖 25~30 cm 的土壤，以实现堆积发热灭菌；④将多余粪便粘接成块，运达外地改造荒漠草场或培肥林地地力。

p. 不卖病死猪，采取灵活多样的措施处理病死猪。方法如下：①高温熟制。将病死猪高温处理后用作犬、猫、狐狸、水貂、果子狸、鲶鱼、甲鱼、观赏动物等肉食性动物的饲料。②作为肥料深埋。在高大乔木下呈放射状挖条形坑，将病死猪深埋于坑内，作为肥料使用。③作为燃料使用。有沼气池的猪场，可将病死猪作为原料投入沼气池内生产沼气。④发生疫情时，按照动物疫病防控机构的要求焚烧病、死猪。

q. 在猪场围墙外侧开挖隔离沟，有条件时沟内应通水。隔离沟的内外侧应密植数行花椒、刺槐、贴梗海棠或四季秋海棠等带刺的隔离树种，以免小动物窜入猪场。

r. 厂区内和饲养区内的植物隔离带和花坛应尽量选择香樟树、夹竹桃、万年青、薄荷等具有特异性芳香气味的植物，营造不适于蚊蝇生存的小环境。

10）提高管理效率。

a. 建立高素质的员工队伍。大胆招聘有专业技术知识的热爱养猪事业的青年，通过引进高素质员工、兴办场内技校，提高队伍的整体素质，为科学管理创造条件。

b. 实行人性化管理，适当安排在职教育、进修、联欢联谊、体育比赛、拓展训练等学习娱乐活动，调剂职工业余生活，最大限度地调动员工的主动性和积极性。

c. 提高各项管理措施的执行力。程序化管理添料、给水、接种疫苗、投药、开灯、清粪、巡视等猪群日常管理行为，通过加强督察、定期检查和公布考核评比结果、落实奖惩等项制度，保证各项管理措施的落实。

d. 认真使用耳标，为选种选配、消毒和免疫效果评价、观察亚健康和亚临床症状等技术工作提供支持。

e. 充分发挥电子磅和活动猪笼的作用，定期称重。

f. 使用红外线温度计、电子温度计等现代科技产品，实现非捕捉保定状态的体温测量，减轻劳动强度和测量体温应激，提高

体温检测频率，随时检测精神萎靡个体的体温。

g. 制作带移动轮、可组装的活动钢栏，降低转群、并圈、装车等环节的工作难度和劳动强度，并降低对猪群的不良刺激。

h. 加装水箱水量高度标尺（精确到 10 kg），以便于添加药品、观察和控制饮水消耗。

i. 实行车间（或饲养员）饲料消耗核算，在支持动态评估猪群健康状况的同时，落实饲料消耗的有效控制。

j. 购买数码相机，拍照、储存免疫反应和发病后的症状等资料。购买并学会使用电脑，支持远程咨询和远程会诊，以及网上采购饲料、兽药、疫苗等投入品，网上销售商品猪。

k. 加强猪的行为学、生物学特性、常见病临床症状等基础研究，及时举办养猪基本技术讲座、夜校、培训班，普及养猪基本知识。

l. 协调劳资双方利益关系。密切注意并随时掌握技术场长、兽医、原料采购和产房等关键岗位人员的思想动态，通过组建工会、落实“三金”、超额奖、分红、派发技术股、奖励股份等手段，稳定员工队伍，稳定生产运行，实现劳资双方共赢。

11）继续实行多种饲养模式并举。

a. 规模饲养重心逐渐西移，利用中西部地区的丘陵、浅山区的排水方便、治污容易、便于封闭管理、空气质量较高等自然优势，建设地方特色猪、无污染猪、优质猪饲养基地。

b. 实行分段饲养。通过“公司加农户”的模式，形成种猪场—育肥场的有机联系，中断种猪和育肥猪之间疫病的相互传播。

c. 发展林果地、疏林地放养。将育肥猪置于林果地或疏林地，通过人工或机械定时定点投料，设置自然给水点，实现半自然状态饲养。

d. 间断性短期育肥。投资能力较差农户看准市场机遇后集中育肥1批，出栏后停止相当时间（半年以上），让猪舍自然净化后再次育肥。

12）科学免疫和用药。

a. 实施处方化免疫。根据不同猪群的种猪来源、既往病史、染疫种类、周围猪群疫病威胁情况、饲养管理模式等疫病防控实际需求，制订针对性的免疫程序，然后按照程序规定的疫苗品种，接种时机、次数、剂量、部位和途径实施免疫。

b. 为了弱化免疫应答，接种疫苗的前一天、当天、第二天，可在饮水中添加电解多维、维生素C、葡萄糖等。

c. 不管使用哪种免疫程序，也不论使用哪个企业生产的疫苗，接种前必须检查标签，做到正确使用疫苗，不用过期疫苗，不用包装破损疫苗，不用保管不当疫苗。

d. 猪瘟疫苗、猪瘟-猪肺疫-猪丹毒三联疫苗、细小病毒疫苗、普通口蹄疫疫苗免疫应答较为强烈，有可能导致妊娠母猪流产，不得用于妊娠母猪的正常免疫，也不得用于月龄内和阉割后体温或食欲尚未恢复正常的仔猪。发病猪群应在兽医指导下使用。

e. 接种疫苗后应填写免疫证、免疫卡片及免疫档案，注意观察0.5 h，发生应激反应时可通过饮用电解多维予以缓解，严重的可注射地塞米松。

f. 科学用药的核心是不使用国家明令禁止使用的药物。

g. 必须使用的兽药严格执行休药期规定。

h. 阉割时预防感染用药，应同时考虑杀灭附红细胞体、弓形虫。

i. 病毒性疫病的预防用药以增强猪的免疫力为核心，可考虑使用中成药健壮体质。

j. 血清、抗体、干扰素、白细胞介素、核糖核酸、聚肌胞、小肽、自家苗等生物制品的使用应慎重，最好在兽医指导下使用。

k. 预防细菌性疾病用药要注意针对性，最好采用间断性脉冲式给药。同一病种还可考虑不同波次更换药物品种，以避免产生耐药性。

l. 注意药物间的协同和拮抗作用。尽量利用协同作用，努力避免拮抗作用。

前述诸方面的100项措施，有的可以达到立竿见影的效果，有的则需要经过一定时间才能见效，有些基本不需投资，有些则需要相当大的投资。各养猪场（户）可根据自己的基本条件和投资能力，按照先易后难、先快后慢的原则，有选择的启动综合防控措施。

3. 九项建议 结合我们对猪蓝耳病的致病机理的认识和临床处置体会，对预防和控制猪蓝耳病提出如下建议。

（1）创新思路，提高防控效率。猪蓝耳病的发生和流行，已经给我国养猪业和农村经济的发展造成了巨大损失，教训是深刻的。各级动物疫病预防控制主管部门和技术支撑机构都应当以实事求是的态度总结、反思防控工作，创新思路，讲求实效，通过举办培训班、科技下乡、举办电视讲座、免费发放科普资料等形式，强化猪蓝耳病防控常识的宣传普及工作，变政府组织防控为群众主动防控，尽快提高防控效率。就全国来讲，当务之急是拔除疫点、消灭传染源。从该病通过呼吸道传播、免疫抗体阳性个体仍然可因带毒而传染其他个体的特性，以及已经使用高致病性猪蓝耳病疫苗免疫猪群防病效果不理想、急需净化养猪环境减缓微生态环境恶化步伐并规避衍生的巨大生物污染、支持农业经济发展，建议政府在加强产地检疫和市场管理的同时，改变目前行之无效的报告、发现后普杀病猪的政策，采取每县（市、区）设置3~5个蓝耳病病原阳性猪和病死猪收购点，按照市场死猪价格收购死猪或病原阳性猪，集中后无害化处理，加大灭源力度。同时采取突袭行动，取缔收购、加工、经营病死猪窝点，公开举报电话并重奖举报人等手段，以实现严厉打击收购、加工、经营病死猪的行为。

（2）多管齐下扭转养猪生产的被动局面。在生猪主产区，阻断猪蓝耳病流行的传播途径应作为主要手段。在国家宏观调控政策的干预下，我国养猪生产方式正从以千家万户分散饲养为主转向规模饲养，小型猪场和专业户的繁殖猪群多数来源于种猪场，种猪群的安全水平（尤其是染疫情况）在一定程度上决定着商品猪场的安全水平。由于种猪生产的大量上马和种猪供应的无序、恶意竞争，染疫种猪的扩散加快了疫病的传播速度，成为病毒扩散和群体抗病力下降的一个重要因素。同时，一些饲养场（户）选留三元母猪作为种母猪使用，以及自繁自养过程中近交系数的提高，也导致了群体抗病力的下降。对该病的防控提出如下建议。

1）政府采取类似于“柴油直补”“农机直补”“家电直补”的政策，直接补贴净化种猪场和购买净化种猪（或淘汰染疫公、母猪）的猪场和母猪饲养专业户，实行强制性引种报检，在涉农媒体用公益资金公告猪瘟、伪狂犬、蓝耳病三病净化种猪场名单等手段，加快净化步伐，逐渐减少传染源。

2）加强饲料生产行业的管理，严格控制饲料质量和重金属含量，杜绝超标准添加微量元素和抗生素现象，严禁在猪饲料中使用猪源性原料，确保饲料质量安全。

3）整顿兽药市场，规范经营环节，为临床使用真实有效兽药创造条件。

4）指导规模饲养场和农户改进饲养管理，重点放在分段饲养、降低饲养密度（猪舍净面积由平均 0.8～1.2 m^2/头增加至小猪 1.2 m^2/头—12～16 头/圈，中猪 2 m^2/头—6～8 头/圈，大猪 1.5 m^2/头—3～4 头/圈）、改进猪场（排水、粪便的集中处理、饮水系统、布局）和猪舍小环境（通风、降温和保暖、防蚊蝇

条件的改善）、健全隔离设施和病死猪无害化处理设施建设方面，为猪只的健康生长、建立自身免疫机制、提高群体免疫力创造条件，加速扭转养猪生产的被动局面。

（3）辨证施治提高临床病例处置效率。猪蓝耳病疫区省级畜牧兽医行政主管及专业技术部门，应组织专家组拿出针对当地猪蓝耳病发生和流行特点，通过科学严谨的论证，制订猪蓝耳病临床病例处置系统的方案或教材，通过逐级免费培训，提高基层兽医的临床处理水平。具体病例的处理中应根据病例的染疫情况、严重程度和病理阶段、饲养形式和规模，区分主次，辨证施治，采取相应的处置措施。

（4）隔离治疗，避免疫病在发病猪群的扩散。隔离病猪是控制疫情和治疗中必须重视的措施。专业户由于条件有限，可通过临时借用亲戚邻居废弃猪舍实行病例隔离；规模猪场则应建立专门的隔离圈舍，对确诊的病猪实施隔离治疗。需要特别提出的注意事项是：

1）隔离圈舍与健康猪舍的距离至少应在 50 m 以上，同舍内从病猪圈挑到空圈的做法无效。

2）要努力完善场区隔离设施，认真落实人员流动的控制措施。

3）加强圈舍门口的消毒池、消毒垫管理，及时更换和添加消毒药品，真正发挥消毒池、消毒垫的作用。

（5）加强消毒净化饲养小环境。在蓝耳病防控和发病猪群的治疗过程中，实施科学有效的消毒是控制疫情蔓延的关键措施，有时效果超过用药。因而特提出如下建议：

1）将对蓝耳病病毒最为敏感的碘制剂作为首选消毒剂使用，对发病猪群实施 1 次/d 的连续带猪消毒 5~7 d。

2）运用过氧乙酸蒸熏消毒（20 m^2/处，每处设置一搪瓷盘或陶瓷盘，吊在猪舍上方猪够不到处，20~25 mL/盘，每天早晚检查添加一次，发现蒸发完的加量，连续 7 d)，净化猪舍空气，提高猪舍空气质量。

3）做好猪场环境消毒，建立相对隔离、局部净化的养猪小环境。

4）开展消毒效果评价，确保消毒真正有效。

5）强化围绕圈舍的消毒制度的落实，做好饲养人员和进入饲养区人员和车辆的消毒，避免人为传播。

（6）实施科学的针对性的“处方化免疫”。2006 年夏季，席卷我国东部地区许多省的猪蓝耳病疫情，给养猪业带来了毁灭性的打击，但作为生猪主产区的河南省，虽然也有损失，但与周边地区相比小得多。其中一个重要的因素是从 2003 年开始，河南省的规模饲养猪场和大的专业户开展了猪蓝耳病的免疫。

实践表明，对发病猪群进行蓝耳病免疫，或者在发病区域对健康猪群进行预防性免疫的措施是不容置疑的，是非常必要的，应当坚持下去，并要不断改进、完善免疫程序。建议规模猪场和专业户在免疫中注意以下几个问题：

1）未发生过高致病性猪蓝耳病的猪群慎用高致病性猪蓝耳病疫苗。

2）繁殖猪群（种公猪、后备母猪、经产母猪）尽量使用普通蓝耳病灭活疫苗免疫，只有在确诊病原阳性的情况下才在空怀期免疫高致病性猪蓝耳病疫苗。

3）疫病侵袭严重猪群的商品猪使用弱毒苗免疫，应在产房外进行。产房内接种的，接种后应对针孔实施按摩，并消毒接种场地和器械，集中处理免疫废弃物。

4）为了提高抗体水平，可以实行间隔 18 ~ 21 d 加强免疫的“二次接种法”免疫，之后的免疫间隔期一般掌握在 14 ~ 15 周，避免不分时机频繁免疫。

5）为了提高仔猪成活率，发病区应对怀孕后期母猪实施蓝

耳病灭活苗、伪狂犬基因缺失苗的免疫。如果是发病猪群，应当实施怀孕期“二次免疫”，再次接种应选择免疫应答不太强烈的灭活疫苗。

(7) 提升体温及其药物的使用。经历过发热阶段蓝耳病病例，一旦出现低温，多数预后不良，很快衰竭死亡。在猪价较高时，一些农户对体温低于 37.5 ℃的母猪仍舍不得放弃治疗，要求用药。笔者的意见，对于体温在 37.5 ℃左右的母猪，可尝试性应用能量合剂、酶制剂和微剂量的促进代谢药物，以及补充维生素的办法提升体温，用药后效果不明显的应放弃用药；对低于 37.5 ℃的商品猪和低于 37 ℃的母猪应放弃用药。若伴发环状病毒，则应避免使用强心药。

(8) 大群优先。由于猪蓝耳病的病理过程是一个渐进性的过程，临床接诊往往是在养猪场（户）试验治疗无效的数日后，此时，疫病多数进入前驱期。因而，临床兽医在处置时既应考虑接诊病例的处置，更应考虑大群处于潜伏期病例的处理。避免“按下葫芦起来瓢”“边治疗边发病”局面的出现，即处置时坚持“大群优先”原则。首先考虑目前尚未表现临床症状猪群的保护性处置，如隔离、消毒、用药、接种疫苗等，其次才是对表现临床症状个体的隔离治疗。

(9) 早期确诊和治疗。几年来蓝耳病发病情况表明，该病从单个个体发病到全群暴发，一般经过 5～7 d，病死率 30%～100%，危害之大，损失之严重，令养猪户心惊肉跳。因而，要坚持“预防为主”“以养促防”“以健促防”，“早期发现、早期确诊、早期治疗、早期控制”。做到防患于未然的唯一手段是定期进行抗体监测，做到早期治疗和控制的关键是早期确诊。建议如下：

1) 规模猪场和专业户每 3 个月一次定期开展猪瘟抗体监测。通过猪瘟抗体监测一是掌握猪群猪瘟抗体的水平，对能否有效预防猪瘟做到心中有数；二是通过猪瘟抗体监测发现免疫抑制个体，为进一步开展猪蓝耳病、伪狂犬病、圆环病毒、猪瘟等病原监测创造条件，从而减少病原监测样本数量，节省监测开支。

2）发现猪群出现眼圈红、耳朵红个体时，立即采集血样和病料 3 份以上，到市级以上动物防疫机构，或有资质、有威望的动物疫病诊疗机构检测抗体和抗原。

3）试验性治疗不可超过 3 d。用药 2 d 无效的，应迅速到具有病原检测能力的市级以上动物疫病防控机构检测确诊。

附 6-1　益气健脾提高猪的非特异性免疫力

提高猪的非特异性免疫力要做的工作很多，但应明确其重点在母猪，关键在扶正。母猪非特异性免疫能力的提高会有效提高仔猪的生命力，为其一生健康生长奠定基础，从而提高其育成率和生长速度。

1. 临床现象归纳及其病因分析　从临床危重、濒死或死亡病例脾脏病变（脾头、上端或整个脾脏肿胀，表面苍白，暗红色瘀血，边缘有锯齿状或脾梁、胃侧有米粒样突起，局部或全部梗死、坏死等），心脏病变（如心室肥大、心脏出血、瘀血等）普遍，多数病例有肺泡间质增宽，以及不同程度的出血、瘀血（随病程的延长而呈渐趋加重表现），肝脏肿大（颜色加重或局部失血苍白、不同程度的脂肪沉积、硬变，胆囊充盈、胆汁增多、黏稠等），肾脏肿大出血（肾表面点状、片状、针尖状或蹭伤型出血、白色斑点，积尿）的现象，部分病例有胃（胃大弯皱褶充血、溃疡，胃底充血、瘀血，胃底点、斑状溃疡，穿孔等）、肠道（小肠臌气、积水，结肠溃疡，肠系膜淋巴群肿胀、充血、瘀血）等器官病变分析认为，脾弱气虚、脾胃不和，运化迟滞是猪体质下降的根本原因，之所以经常出现肺部病变，是肺气不足和运行不畅的表现，实为脾胃不和导致的体质急剧下降的结果，而

心脏的一系列病变则是肺气不足、肺功能下降的衍生表征。这种结论不是凭空臆造，而是现代生物科技知识同传统中兽医理论相结合的结晶。

同人类相比，猪体解剖结构的一大特征是没有汗腺，不会出汗，其呼吸系统不仅要承担猪体同外界环境的气体交换，同狗一样，还要承担散热功能。从而表现出十分的重要性和极其强大的可塑性。例如气温适宜情况下安静猪的呼吸次数为15~25次/min；但据笔者观察，夏季或剧烈运动后，其呼吸频率能够达到60~75次/min。而进入室外温度35 ℃以上的酷暑季节，则可达到90~124次/min。这种高频率的呼吸行为依赖强大的肺脏和心血管系统的支持，也依赖胎儿期、幼年期大运动量对仔猪的锻炼，只有这种锻炼才能够使得个体的呼吸系统和心血管系统形成足够的可塑性，生命才能旺盛，才有足够的生命力，也就是中兽医所讲的气足。反之，妊娠期运动量不足母猪所生的小猪和幼年期运动量不够的小猪，则处于“先天”或“后天”气虚状态。

极高的繁殖性能是猪的一大特征：长年发情、妊娠期短、一胎多仔。从进化论角度分析，这种强大的繁殖力表明其种群的延续需要面对较高的自然选择强度。换言之，大量仔猪会在严酷的自然选择中遭到淘汰。在自然环境中，妊娠母猪和哺乳期仔猪为逃避天敌少不了快速奔跑。驯化后的家猪恰恰在此方面存在巨大缺陷，人工培养的高生长速度和高瘦肉率的良种猪，这方面的缺陷更加突出。规模饲养中限位栏的使用使母猪的这种缺陷扩大到极致，产房、产床等现代化仔猪繁育技术的运用，在导致母猪运动量不够的同时，也使仔猪的这种缺陷极度放大。运动量不够和产房温度相对稳定又剥夺了仔猪后天获得锻炼的机会，仔猪高存活率在为人类创造福利的同时伴随着群体体质的下降，这种“先天性气虚”和“幼年期人类的错误干涉”的直接后果就是仔猪的抗逆性和抗病力逐代降低，这种渐进性的不易察觉的负面积累

超过了某一阈值后，即表现出对自然环境的不适应而暴发大批死亡的疫情。

鉴于我国猪群特殊的养猪环境，生命力不足，或者说“先天和后天气虚”体质（有时也称“胎气不足”）是目前规模饲养猪群普遍存在的现象，肺脏和心血管系统脆弱是其临床的突出表现，支原体、链球菌、巴氏杆菌、口蹄疫、伪狂犬、蓝耳病、猪瘟、圆环病毒、细小病毒等能够通过呼吸道传播的疫病肆虐，群内感染率高，遇到高温高湿、低气压、雷电、风暴、冰雹、大风及其带来的陡然降温、降雪等以往不对猪构成生命威胁的天气变化，甚至断尾、转群、并圈、更换饲料等正常管理措施的实施，以及停电、断水等偶然事故，都可在场内或局部地区诱发疫情。

从中兽医角度讲，“脾主运化，为气血生化之源，后天之本”。“脾居中央，灌溉四旁，五脏六腑，皆赖其养。”“脾气健旺，则五脏受荫；脾气虚弱，则百病丛生。”《黄帝内经》云：“正气存内，邪不可干，邪之所凑，其气必虚。”脾胃和则运化顺畅，胃肠道机能良好，食欲旺盛，消化机能强大，能够大吃大喝是快速生长的基础，也是具有较强抗病力和抗逆性的基础。反之，则食欲低下，采食减少，消化不良，逐渐进入代谢负平衡状态，生长发育自然缓慢，体质肯定逐渐下降，对环境条件的适应能力和抗病力也就全面下降。所以要健脾，健脾补气是现阶段猪群提高抗逆性、抗病力的需要，也是提高饲养效率的关键措施。所以，运用中兽医理论，在饲料中添加一定量的补气健脾中药，达到健脾益气、增强猪的非特异性免疫力之目的，是现阶段环境、饲料、饲养管理等许多不良因子存在，短期内又难以改变条件下，提高猪群群体体质水平的一条捷径。

2. 处方选择 临床选择了《中华人民共和国兽药典》（2005年版）的补中益气散，原组方是：炙黄芪，党参，白术（炒），炙甘草，当归，升麻，柴胡，陈皮。

选择此方的目的在于升阳举陷，补中益气，调和脾胃。原方中重用黄芪，意在升阳举陷，补中益气，提高其生命力，为君药。党参和白术健脾益气，用以和胃，并助君药补中益气；柴胡为少阳经之主药，能引大气下陷者自左上升，升麻为阳明经药，能引大气下陷者自右上升，两者共举正气上升为臣药；当归补血活血，防升麻之性燥烈伤阴；陈皮和胃，理顺气血，补而不滞，辅佐君药之功，是为佐药；炙甘草补中益气，调和诸药为使。原方用量：30~50 g/（头·d）。

3. 改进设计　从考虑适口性和补气健脾、改善心脏的功能角度出发，对原方进行了修改，在原方的基础上形成了人参强心散：人参、黄芪、白术、当归、柴胡等（试用期间仍称补中益气散）。

与原方相比，一是突出提气补阳，突出对心脏的保护，变党参为人参。人参味甘微温，具有抗休克、抗疲劳、抗过敏、抗炎、抗老化、活化细胞等“大补元气、拯危救脱”之功能，素有“祛虚邪于俄顷，回阳气之垂危”之美誉，实乃“补五脏阳气之君药，开胃气之神品”。人参的运用，可直接活化心肌细胞，增强心脏功能，在强化心血管系统运送功能的同时，强化肺脏的交换和修复功能，减轻心脏“代偿性搏动”的压力，使补阳提气功效大增。二是去升麻。升麻虽为“能引大气下陷者自右上升”的“阳明经药”，但性燥，对于缺少汗腺的猪，还是慎用、不用为上策。本组方中其他药物已有升气功能，故弃之。三是加大当归、黄芪用量。首先在于疏通末梢、开启瘀滞，打通和理顺微循环，疏正气上行之路，缓解心脏“代偿性加大脉搏输出”之压力。其次“黄芪甘温，补气升阳固表，升阳举陷”。《医学中衷参西录》言黄芪“能补气，兼能升气，善治胸中大气（宗气）下陷”，《本草汇言》谓黄芪乃“补肺健脾，实为敛汗祛风运毒之药也”，确立了其在没有汗腺的猪病治疗中不可或缺之地位。“一变”“一去”“二加大”，健脾补气之功大增，改善和增强了心血管系统机能，缓解了心脏压力，增强了抗逆性和抗病力。

推荐的用量为：保育或育肥猪 1 000~2 000 g/t 拌料（视猪的年龄大小而定），一生只用 1 次，连用 7 d。

繁殖母猪、后备母猪和种公猪 1 000~2 000 g/t 拌料，每月饲喂 1 次，每次连用 5~7 d。

本品不得与含有黎芦、五灵脂的中成药同时使用，也不得饲喂萝卜、香蕉。

4. 临床实验效果 2010 年设计本方后，先后在郑州市的新郑市、惠济区、金水区，以及开封市的南关区和安阳市的林州等地的 20 多个猪场，试用于预防和临床病例的控制，均取得了满意效果。举例如下：

开封市仙人庄乡崔某：2011 年 8 月从焦作购买仔猪 1 000 头育肥，1 周后接种猪瘟发病，先后使用土霉素、氟苯尼考、青霉素、磺胺类药物无效，2 周间死亡近 200 头，先后损失 10 万余元。9 月初从主诉的喘气，消瘦，流白色黏性鼻涕，臀部和后档下鲜红、暗红等临床表征，结合解剖检查见肺胸粘连、包心，肺脏见暗红色瘀血斑块等病理变化分析，初步认为是蓝耳病、圆环病毒、传染性胸膜肺炎、副猪嗜血杆菌等多重病原微生物的混合感染，建议全场停用已经拌西药饲料，改用本品 3 d，喘气严重猪肌内注射头孢喹肟 3 d（1 次/d），饮水中添加电解多维。用药期间死亡 7 头，3 d 后停止死亡。7 d 后采食量从 25% 上升至 90%。因内服中成药时间太短，加之管理因素，20 d 后该场又发生口蹄疫，再次求医用药无效后求诊，给以紧急接种口蹄疫疫苗，同时大群使用“补中益气散”拌料 7 d，结合饮水中添加电解多维药，猪舍内外环境使用过氧乙酸、碘三氧消毒，7 d 后，疫情得到有效控制。

新郑市龙湖镇高某：高某父子猪场是一个以企业职工食堂和饭店下脚料为主要原料的猪场，存栏母猪38头。这种猪场的猪难养人人皆知，加上父子两人性格的原因，2009年10月，一分为二，各自经营。2010年初冬，本产品试制成功后，高某大胆试用，其父猪群未用，当年冬春，高某经管的猪群平安无事。同一猪场内其父亲的猪冬天受蓝耳病侵袭，多次到河南省兽医院求诊，春节前又发生了口蹄疫，大年初一高某父亲打电话求助，初六上班，就到兽医院剖检诊治，在发病和治疗的过程中先后死亡育肥猪14头，成为鲜明对比。

郑州市莆田村王某：王某养猪不多，5头母猪，存栏商品猪一直保持在50头左右，2010年冬季到兽医院求诊时，知道了本产品，带回2桶拌料1 t，连喂5 d，用药后10多天，该村发生了口蹄疫，邻居见他购买口蹄疫疫苗紧急免疫即纷纷效仿，结果是他家的猪用疫苗后平安度过发病季节，而邻居家的猪群许多猪在接种疫苗后立即死亡，或在免疫后2 d内陆续死亡，使他所在的村仅剩他一个“堡垒户”。

林州市临淇镇李某：2005年开始养猪，一直受蓝耳病困扰，2010年前存栏母猪在30~50头之间，多次求诊，猪群相对稳定，但也没有大的发展，2010年初冬起对空怀母猪群试用本产品，猪群的繁殖性能明显上升，突出的表现是断奶仔猪存活率由8头/胎上升到12.5头/胎，保育猪也能够健康生长。当地猪群发生口蹄疫时该场生产平稳，也不受流行性腹泻危害，2011年存栏母猪达到60头，生产非常稳定，全年出栏猪1 100头。

郑州市金水区大河村东许庄丁某：该户猪群只有20头母猪，猪群生产性能一直不稳定，2011年8月开始试用本产品后，至今一直处于非常稳定状态，冬季周围猪群受口蹄疫、蓝耳病、流行性腹泻危害时，该户猪群均不受危害地平稳生产。

延津县卜某：存栏母猪80头。2011年冬季在我们的指导下对空怀母猪群按照每月 1 次、每次 5～7 d 的方法拌料用药（2 000 g/t），不但母猪生产性能稳定提高，小猪也非常健康。春节后，当以“死狗”、哺乳仔猪拉稀为突出特征的疫情到达本地后，猪群表现出明显的抗病力，在相邻猪场相继发病、仔猪全部或 80%以上病死的情况下，该场当月的 200 头仔猪没有一头发病，仅因挤压、打斗、卡腿死亡 3 头。前来报喜后继续用药，目前生产非常稳定。

山西省临川县牛某：存栏母猪 58 头，母猪群运用本产品后，体质强壮，2012 年周围猪群相继受蓝耳病、伪狂犬等疫病侵袭时，本场猪群健康无病，生产平稳，当年出售商品猪 1 230 头，在上半年商品猪行情低迷、仅在 11 月中旬后上升的背景下，取得了净盈利 48 万元的好成绩。

开封市南郊乡许某：存栏母猪 28 头，2013 年 5 月开始，对母猪群和保育猪群使用本产品，当年同村其他猪群先后遭受蓝耳病、伪狂犬、口蹄疫疫情，本场猪群平稳生产，取得良好的收益。在其影响下，熟悉的养猪户开始在母猪群和育肥猪群使用本产品。

中牟县九龙镇刘某：存栏商品猪 200 头，2013 年 6 月猪群发生蓝耳病、伪狂犬混合感染疫情，先后死亡 12 头。接诊后对发病猪群实施了对症治疗，对假定健康猪群和恢复期病猪按照加倍剂量使用本产品，猪群疫情很快稳定，并在口蹄疫流行时稳定度过危险期，收到了良好的效益。

中牟县大孟乡杨百胜村的郑某，开封市杞县西寨林场的孟某，四川广元的李某……

类似的例子很多，其共同体会是：

（1）当周围猪群有口蹄疫疫情时，可使用本品 2 桶/t 拌料5～7 d（即 2 000 g/t），用药的第 4 d 即可接种口蹄疫疫苗，可有效避免心肌已经不同程度损伤病例在接种时或接种后的“猝死”。

(2) 蓝耳病和圆环病毒病阳性猪群，不论危害是否严重。1 次/2 月使用本品，有修复心脏损伤、改善心脏功能之效。

(3) 猪瘟抗体不整齐猪群，使用本品后可明显提高抗体的整齐度。

(4) 部分用户反映，使用本品后，支原体的危害明显减轻。

5. 临床使用建议　临床使用一是用于空怀和妊娠母猪群，提升正气，增强胎儿生命力，每月 1 次，每次 5~7 d，拌料投喂 2 000 g/t。二是用于口蹄疫、蓝耳病、圆环病毒等能够导致心脏损伤的病毒病的支持性治疗。即在用药（初次使用可加倍）3~5 d后紧急免疫口蹄疫疫苗或蓝耳病、圆环病毒疫苗。三是作为口蹄疫、蓝耳病、圆环病毒发病季节到来前的预防性用药，以提高抗心脏损伤能力。四是传染性胸膜肺炎、副猪嗜血杆菌、肺炎型链球菌病、巴氏杆菌病、支原体等呼吸系统单一或混合感染疫病恢复期使用，可以改善心脏功能，健脾扶正，以正驱邪，加速痊愈。

注意：本品不得同含有黎芦五灵脂的中成药同时使用。用药期间不得投喂萝卜、香蕉。

第七章　猪群保健和预防用药

进入后蓝耳病时代，规模饲养和散养两种饲养模式依然存在，标志着养猪生产面临的传染风险依然存在，大环境中空气污染、水源污染、土壤污染不可能在短时期内解决，消费者质量意识和法制观念不断加强，媒体和全社会对猪肉等畜产品质量安全、养猪业对环境的影响等热点事件更为敏感、更加重视。面对新病毒不断出现和病毒变异速率加快、病毒病危害日趋严重、混合感染普遍、动辄形成疫情的猪病流行现状和趋势，无论是养猪人，还是从事猪病防控的临床兽医，或是政府官员，共同的认识是仅仅依靠抗生素和疫苗控制猪病的时代已经结束，猪病防控必须有新的思维，探索新的方法，闯出新的道路。

《中华人民共和国动物防疫法》的总则中“动物疫病实行预防为主的方针”，已经被养猪人认可、接受，业内精英甚至进一步总结出来了“以防为主，防重于治，养重于防”的新理念。在后蓝耳病时代，要想轻松养猪，关键在于对“预防为主”的动物疫病防控方针和“以防为主、防重于治、养重于防”新理念的认知，在于具体防控措施、制度的执行，在于是否形成落实机制，是否能够常态化，是否能够成为从业人员的自觉行动。

“防重于治”是在规模饲养的过程中，针对分散饲养时猪群疫病以“零星散发”为特征，养猪人将控制疫病的精力集中于具体的治疗活动，急需要引导人们将注意力集中于预防活动而提

出的。对于规模饲养的业主和从业人员，早已不是问题，而对于那些刚刚踏入养猪行业的新从业人员，尤其是那些存栏数百头的小型育肥场的老板，即使在后蓝耳病时代，仍然是必须时刻提醒和坚持的理念。

“预防为主”是动物疫病防控的方针。遗憾的是许多从业者认识的偏颇，未准确理解这个方针的含义和真谛，仅仅将“接种疫苗”和“预防性投药”作为防控疫病的手段，接种时高频率、大剂量接种疫苗，甚至迷信进口疫苗，预防用药时拘泥于抗生素，经常大量、长期、超剂量使用。忽视了预防猪病的最基本手段，如加大猪群巡视频率，及时发现猪群异常现象；培训饲养员，使其掌握常见疫病的临床症状和重大疫病的示症性病变，为尽早发现病猪创造条件；改进猪舍内部环境，创造适合猪的生物学和行为学特性发挥的小环境；制定符合猪的行为学特性的饲养管理制度等。这些认识偏颇的纠正，成为后蓝耳病时代猪病防控成败的关键，也是实现轻松养猪的首要任务。

在改进大环境方面无能为力，猪场选址、布局、舍内结构等影响猪舍小环境的因素短期内难以剔除，疫病防控和畜产品质量安全压力巨大的背景下，增强后备母猪和生产母猪群的群体体质，是减轻疫病危害的最佳选择。因为，后备母猪群不仅群体小，各种增强群体体质措施容易落实，也是未来母猪群群体体质逐步提升的基础，从后备猪抓起，在时间上有一个提前，战术上称之为先敌一步、抢占时间高点。生产母猪群群体体质的提升，是确保生产母猪群平安，维持正常受胎、妊娠、分娩的需要，也是提升仔猪群群体体质的基础工作。

一、保健在养猪业中的作用

猪群保健是 20 世纪后才有的名词，它是借用人医的概念。

在猪病防控方面，面对日益增多的病种和混合感染病例，人们引入了保健的概念。遗憾的是，猪群保健没有一个明确的概念，致使在饲料中长时间添加抗生素类兽药、给刚刚出生小猪灌服和注射兽药、在饮水中添加消毒剂等行为成为猪群保健的代名词。

进入后蓝耳病时代，猪群疫病频频发生。尤其是2002年以来，随着猪群圆环病毒病感染率的上升，猪群健康状况受到了严重威胁，2004年禽流感的流行、2006年高致病性猪蓝耳病在我国东部19个省市区的蔓延，使得猪病控制难度明显上升，2009年甲型流感的暴发，在威胁人类健康的同时，也威胁着猪群的健康。期间，四川内江、资阳等地还暴发了高致病性猪链球菌病，2007年8月、2008年9月、2009年10月局部地区又相继发生了以中热稽留、肺部感染为主要特征的疫情，2010年以后，母猪的不明原因流产、仔猪腹泻疫情又给养猪业造成了很大损失。2009年秋季全国范围的猪蓝耳病活苗的强制性免疫，标志着中国养猪业进入了后蓝耳病时代，猪群疫病暴发和在局部地区流行的频率明显加快，作者认为，我国猪群疫病复杂化、混合感染病例的比重上升、疫情频率升高和危害加重，是多种不良因素的叠加效应，主要原因是猪的生存环境恶化（以下简称“生境恶化”）。

生境恶化的突出表现一是局部地区猪群密度过大、养猪小区和猪场布局的随意性、城市化进程中泔水处理滞后等因素导致局部环境恶化，形成了不利于养猪的小气候。二是猪场选址不当和场内布局不合理，猪舍设计缺陷（间距不够、内部布局不合理、猪舍纵向坡降不够）、舍内密度过大、通风不良，产房温度设计不当和控制措施不到位，“三缺一残”（缺少粪便处理场，缺少病死猪处理设施，缺少污水和粪便处理设施，残缺不全或未发挥作用的隔离消毒设施）等多种原因形成了不利于猪正常生长的猪舍小环境。三是混乱的饲料供应市场、鱼龙混杂的添加剂、饲料和添加剂中的违规兽药、饲喂霉变和劣质饲料，以及尚未引起重

视的水体污染等养猪投入品的管理不到位。四是种猪群染疫后的扩散传播、疫苗使用的盲目无序导致的微生态环境失衡。四个方面的问题加上猪群品种的单一化，又为疫情的快速扩展放大创造了条件。所以，猪群生境恶化，群体处于亚健康状态，体质虚弱，是疫病频发、危害加重的根源。疫病的预防和控制需要从产前、产中、产后多个环节着手，需要改善猪的生存环境，需要想方设法保证饲料和饮水的质量，绝不是在饲料中添加抗生素就能够解决的。若想从饲养环节着手，重点考虑的是强化免疫管理，严格执行隔离和消毒制度，加强选种选配，确保日粮营养平衡等，也不仅仅是在饲料中添加抗生素类药品。

猪群保健的目的是让猪走出亚健康状态，发挥其高繁殖率、生长速度快的生物学特性，为人类生产出更多、更好的猪肉。

把“保健”真正引入群养猪的管理，就应该从改进猪场布局、猪舍选址和猪舍设计做起，重视生猪福利，猪场设计时从改进猪舍通风换气和增大猪的活动空间方面努力，为猪创造洁净的空气，让猪能够适当地运动，从而满足猪生长发育的基本环境要求，降低通过呼吸道传播疫病的发病概率，摆脱亚健康对猪群的困扰。营养方面，现在我们能够生产营养合理的全价饲料，还有预混料和浓缩料，只要采购时避开假冒伪劣饲料，饲养中避免饲喂变质饲料即可。这些才是规模饲养条件下猪群保健的基本工作。

二、保证后备猪和空怀母猪的运动量

注重生猪福利，创造符合猪生物学特性和行为学特性的小环境，发挥猪自身抵御恶劣环境和疫病侵袭的能力，对于许多猪场，目前还只是一个概念和理想，真正做到不仅需要一定的时间，还需要足够的财力。即使那些存栏规模较大的猪场，能够做到的也只是规范管理，或投资增加通风设备以提高猪舍空气质量，或安装锅炉、热风机等保证冬季的舍内温度，安装风机、水帘降低夏季的舍内温度。但是，后蓝耳病时代确实已经到来，它不会因为你投资能力的困难，或者条件有限而给以照顾，会用暴发疫情的形式出现。所以，必须按照“先易后难”的原则，立即动手，从简单的做起，从容易的做起，从成本低的项目开始。这是本节强调保证后备猪和空怀母猪的足够运动量的初衷。

1. 加强后备母猪的运动锻炼 猪没有汗腺，呼吸承担着气体交换和散热的双重功能。所以，猪呼吸系统的核心器官肺脏，在猪的生命活动中的地位更高。换句话说，肺脏功能的异常对于猪是致命的，旺盛生命力的前提是先有功能强大、良好的肺脏。从野猪到家猪的进化过程，以及家猪在不同季节呼吸活动的观察结果表明：猪的肺脏功能有极大的可塑性，而发挥可塑性的最佳时机在于幼年期的高强度锻炼。如野外环境中，野猪仔在幼年期跟随母猪外出觅食时，遇到敌害时的逃命，就是一种锻炼和筛选。散养时，由于能够自由运动，奔跑、打斗、遇到人或敌害攻击时的逃命，仍然有造就强大肺功能的机会。规模饲养后，剥夺了这种后天塑造肺脏功能的机会，是猪的适应性、抗病力、生命力全面下降的直接原因。要想提高母猪群的群体体质、增强母猪群的生命力，断奶后正常采食时就应该开始加大运动量，但由于多种因素制约，只能从保证后备母猪的足够运动量做起。

如果有专门的后备母猪运动场，可以考虑每天运动 2 次，每次 1 h；若每天 1 次，应安排 2 h 的运动量。1 h 运动时可按照自由走动、奔跑、自由走动的节奏安排活动；2 h 运动时，可按照自由走动、快步走、奔跑、自由走动、嬉戏玩耍的节奏安排活动。

以走动和奔跑为内容的运动场，应设置上下坡和壕沟，促使猪在运动中跳跃。

后备猪较多时，可考虑建设迷宫走道型运动场（参见附

7-1）。

应以固定口令驱赶，以利于形成条件反射，便于运动管理。运动时可以用口令、哨音或播放特制录音来掌握运动节奏。

后备猪较少时，可以考虑栓系后牵引运动。以减少占地和节省运动场建设投资。

2. 保证空怀母猪足够的运动量　规模饲养条件下，固定钢栏（也称限位栏）、产床两种新设备的推广应用，将母猪运动缺失扩大到了极致，性成熟后的母猪，不是生活在产房的产床上，就是生活在固定钢栏内，本交的母猪，在发情配种时才有自由运动的机会；若是使用人工授精技术，运动则成为一种奢望。这种运动量的严重不足，是导致母猪分娩困难、产程延长的根本原因，也是母猪群群体体质下降，在妊娠中后期厌食、绝食、发病率急剧升高的主要原因，不但缩短母猪的使用寿命，也生产了“胎气不足”的先天性弱仔，为仔猪群、保育猪群暴发疫情埋下隐患。所以，要想猪群少发病，轻松养猪，就得从保证母猪足够运动量做起。产床上的哺乳母猪群运动困难大，就从空怀母猪开始。

下产床后的空怀母猪的运动量应逐渐加大，至少应有 1 周的过渡期。

运动时间控制在每天 1~2 h。适应期每次 1~1.5 h，适应后 1.5~2 h。每天运动 1 次即可。

在固定时间开栏运动，有利于条件反射的形成。夏秋的 7~10 时、冬春的 11~16 时为运动的最佳时间，各场可根据自己的地理环境、地段位置确定本场空怀母猪的运动时间。

空怀母猪同样需要固定口令驱赶。形成条件反射后运动管理工作量将大为降低，只是训练要耐心，初期难度大时可酌情增加人手。

运动时用口令、哨音或播放特制录音掌握运动节奏。

三、猪群保健和中兽药

从野猪到家养猪，猪经历了进化史上的一次筛选，同样，从千家万户散养到集群生存的规模化饲养，猪又要经历一次人类的筛选和淘汰。

在这种生活方式转变的漫长过程中，猪有一个从不适应到适应的转变。应当承认，要完成这个转变，必须要淘汰掉一大批猪。现在困惑人们的是进化过程中需要淘汰，而人类或者说饲养者不舍得淘汰。所以，就面临疫病不断出现、混合感染病例不断增多、疫病发生频率急剧上升、成本越来越高的现实。

解决这个问题需要人们重新审视现今的养猪思路和方式。显然，要满足急剧增长的人口对肉食品的消费需求，就全国范围来讲，不可能再回到过去那种千家万户分散饲养的状态，只能面对规模饲养和分散饲养长期并存的现实，寻找新的解决办法。如改进猪舍设计、加强饲养管理、培养猪的良好体质、选择新的品种等。在这些办法中，培养猪的良好体质，是目前饲养者所能选择的最有效的办法。在饲料中添加西药控制疫病的做法，伴随着中国规模养猪的发展，已经被国人尝试了近 30 年，事实证明效果并不理想。

放眼未来，我们对中兽医和中兽药寄予希望。中兽医理论的核心是“天人合一”，是“人、动物和环境的统一”，是“人、猪和环境的和谐相处”。这种朴素的唯物论思想同进化论不谋而合，具有本质上的相容性，从而为解决规模饲养条件下猪病困扰提供了全新的思维和出路。

从中兽医角度审视，规模养猪之所以遭受疫病困扰，最大的问题在于母猪群的“人为三高”（高密度繁殖、高产仔数、高泌乳力），在于母猪常年采食营养全面的精饲料，在于封闭环境中的运动量不足。饲喂形态、成分相同的配合饲料，极易形成猪的

"食积"，母猪群又长时间饲喂高矿物质含量的配合饲料，叠加的"食积"又转变成"实热"。运动量的不足，尤其是待在封闭环境中运动量不足的猪，同大环境的交换受阻（通过限制运动、掘地、游泳、嬉戏等天性达到节约建筑成本、降低管理强度的做法就是削足适履），极易导致"气虚"。无节制地拉大对人类有用的生产性能，运用"低日龄开配""早期断奶""热配""高产仔数""高产奶量"等揠苗助长技术措施，又使得母猪很快进入"血虚"状态。"血虚"的母猪，伴随着"食积"和"实热"的进展，2~3 胎时，多数已经成为"气血两虚"的母猪。

"气血两虚"不仅导致胃肠消化机能减弱，妊娠期不明原因减食、停食，分娩无力，产程延长至 4~5 h，难产概率上升。还带来免疫力的下降，从而变得易感。更为严重是这种"气血两虚"的母猪所生仔猪，因母猪的原因成为"胎气不足"的先天性弱仔，从而为保育、育肥阶段的疫病频发埋下了伏笔。

明白了问题的根源，就不难找到解决的办法。作者建议规模饲养猪群的保健从后备猪、种公猪、母猪着手解决问题，切入点在于健脾。

就一个育肥猪群而言，抓住了健脾，就抓住了猪群健康之本。就一个猪场而言，抓住了种猪和后备猪的健脾，就抓住了猪场平稳生产之本。

当然，从保障畜产品质量安全方面来讲，在猪群的保健和猪病预防之中，尽可能使用中兽药，可以减少抗生素残留，又何乐而不为呢？

概而述之，从中兽医理论分析，由于人们片面追求猪的高生产性能，采用的规模饲养工艺和技术忽视了猪的生物学特性和行为学特性，抑制了猪非特异性免疫力的发挥。在已经形成的不良小环境条件下，对不同季节、不同地域的繁殖母猪群，运用中兽药健脾补气，是提升群体体质的关键和捷径。

（一）中兽药保健的基本原则

对于不同生理状态的猪群，根据季节的变化，饲料中适当添加中兽药，以增强其体质的做法，称之为猪的中兽药保健。

利用中兽药保健，一定要区分猪的生理状态。切忌不加区别，只管添药。

利用中兽药保健，最好使用处方药。单味药的使用，要慎之又慎。

利用中兽药保健，一定要根据不同季节的变化及时调整处方，切忌不分季节盲目用药。

利用中兽药保健，同样要保证药品的质量。不要认为是猪吃的，就使用质量低劣的中兽药成药或原生药。

（二）不同种类猪群的中兽药保健

从保健的难易程度和成本等方面权衡，作者针对不同阶段、不同生理状态、不同用途猪急需解决的主要问题，提出如下建议。

1. 繁殖母猪群的中兽药保健　空怀期母猪气血损失严重，健脾补气为当务之急，推荐的中兽药有人参强心散、补中益气散、强壮散、四君子散。

（1）补中益气散处方：炙黄芪 75 g、党参 60 g、白术（炒）60 g、柴胡 25 g、陈皮 20 g、升麻 20 g、炙甘草 30 g、当归 30 g。

功能：补中益气，升阳举陷。

主治：脾胃气虚，久泻，脱肛，子宫垂脱。

用量：45~60 g。

（2）强壮散处方：党参 200 g、六神曲 70 g、麦芽 70 g、炒山楂 70 g、黄芪 200 g、茯苓 150 g、白术 100 g、草豆蔻 140 g。

功能：益气健脾，消积化食。

主治：食欲不振，体瘦毛焦，生长迟缓。

用量：30~50 g。

(3) 四君子散处方：党参 60 g、炒白术 60 g、茯苓 60 g、炙甘草 30 g。

功能：益气健脾。

主治：脾胃气虚，食少，体瘦。

用量：30~45 g。

上述中兽药1、2或1、3组合使用（补中益气散连用5~7 d，停药1~2 d后，强壮散连用3 d。或者补中益气散连用5~7 d，停药1~2 d后，四君子散连用3 d）效果更佳。

2. 妊娠中后期母猪的中兽药保健　妊娠中后期母猪养血补气是主要任务，气血足自然保胎无虞。推荐的中兽医处方为保胎无忧散。

(1) 保胎无忧散处方：当归 50 g、川芎 20 g、熟地黄 50 g、白芍 30 g、黄芪 30 g、党参 40 g、白术（焦）60 g、枳壳 30 g、陈皮 30 g、黄芩 30 g、紫苏梗 30 g、艾叶 20 g、甘草 20 g。

功能：养血，补气，安胎。

主治：胎动不安。

用量：30~60 g。

妊娠中后期，每月1次，每次3~5 d。

(2) 泰山磐石散处方：当出现腹部疼痛、阴门出血、胎动异常等流产征兆时，可使用泰山磐石散3~5 d。

党参 30 g、黄芪 30 g、当归 30 g、续断 30 g、黄芩 30 g、川芎 15 g、白芍 30 g、熟地黄 45 g、白术 30 g、砂仁 15 g、炙甘草 12 g。共11味。

功能：补气血，安胎。

主治：气血两虚致胎动不安，流产。

用量：60~90 g。

(3) 白术散处方：曾经发生流产的妊娠后期母猪群，可投以白术散补气安胎。

白术30 g、党参30 g、熟地黄30 g、当归25 g、川芎15 g、甘草15 g、砂仁20 g、陈皮25 g、黄芩25 g、紫苏梗25 g、白芍20 g、阿胶（炒）30 g。共12味。

功能：补气，养血，安胎。

主治：胎动不安，断续流产。

用量：60~90 g。

（4）参苓白术散处方：党参60 g、茯苓30 g、白术（炒）60 g、山药60 g、甘草30 g、炒白扁豆60 g、莲子30 g、薏苡仁（炒）30 g、砂仁15 g、桔梗30 g、陈皮30 g。共11味。

功能：补脾胃，益肺气。

主治：脾胃虚弱，肺气不足。

用量：45~60 g。

3. 哺乳母猪群的中兽药保健 母猪分娩后，可立即饮用益母生化散清1~3 d，以缩宫活血。

（1）益母生化散处方：益母草120 g、当归75 g、川芎30 g、桃仁30 g、炮姜15 g、炙甘草15 g。红糖15 g，大枣3~5枚为引。

功能：活血祛瘀，温经止痛。

主治：产后恶露不行，血瘀腹痛。

用量：30~60 g。

（2）通乳散处方：为防产后无奶，可以通乳散和益母生化散结合使用，即二者交替服用3~5天。

通乳散处方：当归30 g、王不留行30 g、黄芪60 g、路路通30 g、红花25 g、通草20 g、漏芦20 g、瓜蒌25 g、泽兰20 g、丹参20 g。红糖20 g为引。

功能：通经下乳。

主治：产后乳少，不见乳汁。

用量：60~90 g。

（3）生乳散处方：生产5胎以上的母猪，可在产前7 d服用

生乳散 3 d，以防产后无乳汁。

生乳散处方：黄芪 30 g、党参 30 g、当归 45 g、通草 15 g、川芎 15 g、白术 30 g、续断 25 g、木通 15 g、甘草 15 g、王不留行 30 g、路路通 25 g。共 11 味。

功能：补气养血，通经下乳。

主治：老龄或营养不良型母猪的无乳、少乳症。

用量：60~90 g。

4. 种公猪的中兽药保健　投入使用 3 个月以后的种公猪就要考虑补肾，以免肾虚。推荐的处方为金锁固精散。

（1）金锁固精散处方：沙苑子 60 g、芡实（盐炒）60 g、莲须 60 g、龙骨（锻）30 g、莲子 30 g、锻牡蛎 30 g。

功能：固精涩精。

主治：肾虚滑精，死精、精液活力低下。

用量：40~60 g。

间隔 2 个月用药一次，每次用药 3 d。

（2）若有性欲减退，阳痿、滑精表现，可立即使用壮阳散 3~5 d。

壮阳散处方：熟地黄 45 g、淫羊藿 45 g、锁阳 45 g、补骨脂 40 g、覆盆子 40 g、山药 40 g、菟丝子 40 g、肉苁蓉 40 g、续断 40 g、五味子 30 g、车前子 25 g、肉桂 25 g、阳起石 20 g。

功能：温补肾阳。

用量：50~80 g。

停药 1 周后，再次使用金锁固精散巩固疗效。

（3）当配种任务较为繁重，种公猪出现血精、死精时，可考虑秦艽散同金锁固精散的组合。秦艽散连用 5 d，停药 2 d 后，金锁固精散连用 3~5 d。

秦艽散处方：秦艽 30 g、黄芩 20 g、瞿麦 25 g、当归 25 g、红花 15 g、蒲黄 25 g、大黄 20 g、白芍 20 g、甘草 15 g、栀子

25 g、淡竹叶 15 g、天花粉 25 g、车前子 25 g。

功能：清热利尿，祛瘀止血。

主治：膀胱积热，努伤尿血，劳损血精。

用量：30~60 g。

(4) 对明显消瘦，性反应迟钝的 5 岁以上种公猪，可 1~2 月用 1 次七补散。

七补散处方：党参 30 g、茯苓 30 g、炒白术 30 g、炙黄芪 30 g、当归 30 g、秦艽 30 g、麦芽 30 g、山药 25 g、川楝子 25 g、醋香附 25 g、甘草 25 g、炒酸枣仁 25 g、陈皮 20 g。

功能：培补脾胃，养气益血。

主治：劳伤，损伤，体弱。

用量：45~80 g。

5. 后备母猪的中兽药保健 体态消瘦的后备母猪，可在配种前 1 个月使用三子散驱虫一次，间隔 3 d 后交替使用强壮散、催情散 3 d（早、晚各 1 剂）。膘情中等立耳型的后备猪在配种前 15 d 单独使用催情散。

催情散处方：淫羊藿 6 g、阳起石（酒淬）6 g、当归 6 g、香附 5 g、益母草 6 g、菟丝子 5 g。

功能：促情催情。

主治：乏情，不孕。

用量：30~50 g。

6. 哺乳仔猪群的中兽药保健 开始采食乳猪料的仔猪，容易出现消化不良，应在开食 1 周后，将多味健胃散煎熬后，掺入饮水中饮用 3~5 d。发生过流行性腹泻哺乳仔猪群，可从 2 周龄开始，将健脾散煎熬后，掺入饮水中饮用。

(1) 多味健胃处方：木香 20 g、槟榔 25 g、白芍 20 g、厚朴 20 g、枳壳 30 g、黄檗 30 g、苍术 50 g、大黄 50 g、龙胆 30 g、焦山楂 40 g、香附 50 g、陈皮 50 g、大青盐（炒）40 g、苦参 40 g。

共14味。

功能：健胃理气，宽中除胀。

主治：食欲减退，消化不良，肚腹胀满。

用量：每头仔猪每天5~15 g。

（2）健脾散处方：当归20 g、白术30 g、青皮20 g、陈皮25 g、厚朴30 g、肉桂30 g、干姜30 g、茯苓30 g、五味子25 g、石菖蒲25 g、砂仁20 g、泽泻30 g、甘草20 g。共13味。

功能：温中健脾，利水止泻。

主治：冷伤脾胃，冷肠泄泻。

用量：每头仔猪每天5~10 g。

7. 断奶保育猪群的中兽药保健　更换饲料后的保育猪，同样会因为胃肠道的不适应出现消化不良。所以，应在前3 d的饲料中添加健胃散，或饮水中添加多味健胃散3 d。间隔3周后再次使用3 d，保育期内最多3次。当保育猪消瘦，粪便汤稀，或汤稀粪便颜色暗红时，可将消食平胃散煎熬后，加入饮水中连续饮用3 d。那些发生过流行性腹泻猪群，可在保育猪饲料中添加理中散5~7 d。

（1）健胃散处方：山楂15 g、麦芽15 g、六神曲15 g、槟榔3 g。

功能：消食下气，开胃宽肠。

主治：积滞，伤食，消化不良。

用量：每头仔猪每天5~30 g。

（2）消食平胃散处方：槟榔25 g、山楂60 g、苍术30 g、陈皮30 g、厚朴20 g、甘草15 g。

功能：消食开胃。

主治：寒湿困脾，胃肠积滞。

用量：每头仔猪每天5~30 g。

注意：脾胃素虚，或积滞日久、耗伤正气猪慎用。

（3）理中散处方：党参 60 g、干姜 30 g、甘草 30 g、白术 60 g。

功能：温中散寒，益气健脾。

主治：脾胃虚寒，食少，泄泻，腹痛。

用量：每头仔猪每天 5～30 g。

8. 育肥猪的中兽药保健 育肥大猪群定期饲喂肥猪散或肥猪菜有保持良好食欲，加快生长作用。每月 1 次，每次 3 d。

（1）肥猪散处方：绵马贯众 30 g、制何首乌 30 g、麦芽 500 g、黄豆（炒）500 g。

功能：开胃，驱虫，催肥。

主治：食欲不佳，瘦弱，生长缓慢。

用量：50～100 g。

（2）肥猪菜处方：白芍 20 g、前胡 20 g、陈皮 20 g、滑石 20 g、碳酸氢钠 20 g。

功能：健脾开胃。

主治：消化不良，食欲减退。

用量：25～50 g。

（三）不同季节猪群的中兽药保健

某些猪病具有明显的阶段发生、季节流行的规律，因而为人们提供了预防机遇。例如仔猪的黄白痢，夏秋高温季节因蚊蝇叮咬导致的附红细胞体病、弓形虫病、乙脑等。

1. 春季 春季的气温由低到高缓慢上升过程中陡然降温、大风，都会导致正在放松舒展的猪体受风寒侵淫，祛除外感风寒是春季预防猪群疫病的主要任务，荆防败毒散、桑菊散、麻杏石甘散和理肺散、藿香正气散为常用之药。晚春可用茵陈木通散解表疏肝，为顺利度过夏天做准备。

（1）荆防败毒散处方：荆芥 45 g、防风 30 g、羌活 25 g、独活 25 g、柴胡 30 g、前胡 25 g、枳壳 30 g、茯苓 45 g、桔梗 30 g、

川芎 25 g、甘草 15 g、薄荷 15 g。

功能：辛温解表，疏风祛湿。

主治：风寒感冒，猪流感。

用量：40~80 g。

（2）麻杏石甘散处方：麻黄 30 g、苦杏仁 30 g、石膏 150 g、甘草 30 g。

功能：清热，宣肺，平喘。

主治：肺热咳喘。

用量：30~60 g。

（3）桑菊散处方：桑叶 45 g、菊花 45 g、连翘 45 g、薄荷 30 g、苦杏仁 20 g、桔梗 30 g、甘草 15 g、芦根 30 g。

功能：通风清热，宣肺止咳。

主治：外感风热。

用量：30~60 g。

（4）理肺散处方：蛤蚧 1 对、知母 20 g、浙贝母 20 g、秦艽 20 g、紫苏子 20 g、百合 30 g、山药 20 g、天冬 20 g、麦冬 25 g、升麻 20 g、防己 20 g、栀子 20 g、枇杷叶 20 g、白药子 20 g、天花粉 20 g、马兜铃 25 g。共 16 味。

功能：清肺化瘀，止咳定喘。

主治：咳喘，鼻流脓涕。

用量：40~60 g。

（5）藿香正气散处方：广藿香 60 g、紫苏叶 45 g、白术（炒）30 g、厚朴 30 g、茯苓 30 g、陈皮 30 g、大腹皮 30 g、法半夏 20 g、桔梗 25 g、白芷 15 g、甘草 15 g。

功能：解表化湿，理气和中。

主治：外感风寒，内伤食滞，泄泻腹胀。

用量：60~90 g。

注意：阴虚火旺猪禁用。

（6）茵陈木通散处方：茵陈 15 g、连翘 15 g、桔梗 12 g、川木通 12 g、苍术 18 g、柴胡 12 g、升麻 9 g、青皮 15 g、陈皮 15 g、泽兰 12 g、荆芥 9 g、防风 9 g、槟榔 15 g、牵牛子 18 g、当归 18 g。

功能：解表疏肝，清热利湿。

主治：湿热初起，多用于春季调理。

用量：30~60 g。

2. 夏季　夏季高温燥热，猪体内热量急需外散，消暑降温、清热利尿成为夏季猪体同外界环境平衡的主要手段。常用的中兽药有香薷散、清暑散、八正散等。

（1）香薷散处方：香薷 30 g、黄芩 45 g、黄连 30 g、甘草 15 g、柴胡 25 g、当归 30 g、连翘 30 g、栀子 30 g。

功能：清热解暑。

主治：伤热，中暑。

用量：30~60 g。

（2）清暑散处方：香薷 30 g、白扁豆 30 g、藿香 30 g、薄荷 30 g、菊花 30 g、木通 25 g、茵陈 25 g、麦冬 25 g、石菖蒲 25 g、茯苓 25 g、猪牙皂 20 g、甘草 15 g、金银花 60 g。

功能：清热祛暑，醒神开窍。

主治：伤暑，中暑。

用量：50~80 g。

（3）八正散处方：木通 30 g、瞿麦 30 g、萹蓄 30 g、车前子 30 g、滑石粉 60 g、甘草 25 g、炒栀子 30 g、酒大黄 30 g、灯芯草 15 g。

功能：清热泻火，利尿通淋。

主治：湿热下注，热淋，血淋，石淋，尿血。

用量：30~60 g。

（4）五苓散处方：茯苓 100 g、猪苓 100 g、炒白术 100 g、

泽泻 200 g、肉桂 50 g。

功能：温阳化气、利湿行水。

主治：水湿内停，排尿不畅，水肿，泄泻。

用量：30~60 g。

3. 秋季　秋季天气凉爽，是猪猛吃快长的好时节。但是，随蚊蝇叮咬进入体内的病原体增殖到了一定数量，就会发生血源性疾病。所以，杀灭原虫、清热解毒是秋季预防性用药的主要目的。三子散，含有槟榔的胃肠和、木香槟榔散、木槟消黄散、无失散等成为常用中兽药。

（1）三子散处方：诃子 200 g、川楝子 200 g、栀子 200 g。

功能：清热解毒。

主治：三焦热盛，疮黄肿毒，脏腑湿热。

用量：10~30 g。

（2）木香槟榔散处方：木香 15 g、槟榔 15 g、枳壳 15 g、陈皮 15 g、三棱 15 g、黄连 15 g、醋青皮 50 g、醋香附 30 g、醋莪术 15 g、黄檗（酒炒）30 g、炒牵牛子 30 g、玄明粉 60 g、大黄 30 g。

功能：行气导滞，泄热通便。

主治：痢疾腹痛，胃肠积滞。

用量：60~90 g。

（3）木槟硝黄散处方：槟榔 30 g、大黄 90 g、玄明粉 110 g、木香 30 g。

功能：行气导滞，清热通便。

主治：实热便秘，胃肠积滞。

用量：60~90 g。

（4）无失散处方：槟榔 20 g、牵牛子 45 g、郁李仁 60 g、木香 25 g、木通 20 g、青皮 30 g、三棱 25 g、大黄 75 g、玄明粉 200 g。

功能：泻下通肠。

主治：结症，便秘。

用量：50~100 g。

注意：老龄和妊娠母猪、仔猪、体质虚弱猪慎用或不用。

（5）胃肠活处方：黄芩 20 g、陈皮 20 g、青皮 15 g、大黄 25 g、白术 15 g、木通 15 g、知母 20 g、槟榔 10 g、玄明粉 30 g、六神曲 20 g、乌药 15 g、石菖蒲 15 g、牵牛子 20 g。

功能：理气，消食，清热，通便。

主治：消化不良，食欲减退，便秘。

用量：20~50 g。

（6）龙胆泻肝散处方：龙胆 45 g、车前子 30 g、柴胡 30 g、当归 30 g、栀子 30 g、生地黄 45 g、甘草 15 g、黄芩 30 g、泽泻 45 g、木通 20 g。

功能：泻肝胆实火，清三焦湿热。

主治：目赤肿痛，淋浊，带下。

用量：30~60 g。

注意：脾胃虚寒者禁用。

（7）银翘散处方：金银花 60 g、连翘 45 g、牛蒡子 45 g、薄荷 30 g、荆芥 30 g、芦根 30 g、淡豆豉 30 g、桔梗 25 g、淡竹叶 20 g、甘草 20 g。

功能：辛凉解表，清热解毒。

主治：风热感冒，咽喉肿痛，痈疮初起。

用量：50~80 g。

注意事项：专治风热感冒，外感风寒不宜使用。

（8）清肺止咳散处方：金银花 60 g、知母 25 g、苦杏仁 25 g、前胡 30 g、连翘 30 g、桔梗 25 g、桑白皮 30 g、甘草 20 g、橘红 30 g、黄芩 45 g。

功能：清泻肺热，化痰止咳。

主治：肺热咳喘，咽喉肿痛。

用量：30~50 g。

（9）清肺散处方：板蓝根 90 g、葶苈子 50 g、浙贝母 50 g、桔梗 30 g、甘草 25 g。共 5 味。

功能：清肺平喘，化痰止咳。

主治：肺热咳喘，咽喉肿痛。

用量：30~50 g。

注意事项：用于肺热实喘，虚喘不宜。

4. 冬季　冬季天气寒冷，保暖措施不到位的猪群受风寒侵袭，容易发生咳嗽、消化不良性腹泻、痢疾等；封闭严实的全封闭猪舍猪群，常因寒湿内侵、空气质量不佳，发生经呼吸道传播疫病；有采暖设施的规模场产房、保育舍猪群，则因舍内温度高、空气污浊而呈现虚火上攻、肺热咳嗽症状。所以，冬季预防性用药最要强调的是谨慎。要因场而用、因舍而用、因猪而用。常用的中兽药有厚朴散、平胃散、二陈散、止咳散等。

（1）厚朴散处方：厚朴 30 g、陈皮 30 g、麦芽 30 g、五味子 30 g、肉桂 30 g、砂仁 30 g、牵牛子 15 g、青皮 30 g。

功能：行气消食，温中散寒。

主治：脾虚气滞，胃寒少食。

用量：30~60 g。

（2）平胃散处方：苍术 80 g、厚朴 50 g、陈皮 50 g、甘草 30 g。共 4 味。

功能：燥湿健脾，理气开胃。

主治：脾胃不和，采食下降，消化不良，粪便稀软。

用量：30~60 g。

（3）二陈散处方：姜半夏 45 g、陈皮 50 g、茯苓 30 g、甘草 15 g。

功能：燥湿化痰，理气和胃。

主治：湿痰咳痰，呕吐，腹胀。

用量：30~45 g。

注意：干咳忌用。不宜长期服用。忌与生冷辛辣油腻料同用。

（4）止咳散处方：知母 25 g、桑白皮 25 g、苦杏仁 25 g、葶苈子 25 g、枇杷叶 20 g、枳壳 20 g、麻黄 15 g、桔梗 30 g、甘草 15 g、前胡 25 g、陈皮 25 g、石膏 30 g、射干 25 g。

功能：清肺化痰，止咳平喘。

主治：肺热咳嗽。

用量：45~60 g。

注意：不可用于肺气虚、无热象猪。

（5）二母冬花散处方：知母 30 g、浙贝母 30 g、款冬花 30 g、桔梗 25 g、苦杏仁 20 g、马兜铃 20 g、黄芩 25 g、桑白皮 25 g、白药子 25 g、金银花 30 g、郁金 20 g。

功能：清热润肺，止咳化痰。

主治：肺热咳嗽。

用量：40~80 g。

注意：不宜用于风寒感冒咳嗽猪群。

（四）不同地域环境猪群的中兽药保健

中国地大物博，各地的地形地貌千变万化，物产各不相同，气候差异更是明显。同样是冬季，哈尔滨冰雪覆盖、冰灯闪烁，昆明却鲜花盛开、如同春天；同样是夏天，城市里闷热如笼，高山林区则凉爽如秋。沿海地区，空气湿度常年处于较高状态，夏秋湿热，冬春湿冷，夏秋的高湿就成为猪群面临的严峻考验；远离海滨的内陆地区，空气相对干燥，秋冬少雨季节的干燥，同样会导致猪群发病。所以，中兽医讲究动物体同环境的和谐相处，因病施治，辨证施治。热则寒之，寒则热之，风邪入内则祛风，寒邪入内则温中。不同地域的动物，所处环境不同，所以，处方

只能供参考，兽医在保健用药时，一定要根据当地的地理环境、气候特征和本场猪群的具体情况，针对不同猪群的主要问题酌情加减。否则，就难以达到理想的保健用药效果。

（五）中兽药在预防猪病中的成功应用

规模饲养条件下，猪群疫病的预防比治疗更为重要。保健方面重点考虑的是种猪群的健脾益气，是仔猪、保育猪、育肥猪的健脾开胃，以及依照季节的不同应时用药、清热润肺。

预防用药和保健用药的不同之处在于其针对性。

在猪生长发育的某一阶段，或发病季节到来之前，给猪群提前用药，达到避免疫病发生目标的用药，称之为预防用药。不同疫病发生、流行的规律和以往的经验表明，对于猪体表、体内的寄生虫病，预防用药收效最为明显。

夏秋季蚊虫叮咬致使血源性疫病危害加重，定期用药预防效果非常明显。

母猪分娩之前口服催乳中兽药效果也非常明显；生产之后口服具有缩宫、清宫功能的中兽药，结合肌内注射对生殖系统敏感的林可氨类抗生素，对于产后恢复、减少生殖道感染效果明显。

阉割、打耳标之前，若能够使用一些针对性的药物，对于降低应激反应，减少流血、感染有明显效果。

上述四个预防用药的关键节点，可以使用中兽药，也可使用西药。从应用的实际效果看，中兽药甚至优于西药。

群养猪的个别病例，属于普通病的应在舍内隔离后单独治疗。属于传染病的个别病例，应按照规定在专门的隔离舍内观察治疗。治疗中应注意辨证施治，并依据病程的进展及时调整处方。

群体疫病治疗中大群使用中兽药时，应注意以下几个问题：①要从群内多发的共性症状寻找共同原因，即寻找主因。②组方或选择处方时应考虑大群猪的病理阶段。③考虑猪的生理状态，尤其应注意妊娠母猪和哺乳仔猪的用药禁忌。必要时单独处方。④下药时要考虑不同年龄段猪的剂量差别。必须使用的泻下药中证即停，以免由于泻下太过而伤元气。⑤注意药品气味因素对适口性的影响。⑥不论是购买大包装的中成药，还是自己采购原生药加工，均需严把质量关。

（六）中西医结合控制猪群疫情

中西医结合预防控制猪病，是许多猪场的实践经验。实践中既有成功的范例，也有失败的教训。失败原因如下：一是盲目使用西药或中兽药。最常见的是不分场内猪的类别，在饮水和饲料中盲目添加，临床可见保育猪用药后食欲减退，采食量明显下降，3~4 d 后出现拉稀便现象。二是使用的药品含量不足、掺假，使用后没有效果。三是药物的组合不妥。西药和中兽药没有形成互补作用、协同作用，而是形成了拮抗作用。四是图省钱省事，一直使用廉价的单味药（西药或中兽药），因单味药的作用有限和含量不足，临床效果不明显。如广为使用的黄芪多糖添加剂、氟苯尼考添加剂等。设计西药和中兽药组合时应当注意：

（1）清热解毒的中兽药不可过量，不可久用，连用 3~5 d 后应停药 3~4 周，以缓解肝肾压力。若能和水溶性维生素同时使用，会形成药物间的协调互补，减轻肝肾压力，药效也更为理想。

（2）保肝通肾的中兽药同健胃的酵母、微生态制剂、多酶类同时使用，会使胃肠机能恢复得更快。

（3）健脾益气的中兽药同健胃的酵母、微生态制剂、多酶类同时使用，效果更好。同小苏打、B 族维生素同时使用时，会因为排泄的加强而降低药效。

（4）泻下的中兽药不得同四环素、多西环素同时使用时，会加强泻下作用，极易伤及元气，为禁用组合。

（5）破气消胀的中兽药同健胃的酵母、微生态制剂、多酶

类同时使用，会降低破气消胀功效，所以，中西医结合时不使用此组合。

(6) 含有当归、红花、川芎、延胡索、莪术、三棱、金盏菊、皂角刺、苏木、马钱子、血竭、刘寄奴等具有活血化瘀、活血调经、破血消瘀、活血疗伤的中兽药，不得同维生素K同时使用。

(7) 当使用凉血止血的大戟、小蓟、地榆、槐花、侧柏叶等，收敛止血的白及、仙鹤草、棕榈炭、藕节、贯叶连翘等，化瘀止血的三七、茜草、卷柏、桑黄等，以及温经止血的泡姜、艾叶等中兽药时，不得同时使用维生素E。

(8) 调整胃肠、缓泻的中兽药同磺胺类药物同时使用，可减轻磺胺类药物对肾脏的压力。时间过长，也会伤及元气，因而临床使用时间不宜过长。

注：散剂未标注用法的均为口服（饮水或拌料），用量指60 kg体重猪每头每次的用量。

附 7-1　迷宫走道型运动场

一、双“弓”字套叠运动场

运动场选址的最佳地段为有起伏的丘陵地段。适于新建猪场。此种运动场为两个“弓”字套叠的迂回形状。

(1) 3 m 高的隔墙为二四砖墙（入地 20 cm），两道砖墙间距≥1.2 m（即使猪群较大，也不主张超过 2.0 m）的运动走道，用单砖平铺处理。除入口 25 m、出口 25 m 为平坦地面外，其余路段均为有上下坡、左右倾斜坡、壕沟、土堆等障碍物组成的变化路段。

(2) 运动场设计的最高难度为跳跃，所以，其他路段应在壕沟两侧对称排布。

(3) 面积足够时，可重复设置。

(4) 重复设置的壕沟控制在3个以内，壕沟之间应有平缓地带过渡。壕沟上口宽50~70 cm，以能够跳跃通过为佳。距离壕沟、障碍物5 m之外，埋置隐蔽的定向发音喇叭，便于运动管理。

(5) 上下坡、左右倾斜坡可以不同坡度平行排布，也可以按照坡度逐渐加大依次排布。

(6) 运动场顶端设旋转喷雾消毒装置，以便于每批次猪离开后的场地消毒。运动场进、出口均通过活动栅栏同猪舍连接，以便于出入运动场。

(7) 处于丘陵底部地段的运动场转弯处，各道隔墙底部留排水口，以便于雨季运动场内雨水的外排。

(8) 在运动场入口处同猪舍之间可设排便区。运动后的猪舍外排便有利于降低舍内氨气浓度。

二、太极图运动场

运动场选址在无起伏的平原地区，或者已经建成猪场，适用于改造的猪场。

此种运动场按照“太极图”设计。即全部走道为从外向内的旋转进入，到达中心后，从内向外旋转走出。此种运动场建设前期应对地面按照顶部宽≥5 m、坡度15°~20°的堆积、夯实处理，2道条状堆积物垂直于出入口横贯“太极图”两侧，建成后自然形成多处起伏路段。

建筑的具体要求与双“弓”字套叠运动场相同。

附7-2　中兽药基本知识介绍

中兽药是指按照中兽医理论治疗动物疾病时使用的药品，属于中国中医中药的一个分支。中兽医对中兽药的认识是以中兽医理论为基础的，它具有同西方兽医和兽药完全不同的理论体系和广泛的应用基础。临床应用的中兽药，主要包括一年生或多年生

木本和草本植物的根、茎、叶、花、果，或全株。家养和野生动物的器官、组织及其代谢产物，昆虫、节肢动物的全部，以及矿物质等。

中兽药理论是几千年来我国兽医和兽药临床应用经验的总结，同中药一样，有明显的中国特色，是中国传统兽医学的智慧结晶。中兽药理论的核心是药性理论。中兽药理论的产生、发展同中医、中药理论有着密切的关系。掌握一些中医中药理论对学习中兽药理论很有帮助。具有扎实的中兽药药性理论功底，才能在临床处置中恰当运用中兽药，才能在规模饲养猪群疫病复杂的背景下，创造性地运用中兽药开展保健、预防和临床治疗，避免疫情的发生。中国兽药典委员会编写的《中华人民共和国兽药典兽药使用指南》（中药卷）（2010 年版）收录中兽药制剂成方 192 个，涉及中兽药达 307 味，期望为猪场兽医师使用提供方便。

一、中兽药的采收和加工

1. 中兽药药材的采收　采收季节不仅影响药力高低，也同加工储藏有密切关系。一般情况下，块根类应在秋末冬初成熟后采集，茎叶类在盛夏季节采集，花蕾在夏秋季现蕾期收集，果实类则在秋末成熟后采收，籽实颗粒较大的在乳熟期收获最佳，而带有坚硬外壳的在荚果多数呈金黄色、少数开裂时收获产量更高、质量最好。使用动物脏器、组织、器官的中兽药除特殊要求外，多取之于成年动物。矿物质类中兽药则要求取材洁净无污染或无杂质。

2. 中兽药的初步加工　植物的茎、叶、花蕾类中兽药最好于阴凉处晾干，阳光下暴晒和烘干容易丧失易挥发成分，从而降低药效；除了一些多汁块根为防霉败变质切片后晒干外，多数粗大的茎和块根类应当切片晾干，以保证药物不丢失有效成分；籽实类中药材要清除秕壳芒须等杂质。动物的脏器应当清洗干净，并置于通风阴凉处风干。名贵或特殊的动物器官性药材在阴凉处风干时，还要采取防霉变、防蝇蛆、防灰尘措施。

除了有明确的储藏要求，一般情况下，中兽药应储藏于避光、通风、阴凉处，防止虫蚀、霉变。运输中应防止压碎、潮湿和淋雨、暴晒。

中兽药对产地有明确的要求。原产地质量上乘的名牌产品称之为“道地”药材，或“道地货”。道地药材之所以质量好、价格高，笔者认为既同中兽医理论有密切关系，也同产地特殊的气候、地理环境、土壤成分等生态环境因素有关。

3. 中兽药的计量　中兽药是中国文化的重要组成部分，是中华民族文明的重要体现，具有明显的中华文明痕迹。使用中兽药时，按照中国传统的计量方式计量，是必须注意的问题。同现今使用的重量单位按如下换算：

1 kg（1 000 g）= 2 斤（2×500 g）

1 斤 = 16 两 = 500 g

1 两 = 10 钱 = 31. 25 g

1 钱≈3 g

二、药性

1. “四性”　《神农本草经》最先提出“药有寒热温凉四气”，宋代才将“四气”改为“四性”。药性最通俗的是“寒热温凉”四大特性。中医和中兽医都心领神会，“四气”即“四性”，“四性”即“四气”，看个人的习惯。大家熟悉的还有“平”性。是指药物的药性较为平和，很难见到明显的偏热或偏寒作用，实质上还是有寒热之分，只是作用弱一些，相对“平和”罢了。本质而言，“四性”就是寒、热“二性”。

温热寒凉不同性质的分类，温热属阳，寒凉属阴。温次于热，凉次于寒，性质相同但是在程度上有差异。在中医和中兽医临床，还可见到对药物大热、大寒、微热、微寒的标识，是对药

物特性的进一步认识和药性分类的补充、细化。

中兽医讲药性，源于药物对动物体的反应，是同所治疗疾病的寒热性质所对应的。药性的确定，源于临床反应，能够使动物的热证消除的药物，属于寒性或凉性；能够使动物的寒证消除的药物，属于热性或温性药物。

通常，寒性、凉性药物具有清热、泻火、解毒、抑阳助阴的作用。热性、温性药物具有温里祛寒、补火、抑阴助阳的作用。但应注意，具体到某一种中兽药，要从药性分类方面去认识，还要结合临床应用，掌握其热性或寒性的效果、程度等特点；药性只是药物属性的一个侧面，并非药物的所有属性。

“疗寒以热药，疗热以寒药”是药物使用的一般原则。对于寒热错杂之证，往往寒热药物并用。对于真寒假热之证，当以热药治本，必要时佐以寒药治标；对于真热假寒之证，则以寒药治本，必要时佐以热药治标。

2. “五味” 五味是指药物的辛、甘、酸、苦、咸5种不同的味道。最初是人们对药物的直接口感，随着认识的发展，不仅附加了药物的作用，还又增加了“涩”“淡”两味。从药性的角度，“五味”是药性理论中的一个名词，七味也好，八味也罢，人们还是习惯地称之为“五味”。

辛：辛辣是口感，具有芳香气味的药物也常称之为“辛香”。从药性方面能散、能行，具有发散、行气、型血之作用是其特性。芳香药物除有发散行气血作用外，尚有除秽、化湿、开窍醒神之作用。

甘：即甜味。药性方面能补、能缓、能和，有补益、缓急止痛、调和药性、和中的作用。某些甘味药，还有解药食之毒性的作用，如甘草、绿豆等。

酸：酸味药能生津、能收、能涩，有收敛固涩作用。多用于体虚多汗、久泻久痢、肺虚久咳、遗精死精、尿淋等证。

涩：涩味药能收敛固涩，与酸味药作用相似，但无生津作用。

苦：苦味药能泄、能燥。通泄时能通便，祛除热结；降泄时可止肺气上逆的咳喘；清泄时可除火热上炎、神燥心烦、目赤口苦等证。燥湿时温性的苦燥药用于寒湿证，寒性的苦燥药用于湿热证。还有“苦能坚”之说，如知母、黄檗的泻火存阴、泻火坚阴作用。

咸：咸味药能软、能下，有软坚散结、润下的作用。

淡：能渗、能利，有利湿渗水的作用。常用于水肿、排尿不畅等证。

《内经》提出“五味所入”“各走所喜”，是讲各味与所相关腑脏、经络，在生理、病理、治疗的关系。行业多数人认为“辛入肺、甘入脾、苦入心、酸入肝、咸入胆”。

“四气”“五味”是中兽药的基本属性，是辨识中兽药的重要依据。性味相同，作用相似；性味不同，则作用悬殊。如性同味异的有苦寒、辛寒之别。又如味同气异、一气数味，气味之间的主次之别等，需要在实践中仔细体味，综合分析方能掌握药物的真正性能。

3. 升降浮沉　升降浮沉是评价药物作用性质的概念，表示药物的趋向性，反映药物作用于动物体上下表里的不同趋向。

中兽医认为，气机升降是生命活动的基础，气机升降的障碍使得动物体处于疾病状态，产生不同的病势趋向或病理现象。如病势趋向向上时的呕吐、咳喘、流鼻血，病势趋向向下时的泄泻、脱肛、淋尿，病势趋向向外时的溢脂、盗汗，病势趋向向里时的表证不解。与之对应，能够消除这些病症的药物也就有了上下表里的趋向性。

升即上升，属阳性。降即下降，属阴性。浮即发散，归阳性。沉即收敛、固藏和泄利，归阴性。具有升阳发表、祛风散

寒、涌吐、开窍功能的药物，都能上行、向外，药性均归升浮；具有泻下、清热、利水、渗湿、重镇安神、潜阳熄风、消导积滞、降逆止咳、收敛固涩、止咳平喘功效的药物，则能下行向里，药性均归沉降。

药性的升降浮沉取决于药物的作用，也同药物的气味、质地软硬、相对密度大小有关系。性温热、味辛甘的药物，药性为升浮。气味的厚薄也影响药性的升降浮沉。相对密度小的花卉、叶片，多为升浮之药，相对密度大的果实则常显沉降之性。

药性的升降浮沉虽然以气味为依据，但在一定的条件下又可以转化。许多药物随着炮制和配伍的不同，就改变了原来的升降浮沉之性。如炮制时，酒炒则升，姜汁炒则散，醋炒收敛，盐水炒则下行。配伍时，升浮药在以沉降药为主导的处方中，药性随之下降；沉降药在以升浮药为主导的处方中，便随之上升。某些药物能引导其他药物的升降，如桔梗为舟楫之药，能载药上浮；牛膝能引诸药下行。所以，药性的升降浮沉不是固定不变的，临床应用中，既要掌握药物升降浮沉的一般特性，也要掌握炮制、配伍改变药性的基本规律。

4. 归经　归经是脏腑经络用药的一个重要原则，是针对某种药物对某些脏腑经络病变起主要治疗作用而言的定位概念。相当于现代医学从靶组织、靶器官将药物的药性归类。中兽医在用药实践中认识到一种药物主要对某一经络或几种经络发挥作用，对其他经络的作用微弱或无作用。如同属寒性的清热药，分别有清肝热、清胃热、清肺热和清心热的，同属补药，分别有补心、补肝、补脾、补肺、补肾的。说明药物在动物体的不同脏器，不同经络的作用各不相同，各有侧重。

用现代医学的观点审视中兽医的归经理论，会发现归经理论具有系统论的思想。中兽医认为经络能够沟通动物体的内外表里，体表病变会通过经络影响体内脏器，体内脏器的病变也会通过经络反映到体表。运用经络系统将动物体的病变归纳分类，就形成了脏腑经络理论，并在脏腑经络理论的基础上形成了中兽药的归经理论。有的药物作用范围小，只归一经；有的药物作用宽泛，可归数经，是药物作用各不相同的客观属性的真实反映。掌握归经理论，有利于提高用药的准确性和治愈率。

5. 毒性　中兽药的毒性是指药物对动物体的损害性。毒性反应同副作用不同，它对动物体的损害较大，甚至可危及生命。中兽医临床使用有毒性药物时，必须掌握解救方法、拥有解救药品。否则，宁可不用。某些中兽药虽然不至于损害动物生命，但其在动物体内的残留会危及人类的健康，也被列入毒性药物，在猪病防控中也不得使用。

猪场兽医师临床用药，不论是保健，还是预防，或是治疗，应尽量避免使用毒性药物，万不得已使用时，应注意以下事项：

（1）严格炮制。大多数中兽药的毒性药物，经特殊的加工工艺炮制后，毒性会明显降低。如碳化、炒制、盐水浸泡、醋泡等。

（2）适当配伍。某些中兽药的毒性药物，经适当的配伍，能够减弱、抑制其毒性。

（3）控制剂量。运用毒性药物时应从小剂量开始，逐渐增加，中病即止。

（4）适当的剂型。某些需要制丸、制膏等特殊剂型才能降低毒性的药物，组方时最好避开。

三、中兽药的配伍

中兽医理论的一大特征是把诊断对象放到大环境去看待，强调人、动物和自然环境的相互协调，相互依存，相生相克，也就是坚持系统论的观点、对立统一的观点。发病动物之所以出现临床症状，是因为动物同环境不协调、不统一。中兽医治疗的过程就是运用针、灸、熏、敷、灌药，以及推、拿等手段，帮助动物

体纠正这种不协调的过程。方法和药物的选择自然要因动物而异，因症状而异。选择恰当的方法用药，很快可以改变病例的临床状态。绝不像某些人所说“西医西药作用快，中兽医中兽药作用慢”。

中兽药取自于环境，来源于自然。审视药品的药性、功能时，首先应当承认中兽药带有天然痕迹的自然属性。就药性而言，某种药品的自然属性可能是多方面的，中兽医认识到其某一突出功能时，就把它归类于某种性能的药品。但应注意，首先，这种分类方法只是从临床应用的主要性能方面考虑，并不排除药品的其他性能。也就是说，随着时间的延续，人们会继续发现药品的其他药性，甚至特殊功能。其次，不同的专家对同一药品的药性会有不同的认识。这或许同专家或病例的具体环境有关，应用中应当更多地关注多数专家的共识。

正是中兽医这种客观地、全面地、发展地看待药性的态度，形成了中兽医在临床应用药品时的“七情”和“君臣佐使”理论体系。

中兽医组方讲究“七情”和“君臣佐使”。

所谓“七情”，简单说就是单行（药性称单行，处方称单方）和相须、相使、相畏、相杀、相恶、相反。单行，即只用一种药物，不用其他药物配合就能发挥治疗作用，如鱼腥草注射液。相须，即将性能相似的药物合用，通过药物间的协同效应而增强疗效的做法。相使，即将性能有某种相似的药物合用，形成有主有辅而增强主药作用的做法。相畏，即将两种或两种以上的药物合用，一种药物的烈性或副作用被另一种药物减轻或消除的做法。相杀则是指两种药物合用，一种药物的毒性或副作用被另一种药物减轻的现象。相恶则指合用时一种药物减弱或破坏另一种药物药性的现象。相反则指合用时药物的毒性或副作用增强的现象。显然，配伍时多采用相须、相使手法，特殊情况下才使用相畏手法，相杀手法极少使用，相恶、相反的配合，在预防和保健用药中则应杜绝。

组方中“君臣佐使”的君药，是指“组方”中的主攻药物，臣药是副攻药物，佐药是处于辅助地位的药物，使药则是处方中各种药物的调和药。譬如遇到瘀血病例时，破瘀需要选择主攻的“君”药，还要选择能够加快血液循环的副攻“臣”药，另外再增加几味“佐”药，提高动物体对君、臣药物的敏感性，使药效得以更好地发挥，才能实现将破解的瘀血碎片送到排泄器官排出体外的目的，为了克服这些药物的副作用，再添加一味“使”药，就组成了一个“君臣佐使”齐全完整的处方。实践中，“君”药的主攻药效非常理想时，可不用“臣”药；未伤及元气的轻微疾患，稍加用药即可痊愈的病例，多数不用“佐”药；所用各味药物药性平和，没有明显副作用需要调和的，不用“使”药。所以，“君臣佐使”是组方的原则，临床无须死搬硬套，应从最短时间内能够拿到的药物、病例的病理阶段、成本等方面综合考虑，综合分析，最终确定处方。

临床应用中，中兽医有“处方派”和“时方派”两大学派。“处方派”依据临床诊断结果，利用原有处方（也称“汤头”）进行治疗，类似于目前从《中华人民共和国兽药典》选择处方的做法。“时方派”则是依据临床表现，根据自己对药性的认识，自己组方进行治疗。显然，对于门诊兽医，“处方派”的做法有利于提高接诊效率。但是对于在一个猪场内工作的猪场兽医师，则必须就本猪群的具体情况组方处置。就预防用药而言，各个猪场的疫病种类不同，使用饲料不同，种猪群结构也不同，所处位置、地理环境、气候等因素更是千差万别，更需要猪场兽医师自己组方。

通常，猪病的流行有季节性、周期性、地域性、阶段性几个特征，近几年这些规律又有一些新的变化，如地域性、季节性、

阶段性特征弱化，发病周期缩短，交通干线两侧、大河两岸、城镇周围成为疫病高发区，应激发病频率升高，混合感染比重加大等。猪场兽医师必须根据这些原有和新的规律，结合本场猪群的实际情况，创造性提出不同季节、不同猪群、不同年龄段的组方进行预防，才能够达到有效预防疫情发生的目的。

临床应用的中兽药，有些药性截然相反，不得在一个处方中同时出现，谓之“相反”药。有的在使用后会出现不良反应，称之为“禁忌”。金元时期，中医学家已经根据药性总结出了中药的“十八反”和“十九畏。”“十八反”“十九畏”点到的中兽药，若无独到的临床经验，应避免配合使用。

为便于记忆，将改编的“十八反”歌谣介绍如下：

半蒌贝白反乌头，（半夏）（瓜蒌）（贝母）（白芷、白及）（乌头）

藻戟遂芫俱战甘，（海藻）（大戟）（甘遂）（芫花）（甘草）

细芍诸蔘反藜芦，（细辛）（赤芍）（人参、沙参、丹参、玄参、苦参）

十八相反全记完。

传统的“十九畏”歌谣如下：

硫黄原是火中精，朴硝一见即相争；（硫黄畏芒硝）

水银莫与砒霜见，狼毒最怕密陀僧；（水银畏砒霜，狼毒畏密陀僧）

巴豆性烈最为上，偏于牵牛不顺情；（巴豆畏牵牛）

丁香莫与郁金见，牙硝难合荆三棱；（丁香畏郁金，牙硝畏荆三棱）

川乌草乌不顺犀，人参最怕五灵脂；（川乌、草乌畏犀牛角，人参畏五灵脂）

官桂善能调冷气，若与石脂便相欺；（官桂畏赤石脂）

大凡修合看顺逆，炮爁炙煿莫相依。

四、中兽药的炮制

多数中兽药通过修制（清洁、粉碎、切片、切段）后即可入药，部分需要水制处理（漂洗、闷润、喷洒、浸泡、水飞）、火制处理（炒、炙、烫、锻、煨、烘、炮）、水火共制处理（蒸、煮、焯、淬）、特殊制作处理（制霜、发酵、发芽等）后方能入药。如某些特殊的中兽药需要通过碾碎、爆炒、白酒浸泡、醋制、蜜炙、煅烧碳化等处理，中兽医的行话称之为“炮制”。多数中兽药药材的炮制的主要目的是便于释放药力、降低副作用、去除毒性，只有少数的炮制是为了便于包装、保存、运输。所以，需要炮制加工的中兽药药材不能采集后就入方使用。在猪病预防控制中盲目地添加未按照规定炮制的中兽药，不但于事无补，甚至有可能加重病情，酿成更大灾难。

五、中兽药的鉴定

采购中兽药要对其鉴定，可从产地、品相、实验室检验等方面着手。按照中兽医理论，中兽药的产地对药力（甚至药性）有极大影响，异地栽培的药材，药力不如原产地。人工栽培的药材，药力低于自然生长的。名贵药材至少是“道地”货。

品相是形态、色泽、气味、杂质、霉变等多种性能的统称。譬如夏季收采的乔木的茎、叶和草本类药品，其成品应当呈现绿色。干燥的花卉、花蕾最起码要有完整的形态和基本色泽。药品的特殊气味是其有效成分的体现，应当有气味而现场嗅不到气味的就不是上品。小颗粒籽实类中兽药的上品具备籽粒饱满、色泽纯正、有光泽、无杂质的特点。树皮类药材既要看色相、形态，品气味，又要检查有无虫蚀霉变，还要折弯检查脆性和柔韧度。较大的根类药材，在树皮类检查项目的基础上增加断面检查。

名贵的中兽药除了感官鉴别之外，还应通过实验室对其有效成分进行鉴定。

六、中兽药商品知识

中兽药和中药都以中药材为原料。

我国中药材资源潜力巨大，但是存在地理位置和时空分布的不均匀性。这是由中药材“取之于环境”的天然性特征所决定的难以改变的现实。

1. 中药材生产流通的基本特征 四川、贵州、湖北、河南是我国中药材资源大省，同这些省份特殊的地理位置和地貌特征有密切关系。时空分布的不均衡性突出表现在生产和采收的季节性。古往今来，中药材生产一直存在“一季生产，供应全年”和“一地生产，供应全国”的现象。鉴于中药材对国计民生安全的重要性，国家将中药材作为重要商品实行分类管理。麝香、甘草、厚朴、杜仲四种一类药品国家直接管理，二类药品由省市按照上报计划每年分两次（上、下半年各1次）供应，三类药品市县级自己组织采购。用量较大的养猪企业应注意审查自己的中药材采购计划，尽量避开一、二类中药材。必须使用的，提前向当地县级医药管理部门上报采购计划，拿到批文后再外出采购，避免采购、运输时受阻。

一些以珍稀动植物为原材料的中药材，随着人口压力和中医药走向世界，处于资源枯竭的濒危状态，价格畸高，常处于“千金难求”状态。如乌木、麝香、虎骨等。

面对强大的市场需求，一些“道地”药材原产地开始组织人工种植中药材，饲养药用动物。如山东临沂地区和河南新乡市的跨长垣、封丘、原阳、延津数县的大面积金银花生产基地，吉林省长白山区的人参种植基地、黑熊饲养基地，河南孟州、温县的怀山药生产基地，洛阳市的牡丹皮生产基地，甘肃的大黄基地，遍布全国的梅花鹿饲养场等。

中药材“天然性”“季节性”“地域性”的三大特征，形成了收购单位“不用时无人问津，有价无市或没有市场，废品成堆”“全国吃一地”“急用无货”的窘态。生产和需求的矛盾促成了许多中药材集散地市场。影响全国的五个大型中药材市场分别为：河南禹州（河南禹县）中药材市场，河南辉县（又称百泉）中药材市场，安徽亳州（又称安徽亳县）中药材市场，河北安国中药材市场，江西樟树中药材市场。

中药材自身的特性和生产、流通特征，要求用量较大的规模猪场按照本场的保健、预防用药计划提前采购，并有适当的储备。

2. 国家对猪用中兽药的政策 按照《农业部兽药管理条例》的规定，兽药的生产加工企业在当地工商部门登记注册，但是生产许可证在农业部批复，批准文号的有效期5年。生产企业必须获得GMP证书。

兽药经营企业在当地工商部门登记注册，经营许可批准权限在省级畜牧兽医行政主管部门。经营企业需要获得GSP证书。

成品兽药的外包装应当标明通用名（中文、汉语拼音），GMP证书号，生产许可证号。主要成分、性状、功能、主治范围，用法用量、不良反应、注意事项，包装规格、储存条件，执行标准、批准文号，生产日期、批号、有效期，以及企业名称、地址、联系电话（网址）等内容。

3. 道地中药材的产区

(1) 吉林的人参（包括朝鲜的高丽参）、鹿茸。

(2) 辽宁、吉林的五味子、细辛。

(3) 内蒙古的甘草、黄芪、麻黄。

(4) 山西的党参、黄芪。

(5) 河北、陕西的枣仁。

(6) 青海的大黄。

(7) 山东的金银花、北沙参。

(8) 福建的泽泻。

(9) 云南的三七、云木香。

(10) 广西的蛤蚧、橘红、肉桂。

(11) 广东的藿香、砂仁、槟榔、良姜、陈皮、巴戟天。

(12) 贵州的杜仲、吴茱萸。

(13) 江西、湖南的枳壳。

(14) 江苏的薄荷。

(15) 四川的黄连、川芎、厚朴、贝母。

(16) 河南的“四大怀药”（怀山药、怀菊花、怀地黄-生地、怀牛膝）和北柴胡、款冬花、桔梗。

(17) 浙江的白术、麦冬。

(18) 安徽的白芍、牡丹皮、菊花。

(19) 甘肃的当归（走水路经由四川走向全国和世界各地，故称之为“川归”）。

(20) 西藏的藏红花（包括从印度进口的红花，也称西红花）

(21) 宁夏中卫的枸杞子。

七、常用中兽药药性归类

本着充分利用祖国中兽医、中兽药资源，努力降低规模猪场疫病控制成本，简单易行、就地取材、便于操作的原则，本书将常用中兽药（420味，被《中华人民共和国兽药典》收录226味）按照药性归类，猪场兽医师可从当地实际出发，发动猪场员工及时采集。使用时请在中兽医指导下，加工、炮制后入药。

1. 解表药（18味）

(1) 发散风寒的桂枝、紫苏、生姜、荆芥、防风、白芷、细辛、香薷和葱白9味。

(2) 发散风热的柴胡、葛根、菊花、升麻、桑叶、蝉蜕、薄荷、浮萍和黄荆叶9味。

2. 清热药（55味）

（1）清热泻火的石膏、知母、栀子、天花粉、芦根、竹叶、西瓜皮、荷叶、决明子和夜明砂10味。

（2）清热凉血的生地、玄参、丹皮、赤芍、紫草、水牛角6味。

（3）清热燥湿的黄连、黄芩、黄檗、龙胆草、苦参、椿树皮、秦皮7味。

（4）清热解毒的连翘、地丁、金银花、蒲公英、大青叶、板蓝根、穿心莲、野菊花、贯众、冬凌草、白头翁、地锦、鱼腥草、半边莲、射干、葎草、苦瓜、漏芦、四季青、绿豆、鬼针草、景天、铁苋菜、水蓼、小飞扬草、黄瓜、木槿皮27味。

（5）清虚热的银柴胡、胡黄连、青蒿、白薇、地骨皮5味。

3. 泻下药（14味）

（1）攻下的大黄、芒硝、番泻叶、芦荟4味。

（2）润下的郁李仁、蜂蜜、火麻仁、黑芝麻4味。

（3）峻下逐水的牵牛子、巴豆、甘遂、芫花、京大戟、乌桕根皮6味。

4. 祛风湿药（24味）

（1）祛风散寒的独活、威灵仙、苍耳子、徐长卿、蚕沙、松节、木瓜、两面针、野花椒叶、樱桃10味。

（2）祛风清热的秦艽、防己、丝瓜络、桑枝、穿山龙、臭梧桐、刺老鸹、刺楸树皮8味。

（3）祛风强筋的桑寄生、五加皮、月见草、石楠叶、接骨木、鳝鱼血6味。

5. 芳香化湿药（6味） 藿香、苍术、厚朴、砂仁、白豆蔻、草豆蔻。

6. 利水渗湿药（30味）

（1）利水消肿的猪苓、茯苓、薏苡仁、泽泻、泽漆、白蒿、

冬瓜皮、玉米须、葫芦、蟋蟀、荠菜、芭蕉根、霸王鞭13味。

(2) 利尿通淋的车前子、木通、通草、瞿麦、萹蓄、地肤子、灯芯草、化石、赤小豆、酢浆草、柳树叶、康谷老12味。

(3) 利湿退黄的茵陈蒿、虎杖、金钱草、地耳草、垂盆草5味。

7. 温里药（9味）　附子、干姜、肉桂、吴茱萸、高良姜、小茴香、丁香、花椒、胡椒。

8. 理气药（15味）　橘皮、青皮、木香、枳实、香附、川楝子、路路通、檀香、韭白、刀豆、玫瑰花、梅花、米糠皮、茉莉花、蘑菇。

9. 消食药（8味）　山楂、神曲、麦芽、谷芽、莱菔子、梧桐子、啤酒花、鸡内金。

10. 止血药（26味）

(1) 凉血止血的大戟、小蓟、地榆、槐花、侧柏叶、苎麻根、万年青根、山茶花、黑木耳、红旱莲10味。

(2) 收敛止血的白及、仙鹤草、棕榈炭、藕节、贯叶连翘、花生衣、百草霜、蚕豆花8味。

(3) 化瘀止血的三七、茜草、牦牛角、卷柏、桑黄5味。

(4) 温经止血的泡姜、艾叶、灶心土3味。

11. 活血化瘀药（39味）

(1) 活血止痛的川芎、延胡索、五灵脂、郁金、姜黄、乳香、没药、金盏菊、红豆、毛冬青10味。

(2) 活血调经的丹参、红花、桃仁、益母草、川牛膝、泽兰、王不留行、鸡血藤、紫荆皮、月季花、凤仙花、鬼箭草12味。

(3) 破血消瘀的莪术、三棱、水蛭、斑蝥、皂角刺、蜣螂、穿山甲、鼠妇虫、醋9味。

(4) 活血疗伤的铜、苏木、骨碎补、马钱子、血竭、刘寄

奴、蟹、红梅消8味。

12. 化痰止咳平喘药（29味）

（1）化痰的半夏、天南星、白芥子、皂角、旋复花、川贝母、海藻、黄药子、胖大海、木蝴蝶、海胆、海蜇、猪鬃草、猫眼草、兔儿伞、紫菜16味。

（2）止咳平喘的苦杏仁、紫苏子、百部、紫菀、款冬花、马兜铃、枇杷叶、桑白皮、洋金花、钟乳石、满山红、罗汉果、蝙蝠13味。

13. 安神药（9味）

（1）重镇安神的朱砂、龙骨、磁石、琥珀4味。

（2）养心安神的柏子仁、远志、酸枣仁、合欢皮、夜交藤5味。

14. 平肝熄风药（14味）

（1）平抑肝阳的石决明、刺蒺藜、罗布麻叶、蕤仁、芹菜、猪毛菜6味。

（2）熄风止经的天麻、钩藤、地龙、全蝎、僵蚕、蜈蚣、蜗牛、蜘蛛8味。

15. 开窍药（5味） 冰片、石菖蒲、麝香、苏合香、安息香。

16. 补虚药（60味）

（1）补气的人参、党参、黄芪、白术、山药、甘草、白扁豆、大枣、西洋参、太子参、松花粉、泥鳅、禽肉、兔肉、狗肉、鹌鹑、榛子、鼠18味。

（2）补阳的巴戟天、淫羊藿、肉苁蓉、锁阳、补骨脂、益智仁、菟丝子、杜仲、续断、阳起石、葫芦巴、蛇床子、冬虫夏、紫河车、韭菜子、仙茅、海狗肾、鹿茸、鹿角、鹿角霜、雪莲花、麻雀22味。

（3）补血的熟地黄、当归、白芍、何首乌、阿胶、桑葚、

乌鸡骨、向日葵籽8味。

(4) 补阴的沙参、麦冬、天门冬、百合、石斛、枸杞、女贞子、墨旱莲、龟板、鳖甲、蜂乳、银耳12味。

17. 驱虫药（7味）　苦楝皮、槟榔、使君子、南瓜子、鹤虱、鹤芽草、芜荑。

18. 收敛药（18味）

(1) 固表止汗的麻黄根、浮小麦、糯稻根3味。

(2) 敛肺涩肠的肉豆蔻、五味子、乌梅、五倍子、诃子、石榴皮、罂粟壳、鸡冠花8味。

(3) 固精缩尿止带的山茱萸、覆盆子、桑螵蛸、莲子、芡实、没食子、刺猬皮7味。

19. 涌吐药（5味）　常山、藜芦、挂体、瓜蒂、胆矾。

20. 解毒杀虫燥湿止痒药（12味）　雄黄、硫黄、白矾、大枫子、土槿皮、大蒜、儿茶、蓖麻子、松香、狼毒、蛇蜕、蜥蜴。

21. 拔毒化腐生肌药（4味）　硼砂、石灰、蜜蜡、藤黄。

22. 抗肿瘤药（6味）　白蛇草花、半枝莲、龙葵、藤梨根、壁虎、蟾蜍。

23. 麻醉、止痛药（7味）　天仙子、蟾酥、夏天无、八角枫、铁棒锤、祖师麻、茉莉根。

第八章　生物制品在猪病防控中的应用

生物制品是指利用生物的组织器官或代谢产物生产的产品，包括疫苗、血清、干扰素和白细胞介素、自家苗、激素等。这类产品通常都有生物活性，其临床效价的高低同保存条件是否合格、保管方法是否妥当密切相关，也同保管时间长短有关。因而规定有严格的保质期和保管条件。多数生物制品都需要 2~8 ℃的冷藏保存，或-15~0 ℃冷冻保存条件。

一、常用病毒疫苗的特性及评价

目前，养猪生产中常用的病毒疫苗有弱毒疫苗、基因缺失疫苗、灭活疫苗三大类。不管哪个企业生产的猪瘟疫苗，均为弱毒活疫苗，口蹄疫、圆环病毒疫苗均为灭活疫苗。伪狂犬灭活疫苗为全基因苗，弱毒活疫苗为部位基因缺失弱毒活苗。蓝耳病疫苗既有弱毒活疫苗，也有灭灰疫苗。

1. 猪瘟疫苗　猪瘟疫苗的最大问题是每头份疫苗的抗原含量悬殊。国家规定每头份抗原含量为 150 RID（即白兔单位）。然而由于生产中存在接种 1 头份时因抗原含量太低而使猪瘟抗体效价不理想，最先是中国台湾和欧洲的一些国家提高了每次接种的剂量（500 RID），后来国内的许多学者也建议大家提高接种剂

量。疫苗生产企业为了争夺市场，相继提高了每头份疫苗的抗原含量，形成了目前每头份疫苗抗原含量相差悬殊的现实。普通猪瘟细胞弱毒疫苗每头份含量依然是 150 RID，脾淋猪瘟疫苗多数为 5 000 RID，高效苗（有时也称浓缩苗）为 7 500～15 000 RID，细胞源传代苗多为 12 000～15 000 RID，最近山东省信得公司推出的高效苗宣称每头份抗原含量为 30 000 RID。也就是说，若使用一头份信得公司的猪瘟疫苗，相当于接种普通猪瘟兔化弱毒苗 4 瓶（50 头份/瓶）。不同种类猪瘟疫苗的差异主要表现如下：

兔化弱毒细胞苗：最经典的猪瘟疫苗，生产工艺成熟，是许多疫苗生产企业的当家产品，市场供应充足，不存在断档问题，价格也最低。

脾淋苗：是用继代家兔的脾脏和淋巴结研磨制成。由于产量低，价格要高一些。多在临床发病猪群使用，或用于“二免”猪群。效价高并有治疗作用，但是不建议用于繁殖猪群和月龄内仔猪。

组织苗：价格在普通猪瘟兔化细胞弱毒苗和脾淋苗之间。抗原含量较高，但同脾淋苗一样存在纯度不高的问题，使用时多用于“二免”。

高效苗和浓缩苗：组织苗的一种，只是抗原含量更高。适用于月龄外育肥猪。

细胞源传代苗：使用特殊的细胞继代生产，避免了一般工艺中使用牛睾丸的环节，不存在携带牛流行性腹泻病毒的风险，抗原含量高，价格最高，生产中多用于后备猪和繁殖猪群。

猪瘟抗体可以突破胎盘屏障。因而对猪瘟危害严重的母猪群加强猪瘟的免疫可以有效提高仔猪的育成率。但是，猪瘟病原也能够突破胎盘屏障，并且猪瘟疫苗接种后免疫应答强烈，所以母猪妊娠期不宜接种猪瘟疫苗。欲使母猪获得较高的猪瘟抗体滴度，可在配种前实施多次免疫，进入繁殖期应在每次分娩后的哺乳期免疫二次，并在免疫时适当加大猪瘟疫苗的接种剂量。

2. 口蹄疫疫苗　口蹄疫疫苗受国家计划免疫控制，市场供应的品种相对单一。目前市场供应的主要有合成肽、普通口蹄疫、多价混合苗、高端专供苗四种。

合成肽：为84、93株口蹄疫抗原和小肽的混合制品，临床有治疗作用，并因抗原含量较低，使用安全，2周龄仔猪和妊娠母猪均可使用。

普通口蹄疫疫苗：为纯粹的84、93株口蹄疫抗原制作的疫苗。免疫应答较为强烈，接种对象受到限制，如不得用于妊娠母猪和体重低于25 kg仔猪。

多价混合苗：政府有计划投放和市场供应的最新品种。为含有84、93、97/98、2010株多种口蹄疫抗原的疫苗。同样因为抗原含量高而使免疫应答较为强烈，应严格按照说明书规定的接种对象和计量使用。

高端专供苗：抗原类型同多价混合苗相同，但是抗原含量更高。多用于管理水平较高的规模饲养猪群。因含BY/2010株抗原较多，临床对受毒力较强（可致牛、羊、猪发病）的口蹄疫威胁猪群有较好保护效果。

3. 伪狂犬疫苗　伪狂犬疫苗有灭活苗（全基因苗和基因缺失苗）和弱毒活苗（二基因缺失和三基因缺失）两大类。

灭活苗有全基因苗（全国只有四家企业生产：湖南亚华种业股份有限公司生物药厂、武汉中博生物股份有限公司、武汉科前生物股份有限公司和成都中牧生物药业有限公司）和基因缺失苗（多数为G^E基因缺失）。接种后应答很弱，仔猪和母猪使用非常安全。抗体产生的较慢，达到保护水平通常需要4周。

弱毒活苗为基因缺失疫苗，市场供应最多。有单基因（gE）缺失、三种二基因（gE/gG、gE/gA和/gE/gI）缺失，以及武汉科前生物股份有限公司和成都中牧生物药业有限公司两家生产的

三基因缺失（gE/gG/gTK）疫苗。

4. 蓝耳病疫苗　蓝耳病疫苗有灭活苗和弱毒活疫苗两大类，每一类疫苗均有经典的2 332株（也称普通株）病毒的原种或变异株（高致病性猪蓝耳病毒株）。

普通株灭活苗：早期生产的蓝耳病疫苗，现仅有哈尔滨兽医研究所和山东滨州绿都生物科技公司生产。前者为全抗原普通株蓝耳病灭活疫苗，后者为蜂胶佐剂普通蓝耳病灭活疫苗。因其抗原的灭活，使用时不存在散毒问题，也不受猪的年龄和生理状态限制，可对10~15日龄仔猪、妊娠中后期母猪接种。

普通株弱毒活苗：本品为普通蓝耳病抗原的活病毒抗原所制作的疫苗。免疫应答较灭活苗强烈。推荐的适用对象为保育舍猪群，受蓝耳病危害严重母猪群，在妊娠中后期使用时，应严格执行操作规程，以避免散毒。

变异株灭活苗：为政府2006—2010年强制性免疫供应品种，抗原为JX-1a毒株。在长江以南的高致病蓝耳病危害猪群表现尚可，在长江以北地区表现不佳，现已停止大面积使用。

变异株弱毒活疫苗：抗原有JX-1a株、HN-1株、自然弱毒株。前者主要用于长江以南地区，后二者在长江以北地区大量使用。

蓝耳病弱毒活疫苗的临床表现仍有争议。养猪场户应根据本猪场的实际决定疫苗的品种。作者认为对该疫苗的使用应持客观、辩证态度，按照“处方化免疫”的方法处理。

5. 细小病毒疫苗　细小病毒疫苗为灭活疫苗。用于后备猪和前三胎的繁殖母猪，或3岁龄以下母猪群。

6. 乙脑疫苗　乙脑疫苗为弱毒活疫苗。该疫苗免疫应答不强烈，母猪妊娠与否均可接种。鉴于该病的季节性较强，疫苗的价格不高，多数专家建议，除了繁殖猪群，商品猪群也应在每年的春季（最迟4月中旬）接种。

7. 圆环病毒疫苗 圆环病毒疫苗为灭活疫苗，市场能够买到的有勃林格、英特威等国际知名公司的产品，也有哈尔滨维科生物技术开发公司、洛阳普莱柯生物工程有限公司、北京大北农生物技术有限公司的国产产品，是2010年后才在猪群开始大面积使用的疫苗。鉴于该病毒颗粒小、多数情况下以帮凶角色出现，疫苗价位又很高，只建议在危害严重猪群使用。

8. 流行性腹泻和传染性胃肠炎疫苗 市场供应的主要为吉林正业生物制品公司生产的灭活苗，2010年起，哈尔滨兽医研究所开始试制弱毒活苗。鉴于该病多在冬春季发病，感染猪群月龄内仔猪发病率和病死率极高，商品猪有时也受危害。受该病影响猪群可在11月对妊娠中后期繁殖母猪群实施肌内注射接种免疫，保育猪免疫应在45日龄左右进行。

二、常用细菌苗及其使用

细菌苗种类很多，本书重点介绍猪丹毒—肺疫二联苗、链球菌疫苗、大肠杆菌疫苗和支原体疫苗。

1. 猪丹毒—肺疫二联苗 猪丹毒—肺疫是以联苗形式出现。20世纪供应的为猪瘟—猪丹毒—猪肺疫三联苗，进入新世纪后，许多猪场不再使用它。2005年后，一些专业户猪场又开始发生猪丹毒疫情，免疫时由于猪瘟疫苗接种的剂量加大，并且多次免疫，猪丹毒—肺疫二联苗受到养猪场户的欢迎。该疫苗为使用铝胶稀释液的20头份包装的冻干弱毒活苗，免疫应答较为强烈，使用前稀释后温度上升至25 ℃左右时颈部肌内注射，不论体重大小均按1头份的剂量使用，40日龄下小猪不得接种。

2. 猪链球菌疫苗 猪链球菌病是一个多发的条件性致病疾病，发病率较高但病死率较低，2005年以前，许多场根本就不考虑其免疫，市场上只有山东滨州绿都公司的蜂胶佐剂灭活苗，还是试用产品。2006年四川内江、资阳等地发生致使38人死亡

的高致病性猪链球菌病后，广东永顺生物制品公司生产的2—链球菌（也称溶血型链球菌）开始进入河南市场。前者免疫应答很弱，可用于母猪，多在妊娠中期使用，肌内注射4 mL，也用于15日龄以上仔猪和保育猪群（2 mL/头次），对受肺炎型、关节炎型链球菌病危害猪群的预防效果明显。后者免疫应答较为强烈，主要用于育肥猪群，视体重大小，每次接种1~2头份，对夏秋季受肺炎型、溶血型链球菌病危害猪群有明显保护作用。武汉科前生物制品公司的三价苗（肺炎型、溶血型、马链球菌病）2011年3月获得新兽药证书，2011年4月上市，该产品为弱毒活苗，免疫应答较为强烈，月龄内小猪慎用。仔猪、保育猪和40 kg以下育肥猪均按1头份使用，母猪1~2头份。

3. 大肠杆菌疫苗　目前市场供应的只有山东滨州绿都生物制品公司生产的三价蜂胶灭活苗。该疫苗免疫反应较弱，妊娠中期母猪和10日龄左右仔猪接种后无不良反应，接种剂量为小猪2 mL/（头·次），母猪4 mL/（头·次），保育猪和育肥猪视体重大小掌握在2~4 mL/（头·次）。

4. 支原体疫苗　猪支原体疫苗有两家生产，青岛易邦生物制品公司生产的灭活疫苗需要肺部注射，浙江诺倍威生物技术有限公司的需要胸腔内注射，可用于7~10日龄仔猪。疫苗的临床效果尚可，本身的免疫应答并不强烈，但是由于恐惧形成“气胸”而使许多养猪场户望而却步。

三、处方化免疫

所谓动物防疫“处方化”，是指在动物防疫过程中，针对动物群体自身健康状况、生活条件和生存环境，以及周边地区疫病流行情况、可能发生的动物疫病的预测结果［包括引种场、周围场（户）疫病发生情况］，结合动物的生长发育规律和疫（菌）苗（以下简称疫苗）的功能、特性，而制定针对性免疫程序。

其核心是针对各个饲养场（户）或地区可能发生的疫病实际，制定有针对性的免疫程序，包括针对某一饲养场（户）的个性化免疫程序，也包括针对某个区域范围内特定畜群的免疫程序。

1. 实施动物防疫处方化的背景

（1）疫苗自身的基本属性。作为生物制品的兽用疫苗，进入生产领域后，不论是预防动物疫病，还是临床治疗使用，既然是一种药品，就应该按照处方使用。处方制是安全使用的制度保障，采用处方制是为易构成生物污染的生物制品加上“安全栓”。在我国，之所以出现一个县、一个市、一个省的范围使用一个程序免疫的现象，同我国过去实行计划经济的管理模式，以粮食种植业为主，以及当时畜牧业整体水平落后，养殖量小、品种少的简单农业经济结构和环境污染程度低等因素有关。在计划经济条件下，粮食生产占据主导地位，畜牧业处于从属副业地位，加上当时的疫病种类较少、临床感染单一的特点，简单的免疫程序在总体上的效果并不差，是与当时的各类元素“配伍”相适宜的。因此，约定俗成，逐渐沿用。但是，在畜牧业历经30多年持续、快速发展的今天，仍然沿用简单的“大一统”（大范围、一种免疫程序、统一防疫时间）的方法，去解决复杂、多变的动物疫病问题，显然已是非常不符合客观实际需求的。从这个角度讲，实行动物防疫“处方化”，是对计划经济条件下形成的简单化、“大一统”免疫方法的修正、补充和完善。

（2）市场经济条件下畜牧业发展的基本要求。由于动物疫病可能对社会公共卫生安全构成威胁的特殊性，在市场经济条件下，国家对动物疫病的防控已经开始从过去的政府“大包大揽”向宏观指导、宏观控制方面转移。通过《中华人民共和国动物防疫法》授权农业部公布计划免疫病种，对动物疫病分类、疫情分级，实行口蹄疫、猪瘟、高致病性禽流感和高致病性猪蓝耳病疫苗的免费供应，免费对动物接种等政策和具体措施的出台，可以

看出政府在为农民提供安全生产保护和为畜牧业健康发展提供支持的同时，国家从宏观把握出发，重点放在控制影响社会公共卫生安全和影响畜牧业安全生产的重大动物疫病上。常见的一般性疫病的防控必须由饲养者完成，这是饲养者必须承担的社会责任和义务。

然而，由于各个饲养企业或农户的具体情况千差万别，能力、条件各有不同，对于那些常见的一般性疫病的防控，只有根据各自饲养的畜禽品种、方式和规模、管理水平、染疫情况、当地同类动物疫病发生和流行态势、既往病史、投资能力等具体情况，制定符合各自实际的有针对性免疫程序或方案，再经当地兽医专业部门的审查，保障其实施免疫程序或方案的科学性。

（3）动物疫病防控对策跟不上实际安全生产需求。进入21世纪后，我国动物疫病呈现如下特点：一是老病未除、新的动物疫病不断出现，并且一些病毒性疾病对畜牧业的持续稳定发展构成了严重威胁。如近两年发生和流行的高致病性猪蓝耳病，造成的显性损失已达数亿元之多，对养猪业的持续发展构成了严重威胁。二是混合感染病例在临床动物疫病中所占比率持续升高。例如养猪生产，临床常见的猪瘟、蓝耳病、伪狂犬病、环状病毒、流行性腹泻病等病毒性疾病的一种或数种和链球菌病、支原体、传染性胸膜肺炎、副猪嗜血杆菌、附红细胞体、弓形体、寄生虫性结肠炎等的一种或数种的多重混合感染；鸡新城疫、法氏囊、禽流感的一种或数种同支原体、喉气管炎、鸡痘、大肠杆菌的一种或数种的多重混合感染。三是临床处置效果不佳，加大了养殖风险，影响了饲养者投资扩大生产的信心。极高的发病率和病死率，使得经历过疫情打击的农户，每每谈及色变、心有余悸。四是疫病的发生频率升高，传播速率加快，范围扩大，造成的损失往往是毁灭性的。五是由于许多动物疫病是人畜共患病，动物疫病的发生和流行，动辄影响人体健康，对社会公共卫生安全的威胁日益加大。如近年来发生和流行的高致病性禽流感、高致病性猪蓝耳病和猪链球菌病、布氏杆菌病等，都对社会公共卫生安全构成了威胁，引起了社会各界的极大关注。六是各类疫病的频发，迫使各养殖企业（户）加大各类消毒剂的使用量和频率，恶化了脆弱的生态环境，严重威胁着生物圈的生态平衡。动物疫病的六大特征至少对当前动物疫病防控提出了以下挑战：

1）因为目前人类对抗病毒的药品有限，为了避免病毒在接触抗病毒药品的过程中漂移、重组而增强耐药性和形成新的更为有害的毒种，不可能把目前仅有的几种抗病毒药品直接用于动物疫病的控制。动物疫病的防控将使用越来越多的疫苗、血清、干扰素等生物制品。

2）由于动物在饲养过程中面临多种病毒、细菌等病原微生物的侵袭，要求人们根据不同地区、不同动物、不同种群、不同的染疫情况，制定有针对性的免疫程序，在不同地区、不同动物群体中，使用种类不同、剂量不同、接种时机和方法也不尽相同的疫苗，控制动物疫病，以求对准“靶心”，提高防疫效果。

（4）促进农民收入的快速增长提高国民生活质量的需要。按照最新统计，我国农村人口占总人口的比重已经降低到56%。但是，促进农民收入的快速增长，仍然是现阶段我国国民经济发展中的重要课题。由于饲养在整个畜牧业产业链条中处于起始端，属于微利行业，从业人群中农民仍然占多数且投资能力有限的特征，在粮食转化和农副产品综合利用中不可或缺，产品是居民生活必需品的特性，以及近年来新的病种不断增加和发生疫情概率上升而使行业风险加大的特点，落实科学发展观，加大科技成果推广应用和新时期工业装备在畜牧业中应用的力度，创造条件吸纳剩余劳动力，尽快提高整个行业的生产效率，提高单位产品的投入产出比，提高经济效益、社会效益和生态环境效益，促进畜牧业健康、协调、稳定增长，已经成为我国大部分地区，特

别是经济发展速度较慢、增长潜力较大的中西部地区的重要任务。动物防疫“处方化”，可减少饲养过程中的损失，提高养殖企业的生产效率，无疑也会对从业者的收入提高和国家公共卫生安全提供有力支持。从这个角度讲，推行“处方化”防疫，不仅是促进畜牧业安全、可持续发展的需要，也是促进农民收入的快速增长的需要。另外，随着“处方化”免疫的推广，动物内源性疾病发病率、临床疫病发病率都将明显下降，预防性用药、治疗用药和消毒药品的使用量也将随之降低，从而为畜产品质量的提高创造了条件，国民肉、蛋、奶等动物源性食品的内在质量的提高，将会从追求目标逐渐变为现实。所以，推广防疫“处方化”也是提高国民生活质量的需要。

（5）不断提高我国公共卫生安全水平的需要。世界卫生组织公布的人畜共患病有 90 种，而在很多国家经常发生的有 40 多种，全世界每年 1 700 万人死于传染病，95%集中在发展中国家，主要的传染病都是人畜共患病。在美国、日本等发达国家，英国、德国、法国、丹麦等欧洲国家和加拿大，先后因为动物疫病导致公共卫生安全事件，有的导致国家间的外交纠纷，甚至导致政府垮台，如 20 世纪 90 年代发生于欧洲的疯牛病，1996 年发生于日本的 O-157。我国是发展中国家，目前虽未发现疯牛病，但 2003 年的“非典”，2004 年以来的高致病性禽流感，2005 年四川内江、资阳等地发生的高致病性猪链球菌病，2007 年 1~10 月底，广西、贵州、四川、湖南、广东发生的狂犬病、布氏杆菌病、结核病、钩端螺旋体、血吸虫病、绵羊棘球蚴病仍然在局部地区流行，2011 年内蒙古乌兰察布市动物检疫员的大面积布氏杆菌病，都对社会公共卫生安全形成了冲击。现实情况表明，我国人畜共患病的防控任务艰巨，责任重大，社会公共卫生安全水平亟待提高。这从另一个方面要求动物防疫工作尽快实施动物免疫“处方化”，在提高动物防疫的针对性、提高动物疫病防控效率，降低人畜共患病发病和流行概率的同时，尽可能减少疫苗（特别是弱毒活苗）的散落遗失，避免微生态环境的污染，支持社会公共卫生安全水平的提高。

（6）我国畜产品走向国际市场的需求。至2006年11月底，我国加入WTO的过渡限期已经结束，理论上讲，作为WTO的成员国，我国畜产品进入国际市场应该不受任何限制。但由于种种原因，国际贸易虽然取消了公开的贸易壁垒，却在通过抬高技术门槛进行贸易制约。如欧盟、日本在2004—2006年间，通过修订农业产品和食品的质量标准，数次扩大监测范围，把我国畜产品拒之门外。2006年日本公布的《农产品规定许可制度》更是要求苛刻，将对我国肉鸡的检测项目从35项提高到426项，生猪及其产品检测项目从26项提高到300项。要解决这些问题，离不开外交方面的努力，更需要国内畜牧、兽医行业联手，共同开辟新的途径，解决动物在饲养和疫病防治中的内源性污染和激素、农药、重金属、化学药品残留的问题。从这个角度考虑，推行处方化免疫，提高临床应用效果，减少动物疫病的发生频率，尽量不用或少用化学药品成为一种必然的选择。

2. 动物防疫处方化的内涵　我国数目众多的畜禽品种资源、不同的饲养管理方式和千差万别的地理地貌特征决定了动物疫病的复杂性，要求在动物疫病预防控制中根据各地的实际情况使用不同的疫苗、不同的组合方式实施免疫。譬如在一个既有山区又有丘陵和平原区的县，边远山区和距离交通干线50 km以上平原地区，农民散养动物多数为地方品种，加之天然屏障的隔离，交通闭塞，染疫概率较低，又未发生过口蹄疫，口蹄疫可以不列入免疫计划，只把发生过口蹄疫的地区和丘陵平原区列为口蹄疫的计划免疫区域，免疫程序中增加口蹄疫疫苗即可。这样做，一方面减少了人力和物力的投入，另一方面减少了免疫应激事件的发生，降低了疫苗散毒的概率，对国家和饲养者均有利。

在动物的生长发育过程中，细菌、病毒等病原微生物进入健康动物体内量少，或进入的病原微生物毒力较低时，动物通常不表现临床症状，并可以激发动物体内的免疫器官和组织，产生特异性的免疫物质（免疫抗体），从而形成对相对应疫病的特定的免疫能力。对家畜家禽接种疫苗实施免疫的过程就是人为接种病原微生物的过程，只不过接种的病原微生物是人类通过继代减毒、灭活降毒、改变基因结构等手段，降低了对家畜家禽的毒性，即将病原微生物的毒性控制在安全范围内，进而达到刺激畜禽产生免疫力的目的。我国疫苗生产企业数量众多，虽然国家制定了严格的疫苗生产管理制度，诸如毒种统一保管、批签发、飞行检查等项制度，但是生产中使用的疫苗（已经取得正式批号或区域试验），由于品种、形态、佐剂和工艺、管理水平的差异，其性能和功效仍然存在差异。如冻干弱毒活疫苗在 3~7 d 内产生抗体，2 周左右可形成确实的免疫能力；而乳剂灭活疫苗多数在 2 周左右产生抗体，4 周后才形成确实的免疫保护能力。再如白油佐剂的疫苗缓慢吸收，持续产生抗体；水乳佐剂的疫苗吸收较快，接种后抗体上升得较快；蜂胶佐剂的疫苗则对动物体刺激较轻微，接种后副作用较轻。疫苗性能和功效的差异，直接导致临床使用效果的差异。在动物疫病病种增多、病毒性疫病危害日益严重、混合感染病例比重上升的防控现实中，由于预防性免疫和临床控制使用二者的目的不同、动物生产性能和生理阶段的差异等实际需要，通过疫苗品种的选择、剂量的控制、确定合适的免疫接种方式、设置合理的免疫间隔等，制定针对性的“处方化”免疫程序，是科学防疫、提高疫苗使用效率的基本要求。譬如，对临床发病动物群，为了迅速控制疫情，希望使用弱毒活疫苗，以尽快形成保护，而预防性免疫时多数使用灭活疫苗。再如对幼龄家畜和成年家畜，同样的疫苗、同样的接种方式、同时接种，却不能使用同样的剂量，因为幼龄家畜较成年家畜敏感，若使用成年家畜的接种剂量，就可能导致免疫应激。对怀孕母畜接种疫苗，时机、剂量和接种方式合适，疫苗选择恰当，接种后不仅母畜能够获得保护，还可由于初乳中较高的抗体滴度，对初生仔畜形成保护；反之，则可能导致流产、早产。同样，对哺乳母畜接种疫苗，方法得当，可以形成保护，不当则导致泌乳量下降、泌乳停止。

例如：中牟县九龙镇某猪场，存栏繁殖母猪150头，后备母猪50头，不同阶段育肥猪1 200头。2006年上半年之前，仔猪、保育猪和育肥猪群频繁发病，年出栏商品猪1 400~1 600头。2006年7月，诊断监测发现猪群存在猪瘟、蓝耳病、伪狂犬、环状病毒、支原体、波氏杆菌等病原后，在采取淘汰50头后备母猪，加强消毒、隔离工作，严格控制人员流动和在饲料中交替添加氟苯尼考、多西环素、利高霉素等药物预防的同时，启用了动物防疫处方化模式，采用了如下免疫程序：

（1）空怀母猪（产后35~37 d配种）。

A. 夏秋季：

产后10~12 d：乙脑弱毒苗1.5头份；

产后17~19 d：细小病毒灭活苗1头份（3胎以下母猪）；

产后25~28 d：猪瘟细胞苗5头份（同仔猪同时接种）；

产后32~35 d：高致病性蓝耳病灭活苗3 mL。

B. 冬春季：

产后10~12 d：细小病毒灭活苗1头份（3胎以下母猪）；

产后17~19 d：口蹄疫灭活苗（进口佐剂）5 mL；

产后25~28 d：猪瘟细胞苗5头份（同仔猪同时接种）；

产后32~35 d：高致病性蓝耳病灭活苗3 mL。

（2）怀孕母猪。

产前44 d（怀孕70 d）：伪狂犬基因缺失活疫苗1.5头份；

产前37 d（怀孕77 d）：普通蓝耳病灭活苗4 mL；

产前 30 d（怀孕 84 d）：大肠杆菌三价灭活苗 4 mL；

产前 23 d（怀孕 91 d）：链球菌灭活苗 3 mL（关节炎型）。

（3）商品仔猪（由于该场母猪群感染了猪瘟、蓝耳病、伪狂犬病、环状病毒病四种，暂停选留后备猪）。

A. 母猪怀孕期免疫过蓝耳病、伪狂犬病的：

17~19 日龄：普通蓝耳病灭活苗 2 mL；

25~28 日龄：猪瘟细胞苗 2~3 头份（同母猪同时接种）；

32~35 日龄：伪狂犬基因缺失活疫苗 1 头份；

39~42 日龄：高致病性蓝耳病灭活苗 1 头份；

47~49 日龄：口蹄疫灭活苗（进口佐剂）3 mL；

54~56 日龄：乙脑弱毒苗 1 头份（秋、冬季不免疫）；

63~65 日龄：猪瘟脾淋疫苗 1 头份。

B. 母猪怀孕期未免疫蓝耳病、伪狂犬病的：

0 日龄：猪瘟细胞苗 1 头份超前免疫（免疫后 1~1.5 h 哺乳）；

3 日龄：伪狂犬基因缺失活苗滴鼻 4 滴（2 mL 稀释，左右鼻孔各 2 滴）；

7~9 日龄：肌内注射干扰素 20 头/支；

12~14 日龄：普通蓝耳病灭活苗 2 mL；

17~19 日龄：伪狂犬基因缺失活疫苗 1 头份；

25~28 日龄：乙脑弱毒苗 1 头份（秋、冬季可不免疫）；

39~42 日龄：高致病性猪蓝耳病灭活苗 1 头份；

49~50 日龄：口蹄疫灭活苗（进口佐剂）3 mL；

70 日龄：猪瘟脾淋苗 1 头份。

上述免疫程序应用后，扭转了仔猪、保育猪和育肥猪群频繁发病的被动局面，至 2007 年 7 月底，出栏商品猪达 2 200 头，多生产商品猪 600~800 头，生产效率提高 40%左右。

该场在采用动物防疫处方化模式中，针对空怀母猪的免疫程序考虑了季节因素，夏秋季蚊蝇活动猖獗，为了避免蚊蝇传播乙脑，将主要在冬季发生的口蹄疫免疫改为乙脑；考虑到细小病毒可以通过母猪间的接触获得免疫，只免疫3胎以下母猪，降低了疫苗使用量和劳动量。为了提高初乳的母源抗体，提高断奶成活率，在怀孕后期免疫了蓝耳病、伪狂犬病、大肠杆菌和链球菌；之所以使用普通蓝耳病灭活苗而不使用高致病性蓝耳病疫苗，是为了避免应激、减少流产和早产，之所以不使用活苗，是为了避免散毒。考虑到怀孕期未免疫蓝耳病、伪狂犬病的母猪所生仔猪初乳中两病的母源抗体含量低，不足以保护仔猪，制定商品仔猪免疫程序时区别对待，采取了猪瘟的超前免疫、伪狂犬病的早期滴鼻和肌内注射干扰素三项措施；12~14日龄免疫普通蓝耳病灭活苗时机的确定，一是避开干扰素对免疫抗体产生的影响（产品要求间隔72 h），二是为了尽早产生对蓝耳病的免疫保护；选择在17~19日龄接种蓝耳病或伪狂犬病疫苗，一是免疫间隔的需要（一般情况下，预防接种不同种疫苗间隔7 d以上），二是为了避开21日龄时母猪泌乳量陡然下降对仔猪的应激；25~28日龄同母猪同时接种猪瘟细胞苗，既可减少接种疫苗对猪群的刺激，也减轻了劳动量，还避免了疫苗的浪费；高致病性猪蓝耳病、口蹄疫均为免疫应答强烈疫苗，安排在35日龄后接种；猪瘟二次免疫日期的确定则主要考虑该病的免疫规律。

显然，实行了动物防疫处方化，可以达到既提高免疫针对性，又减少疫苗和人力、财力浪费，降低人为造成生物污染风险的目的。犹如一些偏僻山区不盲目引进树种、不滥砍滥伐而成为良好的林业生态基地给我们的启示：那些生态环境相对较好地方是饲养动物的“净土”，是需要各级政府重视和保护的地方。因为一旦人为造成生物污染，再想净化，从生物学角度讲是难以实现的。所以，对这类将来有可能成为真正的“绿色食品生产区”和育种保种区的区域，应尽量少引进动物、少使用活疫苗。

3. 实行动物防疫处方化的益处 实行动物防疫处方化的好处很多，近期好处主要表现在如下几个方面：

（1）符合现阶段动物疫病防控的客观实际需求。推行动物防疫处方化，根据各个饲养场（户）实际制定“处方化”免疫程序，最接近动物群体感染疫病的客观实际，应用后动物体内能够产生相对应病种的免疫抗体，从而有效抵御疫病的侵袭。道理很简单，养殖场（户）聘请有资格（注：达到高级兽医师资格）技术人员制定免疫程序，再经过当地动物疫病防控技术部门审核，就可以实现既符合疫病防控实际需要，又保证国家计划免疫任务落实的双重目的。以邓州市为例，近郊的许多养猪场和专业户发现仅靠免疫猪瘟和口蹄疫、高致病性猪蓝耳病无法保证猪群的安全，2007 年，一些猪场和专业户不等政府组织集中免疫，而是自己聘请技术人员，根据本场疫病实际情况和受各类病原微生物威胁状况，采购疫苗进行免疫，免疫的病种不仅有口蹄疫和猪瘟，还有伪狂犬病、蓝耳病和支原体等。面对众多的疫苗品种和不同的猪群，免疫病种的增加要求制定具体的处方化免疫程序，必须明确免疫疫苗的品种和生产厂家、接种剂量和方式、免疫间隔、免疫对象及生理阶段。否则，不论是免疫剂量的过大或不足，接种方式的失误，或是接种时机选择的不当、免疫间隔设置的不合适都可能导致免疫失败，达不到控制疫病的目的。经实践表明，动物防疫处方化符合现阶段动物疫病防控的客观实际。如果国家专业主管职能部门再加速其完善和标准化建立并能给予积极推广，使其益处扩大到全国养殖业共享，这不仅是对又好又快地发展畜牧业的有力支撑，还可降低人为制造生物污染风险的概率，使国家的公共卫生安全、生态系统平衡得到有效保护。

（2）明显提高动物疫病防控质量。由于动物防疫处方化考虑了疫苗的特性和各个饲养场（户）动物群体的染疫轻重程度及免疫抑制疾病的影响，通过设置不同的免疫间隔期进行二次、三次接种，保证了动物体对该种疫病的持续抵抗能力，能够真正实现提高动物对疫病的抵御能力的目的，减少发病，提高育成率，降低养殖风险。以开封市顺河区的猪群为例，2006年像往常一样实施“规定动作”，组织开展猪瘟、鸡新城疫、高致病性禽流感、口蹄疫春秋两季集中免疫，但在夏秋季的高致病性猪蓝耳病疫情袭击时，仍有部分养猪场（户）的猪群发生疫情。2007年，一些养猪场（户）认识到只对猪群免疫“口蹄疫”“猪瘟”，已无法满足猪群免疫需要和面临的严峻防疫态势，解决不了伪狂犬病、支原体、猪丹毒、肺疫、蓝耳病、大肠杆菌、仔猪副伤寒等众多疫病肆虐的问题，不仅可能发生这些疫病，还会由于伪狂犬病、蓝耳病、环状病毒混合感染而发生动物肌体的免疫抑制，从而导致直接接种猪瘟疫苗的群体不产生抗体，或者抗体滴度很低（1~4），也很难实现对猪瘟的有效抵抗。在技术人员的指导下，这些猪场和农户制订了针对性的免疫程序，实行“处方化”免疫，在实行猪瘟、口蹄疫、高致病性猪蓝耳病免疫的同时，或增加了普通蓝耳病疫苗，或增加伪狂犬疫苗，或者两种都增加，或增加其他疫苗；部分猪场甚至在两次免疫猪瘟（0日龄超前免疫和70日龄再次免疫，或25~28日龄首免和60~65日龄间再次免疫）的基础上，实行了100~120日龄间的第三次免疫，从而有效避免了75 kg左右体重的育肥猪发病。事实表明，洞察、及时顺应动物防疫形势的变化，与时俱进，实行动物防疫处方化，免疫效果才会更加确实，才能真正发挥防疫在动物疫病防控中的作用，国家出台的一系列惠农政策才能真正为农民带来实惠。

（3）优化和大幅度减少财政支出。根据各个饲养场（户）实际制定“处方化”免疫程序，最接近动物群体感染疫病的客观实际，应用后可以避免大量无效使用疫苗，减少国家和地方财政计划免疫支出。我国幅员辽阔，地理形势差别很大，千差万别的地理地貌形成了许多自然隔离区，确有一些地区没有受到疫病

的污染。实施动物防疫处方化，通过对病原监测和实地调查，划定一些区域作为无特定疫病区实施隔离，可以在保留这片“净土”的同时，减少计划免疫疫苗的使用量，在节约财政支出的同时，又减少了生物污染的风险。将国家有限的防疫经费用于实际发生疫病的免疫，以提高免疫的针对性和财政投资的效率。

（4）减少免疫应激、诱发疫情、激发疫情等免疫事故的发生。在集中免疫中，一些乡村也曾发生过对刚刚免疫过猪瘟1~3周猪群，又接种口蹄疫、猪瘟、高致病性猪蓝耳病疫苗后发生疫病的现象，以及刚刚免疫过新城疫1~3周禽群，又接种新城疫、高致病性禽流感后发生疫病的现象。这种现象的发生，可能是由于猪、禽已经感染疫病，也不能排除强制性计划免疫的干扰、抑制的作用，以及诱发、激发动物疫病的免疫事故。这类事件处理起来非常棘手，有时甚至形成上访事件和民事案件。但若实施动物防疫处方化，根据各个饲养场（户）实际制定处方化免疫程序，设置了适当的免疫间隔，并有当地兽医部门把关审查动物防疫处方的科学性，就从根本上避免或减少了此类事件的发生。

（5）减轻微生态环境的污染，提高生物安全水平。近几年，随着全球性气候转暖和畜禽疫病种类的增加，我国疫苗的使用量也在急剧上升，特别是弱毒活疫苗在生产中使用量的急剧上升，急需引起国家、地方主管职能部门的高度关注并采取相应措施，否则，有可能导致微生态环境污染事件的发生。微生态环境污染一旦形成，治理难度将比土壤和水体污染治理难度更大（甚至是不可逆转的），将会给人类生存和畜牧业的可持续发展带来严重威胁。而目前在国家尚未出台相关的微生物制品使用管理政策的情况下，通过实施动物防疫处方化，以减少疫苗（尤其是弱毒活苗）的使用量，减少兽药、消毒剂等的使用量，是一项应立即启动的减缓生态环境的恶化速度、促进微生态环境向正平衡方面发展的未雨绸缪的具有前瞻性的行动。

（6）实现现有稀缺资源同生产实际的有机对接。应当承认，正是由于动物疫病的复杂性和严重性，许多农民对发展养殖业信心不足，犹豫不决；现有的饲养企业和农户更意识到了疫病威胁的严重性，但受自身对防疫系统知识掌握的严重不足和相关信息缺乏的限制，使其在自救无力又求救无门的情况下，往往处于盲目探索、有病乱投医的状态。而活跃在饲养一线的基层兽医、防疫员以及兽药和饲料企业的业务人员，一是受专业知识水平限制，二是受利益驱动的影响，无法或不可能提供科学的、有针对性的免疫程序。在目前养殖业面临市场竞争无序、利益分配格局混乱、疫情复杂多变的诸种不利因素冲击下，实行针对性的处方化免疫，将不同特性的疫苗与养殖场的疫病防控实际需要的特殊性有机结合，对不同生产性能和不同生产阶段的畜禽，通过疫苗间的合理搭配、免疫时机的选择、免疫间隔的设定，实现既发挥每种疫苗的作用和特性，又不发生拮抗、应激反应，形成真正的免疫力，还能确保生物安全。而这种综合性的驾驭能力，即便是专业兽医其专业知识水平也不见得就能够满足现实安全生产的要求，而采取“快餐式”培训也难以达到需求，搞长期培训又难解燃眉之“急”，更勿讲如何甄别其是否受雇于某些企业而受利益驱动。在急需控制动物疫病，急需使用畜牧、兽医、疫苗三方面知识兼备的稀缺人才之际，推行动物防疫处方化模式，可通过政府的干预、引导和支持，让饲养场（户）自己聘请技术人员制订本场（户）免疫程序，而后通过各级政府专业机构审核、把关、备案的方法落实针对性免疫，就可发挥专业机构多种人才齐备（组成复合性专家组会审等制度创新）相对超脱的优势，化解高素质复合型人才不足这一难题，整合、利用社会各方面技术力量（如启动各地相关大学、研究所），即可有序化解这一难题，屏蔽发生概率极大的各类风险，保障在短期内有效提高动物疫病防控效果的目的。

4. 实施动物防疫处方化的紧迫性　在动物疫病日趋复杂和对畜牧业的危害日益加大的新形势下，实施动物防疫处方化具有明显的紧迫性。

（1）尽快遏制动物疫病对畜牧业的危害。当前，由于畜牧业的快速发展，我国畜牧业基础设施建设薄弱的弊病已日趋暴露，突出的表现是动物防疫体系建设薄弱，疫病对所有家畜家禽的发展威胁日益加大，高密度饲养发展较快的养猪业和养禽业损失最为严重。在动物疫病日趋复杂、混合感染为主的今天，仅仅依靠少数几种国家规定计划免疫疫病疫苗的接种去控制动物疫病，充其量是一种扬汤止沸的做法。在高致病性禽流感、鸡新城疫、法氏囊病和高致病性猪蓝耳病、猪瘟、蓝耳病、伪狂犬病、环状病毒病等病毒性疾病危害严重的地方，这种做法有时甚至会带来不良后果：集中免疫的过程中，对处于隐性感染状态、已经免疫但是抗体消失至临界状态的亚健康猪群和家禽，免疫后诱发疫情，导致医患纠纷，形成上访事件和民事案件。实施动物防疫处方化，可以规避以上弊端的发生，同时还能方便计划免疫任务的落实，迅速遏制国家规定动物疫病对畜牧业的危害。

（2）有效提高动物疫病的临床治疗效果。不论是散养户，还是规模饲养场，猪、禽一旦发病，多数为混合感染，由于耐药性等诸多综合因素造成治疗效果不理想，还派生出了频繁消毒、进口药品崇拜、加大药物治疗的用药量、使用人用药品、使用自家疫苗等一系列事件。这些问题的解决，有赖于饲养环境的净化，有赖于廉政建设和依法治牧的进展，也有赖于动物防疫处方化的实施。因为即使饲养环境得到了有效净化，如果免疫情况不清，动物体的免疫本底不明，临床兽医就很难判断疫病的发展程度，也很难取得满意的治疗效果。

（3）减少农民的经济损失，加快农民致富步伐。在动物疫病多发的状态下，农民从事养殖业一是预防、治疗投入大，二是风险高。这在影响着农民的投资意向和从事养殖业积极性的同时，也降低了农民的收入。实施了动物防疫处方化，提高了免疫的针对性和有效性，可以在降低疫病危害的同时，提高临床动物疫病的处置效果，减少农民在养殖过程中的投入和损失，增加农民收入。以存栏繁殖母猪10头的农户为例，年育成200头商品猪，按照2007年的平均价格计算，纯收益可达10万元。如果育成率下降5%，纯收益将减少5 000元；育成率下降10%，纯收益将减少10 000元。如果像2006年“猪高热病”流行区域那样，生猪病死率30%~100%，可以想象农民的损失有多么惨重。所以，实施动物防疫处方化，提高动物疫病防控的实际效果，在经济发展相对滞后的中西部地区，对于加快农民致富步伐，加速农村经济的发展，提高消费市场猪肉的供给量，都是一项必要的也是非常紧迫的措施。

5. 推行动物防疫处方化的基本做法和要求 推行动物防疫“处方化”这种组织形式，其优点和好处显而易见。考虑到动物疫病防控效率直接关乎畜产品质量、安全和社会公共卫生安全，建议国家主管部门实行试点、探索、推广分步走的办法。先选择一批县（市）进行试点，待拿出成熟经验后再在社会推广。初期可以实行规模饲养场自主免疫、国家监督落实强制免疫和计划免疫；对提出要求的专业村、专业户和散养户，推行“处方化”免疫，即制定针对性的免疫程序；对没有提出要求的散养户，暂以落实计划免疫为主制定针对性免疫程序。主要操作要求包括：

（1）地方政府定期公告（每3~5年一次）当地的计划免疫病种（含国家规定的计划免疫病种和当地增加的计划免疫病种）。

（2）地方政府公布当地本年度不同动物免疫方案（免疫时间或最佳时机、免疫对象、抽查时间段、政策性支持内容和方法、奖惩办法等相关事项），以及领取免费供应的计划免疫用疫

苗的地点和时间。

（3）县级动物疫病防控机构每年公布一次具有制定动物免疫程序资格的技术人员名单，在新闻媒体公告免疫程序审核方法和地点。

（4）养殖场户根据本场（户）的实际和当地政府的要求制定免疫程序，并报当地县级动物防疫机构审核，避免漏掉计划免疫病种，确保科学、安全、严谨。

（5）养殖场户按照审核批准的免疫程序实施免疫。

（6）地方政府在规定的抽查时段抽查计划免疫效果，并向上级政府报告当地计划免疫落实情况。

（7）地方政府财政出资组建一定规模、分布于不同乡镇的机动免疫队伍和调度平台，公布免疫技术支持电话，帮助不会免疫农户落实计划免疫，实施免费接种。

（8）县级地方政府通过落实产地检疫，保证调运出县境动物的健康无疫。

四、干扰素及其类似兽用药品应用

进入 21 世纪，动物疫病日趋复杂，但是，临床用药却由于市场对畜产品药品残留的控制而受到限制，随着我国分子生物学研究的深入和生物工程技术的不断发展成熟，生物工程产品开始进入畜牧生产领域。干扰素（Interferon）是一种参与体液免疫的多糖与蛋白质结合物，人工制作的干扰素进入动物体后，能够促进 T 细胞的分化成熟和增殖，刺激细胞产生抗病毒蛋白，进而阻止病毒的复制。因干扰素参与体液免疫，具有多效性、高效性和反应快等特点，作用于动物体免疫系统的各个效应因子，改善免疫功能，对多种抗原均有增强作用，受到临床兽医的关注，2002 年开始在动物疫病预防和兽医临床治疗中使用。近几年，由于病毒性疫病的增多和混合感染病例的增加，干扰素及其类似兽用药品在兽医临床应用范围得到广泛扩展，尤其是在猪禽疫病的临床处置中应用的范围逐渐加大。尽管其疗效显著，但是由于兽医、兽药管理体制和科研开发衔接、临床应用技术诸方面的原因，干扰素及其类似兽用药品在兽医临床的应用存在产品规格不一、质量急需规范、使用方法有待改进等问题。

1. 干扰素及其类似兽用药品的作用原理及其特点 目前市场供应的干扰素及其类似兽用药品按其功能分类，有干扰素、白细胞介素、抗体、卵黄、血清。产品剂型有冻干制品、液态制品和干粉剂。

（1）干扰素（interferon）。是能够透过细胞膜而同病毒、细菌的单位膜上特殊位点直接结合的小分子黏蛋白，其最大特点是能够干扰病毒的复制或细菌的增殖，使得新产生的病毒或细菌发生结构上的改变，从而失去其对特定组织和器官的侵袭能力。常见的有α、β、γ三种干扰素，前一种为酸性，后两种为碱性。临床应用的目的不是消灭或清理病毒或者细菌，而是让动物体产生结构改变后不再致病的病毒和细菌，有点切断后援、釜底抽薪的意思。获得国家新兽药证书的生产单位：重庆世红生物科技责任有限公司，产品为粉剂，使用时需用配制的专用稀释液稀释。

（2）白细胞介素。是一种白细胞增值过程中产生的多糖类蛋白质，能够激活B细胞和T细胞、干预免疫细胞的代谢、增强体液免疫能力是其基本特征，应用的目的在于增强动物体战胜病毒和细菌的能力，不是直接杀死病毒和细菌。市场供应的多数为白细胞介素2。临床应用的目的在于调动和增强动物体杀灭病毒和细菌的能力，从而提高动物体战胜病毒和细菌的能力。白细胞介素是一种微红色血液制品，主要成分为白细胞介素2（英文名称：White cell Interferon），生产单位：南京农业大学动物医学院和洛阳汇科动物保健研究所。疫康肽是一种无色透明液体，主要成分为猪基因工程α干扰素，英文名称：Recombinant Pig Inter-

feron，生产单位：中牧实业股份有限公司、大连三仪动物药品有限公司。信必妥（猪用）是山东信得科技股份有限公司生产的一种无色或微黄色体液制品，主要成分是淋巴细胞释放的能够转移免疫致敏信息的因子，严格讲应该叫作转移因子单体（英文名称：Active Polypeptide Solution）。百加是南京农业大学分子生物实验室的一种复合型生物制品产品，主要成分为干扰素和细胞转移因子，严格讲应该称作干扰素诱导剂或类干扰素。

（3）抗体。则是一种具有专一性免疫能力的球蛋白，它可以同特定的病毒和细菌相结合，从而形成病毒、细菌和这种特定球蛋白的复合体，不仅体积的增大使其不能通过特定组织和器官的各种屏障，如体液免疫屏障、血脑屏障、细胞膜屏障等，还可由于其结构的改变失去致病性。生产中见到的有猪瘟抗体，猪瘟—伪狂犬—蓝耳病多价抗体。显然，临床应用抗体在于直接杀灭致病的病毒或细菌，直接帮助动物战胜疫病。卵黄属于一种抗体产品。最常见为鸡新城疫抗体卵黄、新城疫—法氏囊二联抗体卵黄。严格地讲，这种含有抗体的卵黄是抗体生产过程中的一种初级产品。2007 年以来，一种新的含有猪病毒（流行性腹泻、传染性胃肠炎、圆环病毒等）抗体的卵黄产品也在生产中开始运用。血清同卵黄一样属于一种抗体产品，最常见为猪瘟血清，同样是抗体生产过程中的一种初级产品。

除了前述产品之外，市场上还有“转移因子”“植物血凝素”“黄芪多糖”“多聚寡糖”“反义多聚糖”“金丝桃素”等据说有抗病毒作用的药品，这些产品在基层兽医的临床实际运用中，或多或少有一些抗病毒或抑制病毒的作用。因为这些产品有的就是干扰素，有的是白细胞介素，有的是抗病毒药品，如利巴韦林、金刚烷胺等，有的是生物酶，有的则是尚未标明成分的特殊产品。

总体看来，目前干扰素及其类似兽用生物药品市场处于有批号、无批号产品同在，真货、假货并存的鱼龙混杂状态，亟待规范和整顿。

2. 干扰素在临床治疗和预防疫病中的应用 尽管干扰素参与体液免疫，没有免疫的特异性。从理论上讲，在病毒性病例和细菌性病例的临床处置中都可以使用。但是，在临床实践中，为了降低治疗成本，早期仅在病毒性腹泻病例的控制和仔猪黄、白痢的治疗中使用，只是由于混合感染病例的不断增多和危害的严重、抗生素控制效果不佳，人们在疫病防控中被动使用，使其应用范围不断扩大。

（1）在临床治疗中的应用。对于处于疫病前驱期的症状轻微病例，如猪群中便秘和拉稀同时出现、个别猪只发生流泪、采食量下降的猪瘟暴发前兆，发生过流产、生产过死胎和木乃伊胎的母猪发生伪狂犬病的呕吐症状时，眼圈发红、腹下或四肢内侧皮下有瘀血点的圆环病毒病早期临床症状个体，母猪最后一对乳头发蓝、发紫，或会阴部出现一过性蓝紫色斑的猪繁殖与呼吸综合征症状时，使用干扰素+抗病毒（细菌）药物，效果非常理想，较短的治疗期不仅可以减少用药，而且对生长发育影响较小。对于传染病进入明显期的家畜家禽群体，首先对假定健康个体按照加倍量一次性使用干扰素，结合隔离、消毒等综合控制措施，可以有效遏制疫情。对于染疫后出现明显临床症状 3~5 d 的个体，使用中西医结合，另加干扰素的处置方案，效果仍然较为理想；对于染疫后出现明显临床症状 7 d 以上的个体，使用中西医结合+干扰素，结合补充维生素，失水病例补水、补盐的处置方案，依然取得较为理想效果。据了解，除了在猪病防控中应用之外，基层兽医和饲养户在治疗牛口蹄疫、鸡新城疫、鸭瘟和鸭病毒性肝炎、小鹅瘟、鸽瘟和犬细小病毒病中，均有使用干扰素，并获得较为满意的临床治疗效果的案例。

（2）在动物疫病预防中的应用。生产实践中，对于伪狂犬病、猪繁殖与呼吸综合征，家禽的法氏囊病等导致免疫抑制疫

病，仅仅采用免疫接种的办法，很难保证畜禽健康生长，尝试运用干扰素，以及使用干扰素+疫苗的方法控制疫病，也取得了较为理想的效果。

1）猪繁殖与呼吸综合征控制中使用干扰素　对于感染繁殖与呼吸综合征母猪群，于产前20~40 d内给怀孕母猪接种疫苗1~2次，新生仔猪于7日龄使用白细胞介素（肌内注射0.1 mL/kg）或疫康肽（肌内注射1万IU/kg），在修武县、武陟县、原阳县都取得了仔猪死亡率由60%以上降低到20%以下的成绩。

2）猪伪狂犬病预防中使用干扰素　对于感染伪狂犬病母猪群，于产前20~40 d内给怀孕母猪接种疫苗，新生仔猪于7日龄和17日龄使用疫康肽（肌内注射1万IU/kg），或白细胞介素（肌内注射0.1 mL/kg），或百加（肌内注射0.02 mL/kg），于14日龄接种伪狂犬疫苗，在新乡县、新郑市、原阳县试用后，保护力明显提高，取得了断奶仔猪存活率由50%以下提高到90%以上的成绩。

3）猪瘟预防中使用干扰素　对使用2头份猪瘟细胞苗在26~28日龄和3头份猪瘟细胞苗30~35日龄对仔猪免疫的同时，按1 mL/20 kg剂量同时注射白细胞介素，免疫保护率均明显上升。

4）仔猪黄白痢预防中使用干扰素　在郑州市郊区、中牟县、荥阳市、惠济区、金水区，对于感染仔猪黄白痢的母猪群，所生仔猪在出生后，按照强壮个体0.5 mL/头、弱小个体0.3 mL/头剂量注射白细胞介素，取得了发病率从40%~60%降低到14%~25%的结果。

（3）不同种类干扰素的差异。对于冠状病毒、轮状病毒引起的猪流行性腹泻、传染性胃肠炎病例，使用纯粹干扰素效果不佳，使用含有转移因子的复合制剂百加效果明显。在猪瘟、伪狂犬病、猪繁殖与呼吸综合征、圆环病毒病的预防和临床病例处理中，使用白细胞介素、疫康肽和百加、排异肽，效果无明显差异。

3. 应用中亟待解决的问题

尽管干扰素及其类似兽用药品具有无污染、无残留，极好的临床效果等特点，很受临床兽医和养殖户的青睐。但是由于体制(科研力量协调不够、课题重复、缺少生产实践急需的应用试验和验证试验、新药报批周期长且关卡多成本高等）的原因，许多产品由于科研和生产企业衔接、工艺流程不成熟、缺乏田间试验数据等原因，尚未获得正式批文，处于犹抱琵琶半遮面状态。既影响科研单位的收益，也制约了兽药生产企业的扩展，更难以形成新的社会生产力。笔者认为，我国干扰素临床应用的这一问题，同病毒药物的简单的“禁止使用”控制一样，不符合我国动物饲养环境中病毒种类多、感染病毒动物分布范围广、群体混合感染病例多、发病率和病死率高、对人类生命健康威胁严重的现实，不仅达不到有效控制的目的，反而由于生产中亟须却没有明确的管理规定、管理制度落后而处于更加混乱的状态。针对干扰素及其类似兽用药品规格不一、价格高昂、初级产品多等现实，特提出如下建议。

（1）实行特殊政策。对干扰素等临床急需的兽用生物制品采取像禽流感疫苗一样的政策，通过特殊事件的特殊处理手段，适当降低门槛，放行部分质量可靠产品在一定的范围内应用（如限制病种、限制用量、限制干扰素品种、限制用药时间、限制用药兽医的级别等），为降低临床病例的病死率提供方便。

（2）加大科研力量和资金投入力度。公开招标选择一批应用单位，大范围、多地点开展干扰素等临床急需的兽用生物制品的临床应用验证试验，缩短报批周期。

（3）开展跟踪观察。组织科研力量，开展干扰素及其类似

兽用药品应用后病毒在其压力下变异情况的跟踪观察和研究。

（4）开发精品。针对卵黄、血清等质量不稳定、体积大、用量多、容易出现过敏反应等缺点，组织科研攻关，开发对应的精制产品。在延长产业链条的同时，为动物疫病控制一线提供质量可靠、性能稳定的产品。

4. 应用中的技术问题及其解决方法　应用中需要注意的具体问题很多，目前较为集中的是：应用时机、应用量和方法、运输和保管，以及配伍禁忌四个方面的问题。

（1）应用时机。干扰素作用于动物体只是使得病毒自身复制出现错误，不在特定的靶组织或靶器官出现病变，而体内病毒的清理仍然需要动物体自身具有一定的杀灭病毒的能力。否则，即使不在靶组织或靶器官引起病变的病毒、细菌等病原微生物的增多，也会导致动物体正常新陈代谢的异常。所以，临床使用干扰素时多用于体质强壮的早期病例（群体发病用于那些假定健康的个体），并且使用后只是缓解病情，对于由于混合感染引起组织和器官充血、肿胀、发炎、功能性障碍等继发症状的病例，仍然需要进行相应的支持性治疗或对症处理；对于得到缓解的病例仍然需要接种疫苗，使动物体依靠自身产生的免疫力抵御病毒的再次攻击；另外，即使使用干扰素的早期感染的混合病例，痊愈也需要相应的时间。那种什么病都使用干扰素的做法值得商榷。“使用干扰素后立马就好”“使用干扰素后不会再得病”“使用干扰素后别再想得病毒病”的说法，夸大了干扰素的功能作用，是不科学的，不可盲目相信。

抗体的运用在于直接同病毒作用，形成抗体—病毒复合体，以减少体内病毒的浓度，从而达到缓解和治愈的目的，使用的前提是确诊。否则，有可能因变态反应而加重病情。另外，对于法氏囊污染严重鸡群，有时也采取免疫前 3～5 d 肌内注射双价或单价抗体的做法，以防免疫后抗体水平过低而激发法氏囊疫情。

（2）用量和方法。其一，干扰素具有生物活性，运输和保存中的碰撞振荡、温度变化，以及解冻过程中解冻温度、解冻时间、解冻速率、解冻液的性质（酸碱度和渗透压）都会影响其活性。真正的干扰素产品，不论是冻干制剂还是水剂，都标定有含量、使用量、保存条件和保存期限。临床使用时应从前述因素出发，结合实际情况决定用量。一般情况下，保存时间越短，效价越高，保存时间越长，效价越低，使用时应结合保存时间的长短适当加大剂量。保存条件差或经常停电的地方，最好现买现用，因为保存中的停电会导致反复冻融，从而使干扰素失去或降低生物活性。其二，冻干制剂活性优于水剂制品，能够买到冻干制剂的最好使用冻干制剂。这是因为，在运输和保存中一旦脱温，冻干制剂的溶解容易发现，便于经营者剔除失活产品，也便于消费者识别保存不当产品。其三，解冻过程越短越好，解冻后放置时间越长活性越差。产品带有解冻液的，应使用解冻液溶解解冻。解冻温度 35 ~ 37 ℃，解冻后温度上升到手臂无明显凉感（26~30 ℃）时立即使用。产品未配给稀释液的应使用生理盐水稀释。其四，稀释扩大时应考虑稀释液的渗透压，没有解冻液的冻干粉剂，可使用生理盐水解冻和稀释，切忌使用凉开水、饮水机纯水解冻和稀释。避免由于解冻和稀释过程中由于渗透压的不适降低干扰素的活性。

（3）运输和保管。干扰素及其类似兽用药品是一类具有活性的生物药品，装卸、运输途中的颠覆或剧烈振荡、光照、温度的剧烈变化，都可能导致其活性的降低。所以，此类产品的运输和保管应当参照冷冻精液、胚胎那样严格的专门的生物制品的运送和保管制度。如避免颠覆和剧烈振荡，保持相对稳定的温度，严格避光等。遗憾的是，目前多数干扰素产品的包装简单，使用的依旧是无色透光的玻璃瓶，外包装上缺少相应的避光、避免剧烈震动、严禁倒放等标志，也缺少解冻温度、解冻速率等相关使

用要求。这些也许正是某些干扰素产品临床应用效果不确切的真正原因。

（4）配伍禁忌。干扰素作为一种具有活性生物制品，使用中除了必须注意其解冻或稀释液的化学特性外，也要注意与之相配合的药品的化学性质。常用的干扰素多为α-干扰素，少数为β-干扰素、γ-干扰素的混合制剂。不论是前者，还是后者，解冻液、稀释液和所搭配药品酸碱度的不适宜，都会降低其生物活性。临床使用干扰素的病例多数为病毒病和细菌病的混合感染病例，治疗时恰恰需要杀菌、消炎、平衡电解质等支持性治疗，用药种类多、量大是基本特征，在此过程中若把握不当，将某种水剂药品同干扰素混合，很容易因所搭配的化学药品的自身特性导致干扰素的生物活性降低，或直接失活。所以，在对所用化学药品性质不清楚或无把握时，最好单独使用干扰素，而不混合使用。

在目前的科技水平下，人们知道干扰素能够干预病毒的复制和细菌的增殖，但是，复制错误的病毒刺激动物体所产生的抗体能否抵御原病毒的侵袭则是未知的。鉴于安全生产的考虑，真正的干扰素制品使用后一定时间内，应当避免接种疫苗，以免接种后产生无效抗体；有一定理论造诣和临床经验的高水平兽医，也不会主张接种疫苗后就立即使用干扰素。通常大家会将这种间隔放在3 d左右，即接种疫苗后3 d以内不使用干扰素，或者使用干扰素后间隔3 d再接种疫苗。

卵黄和奶粉对于具有生物活性的抗体具有保护作用，因而在使用卵黄抗体时可以有选择地同一些药品配合使用，如青霉素类。但是应注意现配现用。其次应注意尽量不同2种以上化学药品配合。

目前的猪瘟血清由于效价原因，使用量较大，容易引起过敏反应，因而使用时可视猪的体重大小添加地塞米松，以减轻或避免应激反应。

（5）若干注意事项。其一，尽管使用干扰素具有用药量小、作用期长、无药物残留、无抗药性等优点，但也不能滥用。因为干扰素为生物制品，异体蛋白进入动物体的排异反应是临床使用中不得不担心的问题；其二，未经加工精致的白细胞介素含有大量的粉碎红细胞和血红蛋白，在使用中曾经发生排异反应；其三，如果供体动物不是无特定病原（SPF）个体，则有可能发生生物安全事件。因而，对使用干扰素提出如下建议：

1）坚持使用有正式批准文号产品，在购买不到有正式批准文号产品情况下，尝试使用正规科研单位或大型企业的中试产品时，使用后1 h内应认真观察，及时处理过敏现象。

2）使用前对产品进行认真检查，注意检查生产日期和有效期，注意检查保存条件。不允许使用变色、沉淀、包装破损，未按保存条件要求保存，以及超过保存有效期的干扰素。

3）使用白细胞介素时，解冻后应自然升温至25～35 ℃，按每瓶（南京农业大学动物医学院和洛阳汇科动物保健研究所生产的7 mL产品）1支（1 mL）添加地塞米松混合均匀后使用，以免发生过敏。

4）临床体温下降病例、脱水病例和过于弱小病例多数预后不良，慎用干扰素。

5）扩大体积时应使用生理盐水稀释。

五、血清和自家苗的正确使用

血清和自家苗的使用涉及生物安全问题，一直受到严格的限制。但是就一个猪场而言，在控制疫情的紧急情况下，被迫采取制作血清和自家苗的做法是无奈之举。

血清是取之于耐过病猪血液的生物制品。使用时应严格限制使用范围，不得在非疫区猪群使用。即使在发生疫情的假定健康

猪群使用，也应严格执行免疫接种的“废弃物”处理制度。

自家苗属于灭活疫苗，临床应用于多种病毒混合感染疫情的控制，在容易变异的病毒病占主导地位的背景下，临床效果最为突出。但应注意尽可能不用或少用。因为，自家苗的制作要求严格的环境和技术条件，未达到要求的条件下生产的自家苗隐患较多，如采集病料时摘取得不准确，漏掉了病变器官的淋巴结，取之于没有代表性病例的病料、全部来自于病死猪或死亡时间超过6 h的病猪，灭活不彻底，制作过程中操作或环境污染，佐剂的质量和添加量不准确，没有进行灭活效果评价、缺少免疫效价评价等，前述各种失误均可导致临床应用效果的降低或无效接种，轻则贻误治疗战机，严重时甚至造成免疫事故、散毒事故。

1. 自家苗制作中应注意的几个问题

（1）原料应选择濒临死亡和死亡不超过 6 h 的有代表性病例。夏秋高温季节病料应在 2~8 ℃环境中保存。

（2）病料应由职业兽医师或专业人员采集。

（3）严格研磨匀浆，控制甲醛的使用量。

（4）灭活过程中应定时摇动，确保均匀一致。

2. 使用自家苗的注意事项　为了控制疫情，在不得已情况下使用时，应注意下述事项：

（1）严格控制使用范围，只在发病猪场的发病猪群使用。

（2）选择技术水平较高和基础条件较好的有资质单位制作。

（3）严格限制使用病种：只用于易变异的小颗粒病毒病感染占主导地位的疫病，只用于没有疫苗可用，或现有疫苗免疫效果不佳的病毒病感染猪群。

（4）猪瘟、口蹄疫感染或混合感染中占主导地位的病例不得使用自家苗控制。细菌感染占主导地位的病例不使用自家苗。

（5）超过半年保存期的自家苗应淘汰。

（6）使用过自家苗的繁殖母猪应在 1~2 年内逐步淘汰。

六、益生素和酶制剂

同“保健”一样，随着近几年猪病的复杂和疫情的严重，预防和控制猪病引起了兽医行内行外更多的人的重视，益生菌和酶制剂进入了临床和预防兽医的视野。

1. 益生菌 益生菌也称益生素。在人医方面的定义：益生菌（Probiotics）是一类对宿主有益的活性微生物，是定植于人体肠道、生殖系统内，能产生确切健康功效从而改善宿主微生态平衡、发挥有益作用的活性有益微生物的总称。大家最为熟悉的益生菌如酵母菌和乳酸杆菌。

在中国畜牧兽医领域，益生菌最早用于酸奶、奶酪、马奶酒的制作。20 世纪 60 年代开始大面积在饲草饲料青储中应用。“青储”是利用饲草和农作物秸秆上自然存在的乳酸菌，在密闭缺氧环境下大量增殖，而后成为占绝对地位的优势种，产生大量的酸，使得被储存的饲草处于 pH 3. 8~4 的酸性环境中，达到长期储存的目的。饲草饲料的微生物储存简称“微储”，“微储”同青储的道理相同，只是在装窖封闭之前或过程中，向饲草中喷洒了乳酸杆菌、枯草杆菌等菌种，提高了储存的成功率和劳动效率。也有报道说在“微储”的过程中，原料中的木质素、半纤维素得到了降解，饲养家畜后膘情明显好转、饲料转化率和增重速度都有提高。而在养猪生产中运用益生菌，则是进入 21 世纪之后才有的新事物，2005 年后伴随国家对生物工程技术的政策支持，发展更快，现在国内已经拥有数条微生物菌种到商品的完整生产线，大专院校、科研院所专门从事该项研究的有 10 多家，食品、药品和饲料企业的实验室更多。年产值达 8 000 多万元，至 2016 年 10 月底，国内已建成生产线 100 多条，年产值飙升至 18 亿元。工业化生产乳酸杆菌、枯草芽孢杆菌和发酵豆粕技术已经成熟，北京中关村的“科维博”、青岛的“绿源”、郑州的

"德邻"已成为益生菌生产的品牌企业。

目前养猪行业运用益生素的范畴很窄，仅限于调整胃肠道的微生态体系的平衡和废弃物的处理，无法同人医在保健方面的应用相比。传统的组方由乳酸杆菌和酵母菌组成，几个新品种组方中大多以乳酸杆菌为主，有的添加一些双歧杆菌，有的添加一些枯草杆菌，还有的是乳酸杆菌、双歧杆菌、枯草杆菌三者不同比例的组合。临床应用功效大同小异，都是为了帮助仔猪或长期用药后的病猪恢复胃肠道的正常微生态平衡，从而实现改善消化功能，提高食欲、采食量和饲料消化率、转化率的目的。刘硕、李庆华等报道，饲喂添加益生素的猪群产仔数提高22%，弱仔、死胎、畸形胎儿减少了56.4%，断奶成活率提高31%，断奶窝重提高10.3%；育肥猪在160 d的育肥期内，同添加抗生素对照组相比，全程增重提高8.9%。在预防仔猪黄白痢方面，杨玉芝、李庆华在河南叶县试验，取得了发病率从80%下降到9.2%的成绩。该实验组在叶县仙台镇的临床病例治疗试验中，母猪群运用溢乳康粉剂（乳酸菌、双歧杆菌、枯草杆菌复合制剂）0.2%拌料，7~10日龄发病仔猪液态制剂灌服10 mL（1次/d，连用3 d），5 d后31头哺乳仔除1头死亡外均痊愈，治愈率97%。至于宣传资料和广告，说法就多了，最常见到的是对延伸效应的宣传，如抗过敏，提高抗病力，提高增重速度，提高饲料转化率后猪舍空气质量得到改善等。在人医方面，甚至延伸到排毒养颜、清理血液胆固醇、延缓衰老、抗肿瘤等方面。截至2016年10月底，已有多篇在肉仔鸡、樱桃谷鸭、实验用小白鼠、大熊猫、水貂、獭兔和罗非鱼饲料中添加益生素获得良好效益的论文相继发表。中国农业大学、四川农业大学、山东农业大学、河南科技大学分别筛选了数株优良菌株，提高了发酵分解效果。此外，河南牧业经济学院史洪涛、乔洪兴等人用乳酸菌发酵扶正解毒散和黄芪方面取得了明显进展。

作者自己的实践体会，益生素对于长期用药的混合感染猪群，确实有加速痊愈的效果。但前提是停止抗生素的应用。对于哺乳仔猪和保育猪，在饲料或饮水中大剂量、长时间添加益生素，确实有增进食欲，提高采食量，改善消化功能的效用。对于伪狂犬感染猪群，效果尤其明显，这可能同伪狂犬病毒攻击后胃内 pH 值的上升、碱性胃液对胃壁的腐蚀刺激被快速有效解除有关。作者曾经对多例恢复期病例使用口腔推注酸牛奶的办法帮助病猪调整胃内环境，均取得了满意效果。

从保证畜产品质量安全角度出发，今后仔猪、保育猪，甚至母猪保健，应当考虑大范围使用益生素。因为益生素的使用能够有效减少抗生素的用量。行内专家预测，我国畜牧业使用益生素的空间很大，其年产值在 200 亿左右。

从中兽医理论分析，单纯添加益生素同样有“扬汤止沸”之嫌疑。因为，生命体征正常的猪不应该发生消化道微生态体系的失衡，之所以失衡是因脾胃不和导致的运化不畅。若欲运化畅顺，必先调理脾胃、疏肝导滞，离开了健脾、和胃、疏肝，单纯地补充益生素则像向决堤之口抛石，可能有效，也可能无效，至少是事倍功半。所以，运用益生素时，若能够同健脾益气、疏肝和胃的中药相结合，则会收到更加满意的效果。

立法方面，美国食品与药品管理局（FDA）已经批准 43 种微生物可以直接用于动物的饲喂。同多数亚洲国家一样，我国在益生菌使用方面的立法还是空白，畜牧兽医领域应用时遵从农业部的规定，使用 11 种益生菌添加剂（干酪乳酸菌，植物乳杆菌，粪链球菌，乳酸片球菌，枯草芽孢杆菌，纳豆芽孢杆菌，嗜酸乳杆菌，乳链球菌，产朊假丝酵母，沼泽红假单胞菌）。2008 年后扩展到 16 种。另外，也有试验运用环状芽孢杆菌、丁酸梭菌的报道。

（1）益生素也好，益生菌也好，所有这些微生态制剂都是

具有生物活性的制剂。对包装条件、储存环境，都有严格的要求。即使按照产品说明书的要求保存，储存时间越长，活性越差，应用效果自然也随之下降。

(2) 具有生物活性的益生菌制剂，不能同抗生素同时使用。临床处置必须使用时，间隔不得低于6 h。

(3) 使用益生素的目的是帮助猪建立胃肠道的微生态体系平衡。因而，对于那些体温降低、出现抽搐的衰竭病例，内服或灌服益生素充其量是一种人道关怀。换言之，只有那些具有正常生命体征的猪只，内服益生素才会有积极的临床作用。所以在养猪行业内，益生素用于健康的哺乳仔猪或保育猪的保健，才是最佳选择。

(4) 消化道内不同部位的环境差异是生物长期进化的结果，正是这种差异决定着各异的消化功能。某些菌种能够在胃内生存，某些菌种则只能在肠道生存。不同企业的组方中添加有不同的菌种。为了使具有生物活性的菌种不被胃酸、胰液、胆汁杀灭，到达指定部位，商家可能根据自己的实验结果提高了某菌种的比例，或运用微包被技术进行了微处理，所以，遵照益生素商品说明书的方法使用，可以保证足够的菌种到达指定部位，或不破坏微包被膜，从而提高使用效果。

(5) 运用葡萄糖生理盐水稀释益生素可以保证其生物活性。如果干粉剂产品没有配备稀释液，除了特别注明的以外，均可用葡萄糖生理盐水稀释。

(6) 液态益生素产品，开口后最好一次性用完。夏季超过3 h、冬季超过6 h的开口产品，应作为废品处理。

2. 生物酶及其制剂　生物酶是具有催化功能的蛋白质。像其他蛋白质一样，酶分子由氨基酸长链组成。其中一部分链呈螺旋状，一部分呈折叠的薄片结构，而这两部分由不折叠的氨基酸链连接起来，而使整个酶分子成为特定的三维结构。生物酶蛋白与其他蛋白质的不同之处在于酶有活性中心。酶可分为四级结构：一级结构是氨基酸的排列顺序；二级结构是肽链的平面结构；三级结构是肽链的立体空间构象；四级结构是肽链以非共价键相互结合成为完整的蛋白质分子。真正起决定作用的是酶的一级结构，它的改变将改变酶的性质（失活或变性）。

（1）生物酶的特性。生物酶是从生物体中产生的，如大家熟悉的唾液酶、胃蛋白酶、胰蛋白酶、肠蛋白酶、淀粉酶等。生物酶具有特殊的促进生化反应的功能，特性如下：

1）高效性。用生物酶作催化剂时，其催化效率是一般无机催化剂的 10^7~10^{13} 倍。

2）专一性。一种酶只能催化一类物质的生化反应。即仅能促进特定化合物、特定化学键、特定化学变化，是专一性很强的催化剂。

3）低反应条件。生物酶的催化作用不同于一般的催化剂，不需要高温、高压、强酸、强碱等特殊条件，在常温、常压下即可进行。

4）易变性失活。当受到紫外线、热、射线、表面活性剂、金属盐、强酸、强碱及其他化学试剂如氧化剂、还原剂等因素影响时，会使酶蛋白的二级、三级结构改变而变性，进一步影响到一级结构时，则失去活性。

5）参与但不加入生化反应。酶能够加快生化反应，但却不因参与生化反应而被消耗，即参与而不加入。

（2）作用机理。酶的作用机理比较被认同的是 Koshland 的“诱导契合”学说，其主要内容是：当底物结合到酶的活性部位时，酶的构象有一个改变。催化基团的定向正确与否是催化作用的关键。底物诱导酶蛋白构象的变化，导致催化基团的正确定位，促成底物与酶的活性部位的结合。

（3）酶的生产和应用。在国内外已有 80 多年历史，进入 20

世纪80年代，生物工程作为一门新兴技术在我国得到了迅速发展，酶制剂应运而生，先后应用于医学、食品加工、纺织印染、印刷、石油工业多个领域，在生物工程应用中最成功的典范是基因工程手术刀和酶标记技术。在细胞工程中，科学家利用酶的专一性去切断DNA的基因片段，从而实现基因的重组或镶嵌，再造新的物种。在分子生物学的研究中，科学家将同位素技术和酶标记技术有机结合，从而完成观察对象的标记，再利用显微成像和计算机技术，实现了对微观世界变化的直观监督。

（4）在养猪行业的应用。酶标记技术在猪的病原监测、抗体检测中应用得非常成功。在乳猪饲料中也得到了应用。临床治疗中应用胃蛋白酶、乳糖酶也是成熟技术。但总体看来，由于饲料中抗生素的使用，酶制剂的功效微弱。因而在预防保健中的应用，尚未获得养猪企业的重视。普遍认可、大面积使用尚需时日。

（5）生物酶应用的前景。目前养猪业面临的病毒猖獗、混合感染严重，动辄在局部地区发生疫情，以及滥用抗生素、抗病毒药物对畜产品质量安全构成严重威胁的严峻形势，迫使人们转变思路，采用新思维、新方法，寻找新的药品解决猪病问题。不难看出，生物酶将以其高效率、无污染的特性引起人们重视。在未来“以防为主，防重于治，养重于防”的猪病防控大格局中，生物酶同益生素的结合使用，二者共同或单独同健脾益气的中兽药结合使用，有着极其广阔的前景。

第九章 围绕“一个核心”和“三项改进”加强饲养管理

后蓝耳病时代养猪不同于20世纪规模饲养刚刚起步阶段，也不同于21世纪后的前10年，一个重要的原因是蓝耳病病毒在猪群的广泛存在。容易变异的蓝耳病病毒和口蹄疫病毒、流感病毒对猪群威胁的严重程度难以估量，新病毒的出现，或者暴发新疫情的时间，变异成什么样，临床表现如何，仅危害猪群，还是危害人和所有动物等，都无法预测。即使这些问题弄清了，也不可能见到一个病毒变异就生产一种疫苗。所以，进入后蓝耳病时代，要想养好猪，要想轻松养猪，必须按照“一个核心”和“三项改进”加强饲养管理，创造适宜猪生长发育的小环境，发挥和利用猪的生物学、行为学特性，增强猪的自身体质，实现群体抗逆性、适应性和非特异性免疫力的提升。本章围绕这一主线展开讨论。

一、全面落实“全进全出”理念

不仅仅是猪的规模饲养，所有动物的规模饲养都必须遵循和坚持的技术核心，就是“全进全出”。也可以说，“全进全出”是动物规模饲养的灵魂。

欧洲和北美洲国家，大规模饲养动物（早期称为集群饲养）开始于20世纪50年代，主要是火鸡、肉鸡和蛋鸡，后来才发展到养猪。鸽、鹌鹑、鹧鸪的大规模饲养，是20世纪80年代以后的事情。存栏10万~20万只家禽，或1万~3万头猪的饲养场数量较多，饲养环节的机械化程度和社会化服务也很高。这可能同西方国家土地面积辽阔、人口密度较小、劳动力成本较高有关。

奶牛、肉牛的规模饲养，是在游牧的基础上形成。西方国家也不主张大规模，主要是150~300头的奶牛场、300~500头的肉牛场。

除了奶牛、肉牛这些饲养周期较长，需要投入大量的选种、育种劳动的畜种，推行自繁自养、没有实现全进全出之外，所有的规模饲养家禽和猪，都是分圈舍、分单元的分阶段饲养，在一个圈舍或饲养单元之内“全进全出”。

“全进全出”是规模饲养的技术核心。

因为规模饲养之后，动物传染病成为规模饲养场生死存亡的决定因素。而防控动物传染病的最彻底、最有效、最经济的措施，是对圈舍的火焰烧灼。火焰烧灼的前提是动物的全部离开。

我国规模饲养的发展过程中，肉鸡、蛋鸡对“全进全出”这一技术核心把握得较为准确，执行得也很到位。但是在养猪生产中，却因受资金、场地的限制，以及分散饲养的影响，没有坚持这一技术核心。尤其是20世纪末的20年，曾经将自繁自养作为成功经验推广。

回顾30年规模养猪发展历史，可以清晰地看到，养猪生产由于忽视这一技术核心带来的惨痛教训。

小型农户育肥猪场，由于猪苗来源的不同，导致小型农户育肥场猪群成为疫病的集合体；或者上一批次剩余的体重不合格商品猪同新购买猪苗的混群，导致上一批次疫病向下一批次的传播。这两种现象的实质，都是没有坚持“全进全出”这一技术

核心，最终结果是这类猪场成为疫病危害的重灾区。

存栏母猪300~500头的规模饲养猪场，由于设计理念的错误，采用了“大空怀舍”“大产房”“大保育舍”流水作业、周转使用场房的工艺，虽然节约了建筑成本，却带来了疫病通过空怀舍、产房和保育舍的传播。3~5胎之后，原本平稳生产的猪场，因为母猪的多重病毒感染而暴发混合感染疫情。

1. “全进全出”的落实。后蓝耳病时代，坚持“全进全出”技术核心，应体现在如下方面：

(1) 不论猪场大小，所有场（户）主和从业人员必须牢固树立“全进全出”的理念，坚决贯彻执行“全进全出”的技术路线。

(2) 管理部门审核时不放过“非全进全出”猪场，批复时不批准“非全进全出”猪场。

(3) 老场改造和新建猪场时，不设计“非全进全出”猪场。

(4) 老猪场改造从产房、保育舍和空怀舍做起。变“大”为“小”。将“大空怀舍”改为“小空怀舍”，“大产房”改为“小产房”，“大保育舍”改为“小保育舍”，实现空怀舍、产房、保育舍内同批次猪的“全进全出”。

(5) 小型农户育肥猪场实行预约采购猪苗，保证做到同一批育肥猪来自于同一个猪场或母猪饲养户。出栏时不论大小全部出售，剩余的不合格小猪可作为架子猪卖给散养农户继续饲养。

2. “全进全出”和日常管理的衔接。全进全出的目的是为彻底消毒创造条件。猪群全部出栏后猪舍若不消毒，或消毒不彻底，就失去了意义，就是白忙活。因此，全进全出猪场同样要做好日常管理工作，将隔离、消毒等项日常管理活动同全进全出工艺有机衔接。

(1) 腾空猪舍的彻底消毒。腾空猪舍后，有条件时最好实行火焰烧灼后的熏蒸消毒。无法使用火焰烧灼的，清扫后，应至

少使用烧碱液冲洗圈舍1次，次日用过氧乙酸封闭熏蒸1次，第3 d用甲醛、福尔马林封闭熏蒸消毒1次。

（2）注意事项。彻底消毒时既要消毒猪舍内地面、走道、房梁、门窗，也要消毒猪舍空气，还要消毒饲养器械，千万不可忘记饮水器的消毒。

（3）空置。有条件猪场，可在清理后，将经过火焰烧灼，或喷洒过烧碱液圈舍空置1~2周，进猪前2 d再进行熏蒸消毒，形成时间段隔离。

（4）控制人员流动。空置期间，应封闭猪舍，禁止饲养人员进入。饲养员进入消毒后猪舍，必须穿着经过消毒处理的服装和胶靴。

二、大力推行半干料喂猪

当前，中国养猪业面临猪病危害日趋严重、生产效率持续低迷、国际市场廉价猪肉渐次挤占国内市场的严峻形势。正视现实，勠力同心，千方百计突出疫病重围，提高生产效率和产品质量，实现养猪业同环境条件和谐统一的可持续发展，提升养猪行业的整体水平，应该是所有养猪人和科技工作者的共同追求。围绕前述目标的实现，见仁见智的研讨会不断举办，各种论坛相继开展。然而，真正贴近实际、经济实惠、学之可行、行之有效的办法并不多。

有没有可以普遍推广的简单易学、投入不多的办法？

有，这种办法就是半干料喂猪，或称湿料喂猪。

难道给料方式的改变就有那么神奇，就会帮助养猪行业突出疫病重围，就能提高养猪效率？答案是肯定的。

1. 干料饲喂，因猪群争抢采食导致尘埃进入上呼吸道　猪有群居、争抢采食的行为学特征，幼年猪争抢采食尤为强烈。在采食过程中，呼吸并没有停止。当然，处于尘埃较多环境中，即使没有争抢采食的行为，尘埃同样会随空气进入上呼吸道。自然状态下，猪会迅速离开尘埃较多环境。分散饲养状态下，同圈数量有限，争抢采食不强烈，加上多数饲喂水料或湿料，尘埃进入猪上呼吸道的概率很低，即使偶尔发生，时间也很短，通过喷嚏、咳嗽，很快排出呼吸道，肺脏的功能较少受到影响。规模饲养状态下，数头、几十，甚至上百头猪处于一个圈舍之中，猪只之间打斗、嬉戏、争抢采食等行为和管理水平较低猪舍内猫、老鼠、鸟的活动，造成了舍内尘埃的增加。在育肥猪圈内，猪只之间的位次明确，打斗和争抢采食行为发生的频率很低，只是在并圈时发生，尘埃进入育肥猪上呼吸道主要是在采食过程中。而在保育阶段，打斗、嬉戏和争抢采食频频发生，一方面增加了活动区的尘埃，导致粉尘直接进入上呼吸道；另一方面在争抢采食的过程中，一些饲料粉尘进入了上呼吸道。要命的是保育猪一直生活在这种环境之中，喷嚏、咳嗽已经不能有效地排出上呼吸道的尘埃，久而久之，那些体质虚弱的仔猪或保育猪、育肥猪的支气管内就会因积存粉尘而出现持续性的咳嗽。

2. 生理学特性决定了肺脏在猪的生命活动中的特殊地位

猪是没有汗腺家畜，体内多余的热量要通过肺部的快速呼吸排出体外，肺脏功能正常与否，是猪健康的基本条件。规模饲养条件下，因后天锻炼不足，其先天赋予的强大功能也难以形成。肺脏功能尚未完善的猪，长期处于粉尘飞扬环境中，呼吸系统器官，尤其是肺脏的负荷加大。当肺脏长时间处于超负荷运行或病理状态，会直接导致心脏、脉搏输出量的加大，从而使心脏负担加重。继续发展，则进入心脏搏动代偿性加快的状态。随之而来的是消化吸收功能、免疫功能受到损伤。轻则导致生产性能下降，重则导致抗逆性和抗病力的下降，为疫病侵入打开窗口。所以，就猪而言，只要有健康的肺脏，就不会有大问题。就像反刍动物一样，只要能够正常反刍，就没有大问题。

3. 猪舍微生态学规律的表现形式　在猪舍微生态环境中，除了人们眼睛所能够看到的猪之外，还有众多的昆虫（飞行的苍蝇、蚊子，爬行的鼠妇、蜈蚣、蜘蛛等节肢动物）及微生物（霉菌、大肠杆菌、链球菌、支原体等病原微生物和乳酸菌、双歧杆菌等有益菌），猪、昆虫、微生物共同构成了猪舍内微生态链。幼年猪需要的是干燥温暖的环境条件，多数昆虫喜欢干燥阴凉的环境，温暖潮湿环境对于微生物的增殖扩群有利，显然，在人们创造适于猪生长发育环境的同时，也为昆虫和微生物创造了不太理想但能够勉强生存的条件。那么，在这个相对平衡的微生态环境中，若某一种环境因子发生了变化，就会打破平衡。例如，夏秋高温高湿季节适于蚊蝇繁殖，蚊蝇活动猖獗的结果是猪附红细胞体病、乙型脑炎、弓形体病的高发。同样，饲喂干粉料或颗粒料，在猪只采食饲料流动的同时，产生了大量的饲料粉尘，漂浮于空气中或沉积于猪舍角落的粉尘，充当了病原微生物的载体，遇到适当的温度和湿度，载体就成为病原微生物的培养基，那些能够以气溶胶形式悬浮的病原微生物大量增殖就不足为奇。

浙江大学余旭平、何世成等 2001 年曾经对五个不同规模猪场做过调查，就是从不同种类猪舍（保育舍、育肥舍、母猪舍）和不同健康状况猪舍（健康和疫情前期、高峰期、恢复期猪舍）采集空气样本进行病原微生物检测，发现健康猪舍空气中病原微生物为 500~1 000 单位，疫情前期和高峰期猪舍空气中病原微生物为 1 200~5 500 单位，后者为前者的 2~5 倍。同时发现，保育猪舍圈内空气的病原微生物为 1 800~2 000 单位，走道只有 200 单位，同时测定的饲料间、储粪场、废弃隔离间的病原微生物连 50 单位都不到。说明在此微生态环境中，猪、粉尘的存在是决定条件。

当人们采用干粉料或颗粒料喂猪时，采食中饲料下滑流动造成的粉尘随着呼吸动作进入猪的上呼吸道，非采食状态下空气中附有病原微生物的粉尘继续进入，造成了猪（尤其是刚刚更换饲料的保育猪）的尘肺病和传染病（主要是支原体等病原微生物），严重影响肺脏功能的正常发挥。

猪自身抗病力的高低是发病与否的决定因素。但是，当采用干粉料（颗粒料）和自动料仓工艺之后，肺脏缺少后天锻炼、肺脏功能本就较低的规模饲养猪群，采食时要吸入大量食料粉尘，之后又一直处在附着有大量混有病原微生物的飞尘环境中，发生呼吸系统疾病不是水到渠成吗？笔者曾经用疑似支原体肺炎的猪肺叶进行试验：将碘酊棉球塞进解剖过程中摘除的新鲜“熟肉样病变”肺叶内，20 min 后观察，碘酊棉球颜色明显改变，呈现深褐色，从而验证了“部分病变肺叶的微支气管或肺泡中有淀粉存在”的判断。这从一个侧面告诉人们，30 年来中国规模化饲养猪群一旦咳嗽，就认为是支原体肺炎，土霉素、四环素、多西环素、氟苯尼考、泰乐菌素、替米考星等单独、联合使用，或交替使用，阶段使用或全程使用，都没有获得理想的效果，根本原因是对病因的误判。

4. 不同给料方式的比较 早在 20 世纪 90 年代，大量的实验研究已经表明，在其他条件相同的情况下：

（1）干料、湿料、水料三种给料方式中，消化吸收利用效率以湿料最好，干料次之，水料最差。这是因为同干料相比，湿料由于提前浸润，在胃肠道内更容易同消化液混合均匀，有利于消化道微生物菌群的植入和功能的发挥，所有营养成分都有充分消化的机会和足够的时间。水料则由于水分过多，排除水分要消耗一定的能量，从而浪费了净能。

（2）节约饲料、减少浪费方面湿料最好，水料次之，干料最差；在干料中颗粒料又优于干粉料。这个原因很简单，就是在猪采食过程中，湿料不容易抛洒，水料在采食中尽管有抛洒，但

多数是水分。

(3) 从减轻疫病危害角度分析，同样是湿料最好，水料次之，干料最差。这是因为自由采食猪群在猪采食时，随着料仓中饲料的下滑，饲料中的粉尘细末，会随着猪的呼吸而进入其呼吸道，进而形成尘肺病。即使是定时给料，由于抢食的原因也同样不可避免。比较而言，颗粒料比干粉料相对好些，毕竟粉尘少得多。

(4) 母猪因为妊娠中需要胃肠、输卵管、子宫的经常强有力地蠕动，分娩时需要子宫、腹部肌肉群有强大的收缩力。所以，饲喂含粗纤维较多、体积较大的水料会因排泄而锻炼这些器官。反之，若饲喂湿料、干料，消化道和生殖器官的运动强度将依次下降，锻炼的强度和机会也就减少。同时，长期饲喂富含粗纤维的体积较大的湿料，还可以使胃肠道容积扩大，减少胃网和肠系膜脂肪的蓄积，为哺乳期较大的采食量奠定基础。因而，畜牧专家建议空怀期和妊娠期的母猪饲喂水料，而在哺乳期饲喂湿料。山西晋城薛守勤等认为，哺乳期母猪每日采食麸皮含量不低于20%的湿料7 kg以上，不仅能够有效避免粪便干结，而且泌乳量可以维持在较高水平，对仔猪断奶窝重和均匀度的提高有积极作用。

此外，维生素、中成药等保健药品，以及一些治疗药品，均可以通过拌料前溶解于水的办法添加，减少捕捉、保定、注射等工作对猪群的惊吓，避免应激，为猪群健康生长创造条件，也是湿料喂猪的一个优势。

同世界上任何事情一样，有优势就有劣势。湿料喂猪也存在缺陷。首先是搅拌过程增加了劳动量。再就是高温高湿条件下，湿料容易霉败变质，这种风险可以通过加强饲养管理予以规避。事实上固定栏定时饲喂猪群，如果饲养员懒惰，没有及时清理剩余饲料，不论使用的是干料或湿料，均容易在两个采食位之间存

积剩料，为霉败变质埋下隐患。当然，饲料库选址失误，位于低洼潮湿处，或者饲料库未真正干透就开始储存饲料，同样会导致饲料霉变，这同湿料喂猪无关。一个常见的现象是饲料在高温高湿的猪舍内存放时间过长，发生不易察觉的轻微霉变，同样不能算到湿料喂猪方面。个别猪场管理日程设计不合理，料槽清理时间间隔太长，也是导致饲料轻微霉变的一个原因。

要想获得最为理想的饲养效果，应当通过时段设置和不同种类猪区别对待，实现在劳动量增加最少条件下的最佳给料方式。

5. 结论和建议

（1）生理学、行为学、微生态学研究和试验表明，猪群疫病频发，混合感染严重，既有猪场设计、建设不当的影响，也有饲养管理水平低下的原因，但是最主要的原因是给料方式的错误，干粉料或颗粒料的使用，粉尘通过呼吸进入或积存于上呼吸道，严重时积存于肺脏的支气管，从根本上动摇了猪自身抗病力的基础。

（2）如何降低猪舍内空气中病原微生物的密度？人们能够采取的办法一是通过改进猪舍的构造，改善空气流通状况。二是安装抽风机。三是改进给料方式，减少猪舍内便于病原微生物滋生的培养基。显然，第一种方式需要较多投资、需要一定的时间和空间，只能在新建猪场设计时予以考虑。第二种方法可以取得立竿见影的效果，但一要增加能耗，提高成本，二是同保暖的矛盾。在黄河流域及其以北地区，冬春季保暖极为重要，通风量的设定，对于不同地段位置、朝向、规模、类型的猪舍，需要一定的时间观察积累数据，短期内难以妥善解决。同前两种方法相比，第三种办法则有简单易行、立即见效的优势。

（3）建议无论是大型的规模猪场，还是专业户猪群，均应改变给料方式，采用湿料（或称半干料）喂猪。具体到各个猪场，如何落实不同种类猪的给料方式，如何设置时段间隔，应根

据本场或猪群的实际制订具体的方案。本书给出的建议如下：

1）淮河以北地区：雨水—夏至、白露—大雪这段时间，以饲喂湿料或水料为佳；夏至—白露和大雪—雨水这两个时间段饲喂干料，一可避免夏秋高温高湿期饲料的酸败，减轻霉菌污染的危害，二可避免冬春寒冷季节猪采食冰碴饲料导致的胃肠不适。

2）夏秋高温季节使用湿料时随用随拌，并要及时清理料槽，避免多余饲料酸败变质。

3）冬春寒冷季节，气温过低时也要坚持随用随拌，避免过多湿料夜间结冰。

4）饲喂颗粒料猪场应在饲喂前过筛，筛下的粉料再次制粒后饲喂。避免保存、运输过程中揉碎的粉尘对猪的不良影响。

5）母猪在空怀和妊娠期饲喂水料（妊娠后期料应提高粗纤维的含量），哺乳期饲喂湿料。

三、分阶段异地饲养

后蓝耳病时代受疫病风险的挤压，有必要推行分阶段异地饲养。其基本模式是大型猪场或母猪饲养专业户专门生产仔猪，育肥场（包括农户的小型育肥场）专门饲养商品猪。其好处就是转场后脱离了原场空气质量低劣的环境，有利于断奶后的生长发育。当然，也会减轻母猪群隐性感染个体散毒对保育群的危害。

落实分阶段异地饲养的关键在于形成合同预约的机制，即所谓的订单养猪。在此，信守合同、诚信经营显得尤为重要。忌讳的是猪仔价格上扬时母猪饲养户中断供应，猪仔价格下跌时育肥专业户拒绝接受仔猪。因而，有必要在签订合同前，讲清楚价格波动时如何处理，并写进合同中。

已有的悲惨教训是育肥专业户购买不到仔猪，到处收购，将数家猪场的仔猪混在一个场内饲养，在育肥期内暴发混合感染疫情。最极端的例子是育肥户将猪贩子的猪，买进育肥场猪舍，

5~7 d 就发生混合感染疫情。

选择大型猪场或者母猪饲养专业户，通过谈判，达成共识，签订预约采购合同，一次足量购买，不再从第二个猪场或农户买猪苗（断奶仔猪或架子猪），是育肥猪场保证平稳生产、安全生产的基本保证，政府有关部门应通过搭建信息平台，去极力促成。

1. 签订和执行表达双方真实意愿的合同 大型猪场由于一次采购量大，种猪场对其订单非常重视，很少发生刁难客户的事件。众多的纠纷集中在种猪场同育肥户之间的合同执行。规避的办法包括：

（1）签订合同以前了解清楚谈判对象的真实身份，同具有法定代表资格的人谈判。

（2）修改格式合同，将挑选、运送费用、检测费用、售后服务、质量问题的处理和费用分摊等容易出现纠纷的部分，在格式之外增加条款予以明确，确保合同反映双方的真实意愿。

（3）汇款前请供应方在合同上加盖公章，使草签合同变成具有法律效力的有效合同。

2. 小心运送 后备母猪和断奶仔猪都是要继续在场内饲养的猪，运送时一定要小心谨慎，确保平安运送，健康运送。

（1）运送距离不宜太远，尽可能在 300 km 以内。

（2）运送车辆要提前保养，确保运送中不出故障。

（3）夏季午夜以后，天气凉爽，公路行驶车辆密度较低，有利于安全运行，对猪的应激也较小，但是，驾驶员要在白天充分休息，超过 4 h 运行时间时，应安排两名驾驶员交替驾驶，确保不疲劳驾驶。

（4）雨、雪、雾天运送时，应使用敞篷车，运猪专用车应加盖篷布，尽量避免运行中大风和雨雪对猪的侵袭。

（5）装车应安排在采食 1 h 后。装车前可让猪饮用添加 5% 电解多维（夏季也可添加葡萄糖或维生素 C，冬季也可添加柴胡

口服液）的饮水，装车后应在车厢底部均匀撒布少量颗粒饲料。

（6）车辆消毒尽量同猪体的喷淋使用相同的消毒液，以减轻装车后的环境应激。

（7）装车前的喷淋消毒，可使用有明显气味的消毒液，以实现气味掩盖，减少打斗。

（8）检测血样可在装车以前，猪体未消毒时进行。

（9）通过高速公路运送的，以最低速度运行。每小时应进入服务区休息1次。休息时押运人员应当检查猪群情况。

（10）遇到弯道、上下坡路段，或在乡间公路行走，或通过临时沟坎，均应缓慢行走，减少紧急刹车，避免剧烈颠簸。

卸车后，经喷淋消毒后方可进入隔离观察舍。

3. 育肥猪舍的准备　建议小型农户育肥猪场购买20 kg以上的“架子猪”育肥，若从大型猪场购买，应采购“下保育床猪”。体重愈小，育肥中问题愈多。

（1）消毒处理。不论是封闭猪舍，或是半开放猪舍，进猪前均应彻底消毒。

（2）温度调试。冬季应提前做好保暖防寒处理，提前2 d供热并测试供热效果。有条件的可保证空舍温度在8～12 ℃，风速0.14 m/s。供热有困难的也应封闭猪舍，保证空舍温度在5 ℃以上，地面应铺设锯末、杂草或农作物秸秆，门口应进行遮风改造，避免冷风直吹。

夏季应提前做好防暑、防蚊蝇处理。提前2 d检查并调试风机、风扇，确保舍内风速2.8 m/s时正常运行。将空舍温度控制在24 ℃以下，装猪后，即使“中伏天”的阴雨天气也不得高于28 ℃。

（3）调试和检修给料设备。若采用管道输送稀汤料的给料技术，也应在进猪之前调试完毕。采用人工上料技术的也要调试搅拌机，检修送料车和料仓，确保进猪之后饲料的正常供料。

（4）清理供排水系统。消毒饮用水，检查水箱，试水后立即更换跑冒滴漏水管和饮水器，清理和检修排水系统，都是进猪前两天必须完成的工作。

（5）药物准备。消毒和抗应激药品必须在进猪前 2 d 购回。有条件的猪场，应将进场后免疫的疫苗购回。并补充防疫器材。

4. 育肥猪的日常饲养管理 专门育肥时工作相对简单，饲养员更加专一，日常观察和管理更加细致，有利于饲养管理水平的提高。具体的日常管理程序制定，各场应根据本场的人力资源、饲养员文化水平、劳动强度等综合考虑（参考本书第三章及第二章）。

5. 适时出栏 分阶段饲养后的最终问题是适时出栏。出栏时机的把握，是对每一个猪场老板决策能力的检验。

90~110 kg 的出栏体重，是根据猪的绝对生长曲线和相对生长曲线相互结合而做出的最佳选择，这个参数反映的是饲料报酬的最佳区段，并不能够体现市场因素。所以，这个参数只是决策时的参考基础，不是必须执行的硬性规定。

事实上，在具体的经营活动中，人们更看重的是出栏时的商品猪的市场价格和价格走势，以及需要补栏的“猪苗”或“架子猪”的市场价格和价格走势。此外，季节因素、节假日也是老板们必须关注的因素。此外，本场劳动力构成和成本，猪场的维修和更新改造，疫病及其流行趋势，都是老板在决定何时出栏时要考虑的因素。

四、认真开展猪群“三选”

选择、选种选配和选留，从字面上讲是“四选”。但是在生产中，由于三元杂交模式的限制，生产母猪和种公猪的品种已经限定，选种变成了对后备母猪场和购买的后备母猪的选择，即选择、选配和选留。

1. 后备母猪选择的重要性 通信技术的进步，为人们尽可能多地收集猪群内有害基因的表现提供了便利。目前，已经收集到有害基因的表现，依照出现频率的高低，依次为脐疝和隐睾，阴囊疝，耳面或肩背部皮下气囊、瞎眼、肛门闭锁、局部无被毛或全身无毛，鼻梁凹陷、尾巴或躯体不同部位的皮肤缺失、五条腿、双头、一头双身、臀部肿瘤。一些猪场的商品猪群，育肥群内脐疝、阴囊疝、隐睾个体合计超过1%。

为了提高受胎率，许多猪场采用了复配时调换公猪的做法。使用人工授精技术猪场，有人为了提高准胎率，采用了间隔10 h的二次输精、混合多头公猪精液输精（简称混精授精）办法。有害基因在自然交配猪群的频频表现，部分原因是种公猪携带有害基因，更多的同近亲交配有关。但使用人工授精技术猪群内，有害基因的表现频率升高，混精是值得研究部门关注的一个因素。

就多数规模饲养猪场而言，重要的工作是开展选种、选配和选留（简称“三选”）。其原因在于一些种猪场因利益驱动将不合格后备猪作为种猪销售，部分不具备种猪生产条件的猪场出售后备母猪和种公猪，极少数猪场的后备母猪甚至来源于自繁自养农户。一种不可抗拒的情况是市场行情的影响，当市场商品猪销售价格上扬时，种猪供应紧张，许多种猪场出售的后备母猪体重不足，30 kg出场屡见不鲜。此外，一些自繁自养猪场，因技术素养问题，根本就没有开展后备母猪的选择，或者选择指标不当。这些因素单独或共同作用的结果是母猪群品质下降。所以，在后蓝耳病时代，对于许多猪场而言，选种并不是没有意义，而是建立良好母猪群的基础工作。只不过是从对猪种的选择变成了对种猪场的评价，变成了购买后备母猪后的选择。

2. 规避购买风险 其一，种猪场数量过多是一种客观存在，种猪销售市场的恶性竞争也是客观事实。购买质量低劣种猪的原因在于信息的不畅通。因而，通过各种媒体广泛搜集种猪场产品、质量、价格信息，选择诚信企业是购买种猪时的首要工作。其二，质量、价格相同情况时，选择距离本场最近的种猪场签订购买合同，既可缩短运输距离，降低运输风险，也是降低供种方毁约风险的最简单办法。其三，合同中最好约定“在种猪场现场挑选、选猪人监督下装车，送货上门”条款。约定血样检测的抽样率、抽样地点和检测内容，明确检测费用支付和检测结果不合格后的处理办法。避免不让挑选、上门提猪时因挑选而中断合同、检测费用支付、检测后不合格问题处理时扯皮等问题的产生。

3. 选择项目和选择差的确定

购买的后备母猪或自繁自养的后备母猪，均有一个选择的问题。

(1) 购买的后备母猪配种前选择。主要从发育情况、体形体况、发情表现、病原监测结果、免疫反应五个方面选择。

同批次购买的后备母猪，配种前称重体重低于群体平均重10 kg的应予淘汰。

乳头少于6对坚决淘汰；有X形腿、O形腿和瘸腿、弓背、凹腰等明显损症的后备猪应淘汰转入育肥群；背膘丰满、股部有明显赘肉的肥胖个体和关节突显的明显消瘦个体，也应淘汰转入育肥群。

无病、群体内多数发情后两个情期仍未发情的个体，发情但连续2次配种均未受精的个体，应予淘汰。

猪瘟、蓝耳病、大肠杆菌、萎缩性鼻炎病原监测阳性个体，应予淘汰。

猪瘟和口蹄疫抗体检测，其抗体滴度低于众数值3个梯度的个体，若其他指标均合格，可在3周后再次接种，4 d后采血样检测。若有其他指标不合格，则立即淘汰。血样复检时抗体滴度低于9（或512）的个体，即使其他指标合格，也应淘汰。

（2）自繁自养母猪群后备母猪的选择。自繁自养猪群生产后备母猪，必须按照“纯种长白同纯种大型约克夏交配生产二元母猪”的方案执行，即长白公猪同长白母猪交配所生产的纯种长白作为父本（或母本），大型约克夏公猪同大型约克夏母猪交配产生的仔猪作为母本（或父本），从二者交配后所生产的第2~5胎后代中选留6对乳头以上的发育良好仔猪，作为后备母猪培养。初情后的选择参照“购买的后备母猪配种前选择”执行。

（3）生产母猪的前三胎选择。各猪场可根据本场猪群大小、生产计划、市场行情诸多因素，综合分析，制订自己的选择计划。作者的建议如下：

1）淘汰第一胎生产木乃伊母猪。淘汰第一胎生产仔猪低于5头、高于16头的母猪。将第一胎生产仔猪5~7头或16头以上但断奶存活低于5头或断奶时仔猪窝重低于36 kg的所有母猪作为抗体检测对象，将检测结果同第一胎生产仔猪8~15头的母猪的抗体检测结果进行比较，淘汰猪瘟和口蹄疫抗体滴度低于后者3个梯度的母猪。淘汰第一胎生产5~7头或12头以上仔猪但仔猪月龄内有黄白痢病例的母猪。淘汰猪瘟、蓝耳病、大肠杆菌、萎缩性鼻炎病原监测阳性母猪。

2）淘汰第二胎生产木乃伊母猪。淘汰第二胎生产仔猪低于6头、高于14头的母猪。将第一胎生产仔猪6~8头或14头以上但断奶存活低于6头或断奶时仔猪窝重低于40 kg的所有母猪作为抗体检测对象，将检测结果同第二胎生产仔猪8~14头的母猪的抗体检测结果进行比较，淘汰猪瘟和口蹄疫抗体滴度低于后者3个梯度的母猪。淘汰第二胎生产6~8头或14头以上仔猪但仔猪月龄内有黄白痢病例的母猪。淘汰猪瘟、蓝耳病、大肠杆菌、萎缩性鼻炎病原监测阳性母猪。

3）淘汰第三胎生产木乃伊母猪。淘汰第三胎生产仔猪低于7头、高于12头的母猪。将第三胎生产仔猪7头或12头以上但断奶存活低于7头或断奶时仔猪窝重低于44 kg的所有母猪作为抗体检测对象，将检测结果同第三胎生产仔猪8~12头的母猪的抗体检测结果进行比较，淘汰猪瘟和口蹄疫抗体滴度低于后者3个梯度的母猪。淘汰第三胎生产7头或12头以上仔猪但仔猪月龄内有黄白痢病例的母猪。淘汰猪瘟、蓝耳病、大肠杆菌、萎缩性鼻炎病原监测阳性母猪。

(4) 生产母猪的7胎后选择。淘汰第七胎（含第七胎，下同）后生产木乃伊母猪。第七胎后生产仔猪低于8头、高于12头的母猪全部淘汰。将第七胎后生产仔猪8~12头但断奶存活低于7头，或断奶时仔猪窝重低于42 kg的所有母猪作为抗体检测对象，将检测结果同群内第3~6胎生产仔猪8~12头的母猪的抗体检测结果进行比较，淘汰猪瘟和口蹄疫抗体滴度低于后者3个梯度的母猪。淘汰第七胎后产仔猪8~12头但仔猪月龄内有黄白痢病例的母猪。淘汰猪瘟、蓝耳病、大肠杆菌、萎缩性鼻炎病原监测阳性母猪。

4. 选配及其注意事项

日常饲养管理中，恰当的选配是提高商品猪群群体体质的基础，也是避免有害基因表达的基本手段。但是，许多规模饲养猪场认为反正自己采用了人工授精技术，使用的是供精站供应的精液，都是合格产品，不用操心。小型猪场则是因为就那么一两头公猪，孬好都得使用，懒得开展选配。殊不知正是由于猪场经营者和技术人员的这种糊涂想法，丢弃了这项规模饲养猪群提高群体体质的最经济、有效的手段，使得猪群体质逐年下降。这一点，可从仔猪群脐疝、阴囊疝病例增多后，群体易感性增强，蓝耳病、圆环病毒、细小病毒危害日趋严重得到证实。所以，不论是采用人工授精技术的规模饲养猪场，还是小型猪场，都需要提高对选配重要意义的认识。

采用人工授精技术的规模饲养猪场，通过选配，可及时发现

同本群亲缘关系较近的精液号码，以及携带有害基因的精液号码，进而避开该号码种公猪的精液进入本场。小型猪场通过选配，可以证实本场公猪的纯度，是否携带有害基因，为及时更新提供依据，更为重要的是及时发现、淘汰携带有害基因的母猪。

开展选配，必须有真实的配种记录、产房母猪的生产记录作为基础。所以，人工授精技术员（种公猪饲养员）和产房饲养员的积极配合是做好此项工作的关键。

人工授精技术员必须如实填写配种记录。包括配种时间，与配母猪的号码和配种时机，授精次数，使用精液的号码、输精量、活力（详见表 9-1 规模场配种记录表）。

表 9-1　规模场配种记录表

配种时间 （　年　月　日）	母猪号码	配种时机	授精次数	精液号码	输精量	活力	技术员签字

注：配种时机填写发情后几小时和具体时间。如 8 h，16：30

负责种公猪管理的饲养员同样必须如实填写配种记录。内容包括括配种时间，与配母猪的号码和配种时机，授精次数，使用种公猪的号码（详见表 9-2-1 小型猪场和母猪专业户配种记录表）。同时还应注意，一是初配母猪使用有经验的体重较轻公猪交配，2~5 胎的母猪使用老年公猪或没有经验的青年公猪交配。禁止老龄公猪同 7 胎以上的老母猪交配，禁止初配母猪同没有经验的青年公猪交配。二是有缺陷的种公猪停止配种，坚决杜绝有相反缺陷的公母猪之间的交配。行情上扬时，需要临时使用的有缺陷母猪，应使用正常种公猪交配。三是控制配种频率。即使配种旺季，每日配种也要控制在 2 次以内，不让种公猪做无效劳动。

表 9-2-1　小型猪场和母猪饲养专业户配种记录表

配种时间 （　年　月　日）	母猪号码	配种时机	授精次数	种公猪号码	技术员签字

注：配种时机填写发情后几小时和具体时间。如 8 h，22：30

负责产房管理的饲养员必须如实填写产房接生记录表（表 9-2-2）、产房生产记录表（表 9-3）和母猪卡片（图 9-1 母猪卡片—正面，表 9-4 母猪卡片—反面）。

表 9-2-2　产房接生记录表

母猪号码	分娩时间（24 h 制）	顺产与否	产仔总数/弱胎/死胎/木乃伊	产程（h）	胎儿总重/活胎总重	最大胎重	最小胎重

注：产程以分钟为单位。

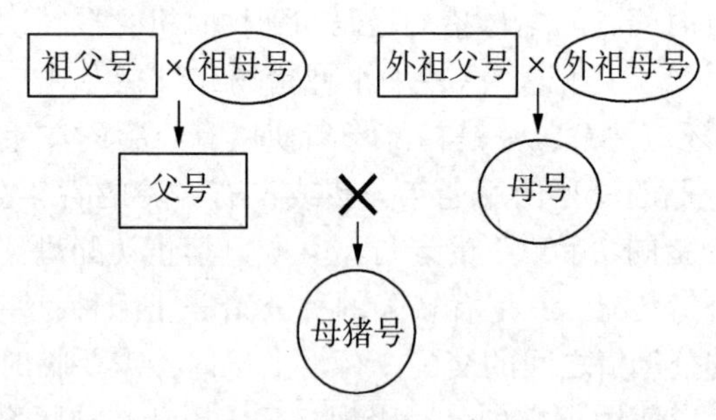

图 9-1　母猪卡片（正面）

表 9-3　产房生产逐日记录表____年____月

	母猪号码	分娩母猪	产子总数	产活仔数	存栏母猪	存活仔猪	转出母猪	转出仔猪	死亡仔猪窝数	发病仔猪窝数	净存母猪	净存仔猪
1												
2												
3												
4												
5												
6												
7												
8												
9												
10												
11												
12												
13												
14												
15												
16												
17												
18												
19												
20												
21												
22												
23												
24												
25												
26												
27												
28												
29												
30												
31												

表 9-4　母猪卡片（反面）

	配种日期	分娩日期	产仔		断奶		备注
			总数/存活	总重/活重	存活	活重	
第一胎							
第二胎							
第三胎							
第四胎							
第五胎							
第六胎							
第七胎							
第八胎							
第九胎							
第十胎							

上述各项记录的准确与否，直接决定着选配的效果。应采取相应的管理措施，力求真实可信。

5. 自然交配公猪的选择和配种前准备　自然交配公猪性成熟后，应由专家背靠背评审鉴定。体形外貌综合评定未达到特、一级的，不得参加配种。

配种前应经过病原监测，所有监测项目合格，方可参加配种。

开始配种后，每半年 1 次病原监测。

猪瘟、口蹄疫免疫后通过检测进行免疫应答效果评价。

病原监测时猪瘟、蓝耳病、伪狂犬、圆环病毒、口蹄疫、细小病毒、乙脑、流行性腹泻 8 种病毒，波氏杆菌、大肠杆菌 2 种病原菌，均不得出现阳性。任何一项显示阳性，应立即复检，确定阳性个体，应立即淘汰。

评价猪瘟、口蹄疫免疫效果时，抗体滴度应当处在 9（或

512）以上。对于抗体滴度6~9的公猪，应立即查找原因，及时排除。若在6以下，应立即停止配种。

采用人工授精技术猪场，所有被采精公猪必须达到特级。病原监测和抗体检测要求与自然交配公猪相同。

自然交配种公猪，应在每次配种前半小时冲洗尿鞘。冲洗水温32~35 ℃。

6. 精液的选择　人工授精所用精液，必须是来自于具有资质采精站的合格精液。

精液生产单位对采集到的精液，投入加工制作前应抽样进行猪瘟、蓝耳病、口蹄疫、圆环病毒的病原监测。任何一项呈现“阳性”的精液应立即抛弃，并淘汰对应号码种公猪。

使用单位除了每次使用前检查精液的活力、畸形率之外，还应坚持每半年一次对所使用精液随机抽样，进行猪瘟、蓝耳病、口蹄疫、圆环病毒的病原监测。

使用单位应结合生产仔猪的表现，跟踪监测疑似染疫、遗传品质异常精液，发现问题后，立即停止使用，在向供精单位反馈监测结果的同时，向管理部门报告。

7. 选配注意事项　自然交配时除了注意避免老少配、体重差异过大的公母猪交配之外，还应考虑后代的体形。母本为中型约克夏的后代，若继续使用约克夏、杜洛克、汉普夏公猪，所生猪仔育成后体形矮小，应考虑使用长白公猪。二元母猪为立耳型，应选择垂耳型的长白公猪作为父本。

人工授精能够在降低成本的同时，最大限度地避免疫病传播，规模饲养猪场和有条件母猪饲养专业户，应采用人工授精技术。配种时注意事项如下。

（1）早晨和夏季20~22时、冬季的21~23时为配种的最佳时间。不论是人工授精，还是自然交配，均应尽量安排在此时间段。

（2）母猪躯体脏污严重的，配种前应淋浴清洗。后躯污浊的母猪应清洗后躯。清洗时最好用32~35 ℃温水冲洗。

（3）非配种旺季，种公猪采精密度1次/2 d，配种旺季1次/d。

（4）配种旺季，自然交配公猪每日配种1次，非配种旺季，2~3 d配种1次。

（5）自然交配时，应将发情成熟母猪驱赶到公猪舍附近配种。

8. 仔猪出生后的选择

仔猪出生后要进行两次选择：接生时选择和月龄内的选择。

（1）接生时选择：同窝有木乃伊胎产出时，弱仔全部淘汰。同窝产仔超过12头但有死胎时，以12头为限，将按照由弱到强次序淘汰弱仔。

（2）月龄内的选择：同窝有死胎、木乃伊胎的猪仔，若表现颤抖、抽搐等神经症状，或弓形虫、流行性腹泻、黄白痢症状的，应立即淘汰。月龄内仔猪喷嚏连连并且眼眶正下方有泪痕的，经抗感冒处理无效时立即淘汰。

（3）保育期后备猪的选择：隐睾、阴囊疝、脐疝、睾丸不对称公猪，以及有歪鼻、斜眼、瘸腿、O形腿或X形腿、卧系、大头、长颈、弓背、凹腰等损症的公猪，体重在本窝3名以后的公猪，接种猪瘟疫苗1个月后检测抗体低于同窝平均值的公猪，不得预留为后备公猪。乳头少于6对、脐疝、阴户发育不良的母猪，以及有前述公猪损症的母猪，体重在本窝5名以后的母猪，接种猪瘟疫苗1个月后检测抗体低于同窝平均值的母猪，不得预留为后备公猪。

（4）初情母猪的选择：体重低于130 kg、体形鉴定低于3级、有明显损症、阴户发育不良、良好乳头不足6对、二次免疫后猪瘟抗体低于8的初情母猪，均不得参加配种。

五、妥善处理通风换气矛盾

在中国，无论是南方还是北方，猪集群饲养之后，都有一个环境温度控制问题。南方沿海地区，主要问题是夏季的高温高湿，需要通过较高的风速带走猪舍小环境中多余的热量和水蒸气。问题解决起来相对简单，只不过是风机长期运行耗电较多、需要备用风机罢了。广大的北方地区不仅夏秋高热季节需要降温，冬春寒冷季节还需要保暖。通常在保暖过程中所采取的技术措施是封闭猪舍，而封闭猪舍后又带来了空气流通受阻，这种保暖和空气流通的矛盾，是困扰规模养猪的拦路虎。猪瘟、口蹄疫、蓝耳病、伪狂犬、支原体肺炎、圆环病毒等猪群内通过空气传播疫病的肆虐，无不同猪舍内空气流通不畅、空气质量低劣有关。高层次的专家研讨会上，经常听到有专家指出：中国猪群疫病危害严重，在于猪舍内空气质量低劣。这个问题不解决，提高规模养猪的经济效益就是一句空话。后蓝耳病时代养猪，要着力解决猪舍内空气质量问题，可从以下几个方面努力。

1. 改进猪舍设计实现负压通风　除了部分2000年以后建设的新猪场，现阶段多数猪场存在通风设计缺陷。部分猪场存在设计缺陷的原因是利用原有厂房、仓库、农舍所致，部分猪场则是由设计理念落后，设计人员缺少生猪福利意识，设计时根本未考虑舍内通风问题。如无起架的平顶猪舍，热空气没有上升空间。再如单层石棉瓦、水泥瓦的选材，未考虑房顶的隔热要求。又如距离地面1.2 m以上的相对应的窗口布置，致使1 m以上空气顺畅对流，猪生存的1 m以下空间空气对流不畅。

创新设计思维，猪舍设计时高度重视生猪福利，是猪场经营者、场长和设计人员、技术人员共同面临的课题。

推荐的猪舍通风模式为负压通风。即封闭房檐，南墙距地面60 cm以上全部为采光面，可设计成大面积立式窗，北墙距离后房檐25 cm高度，对应南窗设置200 cm×60 cm的卧式窗，窗口安装可控的高热阻窗帘，以便于冬季保暖。进气孔设置于前后檐墙的舍内地面高度，并加装防鼠、防蛇钢网。进气孔内可安装增温、降温装置和空气过滤、消毒装置，保证不同季节进入猪舍空气的温度适宜和洁净。排气孔设置在相邻两间猪舍的屋脊正中，可选用自旋转不锈钢球形排气扇，也可安装可控百叶窗。从而形成地面进风、房顶排风、舍内空气流通顺畅的空气交换环境。

供热管道置于猪床睡眠区下方。

漏粪板下的排粪沟应有1∶(50~200）的坡度。排粪沟两端应有活动的阻隔鼠蛇钢网和二联沉淀池。

2. 舍内隔断钢管化减少空气流通的阻碍　污浊空气的比重大于洁净空气。当猪舍存在设计缺陷导致空气流通不畅时，舍内猪圈的砖隔墙（或其他不透风的隔墙）的存在，将会使舍内形成许多空气死滞区和流通死角。这些死滞区或死角的空气，空气交换的概率更少，附着有病原微生物的尘埃密度更高，空气质量更为低劣。

从生猪福利角度考虑，要创造适于猪生存的猪舍小环境，就应当打掉这些砖隔墙，用钢管或钢筋建设的栅栏隔离，代替原来的不透风砖隔墙，从而减少空气死滞区和死角。运用设计思路的改进，为空气流通创造条件、改进猪舍内空气质量，是投资最少、效率最高的措施。希望新建猪场或搬迁改造猪场的老板和设计人员予以重视。

3. 选择合适的风速参数　正在使用的猪舍，要根据季节变化和本场所在位置，以及本场猪舍的建筑布局、结构、降温设备的实际降温效果，依据舍内猪床面温度检测值，选择合适的通风参数。各种教科书和学术期刊、学术会议提供或推荐的通风参数，仅供调试时参考。

一个最为科学的方法是冬春寒冷季节，要看猪施温，看猪施

风。夏秋酷暑季节要看猪施风，看猪施水。因为舍内温度的高低，不仅取决于风速，空气湿度和建筑物的隔热系数也在同时发挥作用。仅从交换舍内空气角度来看，0.07 m/s 的风速就可以满足需要。但具体到某一个猪场，在不同季节其主要矛盾的表现形式不同。

南方地区的一些猪场，即使冬季，保暖也不是主要问题，通风换气是要解决的主要问题。同样是冬季，北方地区的猪场，既要考虑通风换气，也要考虑保暖，即使在同一个猪场，因为猪群年龄段的差异，要求也不一样。例如产房和保育舍，保暖是主要任务。育肥猪舍，温度降低到 8~10 ℃，只是生长速度放慢一些，不至于发病。若产房、保育舍温度降到 8~10 ℃，就可能导致黄白痢、流行性腹泻的大面积发生。

推荐的南方地区舍内风速：夏季 1.4~2.8 m/s，冬季 0.07~0.14 m/s。

推荐的北方地区舍内风速：夏季 0.28~2.8 m/s，冬季 0.07~0.12 m/s。

4. 控制猪舍湿度 不可忽视湿度对猪舍小环境的影响。冬春寒冷季节，随着空气湿度的增高，猪体热丢失的速率加大，要求舍内温度下限随之上调。严寒季节之后，随着环境温度的上升，空气湿度大的危害逐渐显现。农历的惊蛰之后，蛇、青蛙等冬眠动物的苏醒，也标志着昆虫活跃期的开始。昼夜温度稳定通过 15 ℃之后，温度高于 28 ℃、相对湿度高于 70%的高温高湿天气对猪群健康就呈现副作用。

高温高湿对猪群的副作用的直接原因是抑制猪体多余热量的外排释放。这种情况主要见于气温 37 ℃以上、湿度大于 75%的高温高湿天气。密度较大猪群可见饮水次数增加，张口喘气，猪群内嘴角带有白沫个体增多。此时，若不及时开启风机送风，连续 10 h 以上高温高湿，即可因热射病致猪死亡。

高温高湿的间接副作用是病原微生物的大量增殖和活跃。连续5 d舍内温度高于20 ℃、相对湿度大于65%时，即可见料槽剩余饲料的霉变。这是夏秋高温季节禁止饲养员一次领取一周饲料的主要原因。即使在舍内温度15 ℃、相对湿度55%~65%的猪舍采集的空气样品中，以大肠杆菌为指标的病原微生物含量远远高于舍外采集的空气样品。

5. 添加有助于消化的微生态制剂，降低粪便中蛋白质残留量 猪舍内空气质量低劣的另外一个原因是硫化氢、氨气、粪臭、体臭和CO_2等有害气体浓度的升高。

当猪圈舍内群体密度加大时，有害气体排放量增加，舍内有害气体浓度上升是必然的，这种有害气体对猪体健康的危害不言而喻。

降低猪舍内有害气体浓度的最简捷经济的办法是降低圈舍内的密度。通常，育肥猪拥有1.5 m^2/头以上的舍内面积，就不显示有害气体的危害。1.2 m^2/头的舍内面积就需要通过加大风速解决有害气体问题，0.8~1.0 m^2/头的舍内面积时，猪群内通过呼吸道感染的疫病发病率明显增加。

通过提高风速降低猪舍内有害气体浓度是一种有效方法。但是这种方法不仅要消耗电力，还同保暖形成矛盾。在北方寒冷地区的猪舍，这种办法的作用有限。

在猪舍内投放稻糠、木炭、生石灰等吸附剂，可以达到既降低舍内空气湿度，又减轻有害气体危害的双重目的。但同样存在耗费人力、物力的问题，并且其有效作用时间太短，仅适用于高温高湿天气应急之用。

在猪舍内喷洒二氧化钛超微粉制剂，利用钛元素短半衰期的放射性作用，杀灭猪舍空气中尘埃附着的病原微生物，并吸附空气中的氨气、CO_2、水蒸气，具有很好的临床效果，是国外已经采用的技术措施。国内近年引进了此类产品，但价格较高。

解决猪舍有害气体的最根本办法是提高猪对饲料中蛋白质的消化吸收率。需要饲料生产企业选择生物转化率较高的蛋白原料。需要养猪企业控制饲料适当的蛋白质含量，不使用蛋白含量过高饲料。此外，饲喂时投喂开胃健脾、疏肝通肾的中兽药添加剂，以及微生态制剂，通过增强消化吸收能力，减少粪便中蛋白质的排泄。

六、积极使用现代科技产品

现代养猪业的一个重要标志是饲养集约化、产品标准化、服务社会化、饲养管理现代化。饲养管理现代化的一个突出标志是现代科学技术和工业产品的使用。

世界上任何动物的存在，都是因为拥有自身的生物学特性，依靠这种独有的生物学特性，才使其拥有了对环境的适应性，才能在生物链中保持其存在地位。客观地讲，规模饲养条件下，人们将猪集约饲养在狭小的猪舍内，其生物学特性的发挥受到了极大限制，甚至泯灭了猪的部分生物学特性。如规模饲养猪群无法像野猪那样在树上蹭痒，就无法在身上涂树胶和漆，无法像散养猪那样在泥塘中滚泥巴，就失去了对付蚊蝇蠓虻的本领。所以，饲养者要想养好猪，要么改变饲养方式，让猪充分发挥其生物学特性，如野外放养。要么创造适于猪生长发育的小环境，尽量减轻环境因子对猪的副作用。如规模饲养猪舍安装窗纱，不让蚊蝇叮咬猪体。

后蓝耳病时代面临病毒快速变异的微生态环境压力，面临超级细菌对抗生素的耐药性的困扰，规模饲养猪群被迫努力创造适于猪生长发育的小环境。在这个过程中，尽量使用现代科学技术和现代工业产品装备养猪业成为一种必然。本书不重复已经使用的计算机、视频监控设备、饲料搅拌机、粉碎机、风机、管道送料设备、清粪机等常用设备，仅从饲养环节生产中需求的紧迫性出发，提出如下急需利用的现代工业品装备，供养猪企业、工业制造企业参考。

1. 尽可能使用隔热性能良好的无缝隙建材 由于土地资源的紧缺，一些猪场不再采用秦砖汉瓦的土木结构建筑，代之以钢梁、塑钢瓦等结构件建筑。同砖瓦结构相比，此类建筑结构具有轻捷简便、便于拆卸、建筑周期短的优势。当前还无法克服的硬伤是此类建筑的耐腐蚀性能较差。不仅因为猪场内的频繁消毒，还在于随着环境中 CO_2 排放量的急剧上升后酸雨的腐蚀。因而，项目设计书和设计图纸要提出明确的构件原材料技术参数。

（1）彩钢板的厚度和泡沫颗粒直径要求。若使用普通彩钢瓦，需厚度≥6 cm。当泡沫颗粒直径大于5 mm时，最低应达到8 cm。否则，达不到厚度要求，以及塑料泡沫颗粒过大时，将使建筑物的隔热性能大打折扣。

（2）拼接缝的处理。应在设计中明确标出彩钢板或结构件对接处使用薄膜粘贴覆盖。否则，施工单位按民用住宅建筑标准处理的拼接缝，同砖结构无内粉刷墙体一样，存在大量的缝隙，造成许多消毒死角。

（3）表面喷漆要求。彩钢瓦外表面喷漆必须符合耐酸腐蚀要求，内表面喷漆除了满足耐酸碱腐蚀要求之外，还应满足阻燃要求，以免火焰消毒时破坏结构。

2. 大力推广红外线电子体温计 猪的体温正常与否，是健康的基本标志。传统的测量体温是在发病时才使用的检查手段。进入后蓝耳病时代，由于以数种病毒参与的混合感染成为临床医病的新常态，贯彻“预防为主，防重于治”的猪群疫病防控总方针，应在日常管理中予以落实。所以，在巡视时对精神状态欠佳，或者采食异常个体的体温测量，成为饲养员的一项经常性工作。但是，由于传统的玻璃体温计测量肛温时需要保定被测量猪，不仅工作量大，多数情况下需要两个以上饲养员配合，很少

有猪场将其列入日常检测项目，即使列入，也很难保证有效落实。所以，建议大力推行红外线电子体温计，借助于此种现代化产品，饲养员在不接触猪的情况下就能完成体温测试，不仅减轻了工作量，避免了保定的惊吓应激，还从工艺上避免了使用玻璃体温计的人为传播。

使用远红外电子体温计测试时，测试者只需将探头对准猪的额头、胸部，在相距5~8 cm处摁动开关，即可在阅读窗口看到测试结果。注意，此时测试的是体表温度，而不是肛温，达不到37 ℃是正常现象（因部位和距离不同在32~34 ℃之间），并不是远红外电子体温计测试的不准确。有兴趣的饲养员可以做不同季节、不同年龄段、不同性别猪以及不同测试时间、不同测试距离的对比测试，以获取更加准确的折算系数。使用时注意事项：

（1）使用前认真阅读产品说明书。

（2）不使用时卸下电池，密封后放置于阴凉干燥处。

（3）注意使用时的环境温度（多数的远红外电子体温计的使用温度为-20~45 ℃），超出要求的条件下使用，有可能导致测试结果不准确，或影响产品的使用寿命。

3. 积极运用“B超”开展妊娠鉴定　2000年后，随着便捷型手提超声诊断仪的上市，超声诊断仪开始应用于猪群的妊娠诊断。目前存在的问题是推广的面积太小，只是少数兽医在存栏500头以上的规模饲养猪场使用。

后蓝耳病时代，超声诊断仪应用于猪群的妊娠诊断的好处显而易见。因为以数种病毒参与的混合感染，常导致母猪群发生隐性流产、早期流产、屡配不孕，前三胎生产性能不稳定非常普遍。及时发现空怀母猪，是揭露病例、早期治疗的需要，也是及时确定妊娠母猪，加强妊娠母猪饲养管理的需要，还是降低饲料消耗、提高猪群经济效益的重要手段。以每头空怀母猪消耗4 kg/天，饲料成本价2.5元/kg计算，利用“B超”开展早期妊娠诊断，至少可以减少 20 d 的无效饲养（妊娠周期 18 d 和 1～3 天的发情期），节约饲料成本 200 元。存栏 50 头母猪的猪群引进此装备，使用后按照最低限度对 30%的母猪做出贡献，每年可以减少无效投资 6 万元（以每年生产 100 胎计算）。而购买超声诊断仪的成本只有 0. 8 万～1. 5 万元，因而建议存栏母猪 20 头以上的猪场，大胆引进并使用该设备。

现阶段兽医游走诊断的办法，存在的最大弊端是兽医在不同猪场的走动带来的人为传播。其次，仪器触头接触不同的猪体，是否消毒，是否做到有效消毒，值得怀疑。

无论是从投入产出比考虑，还是出于防病需要，都以猪场购买此种设备、固定操作人员为上策。使用时注意事项：

（1）使用前认真阅读产品说明书。

（2）不使用时切断电源，密封后放置于阴凉干燥处。

（3）操作人员应经专业培训后上岗。

（4）注意耗材的有效期。

4. 可自由组合钢管栅栏　在猪舍内使用可组合钢管栅栏，可以有效解决单砖隔墙对空气流通的阻隔。

利用可组合钢管栅栏的多变性，通过临时安装的栅栏通道，实现非捕捉状态下的分离、转移，可以有效降低转群、出售时抓猪的劳动强度，避免捕捉、驱赶应激。

购买使用时注意事项：一是购买的栅栏应有多变卡扣，以便于安装时随意调整方向和高度。二是尽可能使用表面经刷漆、喷漆处理的钢管栅栏，不仅其耐腐蚀性能优于镀锌管，而且具有抗微生物污染性能。三是消毒时尽可能不向钢管部件喷洒消毒液。

5. 聚甲醛塑料漏粪板　水泥预制漏粪板和铸铁漏粪板的使用，解决了产床的猪粪污染问题，有效降低了通过粪便传播疫病的发病率。但两者存在共同的缺陷是热传导系数较高，仔猪的热丢失严重。后者的另一个缺陷是睡眠区使用的电热板漏电时，会

因其良好的导电性能伤及母猪。

铸铁度塑漏粪板同前两者相比，有了明显进步，但在使用中暴露出的问题是度塑层的坚固性不够，很容易脱落。

同木质漏粪板一样，聚甲醛塑料漏粪板具有耐腐蚀、热阻系数高、防漏电性能好的特点。比前者更为优秀的是其良好的强度，不仅耐啃咬，并且满足了制作预制构件时卡扣的强度需要，使用寿命也较长，是目前最为理想的漏粪板。此外，因其较小的比重，拆卸方便，降低了消毒时的劳动强度，为定期消毒提供了方便。

从创造适于猪生长发育的小环境，评价上述几种漏粪板，其优良程度的排序依次为：聚甲醛塑料漏粪板，木质漏粪板，铸铁度塑漏粪板，水泥预制漏粪板，铸铁漏粪板。从价格评价出发，由贵到贱的排序依次为：聚甲醛塑料漏粪板，铸铁度塑漏粪板，铸铁漏粪板，水泥预制漏粪板，木质漏粪板（运用家具厂废弃边角硬料制作）。

6. 套嘴拉环 目前在生产中广泛使用的利用摩托车刹车线制作的套嘴拉环，是一种构思巧妙、结构简单、价格低廉、使用方便的猪专用保定器械，临床使用效果很好。缺点是容易损坏。

当前存在的问题是一些饲养户没有购置，或仅有一个，急用时到其他场“借”。殊不知保定时要套进猪嘴内，若使用后未及时消毒或消毒不彻底，借用套嘴拉环的过程就是传播疫病的过程。特别是那些通过唾液、黏膜传播的疫病。所以，所有养猪户都应把其作为基本器械，至少购买两个。保证需要时“有”，不外借，也不借用。使用前后，经消毒、清洗处理，不用时挂太阳下暴晒。

7. 水母猪—仔猪采暖装置 对猪的生物学特性研究表明，母猪的最佳温度区为12~22 ℃，月龄内仔猪的最佳温度区为24~32 ℃，保育猪最佳的温度区为14~24 ℃。现阶段猪场普遍采用产房温度 24 ℃，是一种无奈的折中。产房内 22～24 ℃对母猪属于上限温度，对仔猪又显得太低。

最新的研究表明，猪躯体和头部对温度的感受也不一样，头颈部的最适宜温度为 15 ℃。产房内 24 ℃对于母猪头颈部的感受是非常不舒服的，长期生活在温度不适宜的环境中，最先出现的不良反应就是睡眠质量下降，而睡眠不足最容易导致内分泌机能紊乱，进而表现出非特异性免疫力的下降，成为繁殖母猪群抗病力下降的主要原因。

产房内 24 ℃温度设置只是适于 20 日龄以上的仔猪。至少对于 15 日龄以前的仔猪，是一种严重的低温刺激。低温刺激的最常见不良反应是喷嚏和咳嗽，之后是消化机能紊乱，即采食量下降、消化不良和拉稀。5 次以上的稀便可使仔猪明显脱水，抗病力下降。在产房内空气交换不良的背景下，多数受凉仔猪很快成为黄白痢的典型病例，具有极强传染性的黄白痢是导致哺乳仔猪育成率低下的主要原因。

一种不久就可上市的专利产品——“水母猪”，正是为了克服这种缺陷而设计。水母猪实际是一种哺乳仔猪的睡袋。仔猪钻进水母猪肚子内，就处于依据不同日龄调整温度的最佳的温度区，睡袋外的母猪活动区可以按照母猪头部需求的 15 ℃设定温度，从而提供适宜于母猪和仔猪生存的最佳温度环境，为保持繁殖母猪群拥有较高的非特异性免疫力提供支持，并成倍降低产房保暖的能耗。

8. 仔猪睡眠区自闭门 不论是目前正在使用的产房，还是将来采用水母猪后温度更低的产房，仔猪睡眠区自闭门都是一种急需的工业产品，建议有关企业抓紧研制。一旦有产品上市，养猪场户应立即应用。

之所以将这一倡议再次提出，是因为目前产房内仔猪睡眠区设计缺陷的广泛存在。随处可见的现象是，仔猪睡眠区顶部运用

红外线采暖灯泡采暖，或睡眠区地面铺设树脂材料制成的电热板采暖，而睡眠区门洞大开。门洞敞开的直接结果是睡眠区热空气因其比重小而从门洞外溢，产房内的冷空气持续流入睡眠区。前者导致睡眠区内仔猪直接接受红外线灯泡的热辐射，寒冷中的仔猪背部炙热难受，频频跑出睡眠区寻找温暖环境，部分聪明仔猪干脆直接爬卧在母猪腹部，多数仔猪通过扎堆采暖，并通过频繁交换位置避免背部的不适。后者较前者优越的地方是热量从地面上升，仔猪免受背部炙热之苦，但同样存在睡眠区热空气外溢、产房内冷空气进入后寒冷的问题。解决的办法就是封闭睡眠区门洞。

显然，封闭仔猪睡眠区的门，要满足既能封闭阻挡热空气外流，又要便于仔猪随时出入。一般的自动关闭门打开时需要较大的推力，不适于仔猪出入。运用电子设备自动感应关闭的门成本太高，猪场难以承受。所以，寻找一种既能够满足仔猪自由出入。又能够起到封闭作用的门，并非易事。

在这种门尚未问世之前，作者推荐一种封闭效果不十分理想的简单装置暂时使用。即选择长宽小于睡眠区门口 2 cm、厚度 4 cm的杨木板或桐木板，周边沿厚度中线循环一周刻宽深 5 mm 凹槽，左、右、下三面凹槽内粘胶后嵌入 10 mm×5 mm 的橡胶封条，顶端用废弃汽车内胎固定于出入口门楣。此法可以实现仔猪自由出入后自动封闭，缺陷是 15 日龄后仔猪啃咬玩耍时容易损坏。好在成本不高，杨木板、桐木板唾手可得。当然，若有企业能够生产出聚甲醛板、凹槽加工成燕尾槽时，橡胶条固定的效果更好，寿命会延长数倍。

9. 非捕捉称猪笼 要想保持猪群良好的群体体质，母猪和仔猪的选择是必不可少的工作。而选择的一个重要指标是初生重和断奶重。所以，称重是日常管理中的一项经常性工作。另外，饲料质量的评价和各种添加剂实际应用效果的评价，也都需要定期称重。许多猪场没有开展这项工作，一方面是没有认识到这项工作的重要性，另一方面是因为称重时需要抓猪。多数管理者反映，捕捉猪不单单是一个增加工作量的问题，更重要的是捕捉和称重过程中对猪的惊吓应激。因为这种应激不仅仅表现在被称重个体，那些虽然未被捕捉称重的个体，受到尖利嘶叫惊扰后，同样会表现出情绪不安、采食量下降等应激症状。所以，设计出便捷、廉价的非捕捉状态下完成称重的工具，是减轻工作量的需要，也是提高饲养管理水平的要求。希望设计部门和工业生产企业予以重视。

10. 简易自动上料车 随着中国社会老龄化进程的加快，中国社会劳动力价格低廉将会成为历史。如何降低猪场饲养工人的劳动量问题应该提上议事日程。多数猪场的日常饲养中，送料、上料仍然是饲养工人主要的重体力劳动，减轻养猪业体力劳动量应在此环节下功夫。

在管道自动送料设备短期内价格难以大幅度下降、规模养猪效益不高的条件下，降低饲养工人劳动量可从改进现有工具着手。推荐的办法是料库通过传送带将成品饲料传送至高台，从高台流放于特制送料车。工人推送料车进入猪舍后手动控制放料阀，将饲料从特制的送料车上流放于自动料仓。从而去掉装车、卸料、进猪舍向自动料仓加料等环节，减轻饲养工人的劳动量。

特制送料车可用现有手推送料车改进。

（1）升高车体，使其底部高于自动料仓 20 cm，以便于饲料流出。

（2）将整个车体建成倒四棱台的“大斗”，底部设出料口，出料口两侧各设一折叠可控的放料管。

（3）进入猪舍内，料车停在对应猪舍料仓的中点，支放送料管与自动料仓料斗中间。打开放料阀，饲料即自动流入料仓。

附 9-1　猪饲料中允许添加药品名录

（所使用的添加剂最低必须达到饲料级）

一、允许使用的氨基酸类添加剂有 7 种：L-赖氨酸盐酸盐，DL-蛋氨酸，DL-羟基蛋氨酸，DL-羟基蛋氨酸钙，N-羟甲基蛋氨酸，L-色氨酸，L-苏氨酸。

二、允许使用的矿物质、微量元素添加剂有 46 种。

2-1. 钠类 4 种：硫酸钠，氯化钠，磷酸二氢钠，磷酸氢二钠；

2-2. 钾类 2 种：磷酸二氢钾，磷酸氢二钾；

2-3. 钙类 6 种：碳酸钙，氯化钙，磷酸氢钙，磷酸二氢钙，磷酸三钙，乳酸钙；

2-4. 镁类 4 种：七水硫酸镁，一水硫酸镁，氧化镁，氯化镁；

2-5. 铁类 8 种：七水硫酸亚铁，一水硫酸亚铁，三水乳酸亚铁，六水柠檬酸亚铁，富马酸亚铁，甘氨酸铁，蛋氨酸铁，酵母铁；

2-6. 铜类 4 种：五水硫酸铜，一水硫酸铜，蛋氨酸铜，酵母铜；

2-7. 锌类 5 种：七水硫酸锌，一水硫酸锌，无水硫酸锌，氧化锌，蛋氨酸锌；

2-8. 锰类 3 种：一水硫酸锰，氯化锰，酵母锰；

2-9. 碘类 3 种：碘化钾，碘酸钾，碘酸钙；

2-10. 钴类 2 种：六水氯化钴，一水氯化钴；

2-11. 硒类 2 种：亚硒酸钠，酵母硒；

2-12. 铬类 3 种：吡啶铬，烟酸铬，酵母铬。

三、允许使用的维生素类添加剂有 26 种：α-胡萝卜素，维生素 A，维生素 A 乙酸酯，维生素 A 棕榈酸酯，维生素 D_3，维生素E，维生素E乙酸酯，维生素K_3（亚硫酸氢钠甲萘醌），二甲基嘧啶醇亚硫酸氢钠甲萘醌，维生素B_1（盐酸硫胺），维生素B_1（硝酸硫胺），维生素B_2（核黄素），D-泛酸钙，DL-泛酸钙，烟酸，烟酰胺，维生素B_6，叶酸，维生素B_{12}（氰钴胺），维生素C（L-抗坏血酸），L-抗坏血酸钙，L-抗坏血酸钙-2-磷脂酸，D-生物素，氯化胆碱，肉碱盐酸盐，肌醇。

四、允许使用的微生物添加剂有11种：干酪乳酸菌，植物乳杆菌，粪链球菌，乳酸片球菌，枯草芽孢杆菌，纳豆芽孢杆菌，嗜酸乳杆菌，乳链球菌，啤酒酵母菌，产朊假丝酵母，沼泽红假单胞菌。

五、允许使用的酶制剂有12种：蛋白酶（黑曲霉，枯草芽孢杆菌），淀粉酶（地衣芽孢杆菌，黑曲霉），支链淀粉酶（嗜酸乳杆菌），果胶酶（黑曲霉），脂肪酶，纤维素酶（reesei木酶），麦芽糖酶（枯草芽孢杆菌），木聚糖酶（insolons腐质酶），β-聚葡萄糖酶（枯草芽孢杆菌，黑曲霉），甘露聚糖酶（缓慢芽孢杆菌），植酸酶（黑曲霉，米曲霉），葡萄糖氧化酶（青酶）。

六、允许使用的抗氧化剂有4种：乙氧基喹啉，二丁基羟基甲苯（BHT），丁基羟基茴香醚（BHA），没食子酸丙酯。

七、允许使用的防腐剂和电解质平衡剂有25种：甲酸，甲酸钙，甲酸铵，乙酸，双乙酸钠，丙酸，丙酸钙，丙酸钠，丙酸铵，丁酸，乳酸，苯甲酸，苯甲酸钠，山梨酸，山梨酸钠，山梨酸钾，富马酸，柠檬酸，酒石酸，苹果酸，磷酸，氢氧化钠，碳酸氢钠，氯化钾，氢氧化铵。

八、允许使用的着色剂有6种：β-阿朴-8，-胡萝卜素醛；辣椒红；β-阿朴-8，-胡萝卜素酸乙酯；虾青素；β，β-胡萝卜素-4，4二酮（斑蝥黄）；叶黄素（万寿菊花提取物）。

九、允许使用的调味剂和香料有5种1类：糖精钠，谷氨酸钠，5’-肌甘酸二钠，5’-鸟苷酸二钠和血根碱5种调味剂，食品

用香料类。

十、允许使用的黏结剂、抗结块剂和稳定剂13种（类）：α-淀粉，海藻酸钠，羧甲基纤维素钠，丙二醇，二氧化硅，硅酸钙，三氧化二铝，蔗糖脂肪酸酯，山梨醇酐脂肪酸酯，甘油脂肪酸酯，硬脂酸钙，聚氧乙烯-20-山梨醇酐单油酸酯，聚丙烯酸树脂Ⅱ。

十一、所使用的药品类添加剂按照中华人民共和国农业部农牧发〔2001〕20号《关于发布〈饲料兽药添加剂使用规范〉的通知》中《药物饲料添加剂使用规范》的规定有13类。

11-1. 10%或15%杆菌肽锌预混剂4月龄以下猪饲料允许添加4~40 g/kg。

11-2. 4%或8%的黄霉素预混剂在仔猪饲料允许添加10~25 g/kg（以黄霉素有效成分计），生长、育肥饲料允许添加5 g/kg（以黄霉素有效成分计）。

11-3. 50%维吉尼亚霉素预混剂在饲料中允许添加20~50 g/kg（休药期1 d）。

11-4. 5%喹乙醇预混剂在饲料中允许添加1 000~2 000 g/kg（休药期35 d，体重35 kg以上猪禁用）。

11-5. 10%阿美拉霉素预混剂4月龄以内猪饲料允许添加200~400 g/kg，4~6月龄猪饲料允许添加100~200 g/kg。

11-6. 盐霉素钠猪饲料允许添加25~75 g/kg（不论5%、6%、10%、12%、45%、50%，均按有效成分计，休药期5 d）。

11-7. 硫酸粘杆菌素预混剂在仔猪饲料允许添加2~20 g/kg（以硫酸粘杆菌素有效成分计，休药期7 d）。

11-8. 2. 5%牛至油用于预防疾病500~700 g/kg，治疗疾病时1 000~1 300 g/kg（连用7 d），促进生长时50~500 g/kg。

11-9. 5%杆菌肽锌和1%硫酸粘杆菌素在2月龄以下猪饲料允许添加2~40 g/kg，4月龄以下猪饲料允许添加4~20 g/kg（以有效成分计，休药期7 d)。

11-10. 土霉素钙4月龄以下猪饲料允许添加10~50 g/kg（不论5%、10%、12%，均按有效成分计）。

11-11. 吉他霉素预混剂用于防治疾病80~330 g/kg（连用7d），促进生长时5~55 g/kg。（不论2.2%、11%、55%、95%，均以有效成分计，休药期7 d)

11-12. 10%或15%金霉素预混剂4月龄以下猪饲料允许添加25~75 g/kg（按有效成分计，休药期7 d)。

11-13. 4%或8%恩拉霉素预混剂猪饲料允许添加2.5~20 g/kg（按有效成分计，休药期7 d)。

本条所列预混剂百分含量是市场常见商品含量，不是规定的必需含量。

十二、其他10种：糖萜素，甘露低聚糖，肠膜蛋白素，果寡糖，乙酰氧肟酸，天然类固醇萨洒皂角苷（YUCCA)，大蒜素，甜菜碱，聚乙烯聚吡咯烷酮（PVPP)，葡萄糖山梨醇。

附9-2　不同给药途径与用药剂量的关系

给药途径	剂量比例
内服	100%
皮下注射	30%~50%
肌内注射	30%~50%
静脉注射	25%~30%
腹腔注射	25%~50%

附9-3　猪场建设和管理常用的10个方面数据

1. 猪舍大门宽：0.7~1 m；高1.6~1.8 m。

2. 猪场药浴池：长5~7 m，宽3 m，深0.5~0.7 m；

猪舍内排污沟：长同猪舍，宽≥清粪锹宽 2 cm，深 6~60 cm；

猪舍外双联沉淀池：长 8~10 m，宽 3 m，深 1.5~2.0 m。

3. 猪场选址时需注意的最小间距：

猪场—猪场、牛场、羊场、兔场、毛皮动物饲养场：150 m；

猪场—禽场：200 m；

猪场—大型家禽饲养场、养禽养猪小区：1 000 m；

猪场—工厂、集镇、村庄等人口稠密区：500 m；

猪场—铁路、国道和省道、高速公路和快速通道：500 m；

猪场—乡村道路：≥200 m；

猪场—水源地：≥500 m；

猪场—屠宰厂、危险品仓库、风景区：≥2 000 m；

4. 猪舍建筑技术参数：

猪舍种类	舍内温度/℃	照度/Lx	采光区占地/%	噪声/dB	调温风速/m/s
产房	22~23	110	10	50~70	0.3
保育舍	28~30	110	10	50~70	0.3
小育肥舍	16~18	60~80	8~10	50~70	0.3
中育肥舍	16~18	40~60	5~8	50~70	0.3
大育肥舍	16~18	20~40	4~5	50~70	0.3
种猪舍	16~18	110	10	50~70	0.3

注：各类猪舍内的相对湿度控制在 65%~75%。

5. 不同种类猪所需猪舍面积和料槽长度

猪种	最小占地面积/（m^2/头）	建议每栏饲养/头	槽长/cm
种公猪	3.25	网上单头单栏	35~45
空怀母猪（钢栏）	2.2×0.65	1	55~60
空怀母猪（圈养）	1.2×1.5	2~3	35~40

续表

猪种	最小占地面积/（m^2/头）	建议每栏饲养/头	槽长/cm
妊娠母猪（前期）	1.2×1.5	1	35~40
妊娠母猪（中期）	1.2×1.5	1	35~40
妊娠母猪（后期）	1.2×1.5	1	35~40
保育猪（10~15 kg）	0.2~0.3	8~12	18~22
育肥小猪（10~30 kg）	0.3~0.35	8~24	自动料仓
育肥中猪（30~60 kg）	0.55~0.6	40~60	自动料仓
育肥大猪（60~110 kg）	0.9~1.1	120~180	自动料仓

注：采用自动料仓时每 60 头猪 1 仓。固定食槽的深度：种公猪、育肥大猪 22 cm，各类母猪和育肥中猪 18 cm，保育和育肥小猪 10 cm；食槽宽度：种公猪 35~45 cm，各类母猪和育肥大猪均为 35~40 cm，育肥中猪 30~35 cm，保育和育肥小猪 20 cm。

6. 不同猪群每日需水量

猪种	饮水量/［L/（头·天）］	总需水量/［L/（头·天）］
空怀母猪	12	25
妊娠母猪	12	25
哺乳母猪	20	60
断奶仔猪	2	5
育肥猪	6	15
后备猪	6	15
种公猪	10	25

7. 不同种类和年龄段猪的最小换气量［m^3/（min·头）］

猪种	体重	冬季最低	正常	夏季
种公猪	≥130 kg	0.11	0.8	7.0
空怀母猪	≥110 kg	0.06	0.6	3.4

续表

猪种	体重	冬季最低	正常	夏季
妊娠母猪	≥130 kg	0.08	0.7	6.0
哺乳母猪	按空怀母猪和所带仔猪头数计算			
仔猪	1~9 kg	0.6	2.2	5.9
保育舍猪	9~18 kg	0.04	0.3	1.0
育肥小猪	18~45 kg	0.04	0.3	1.3
育肥中猪	45~68 kg	0.07	0.4	2.0
育肥大猪	68~110 kg	0.09	0.5	2.8

8. 推荐的猪舍和功能区控制温度（℃）

猪种	适宜温度（℃）	最佳温度（℃）
妊娠母猪舍	11~17	12~14
分娩母猪舍	15~22	16~18
初生母猪舍	22~26	24
初生母猪产床	25~28	26
护仔箱	32~35	32
1~3 日龄（护仔箱）	30~32	
4~7 日龄（护仔箱）	28~30	
8~28 日龄（护仔箱）	25~28	
哺乳母猪舍（前期）	24~27	24
哺乳母猪舍（后期）	20~24	22
断奶仔猪圈	20~24	22~24
保育舍	18~22	20
后备猪舍	17~24	20~22
育肥猪舍	11~24	16~18

9. 推荐的猪舍空气卫生指标（mg/m^3）

猪种	氨气	硫化氢	二氧化碳	细菌总数	粉尘
成年母猪	26	10	0.2%	≤10个	≤1.5
哺乳母猪	15	10	0.2%	≤5个	≤1.5
哺乳仔猪	15	10	0.2%	≤5个	≤1.5
保育猪	26	10	0.2%	≤5个	≤1.5
育肥猪	26	10	0.2%	≤5个	≤1.5
种公猪	26	10	0.2%	≤6个	≤1.5

10. 推荐的猪饮用水质量标准

猪饮用水除了满足无色无味、清澈透明的感官指标外，实验室检测时尚需满足下述14项指标。

项目类别	指标
砷（As）	≤0.05 mg/L
汞（Hg）	≤0.001 mg/L
铅（Pb）	≤0.05 mg/L
铜（Cu）	≤1.0 mg/L
六价铬（Cr^{6+}）	≤0.05 mg/L
镉（Cd）	≤0.01 mg/L
氰化物	≤0.05 mg/L
氟化物（以F^-计）	≤1.0 mg/L
氯化物（以Cl^-计）	≤250 mg/L
六六六	≤0.001 mg/L
滴滴涕	≤0.005 mg/L
总大肠杆菌	≤3个/L
氟化物（以F^-计）	≤1.0 mg/L
pH值	6.5~8.5

附9-4 处方中拉丁文含义

1. 处方中所用拉丁字母含义

R 取，取药 N.，No 数量数目 Co 复方 aa 各

ad 加至 aq. dest 蒸馏水 aq. com 常水 mf 混合形成 dos. 剂量 q. s. 适量

2. 处方末尾所用拉丁字母含义

D. S 给，投于，用法，指示

M. D. S 混合给予指示

D. t. d. N 授予剂量若干份

p. o. 口服

p. a. a. 用于患处

s. o. s. 必要时用

3. 给药方法

i. h. 皮下注射 i. d. 皮内注射 i. m. 肌内注射

i. v. 静脉注射

b. i. d 2次/天， t. i. d 3次/天， q. i. d 4次/天

o. d. 每天1次

o. d. t 每隔2天1次

o. d. q 每隔3天1次

后 记

进入后蓝耳病时代，养猪人面临更大的挑战。这种挑战既有国际市场猪产品对国内市场空间的挤压，也有国际资本大鳄和国内大量资本涌进养猪业后社会生猪存栏量大幅上升的挤兑，还有随着消费者食品安全意识日益增强对猪肉内在质量方面的更高要求，最为严重的是疫病的危害。中国猪场不论猪群规模大小，都有猪瘟病毒存在，加上蓝耳病活疫苗的大面积使用，伪狂犬病毒在种猪群存在的广泛性，口蹄疫防控由“一经发现立即捕杀”到“免疫扑杀相结合”的政策调整，为多病毒混合感染埋下了隐患。所以，后蓝耳病时代不仅散养户步履艰难，那些存栏繁殖母猪数百上千头的大型猪场同样如履薄冰。转换思路，转变观念，尽最大能力创造适于猪生长发育的小环境，利用猪的生物学特性，增强其非特异性免疫力，成为新形势下减少发病、避免群体疫情的首选措施。总结 30 多年畜牧兽医工作经验，结合 8 年临床处置的体会，为养猪人提供解决问题的思路和办法，实现轻松养猪，是养猪技术工作者不可推卸的责任。

后蓝耳病时代，困扰养猪人的最大难题是效率，是在疫病日趋复杂、抗生素使用受到严格限制的背景下，如何促进繁殖猪群的正常繁殖、哺乳和保育期内减少发病、育肥期内不发生疫情，这三大问题的解决，不仅是提高群体生产效率的关键，也是猪场生死存亡的攸关问题。而这三大问题的解决，又依赖于猪群的内

在体质，涉及品种、杂交组合、猪群结构、猪场位置、场内布局、猪舍的结构设计、光照、通风，以及饲料和饮水的质量和投喂方式、粪污清理、隔离、消毒等日常管理。因而人们说，后蓝耳病时代猪群疫病的防控纵向贯穿于猪场的选址、设计，直至育肥猪或仔猪出栏；横向贯穿于行政管理、种猪和饲料采购，直至饲养车间内的给水给料；竖向贯穿于光照、空气质量控制，直至猪粪清理、储存，废水的处理等，是一项多方位、多环节的系统工程。所以，有了“全方位防控”“全过程防控”“全员防控”的“三全防控”新理念，有了“预防为主，防重于治，养重于防”的新认识，注重生猪福利，尽最大努力创造适于猪生长发育小环境，充分发挥猪的生物学特性，增强猪的非特异性免疫力，尽量使用中兽医（药）、生物制品、强心健脾、健脾益气的新思维。

人类社会在不断地摸索、探求中前进，前进中遇到新问题是客观必然。只要能够正视、勇敢面对，脚踏实地、求真务实，总能找到解决办法。

王全根同志承担第二、四、五章的部分编写工作；司献军同志主要承担第三章的编写任务，同时参与了第五、六章部分工作；李海利同志承担第七章任务，同时参与了第六、八章的工作；黄留柱同志参与了第五、七、八章的编写工作；王建设同志参与了第一、九章的编写工作；各位编者除了参加各章节的编写之外，都参与了图片整理，在此一并致谢。

期望本书能够对养猪界同仁有所帮助。

张建新

2015 年 5 月

附录　常见猪病临床症状及鉴别特征

图一、猪瘟（简称 HC）

1：皮肤潮红（后）

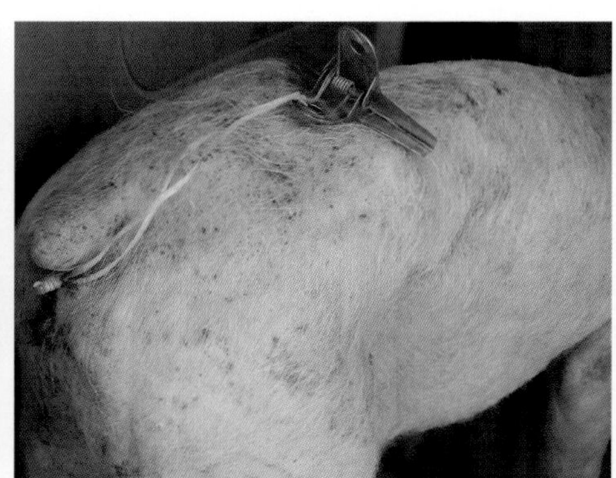

HC2：体躯潮红，毛孔出血

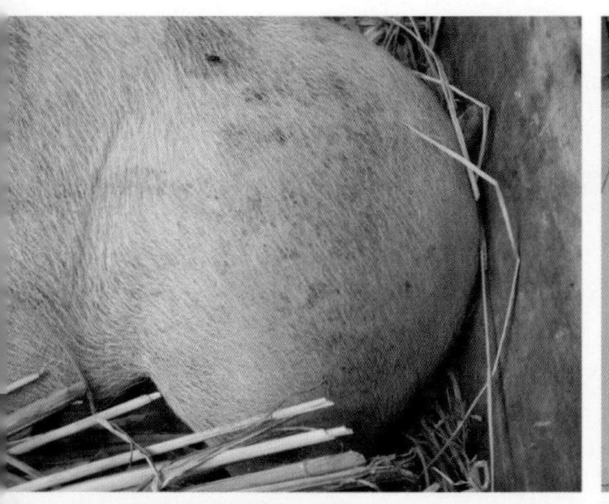

3：非典型猪瘟的皮肤潮红初期

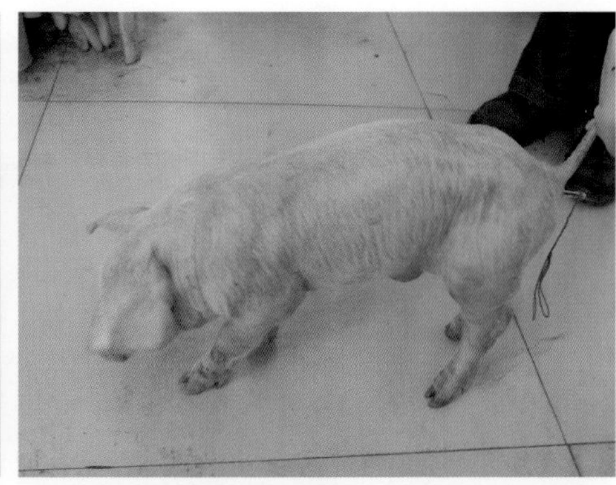

HC4：病毒对神经系统的破坏，会导致尿潴留。据统计将近 30% 的公猪有尿鞘积尿症状

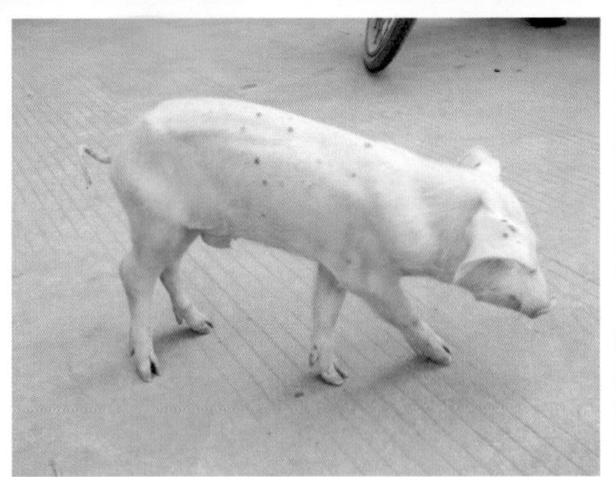

HC5：消瘦、苍白、尿鞘积尿

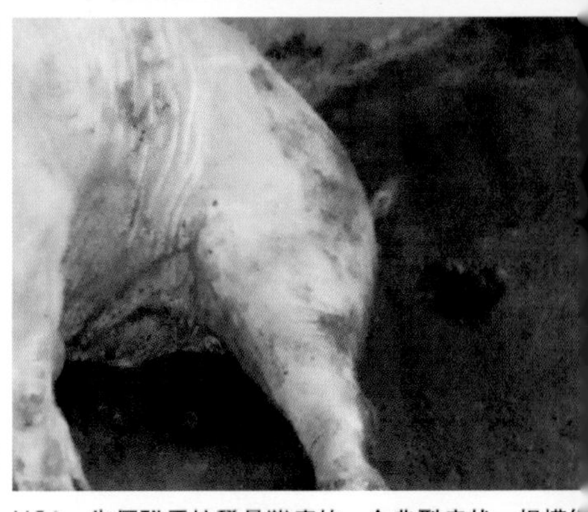

HC6：先便秘后拉稀是猪瘟的一个典型症状。规模饲
条件下群体的增大，同一个圈内便秘和拉稀同在，就
为一种值得关注的临床症状

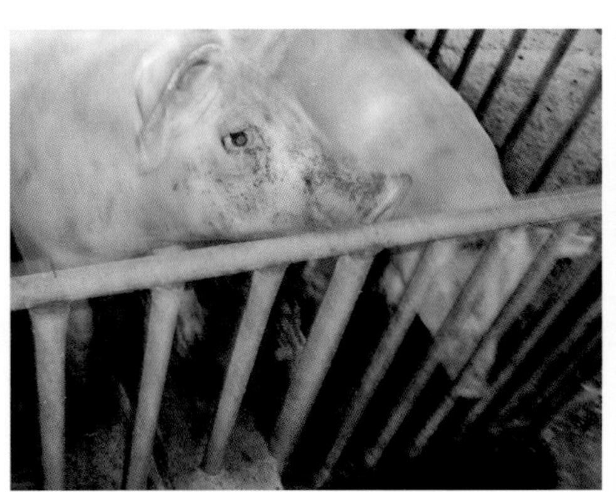

HC7：急性高热导致眼结膜充血

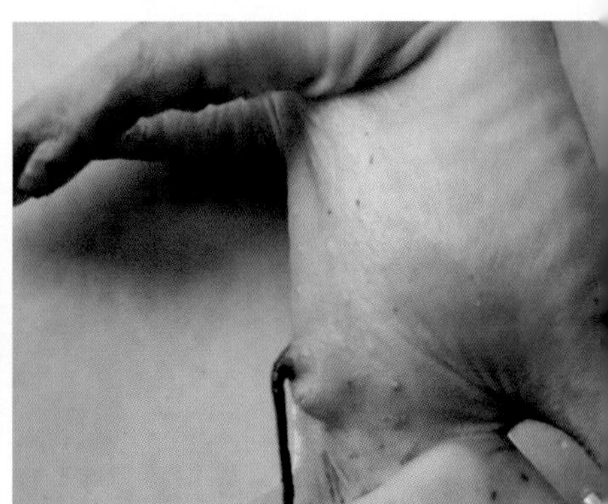

HC8：正产死胎的尿鞘积尿和脐带瘀血

HC9：眼屎和卫生状况

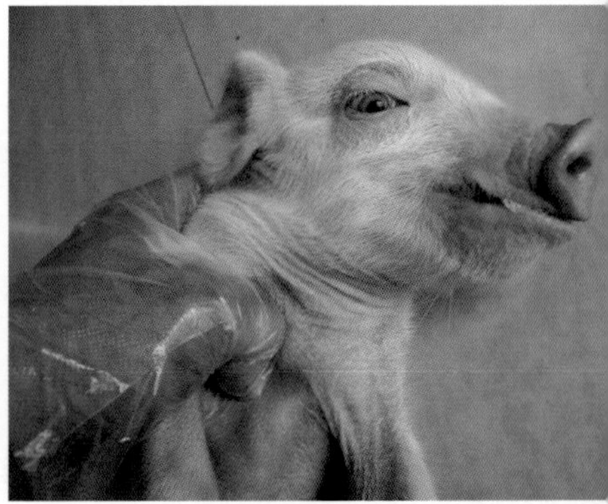

HC10：母猪在妊娠中期感染猪瘟后，病毒会透过胎盘
障感染仔猪。临床可见单耳、双耳、小腹下、大腿内侧
胸部脱皮现象。照片为四日龄仔猪的胸部蜕皮显示

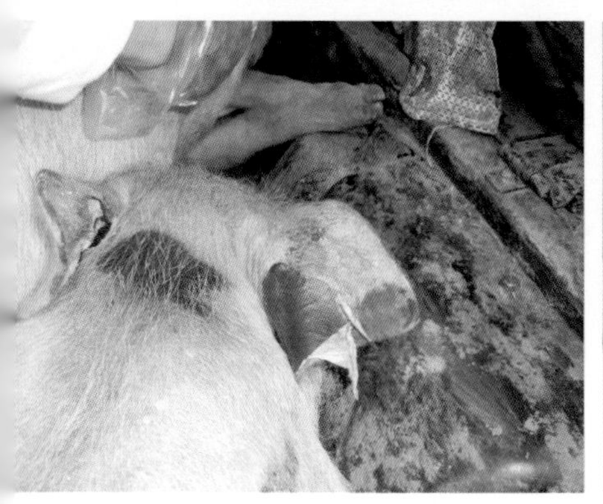

:11：右耳的严重脱皮掉皮

HC12：双耳蜕皮显示

:13：猪瘟带毒母猪所生仔猪的蜕皮

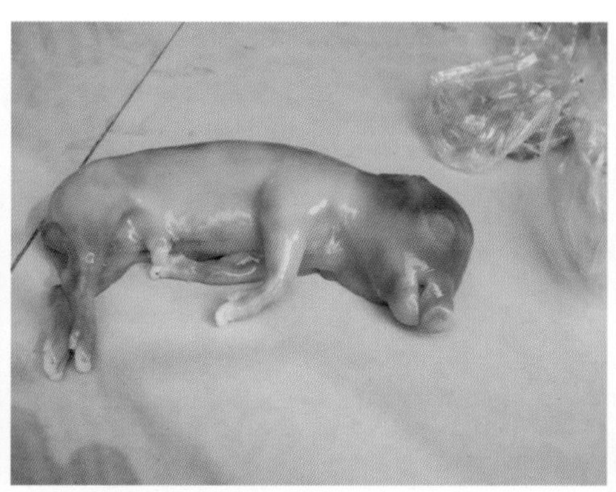

HC14：流产胎儿以多脏器和皮肤出血为主要症状。照片为出血性水肿的流产死胎

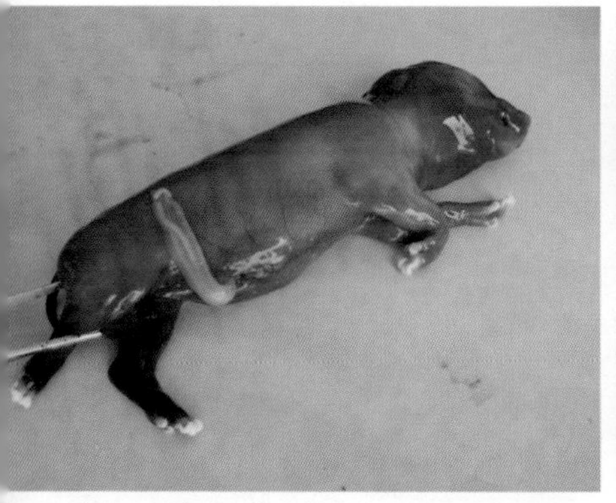

:15：猪瘟、口蹄疫混感流产胎儿以出血为主要特征，体较高个体在流产后迅速恢复正常体温和采食行为

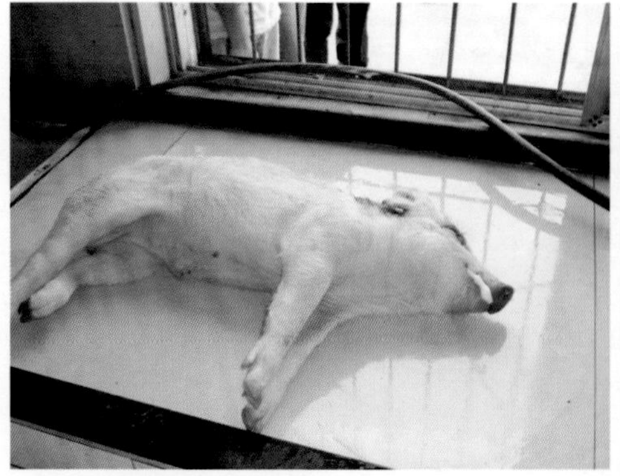

HC16：混感病例继发猪瘟时，猪瘟症状并不明显，照片中的病死猪体表无明显异常仅见耳尖轻微瘀血和出血

HC17：猪瘟病毒的第一靶器官为扁桃体。因抗体水平和年龄、性别、生理状况的差异，可见扁桃体及相邻淋巴结肿大、充血、出血、瘀血、坏死、化脓性溃疡

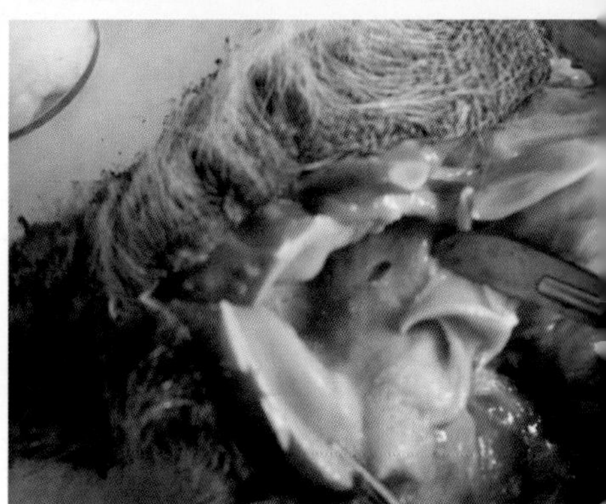

HC18：扁桃体溃疡

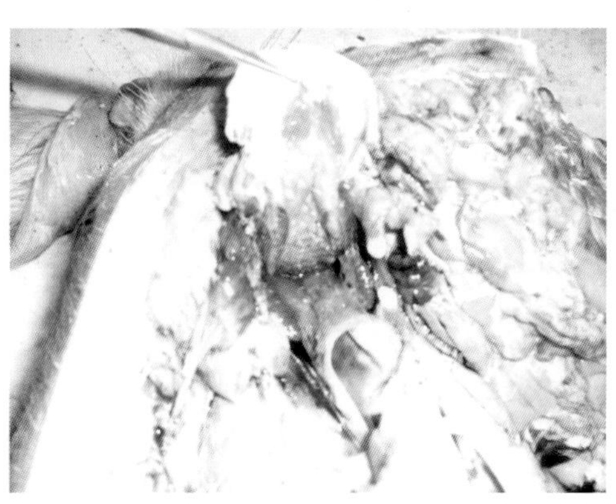

HC19：腭扁桃体坏死

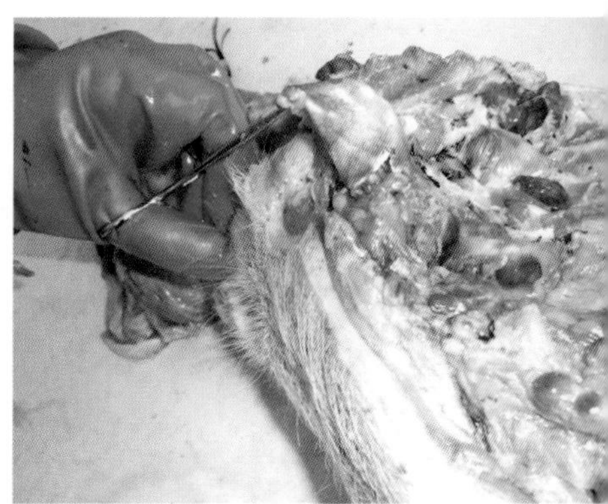

HC20：肿大的淋巴结和扁桃体瘀血呈紫红色

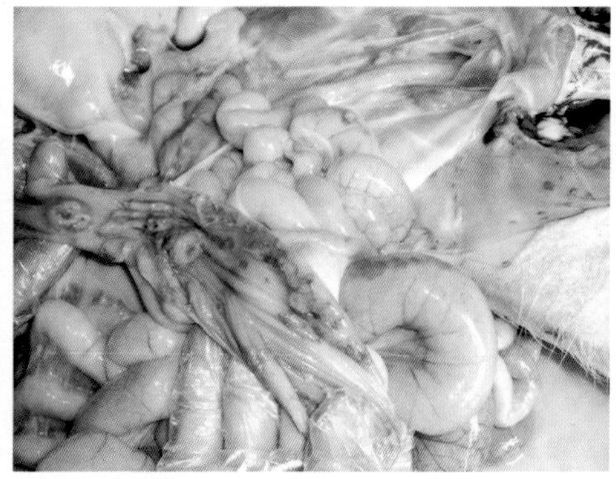

HC21：典型猪瘟大肠纽扣样溃疡

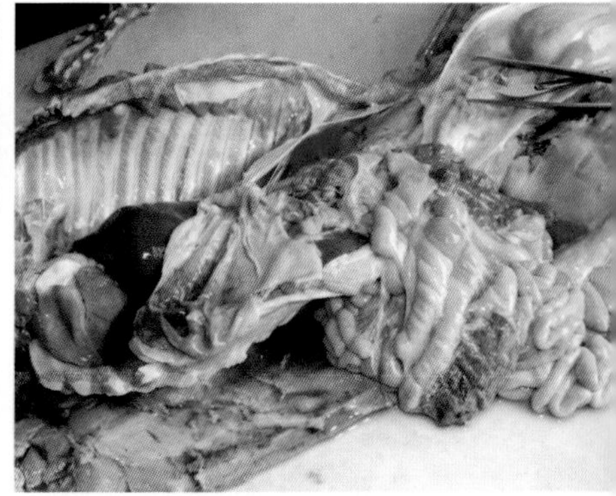

HC22：典型猪瘟的结肠溃疡

:23：典型猪瘟的盲结肠溃疡

HC24：典型猪瘟盲结肠溃疡外观

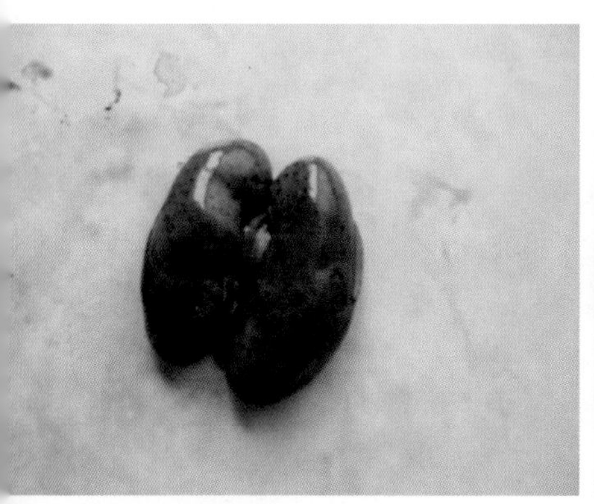

:25：花斑肾（麻雀蛋肾）

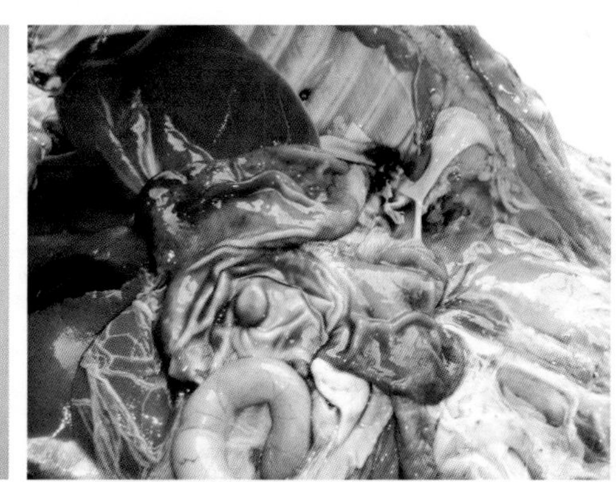

HC26：猪瘟的胃底大面积出血

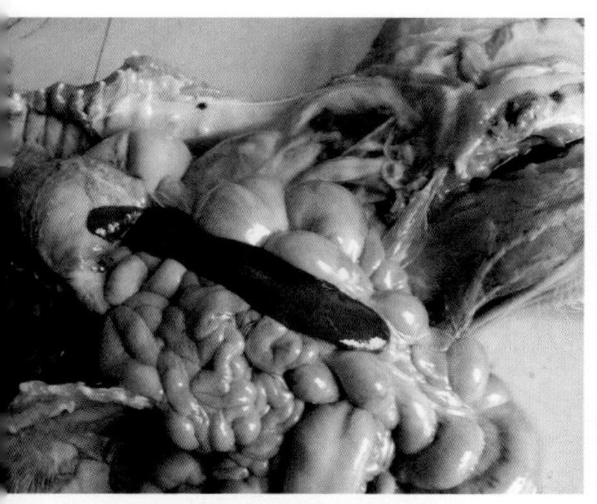

:27：梗死的脾脏和肿大梗死的髂前淋巴结

HC28：临床多见的非典型猪瘟解剖时最容易捕捉的症状，是回盲突的充血、点状出血、豆状溃斑，大面积溃疡及耐过猪的痊愈瘢痕

附图二：口蹄疫（简称W）

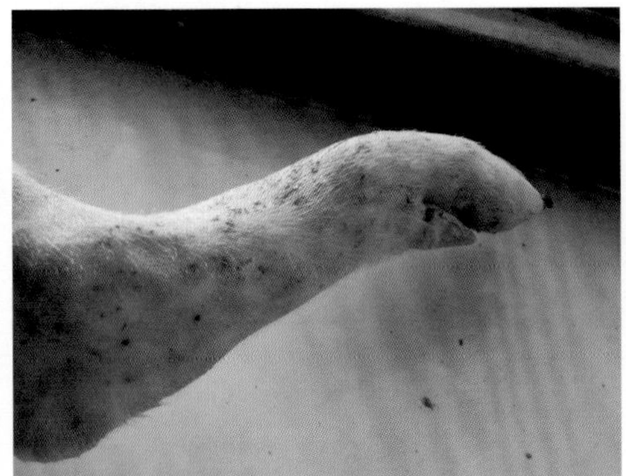

W1：右后肢悬蹄溃斑和皮肤瘀血干斑

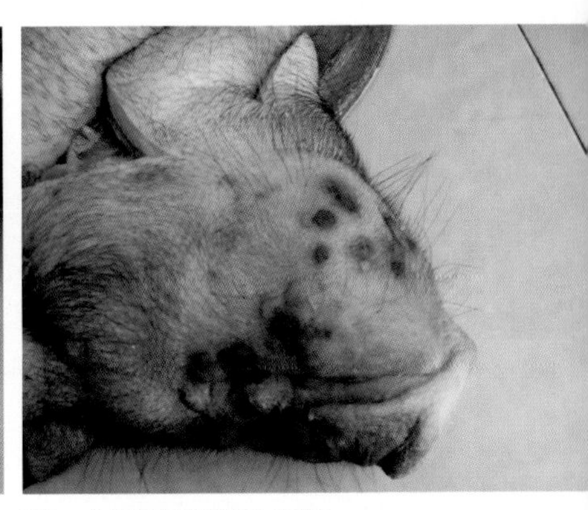

W2：太湖猪口蹄疫的口面部

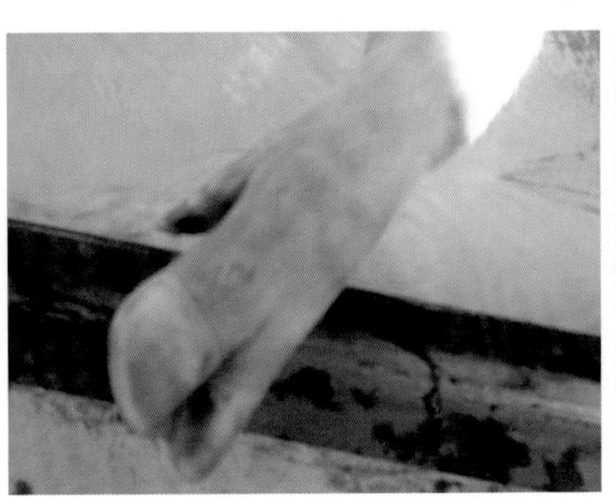

W3：蹄壳角质下出血显示

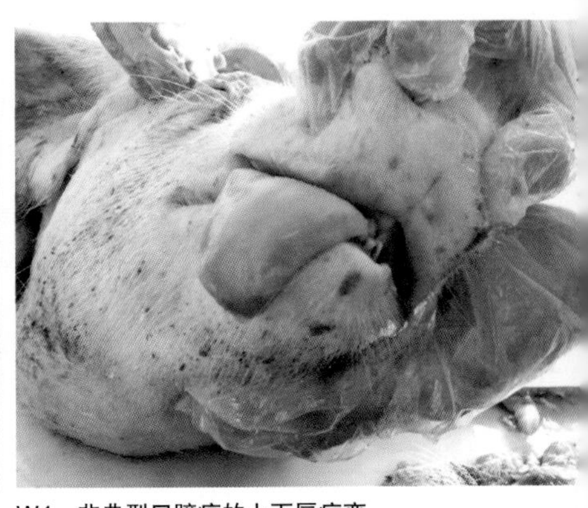

W4：非典型口蹄疫的上下唇病变

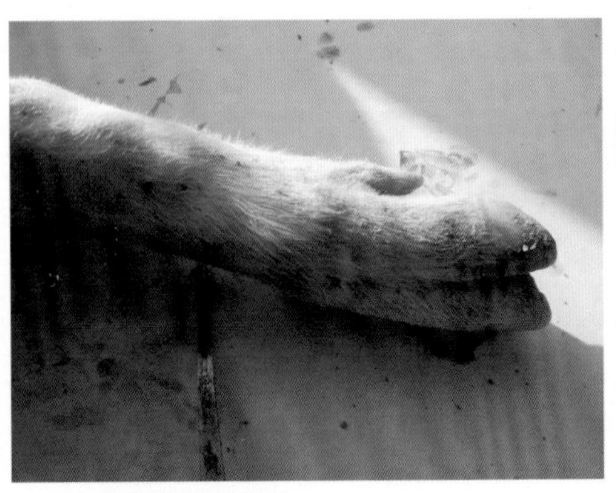

W5：左后肢蹄锺角溃斑斑

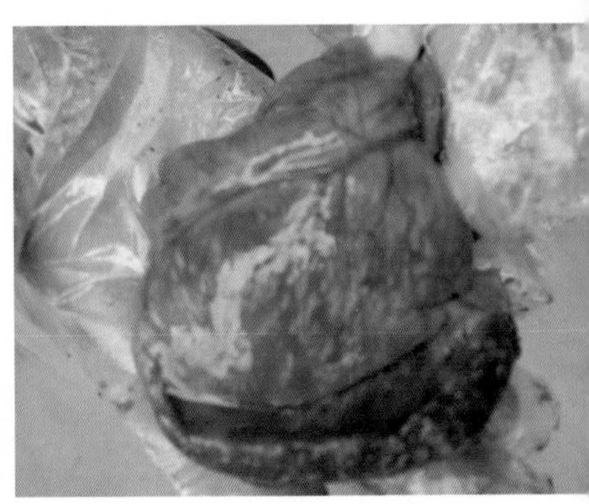

W6：虎斑心

7：心室肥大及心冠沟出血

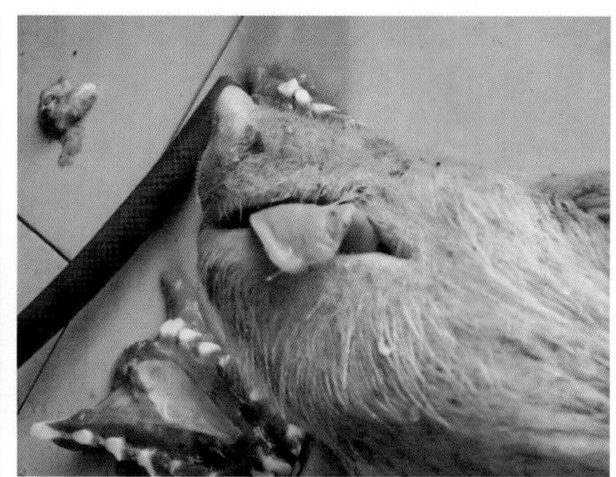

W8：鼻和舌端溃烂斑

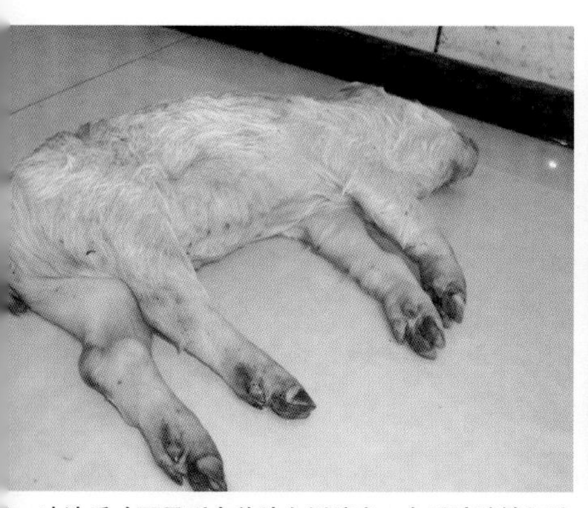

9：冲洗后才可见到右前肢左侧蹄底、右后肢蹄缝间溃

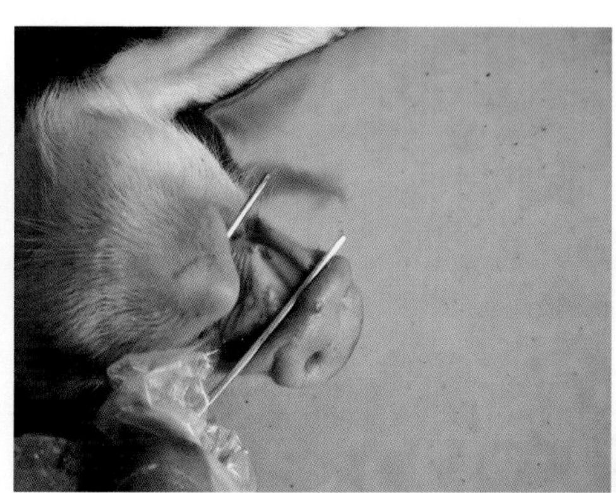

W10：上唇腹侧尖端和上颚、牙龈水泡显示

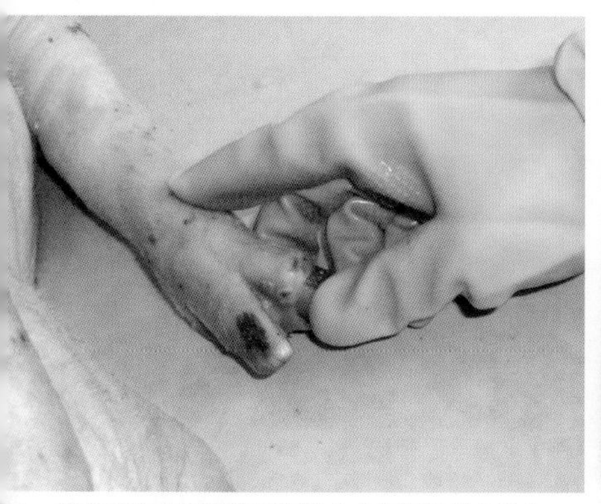

1：典型口蹄疫的蹄缝间溃烂（术者拇指指尖处）

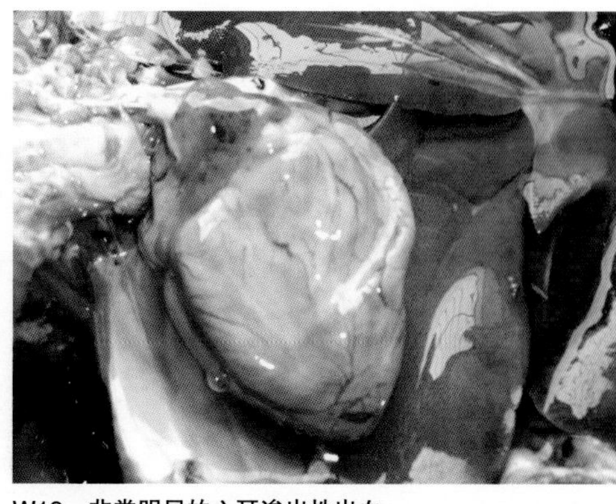

W12：非常明显的心耳渗出性出血

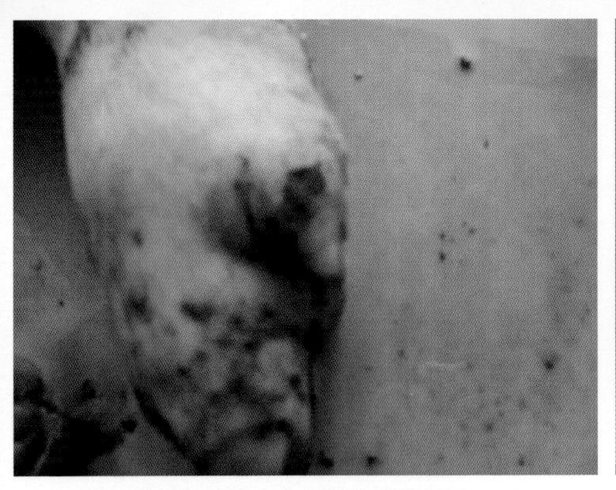

W13：常见的蹄部溃烂斑点及蹄壳脱落显示

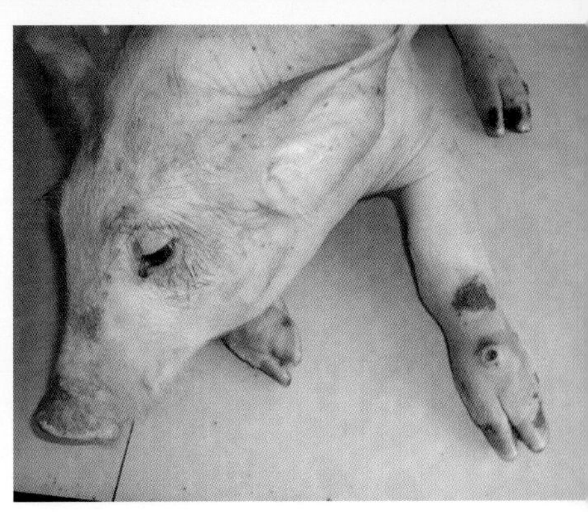

W14：常见症状：左前肢水泡显示

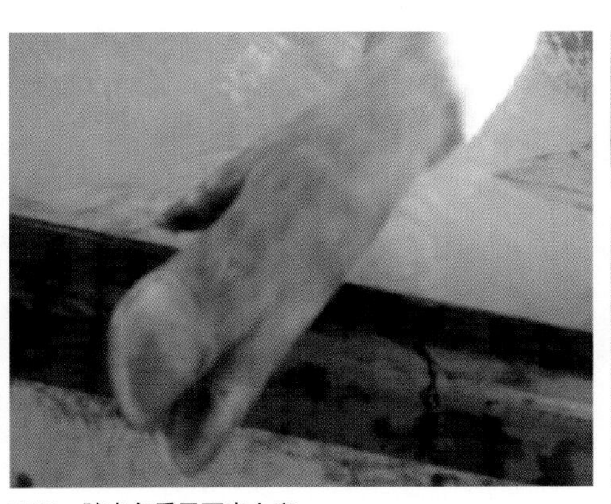

W15：蹄壳角质层下出血斑

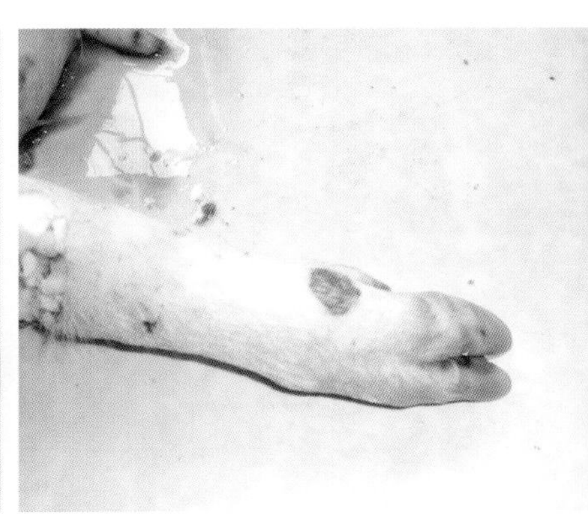

W16：蹄壳下鲜红色充血、出血斑点

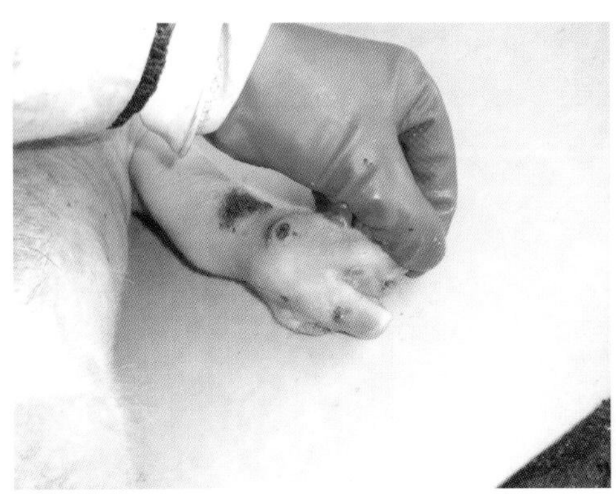

W17：右后肢系冠部水泡溃烂后的疡斑

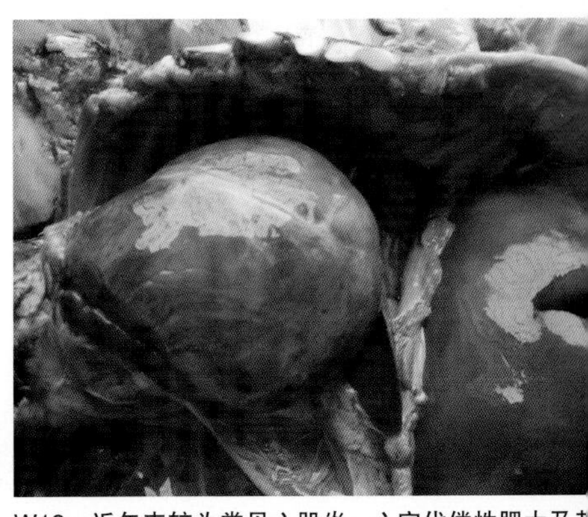

W18：近年来较为常见心肌炎、心室代偿性肥大及其
血

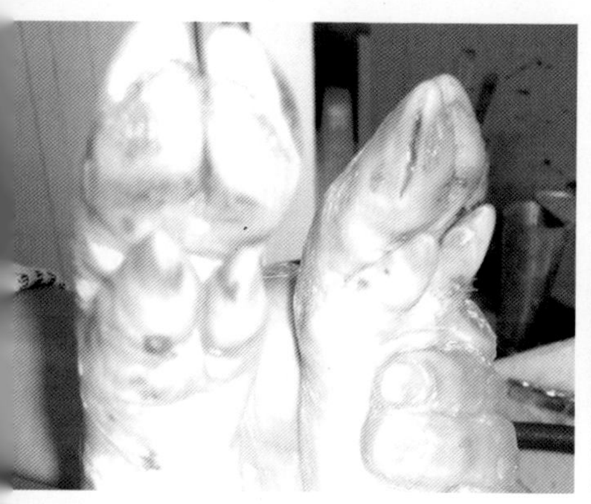

9：悬蹄的溃斑（左）和出血点（右）

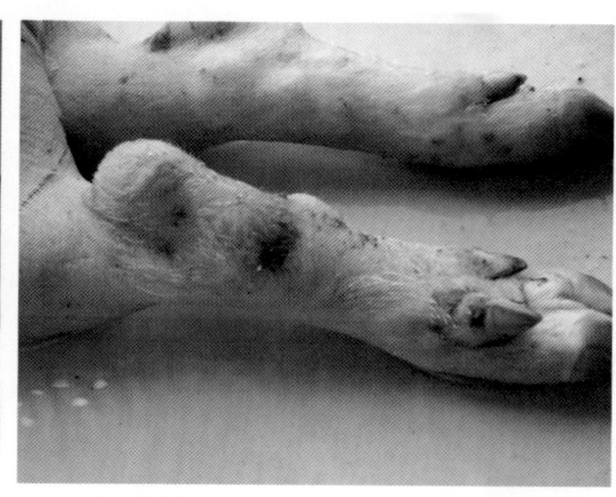

W20：圆环病毒、口蹄疫混合感染病例的蹄和后肢溃烂

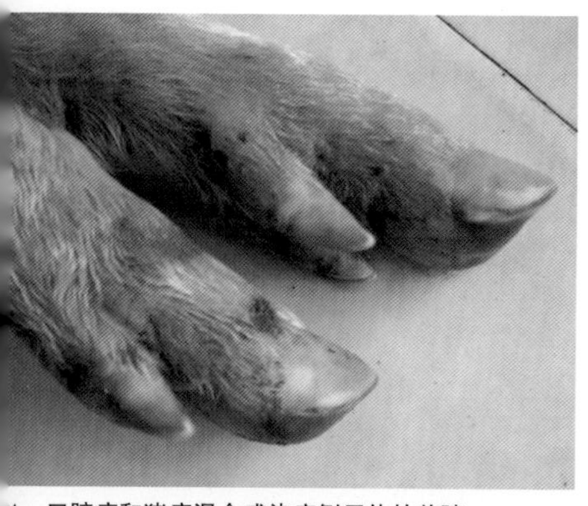

1：口蹄疫和猪瘟混合感染病例尸体的前蹄

附图三：伪狂犬病（简称 PR）

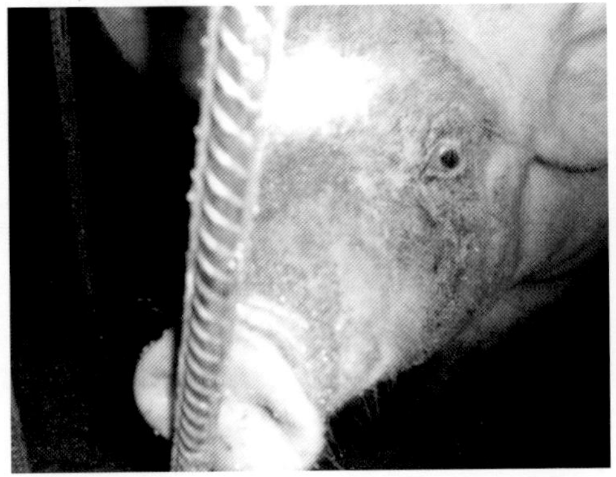

PR1：病毒侵袭后的第一不适即发痒。尽管猪是神经迟钝型动物，也有痒感，感觉灵敏的吻突最先发痒。所以，吻突的病变在该病的临床诊断有积极意义

PR2：掘地

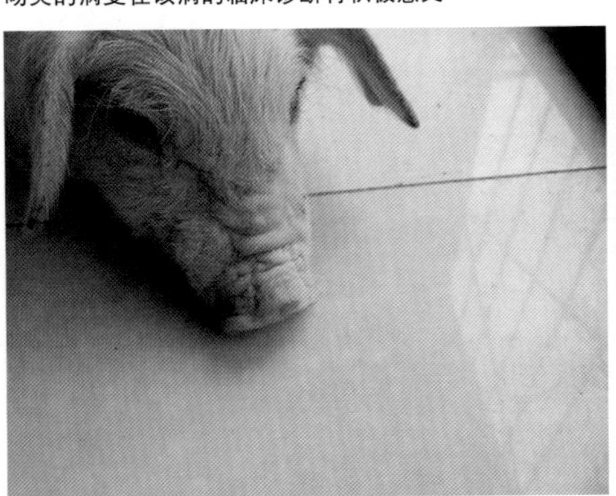

PR3：吻突顶端的蹭伤

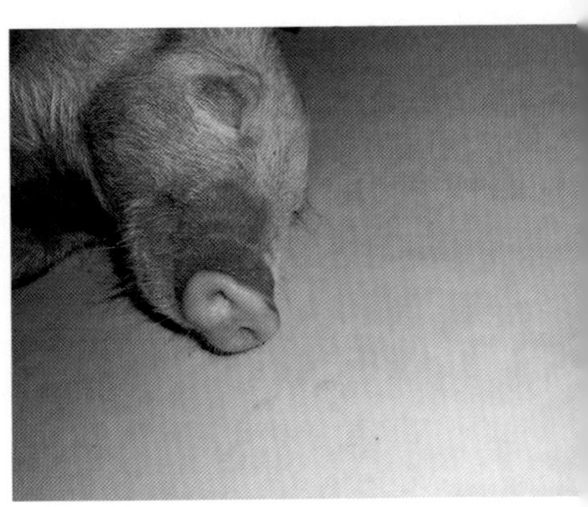

PR4：吻突顶端的蹭伤性出血及全身淤血

PR5：当发痒强烈时，猪会通过用力掘地、抵蹭圈舍来止痒。此过程会导致吻突顶端瘀血。图片为文图顶端瘀血和鼻孔白苔显示

PR6：幼龄小猪感染后的蹭痒，常常导致吻突顶端鲜

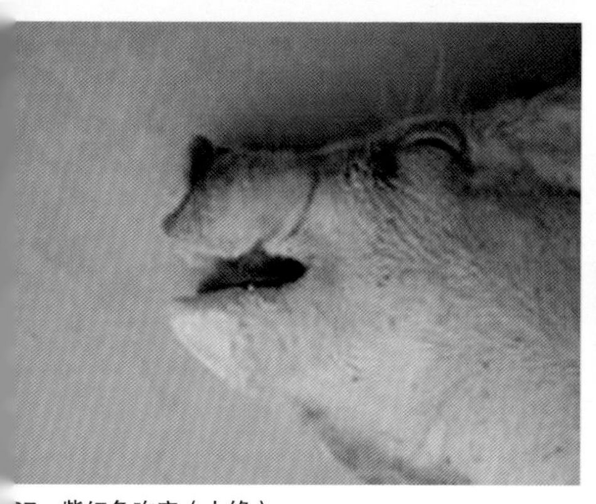

R7：紫红色吻突（上缘）

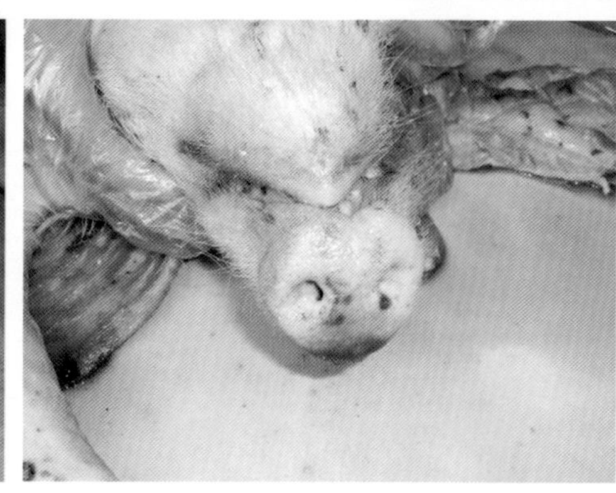

PR8：吻突顶端的黑紫色瘀血

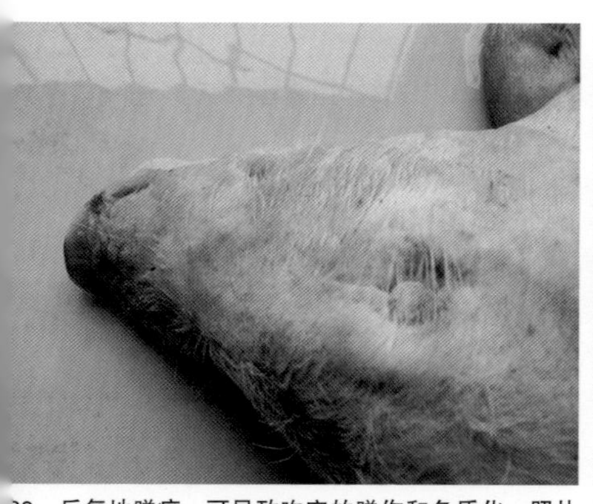

R9：反复地蹭痒，可导致吻突的蹭伤和角质化。照片
吻突顶端浅黄色角质化和溃烂

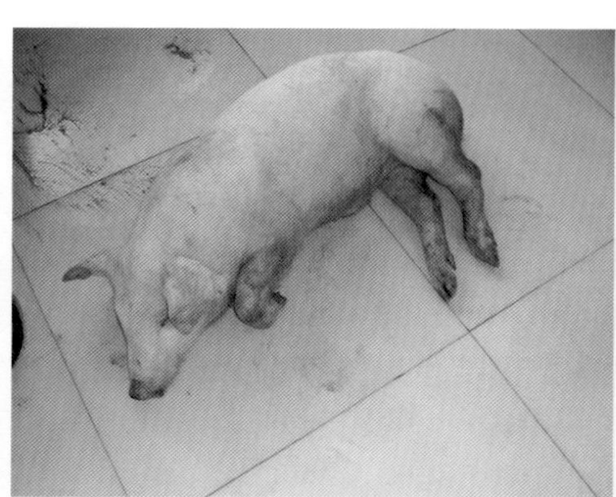

PR10：猪瘟、伪狂犬病吻突和体表显示

R11：育肥猪后驱麻痹

PR12：后躯麻痹

PR13：保育阶段猪患伪狂犬病的一个主要症状是呕吐。但因呕吐物易被吞食不易发觉。照片为孟州某猪场的猪群正在抢食呕吐物

PR14：各龄猪感染伪狂犬病后，均可出现“过料性”便。图片为育肥圈内的过料性稀便

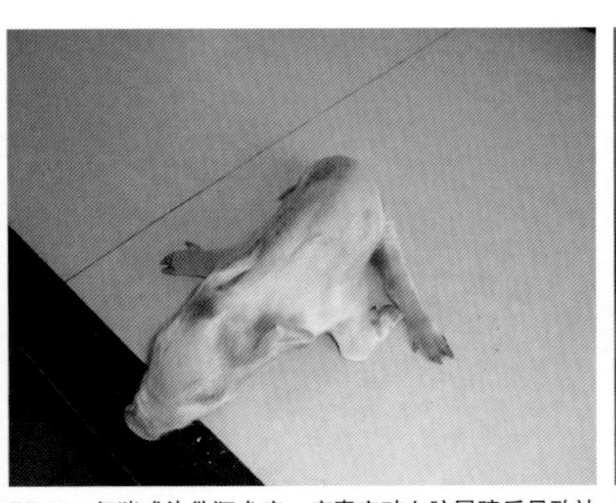

PR15：仔猪感染伪狂犬病，病毒突破血脑屏障后导致神经机能紊乱。照片为仔猪的神经症状

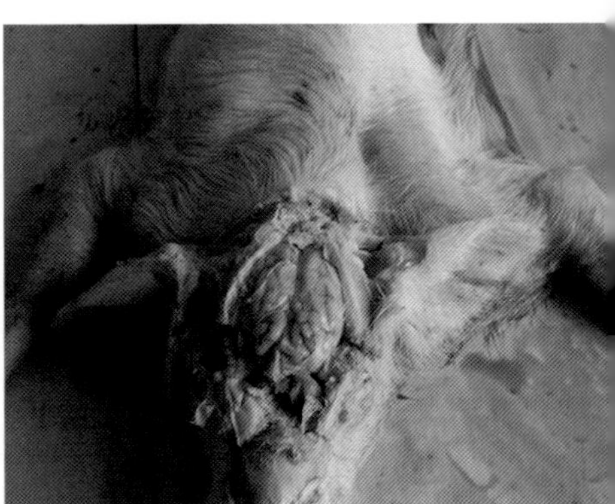

PR16：脑水肿

PR17：巴中某猪场仔猪伪狂犬病肝脏失血、瘀血

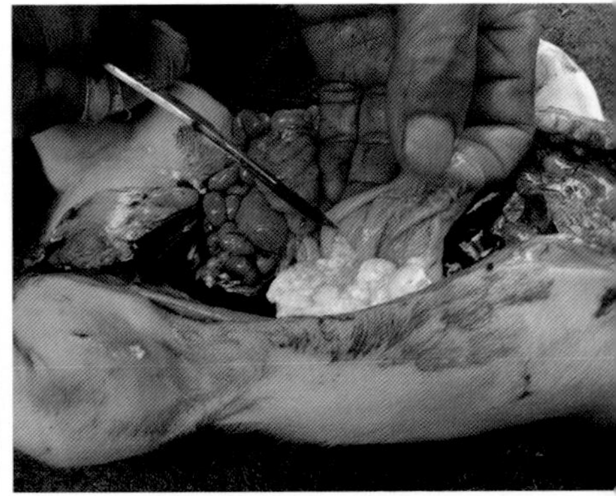

PR18：巴中某猪场仔猪伪狂犬病胃中凝结奶块

R19：胎儿期感染伪狂犬病的死胎和 3 日龄内仔猪有后
水肿表现

PR20：大量病毒进入胆囊后，刺激胆汁分泌机能亢进，或胆囊壁充血、出血、溃疡。照片为胆囊壁出血性溃斑

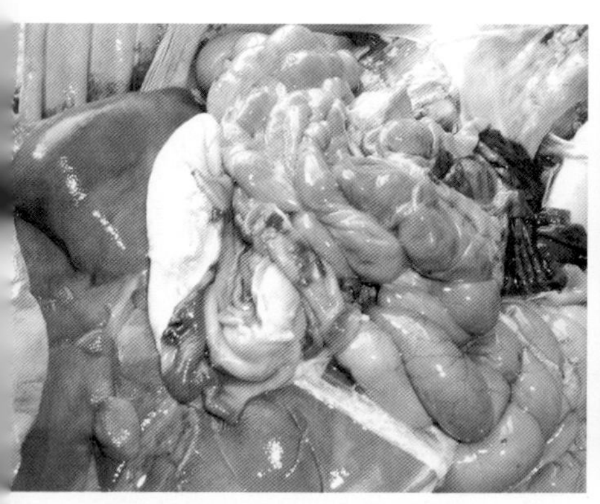

R21：大量胆汁倒流入胃内，使得胃液呈黄色，并破坏
黏膜，腐蚀胃壁，形成胃内圆形或条状溃疡。此照片
胃内黄色胆汁和出血性溃疡

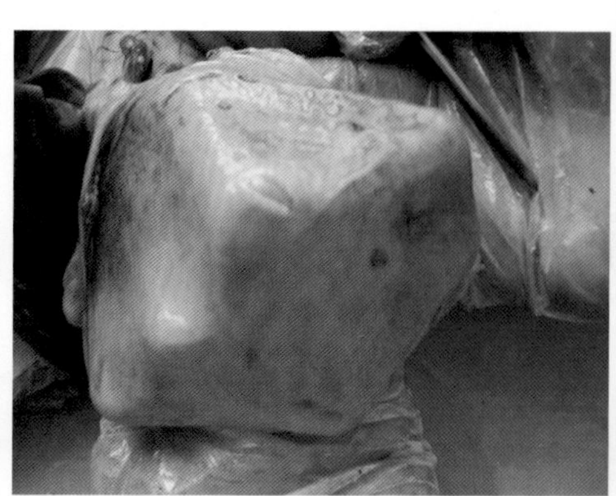

PR22：胃溃疡

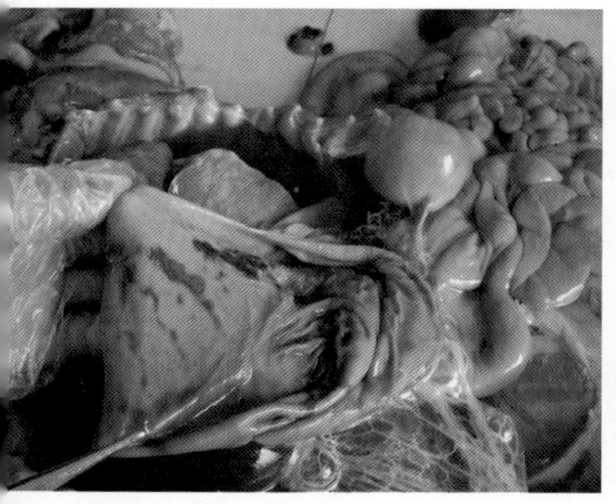

R23：胃囊内壁条状出血溃疡

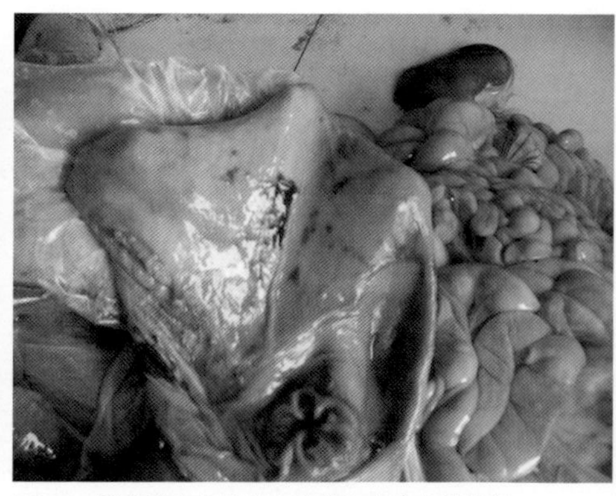

PR24：胃内壁斑点状出血溃疡和腐败变质的肾

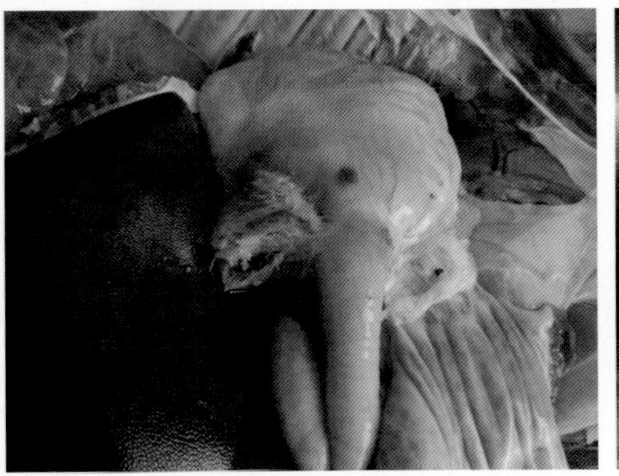

PR25：长时间被碱性胃液浸泡的胃壁溃疡的极端表现就是胃穿孔。照片为穿孔的胃

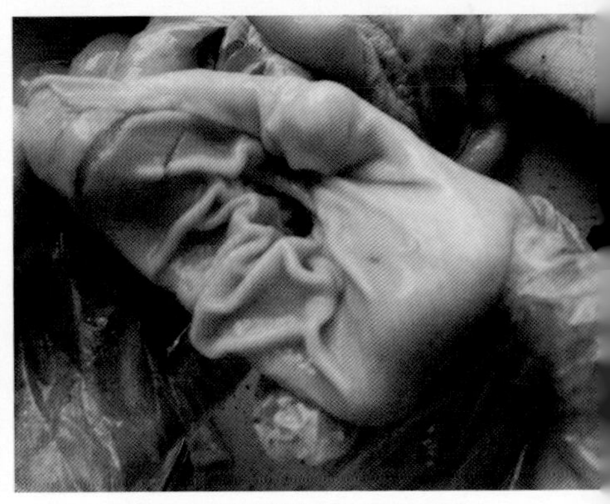

PR26：伪狂犬病耐过猪的胃条状点状穿孔

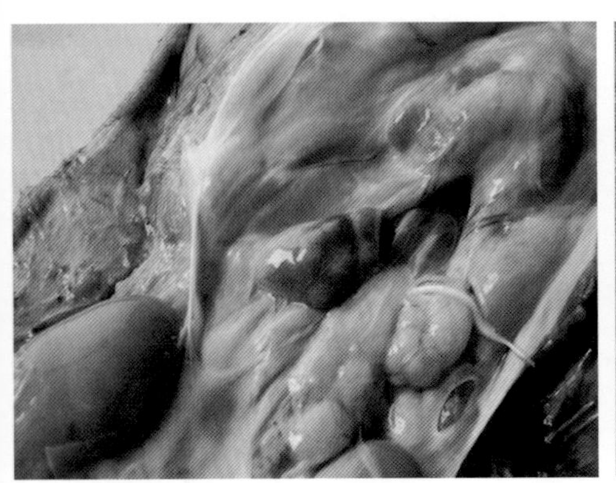

PR27：髂前淋巴结轻微肿大和脂肪浸润

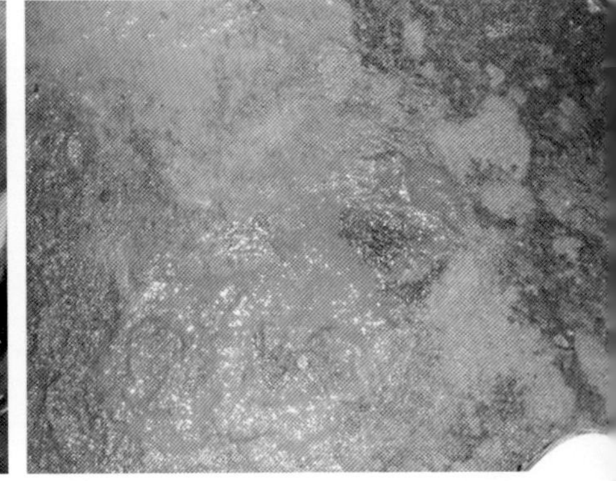

PR28：圈内的过料性稀便（左）和沙门氏菌稀便（右）
注意：保育和育肥猪黄曲霉中毒、受寒初期均有过料稀便，3 日后可转为沙门氏菌性稀便

图四：繁殖呼吸综合征（蓝耳病，简称 PRRS）

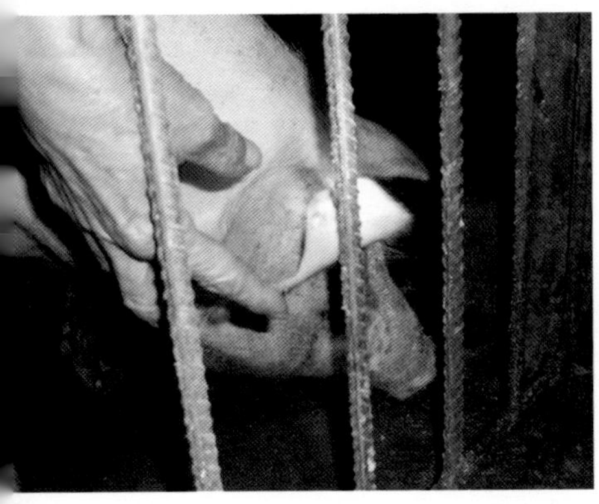

RRS1：耳面的一过性蓝紫色病变。文献报道普通蓝耳
此症状临床表现概率只有 11%，但是见到此症状应当
诊

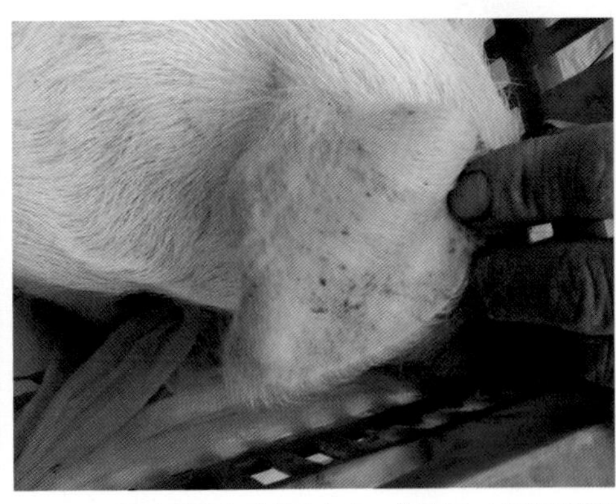

PRRS2：耳皮下瘀血略显蓝灰色。临床不一定就见到整个耳面呈现蓝灰色，耳皮下局部瘀血呈现蓝灰色，或许是病理过程某一阶段或个体间差异的表现

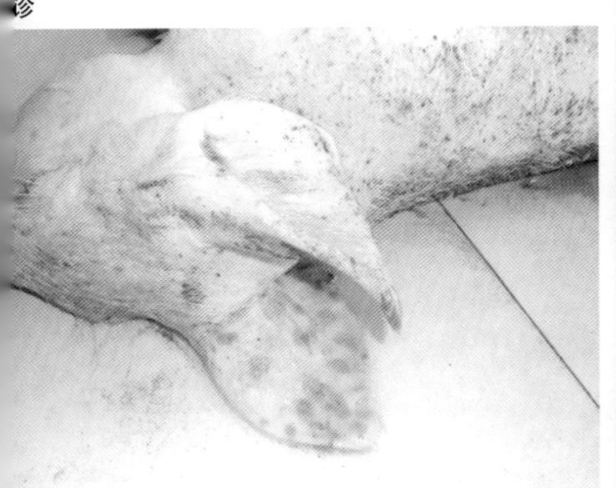

RRS3：左侧耳面后端的大面积蓝灰色瘀血斑显示

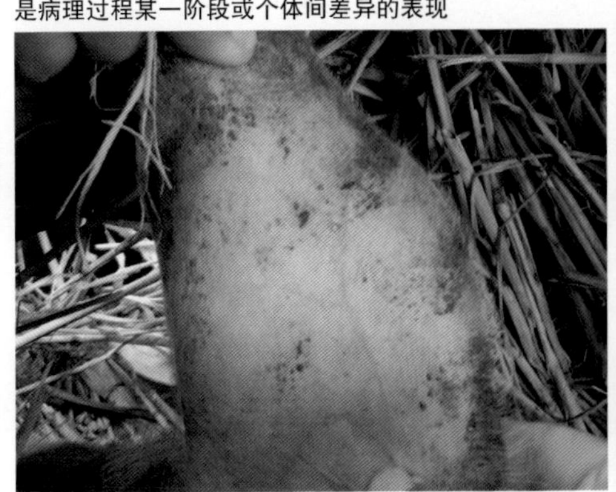

PRRS4：耳面充血瘀血显示。边缘颜色重，中间和耳根部颜色浅。颜色变化的过程较长，多数在发病 3–5 天后才出现，并且需要 2~3 日才能延展到整个耳面

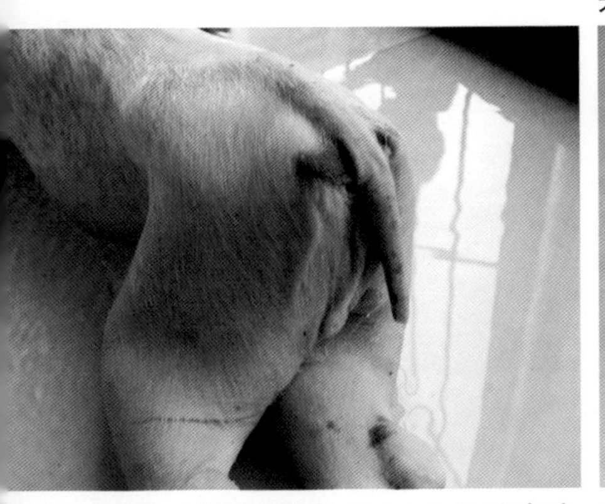

RRS5：臀部的一过性青紫瘢痕。经 2~3 日仍不褪色时，
怀疑变异蓝耳病

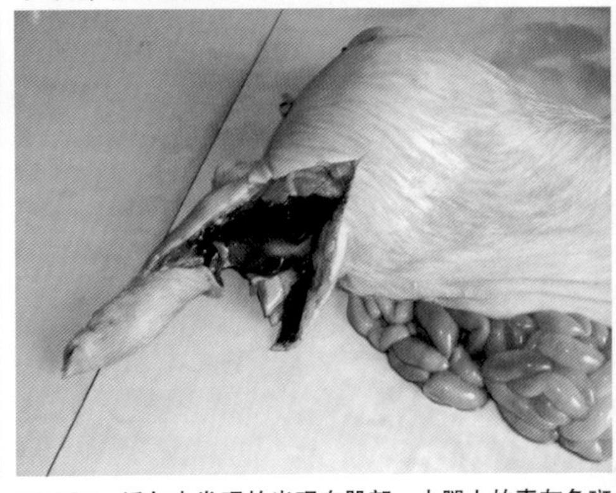

PRRS6：近年来发现的出现在股部、大腿上的青灰色斑块，剖检可见微血管破裂后积存于及组织间的出血及胶冻样物

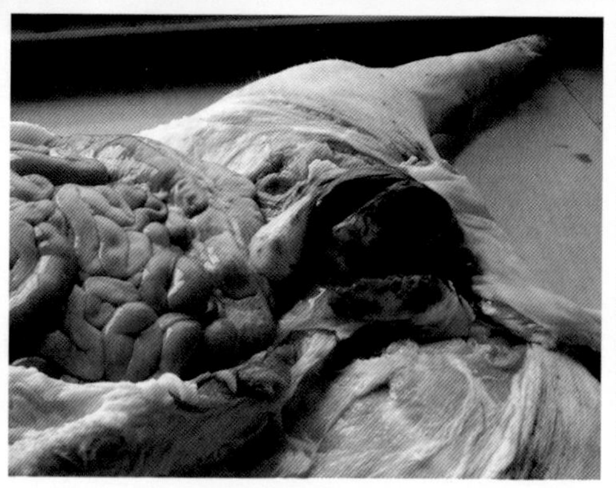

PRRS7：2011 年剖检拍摄的膀胱和腹直肌出血、瘀血照片。值得注意的是解剖前该病例小腹皮肤呈现青灰色

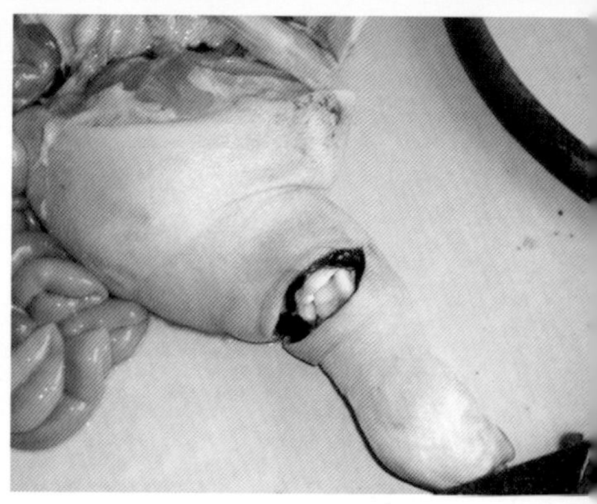

PRRS8：青灰色的小腿，关节囊清净，但是囊周组织出

PRRS9：病猪肺脏功能的下降，需心脏代偿性搏动弥补，最先的症状为上下眼睑充血（红眼镜）。随着代偿能力下降，出现上下眼睑瘀血（紫眼镜）

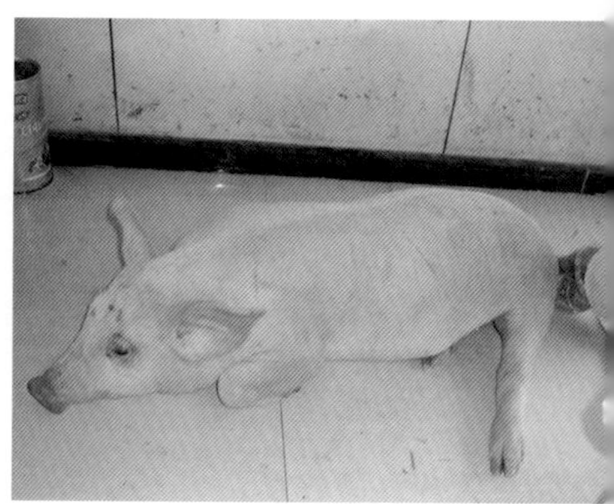

PRRS10：红眼镜

PRRS11：紫眼镜

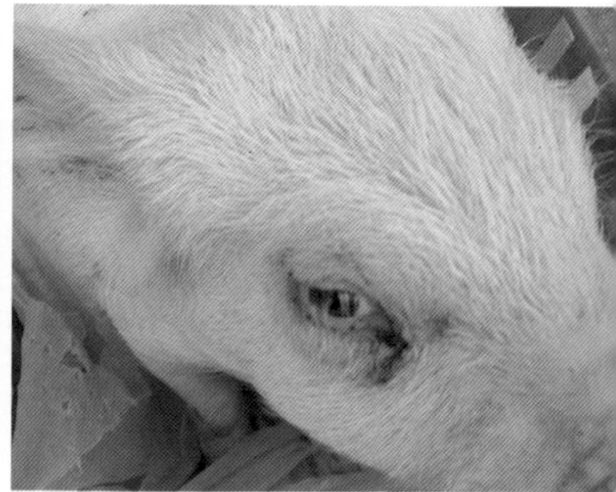

PRRS12：紫眼镜特写

RRS13：由红眼镜向紫眼镜过渡

PRRS14：很普遍的紫眼镜。当一个猪群出现该症状时，已经到了暴发疫情的临界点

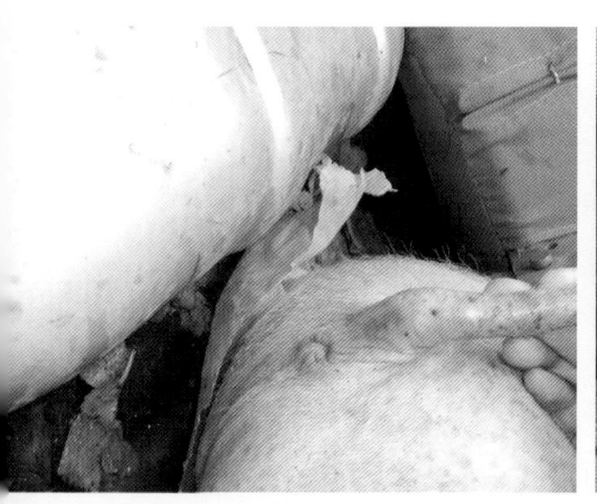

RRS15：红肛门。同“红眼镜”同时出现

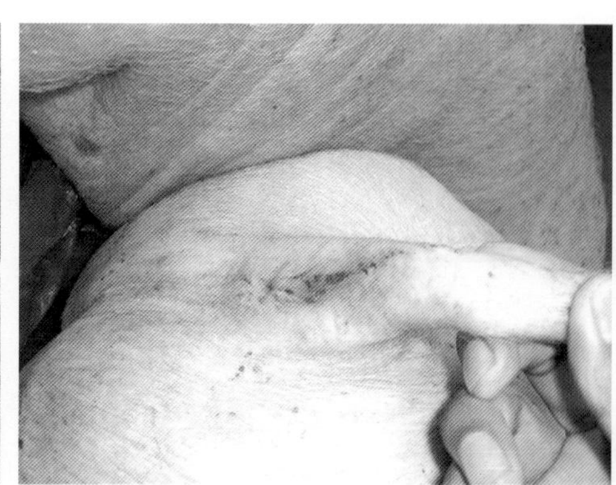

PRRS16：紫肛门。同“紫眼镜”同时出现

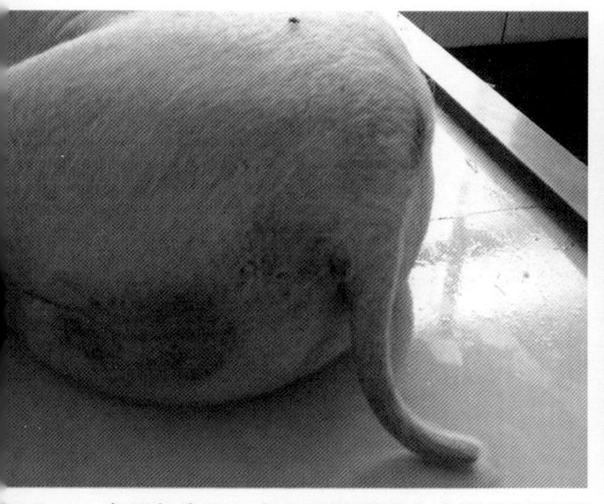

RRS17：会阴部发红。多为以蓝耳病为主导的混感病症状。2010 年后变异蓝耳病病例常有此症状

PRRS18：妊娠母猪乳头基部蓝紫色变化

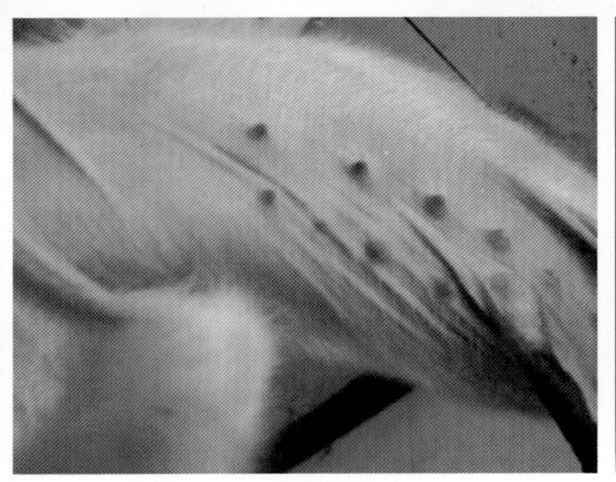

PRRS19：感染蓝耳病的仔猪乳头发红

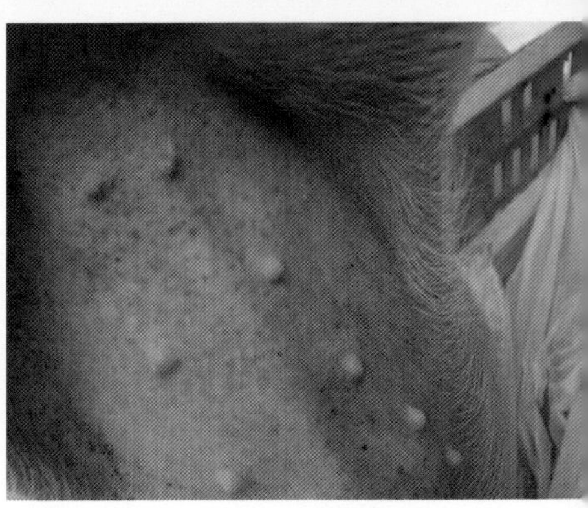

PRRS20：最后一对乳头基部呈青紫色

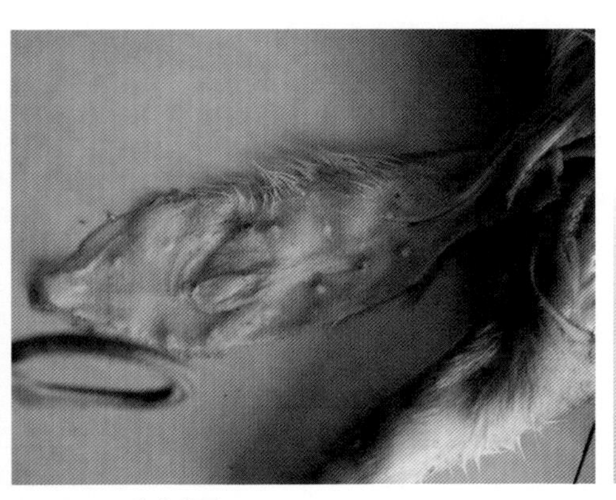

PRRS21：乳头发黑

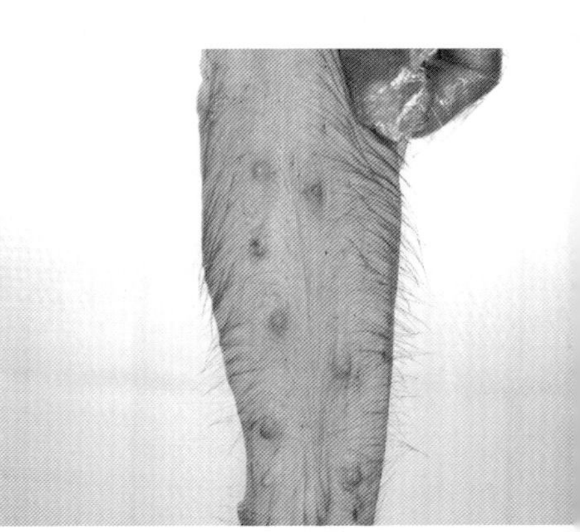

PRRS22：在强光下看到的杜洛克乳头病变

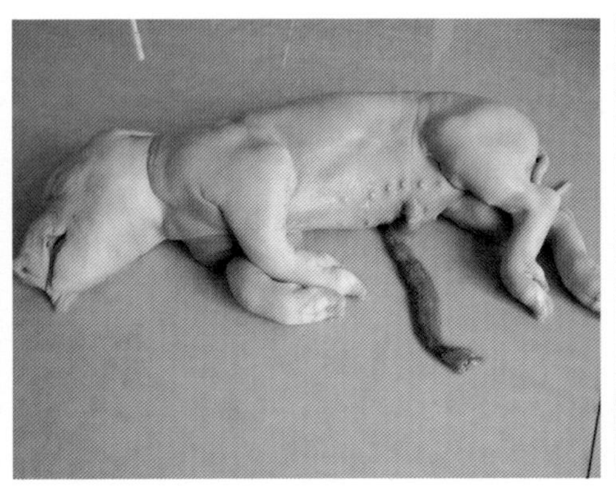

PRRS23：蓝耳病感染的脐带瘀血和仔猪乳头发青

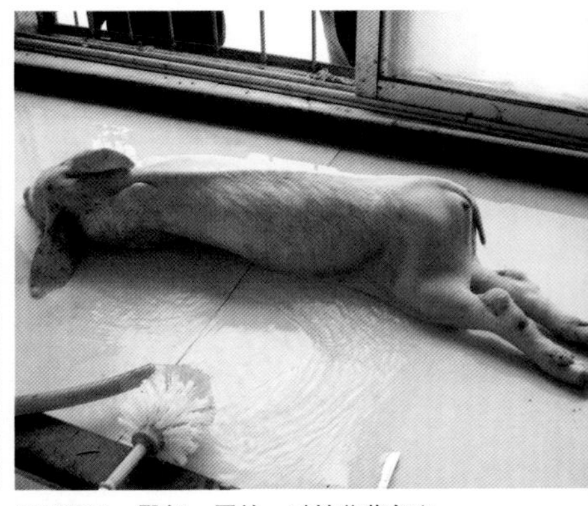

PRRS24：臀部、尾的一过性蓝紫色斑

RS25：对死猪的关怀。健康猪对发病猪或病死猪的
怀常常成为疫病传播的主要原因

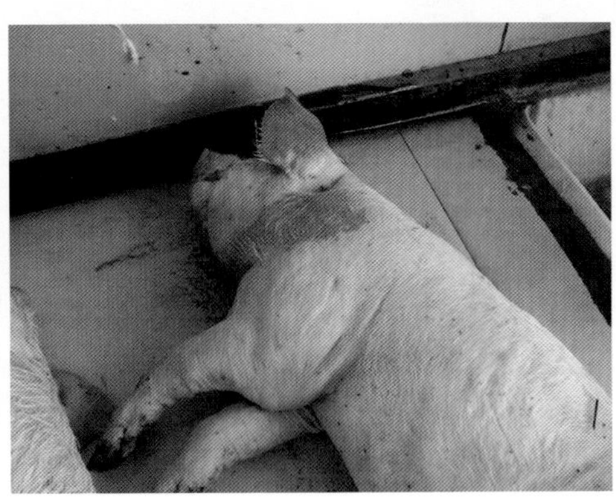

PRRS26：先发于耳面、颈部以充血为主要特征的鲜红色斑块

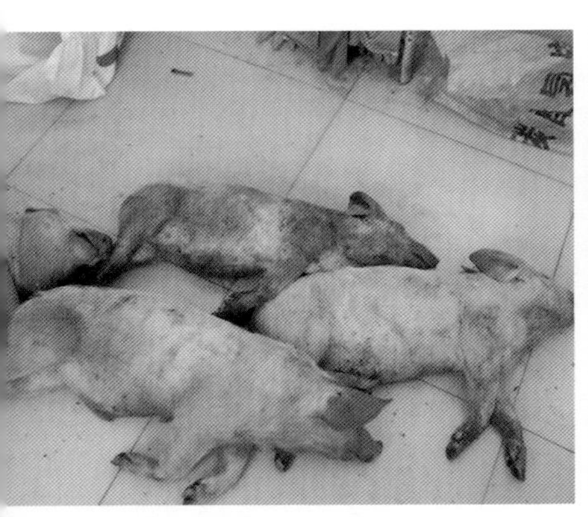

RS27：病死猪可见体表充血、瘀血

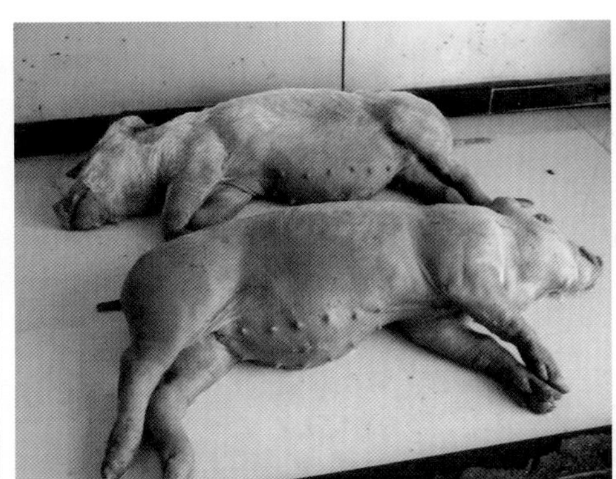

PRRS28：体表大红到玫瑰红均有

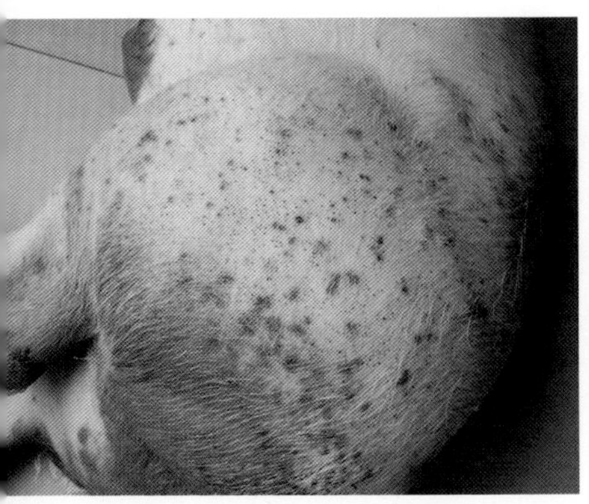

RS29：圆环病毒、蓝耳病混感病例的臀部

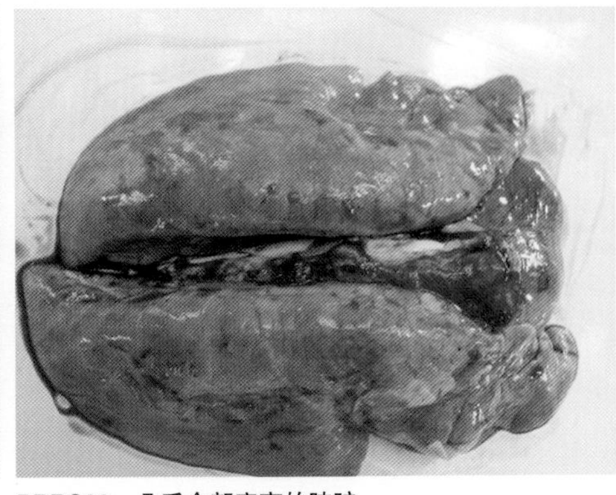

PRRS30：几乎全部实变的肺脏

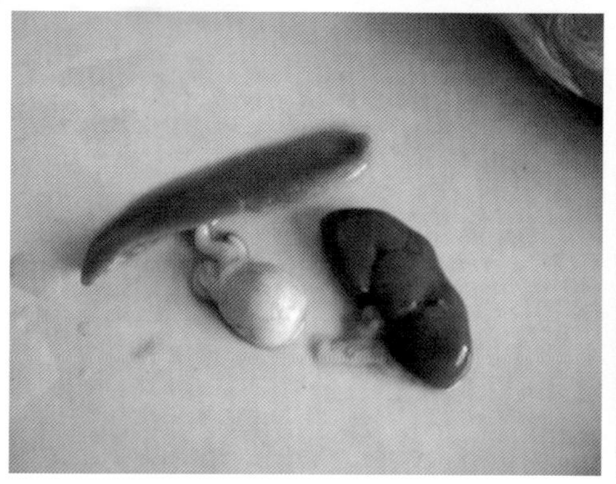

PRRS31：胚胎肾。剖检时常见症状，病毒攻击后病猪肾脏变形，呈胚胎状

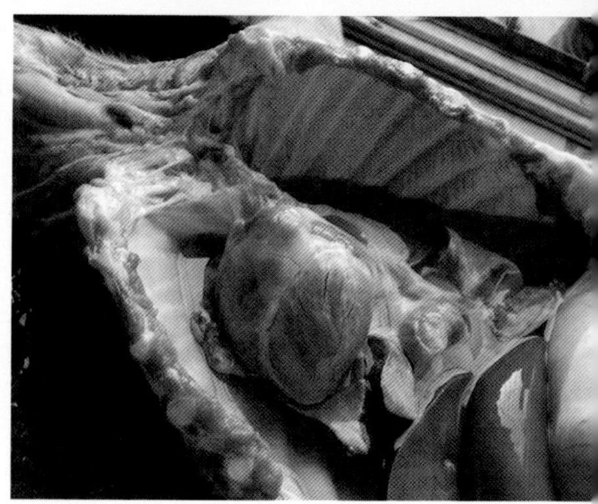

PRRS32：心室表面蹭伤型出血。剖检常见症状

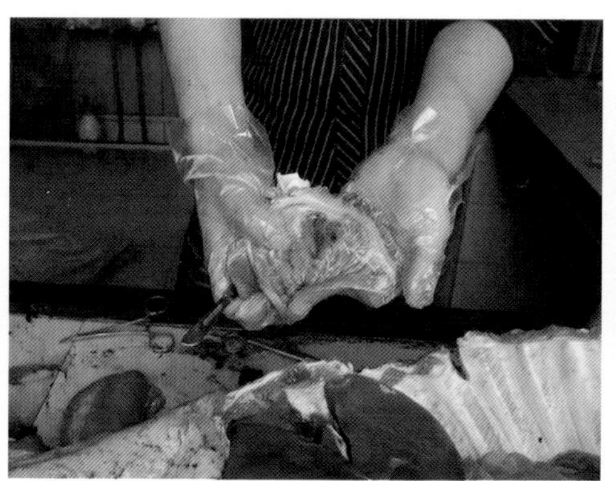

PRRS33：心脏内面出血显示

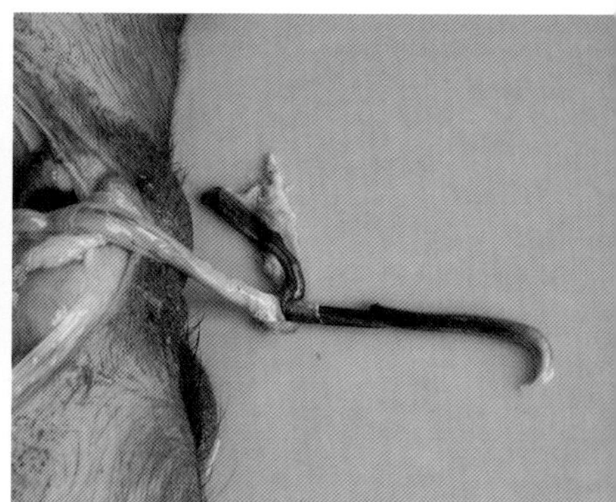

PRRS34：阴茎瘀血显示

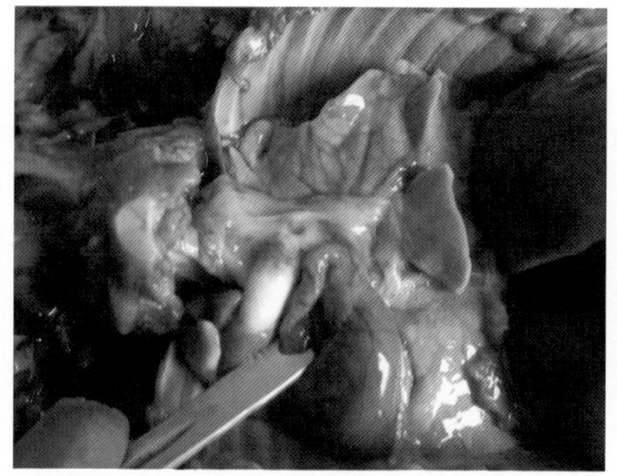

PRRS35：升主动脉出血。毒力较强的变异毒株才有的症状

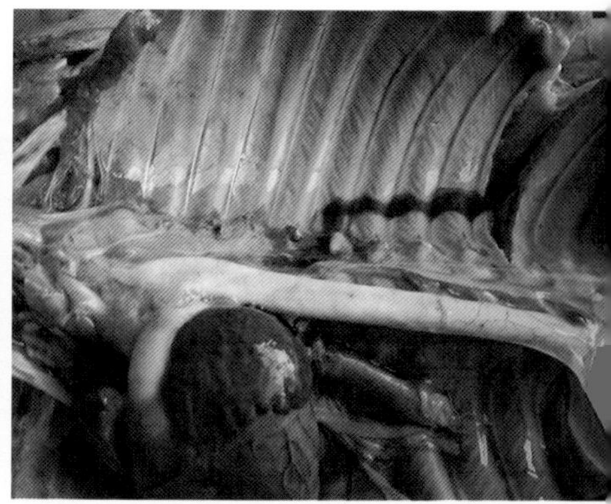

PRRS36：主动脉出血点。毒力较强的变异毒株才有症状

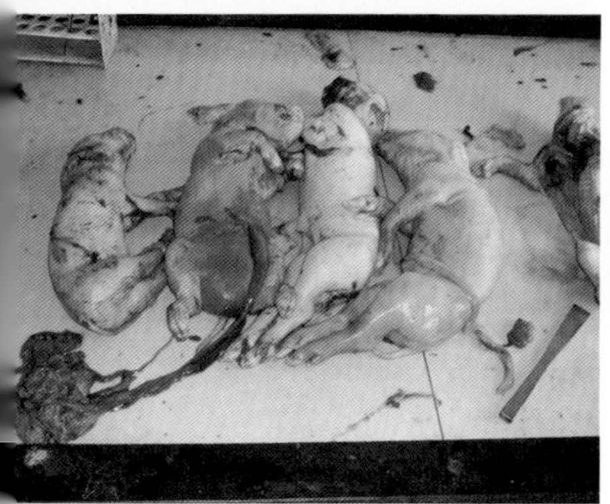

RS37：高致病性猪蓝耳病导致死胎

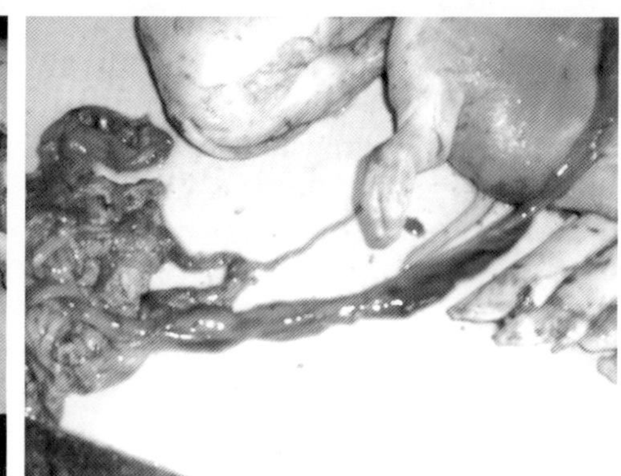

PRRS38：脐带出血、瘀血呈黑紫色

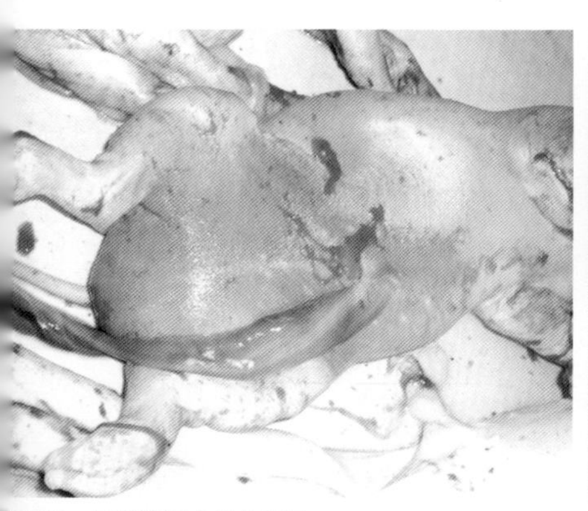

RS39：死胎腹腔大出血显示

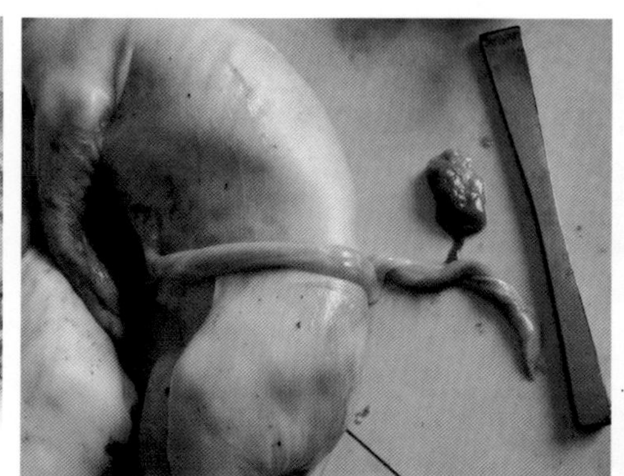

PRRS40：死胎臀、背部组织出血的黑紫色变化显示

RS41：蓝耳病、伪狂犬病和猪细小病毒病共有症状

附图五：圆环病毒病 2 型（简称 PCV–2）

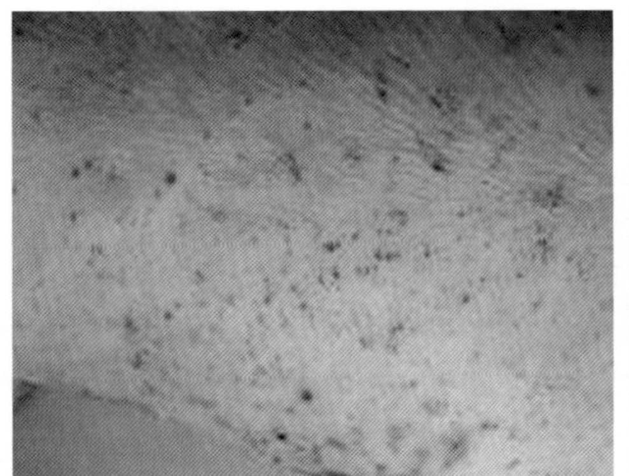

PCV–2 1：圆环病毒感染后在体表的首选症状是躯体长疖子、痘。照片为背部疖痘

PCV–2 2：感染圆环病毒病例，疖痘溃烂后，即在体形成不愈性溃烂斑

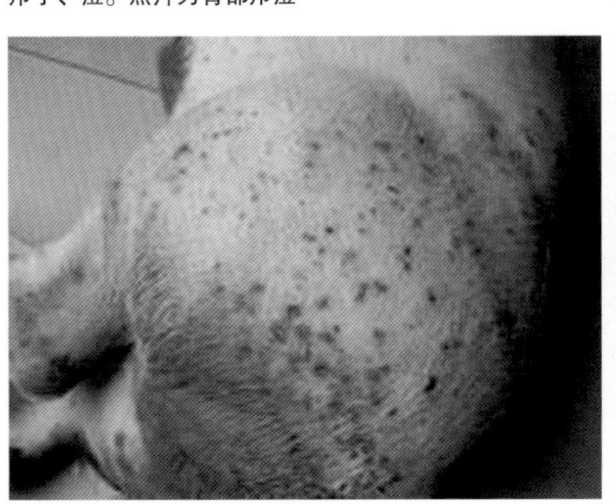

PCV–2 3：突出体表的疖痘

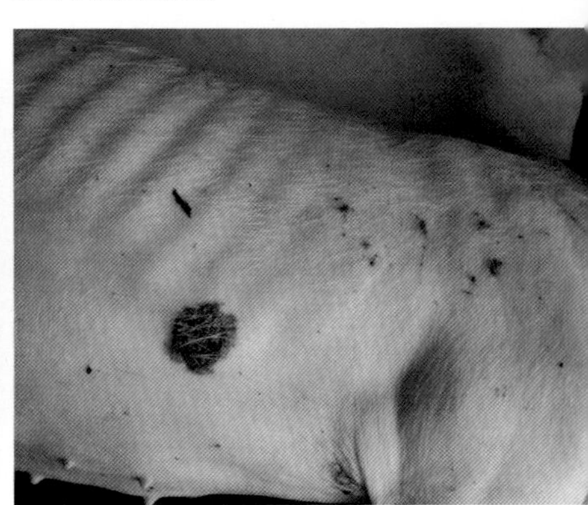

PCV–2 4：体侧疖痘和溃斑

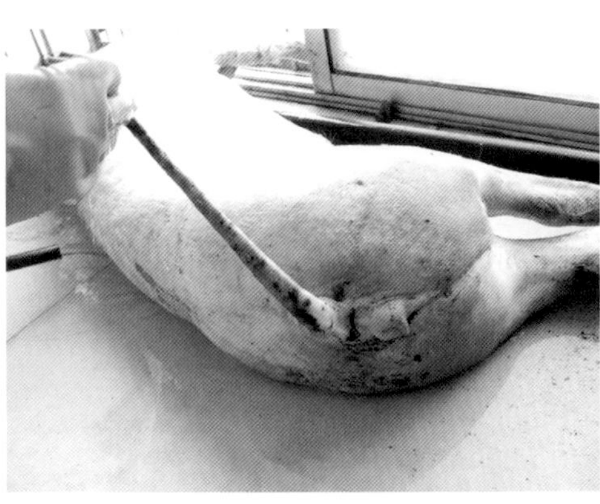

PCV–2 5：尾巴疖子和会阴部、臀部鲜红

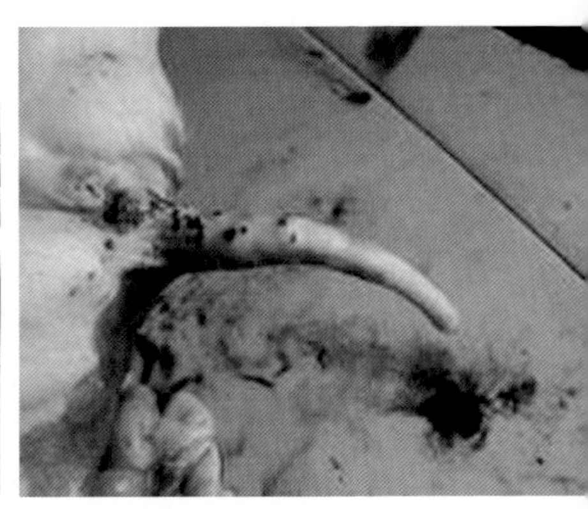

PCV–2 6：尾巴疖痘显示

:V-2 7：胎儿期感染的仔猪，因心脏功能异常，血液
环回血不良，致使着地侧暗红。俗称“落地红”小猪

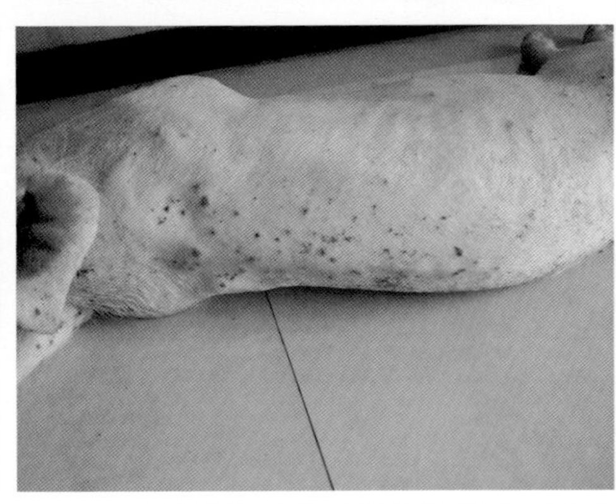

PCV-2 8：胃贲门区溃疡后，导致采食量下降，病例的渐进性消瘦症状明显

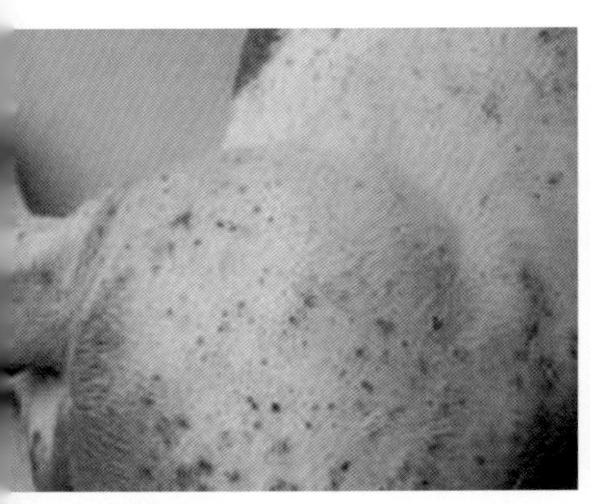

:V-2 9：蓝圆后躯显示

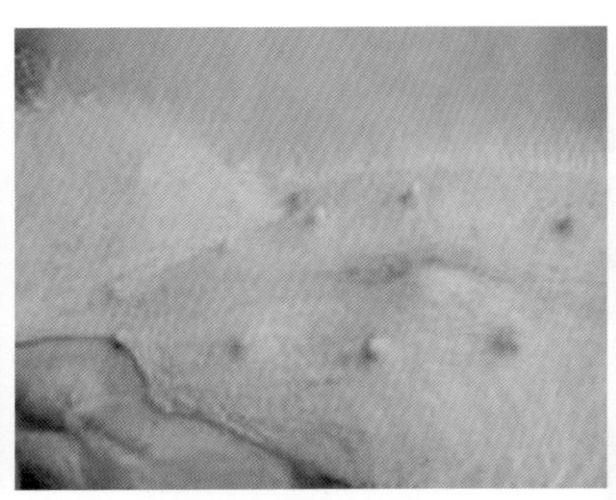

PCV-2 10：蓝圆腹部和肿大的腹股沟里巴结

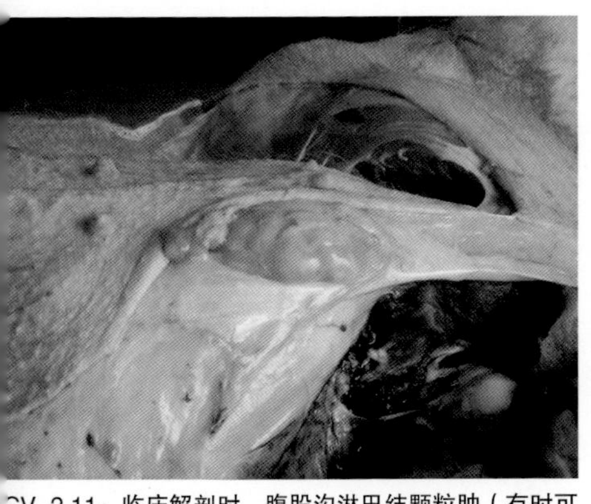

:V-2 11：临床解剖时，腹股沟淋巴结颗粒肿（有时可
正常体积的 4~5 倍），是最容易捕捉的症状

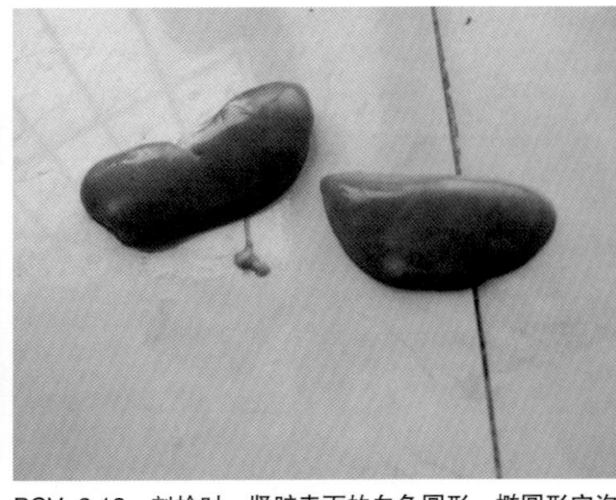

PCV-2 12：剖检时，肾脏表面的白色圆形、椭圆形空泡（也称白斑），可作为确诊判断依据

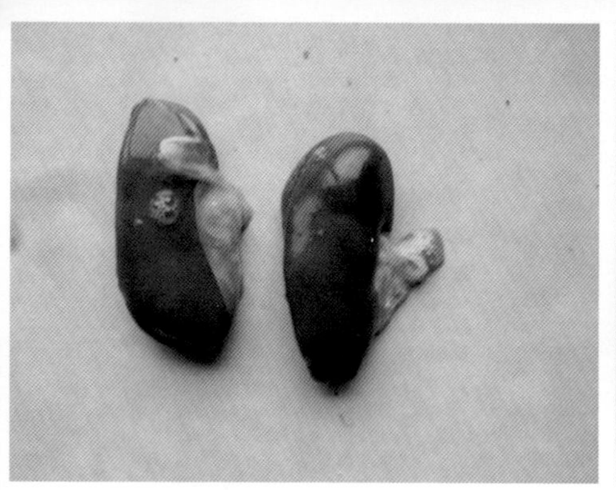

PCV-2 13：肾表面圆形白色液化空泡

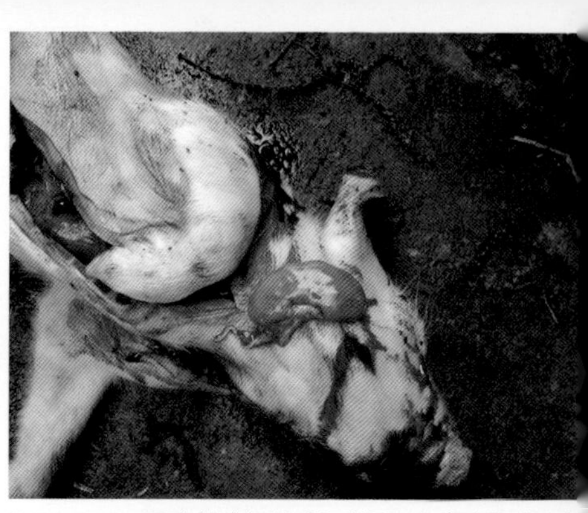

PCV-2 14：巴中某猪场混感仔猪圆环病毒致肾脏病变

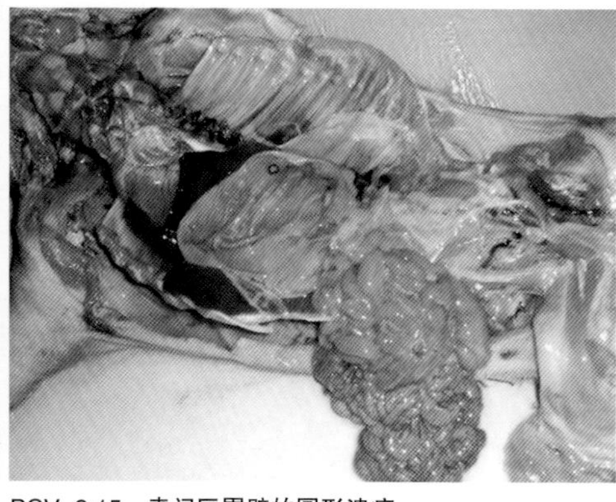

PCV-2 15：贲门区胃壁的圆形溃疡

图六：猪流感（简称 SIAP）

AP1：咳嗽和喷嚏

SIAP2：正在咳嗽

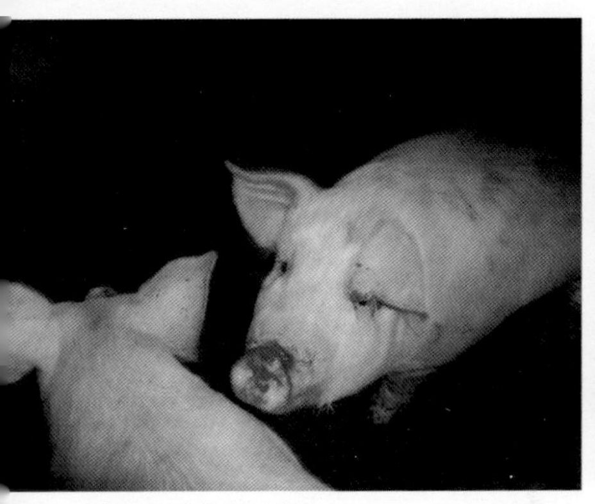

AP3：流鼻涕导致的吻突脏污

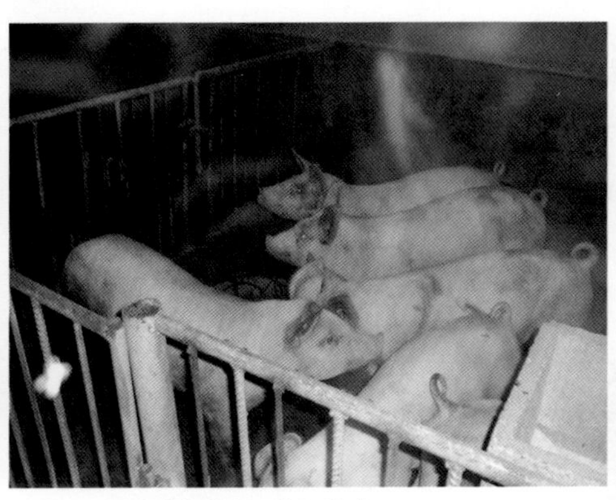

SIAP4：眼结膜高度充血的红眼睛

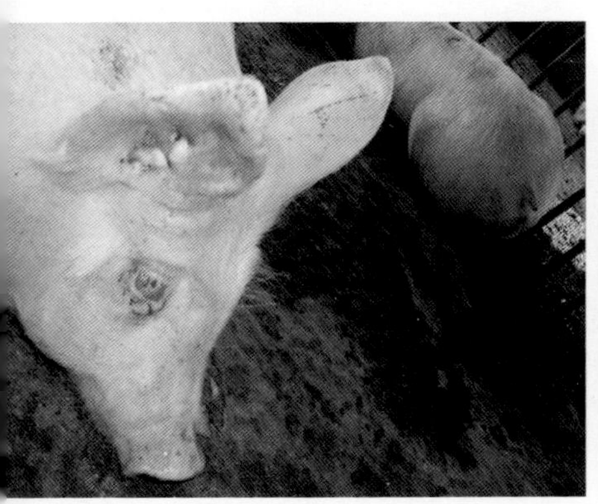

AP5：严重的红眼睛

SIAP6：眼结膜充血最容易观察症状是红眼睛，仔细看，有四头红眼睛

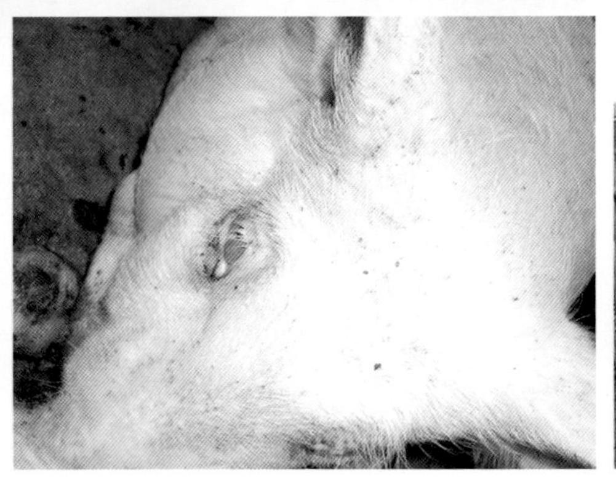

SIAP7：极端的例子是眼睑红肿

SIAP8：该病传染性很强，在一个圈舍内，可以发现多
甚至全部都是。照片中的这一圈猪全部红眼睛

SIAP9：睫毛孔出血显示

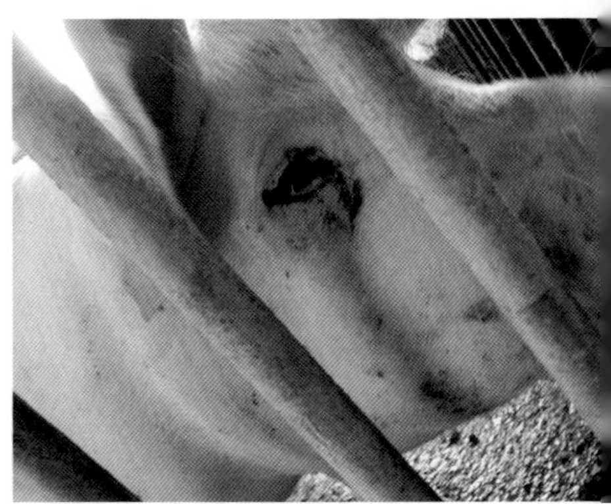

SIAP10：眼屎及下颌肿大

SIAP11：泪斑

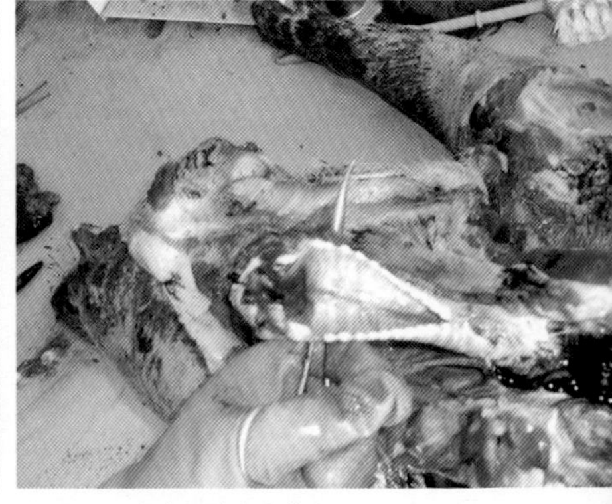

SIAP12：喉头红肿充血出血

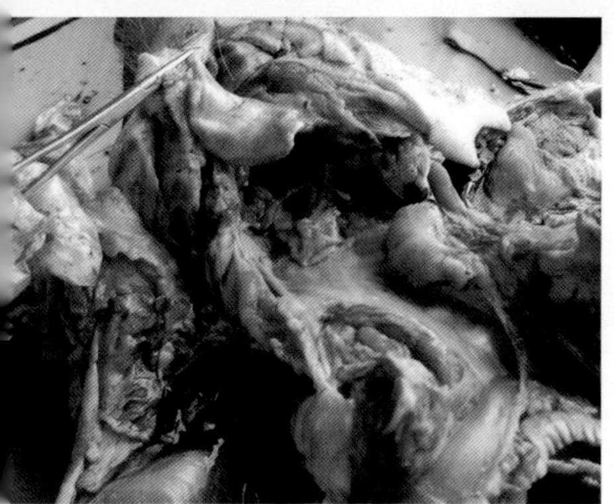

AP13：会厌软骨充血

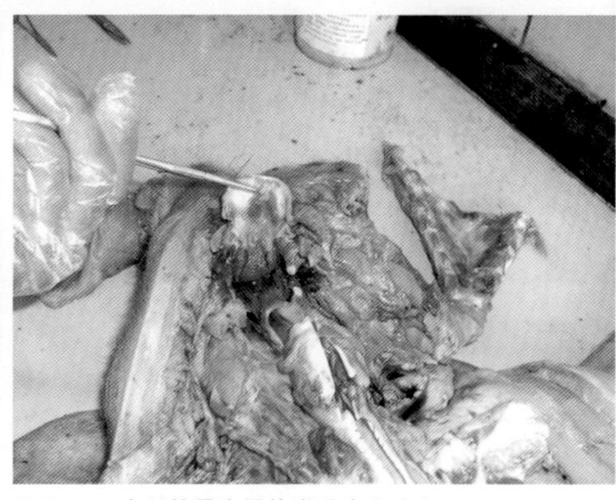

SIAP14：会厌软骨扁桃体喉头出血瘀血

附图七：猪母毒（简称 ES）

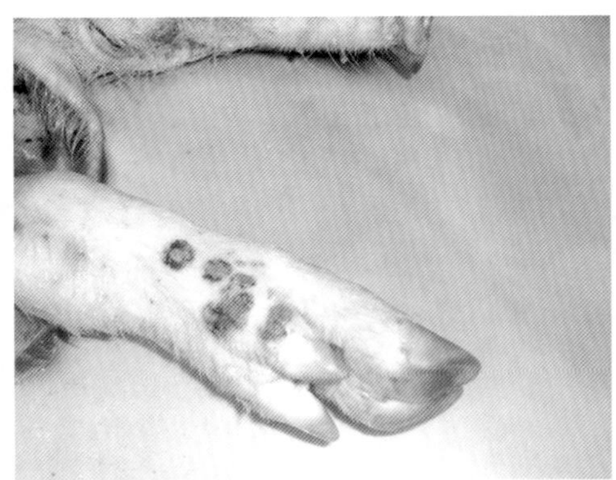

ES1：猪丹毒的黑色疤痕

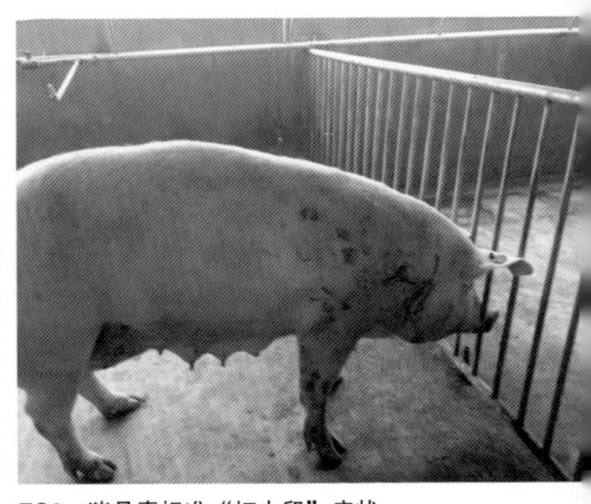

ES2：猪丹毒标准“打火印”症状

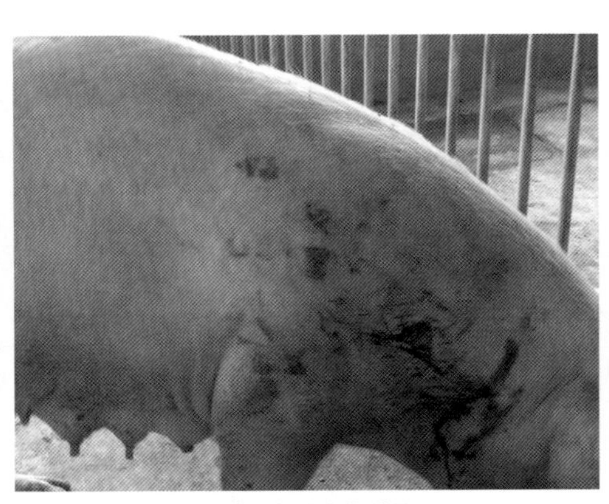

ES3：湖北荆州猪丹毒“打火印”特写

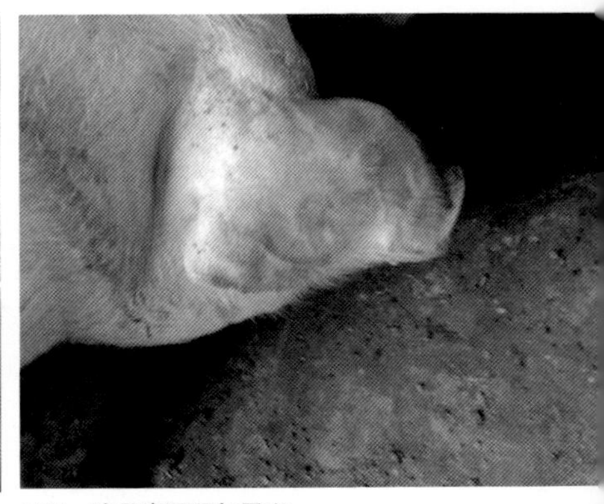

ES4：猪丹毒耳颈部黑斑

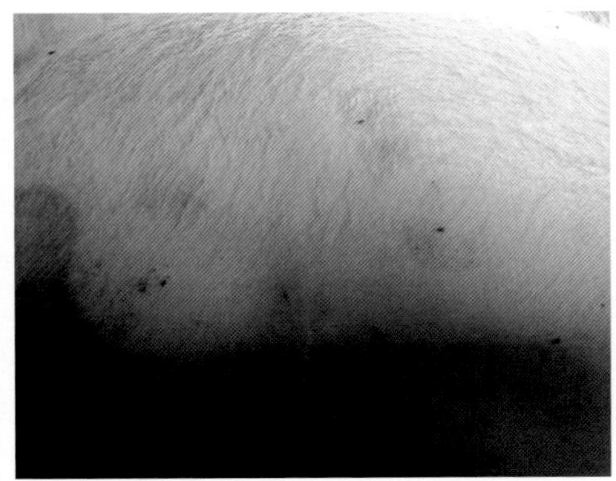

ES5：猪丹毒躯体黑色斑块

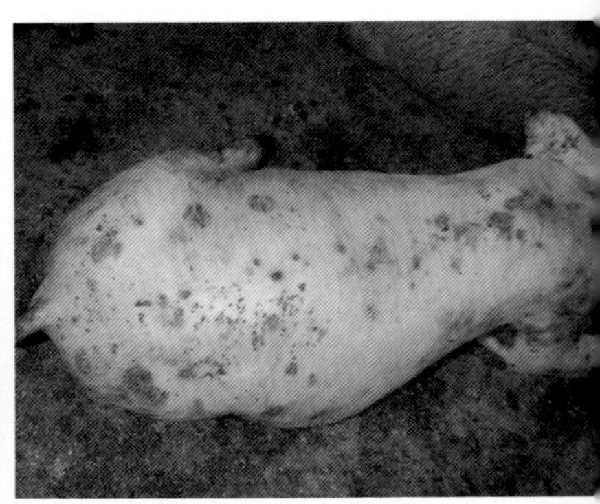

ES6：猪丹毒圆环混感猪的体表溃疡

附图八：猪链球菌病（简称 SS）

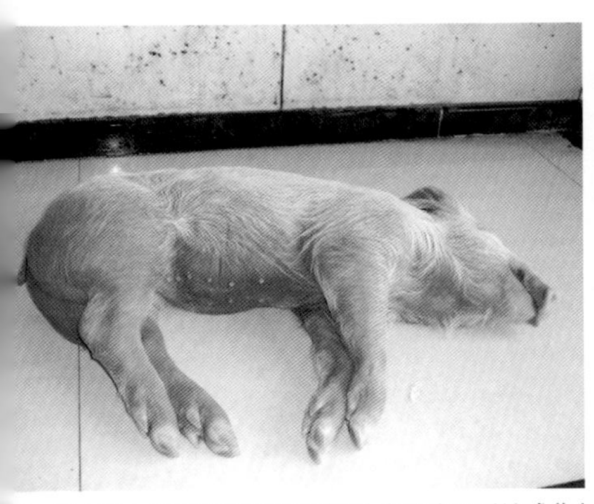

SS1：毒力强大的高致病性猪链球菌（也称溶血型链球菌）致的“玫瑰红”典型病例

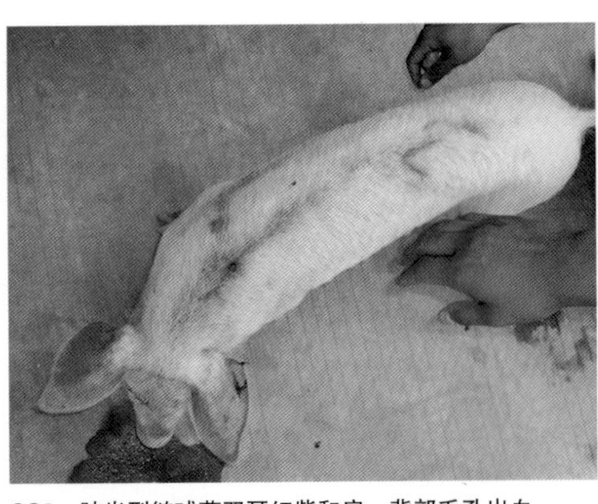

SS2：肺炎型链球菌双耳红紫和肩、背部毛孔出血

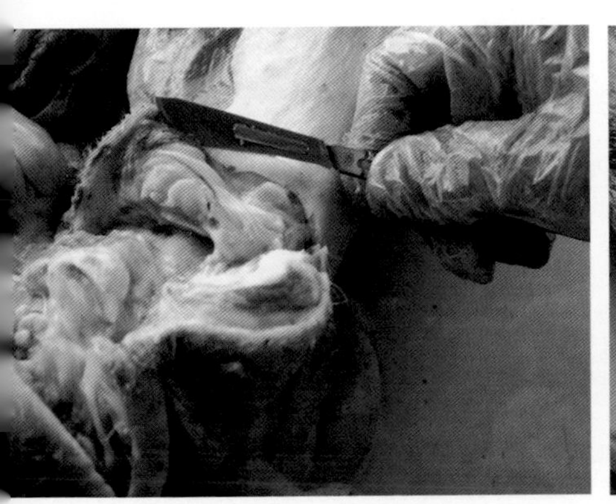

SS3：关节炎型链球菌导致的干涸的关节积脓

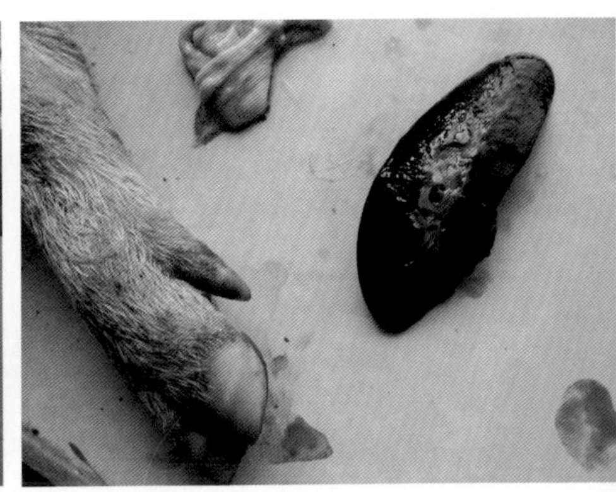

SS4：左为溶血型链球菌病例的玫瑰红前肢，右为本病特有的“大红肾”纵剖面

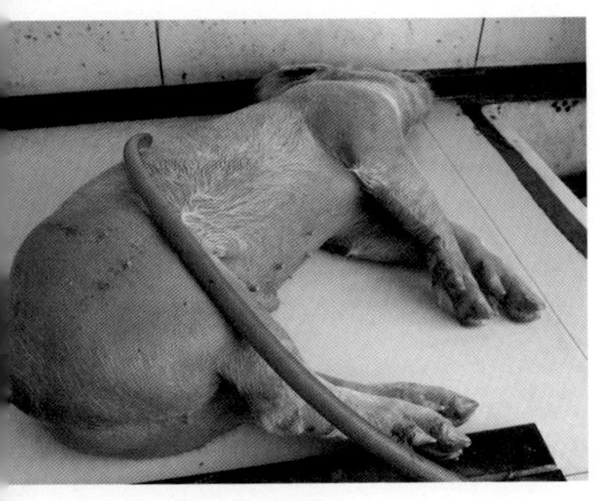

SS5：溶血性链球菌的玫瑰红显示

附图九：猪副嗜血杆菌（简称 HPS）

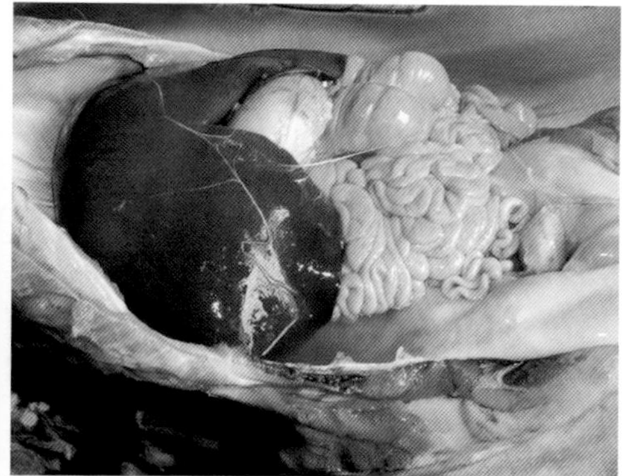

HPS1：浆膜炎在腹腔内的表现。肝脏表面有明显的纤维素性沉积，有时也可见到整个腹腔被炎性分泌物覆盖，严重的甚至形成粘连

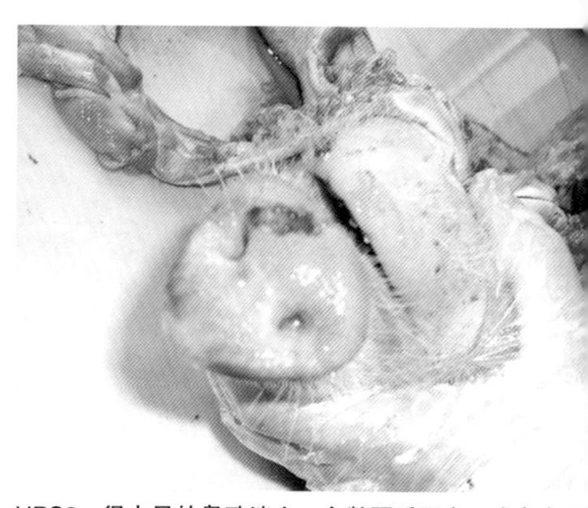

HPS2：很少见的鼻孔淌血。多数预后不良，或者在死病例剖检时见到的症状

HPS3：同猪瘟混感病例的膀胱积尿和肝、脾、肺、心脏出血，四肢水肿

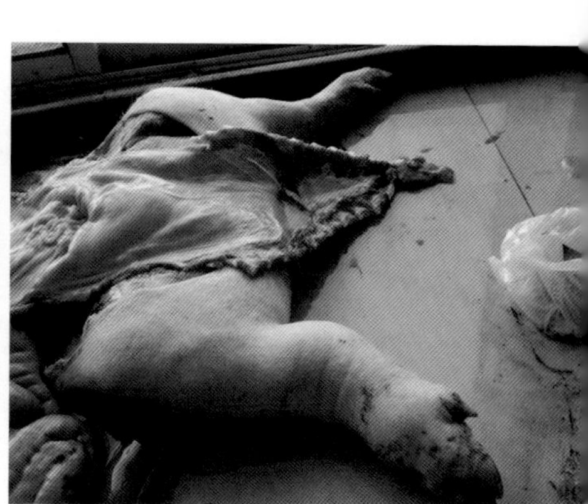

HPS4：尿闭导致后肢极度水肿

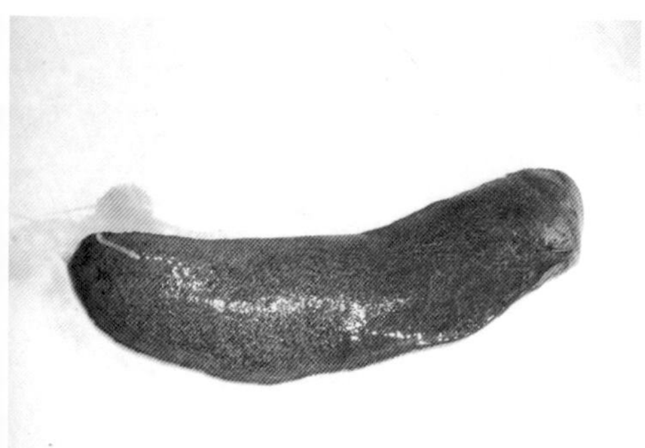

HPS5：脾脏表面边缘的米粒样突起（左上缘），浆膜卡他性炎形成的表面灰白色被膜

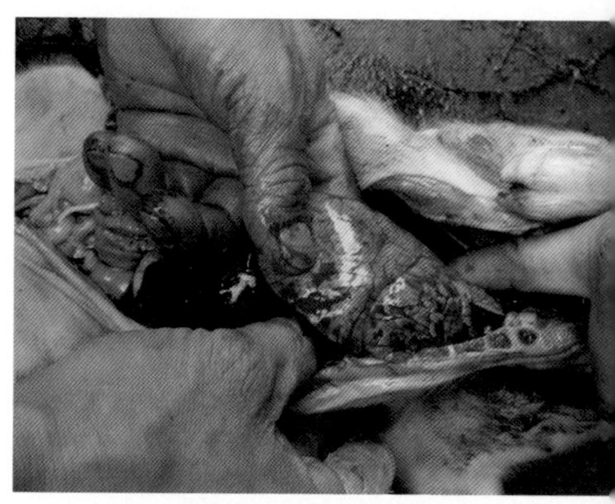

HPS6：巴中仔猪副猪、传胸混感肺脏病变。可见肺脏典型的边缘整齐的瘀血斑块

图十：传染性胸膜肺炎（简称 APP）

PP1：穿孔数日大肠杆菌污染的脾脏

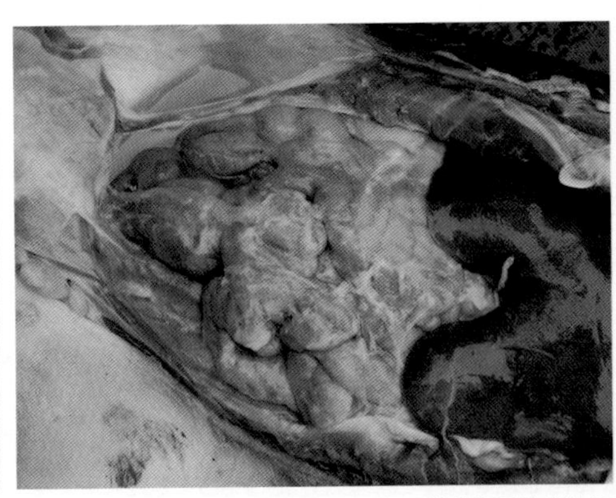

APP2：传胸病例腹腔的浅黄色积液和脏器表面的炎性沉积显示

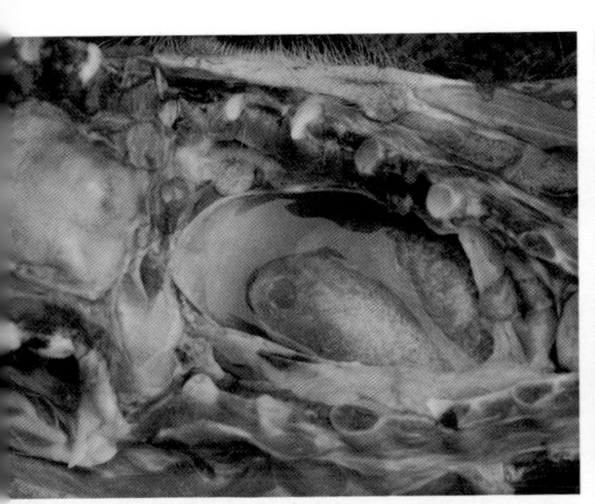

PP3：传胸死亡病例浑浊的浅黄色胸腔积液

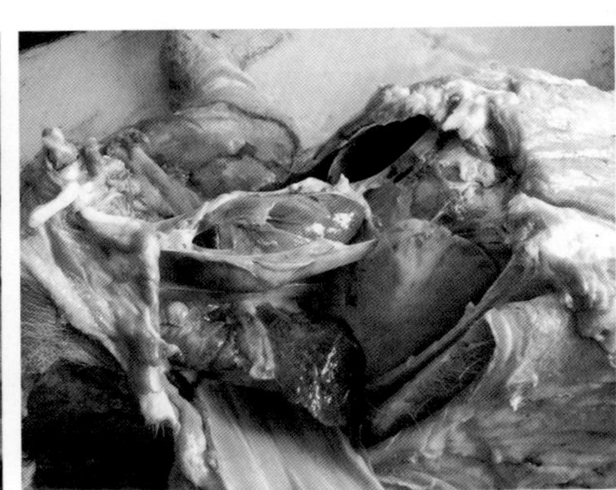

APP4：肺叶大量瘀血形成的“肝变肺”

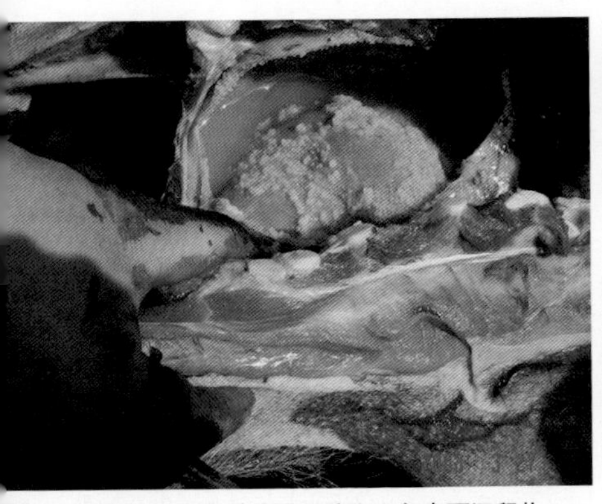

PP5：晚期病例浑浊的胸腔积液和心包表面沉积物

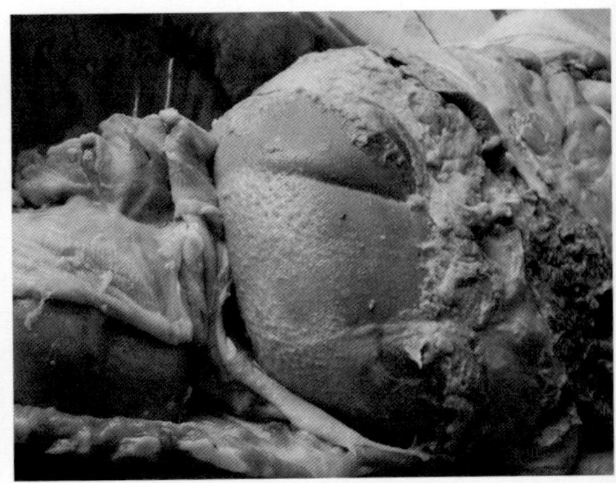

APP6：晚期或死亡病例因大量的沉积物形成的“绒毛心”和“绒毛肝”

附图十一：支原体肺炎（简称 MPS）

MPS1：支原体肺炎的特征是咳嗽。尤其是春秋季的早晨起来、运动后和突然受凉，咳嗽尤为激烈，照片为兽医和饲养员进入猪舍后，猪群站立反应引起的咳嗽。正在咳嗽

MPS2：运动中咳嗽

MPS3：最常见的症状是病猪流淌清水样鼻涕

MPS4：长期的清水样鼻涕浸润，是鼻孔出现“白苔样”变化。鼻孔出现白苔和呼吸困难，表明肺严重实变

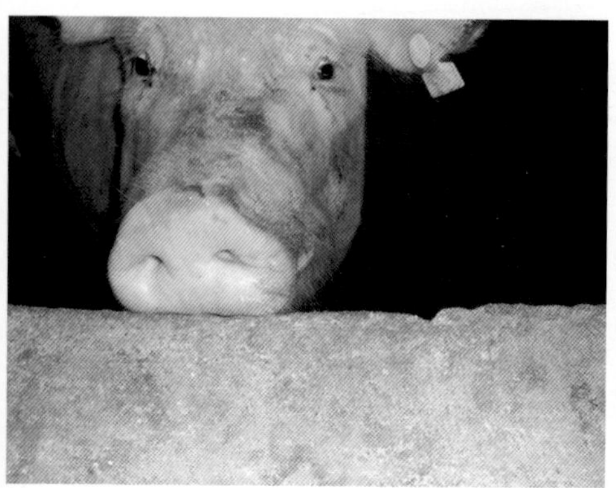

MPS5：鼻孔白苔显示

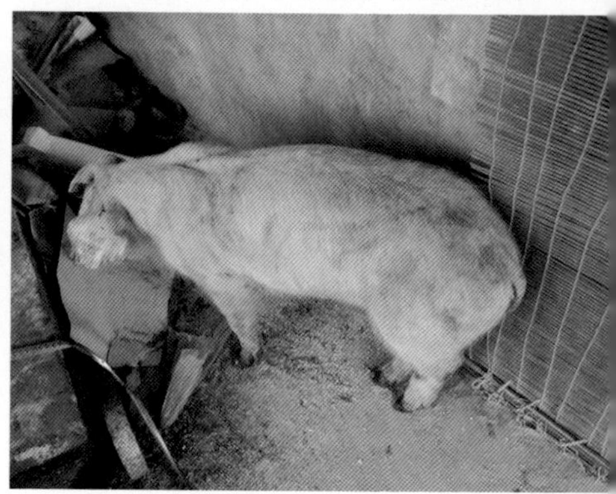

MPS6：咳嗽极易导致渐进性消瘦。照片为消瘦个体

PS7：由于肺部的炎症，病猪处于低热状态，对寒冷应敏感。气温下降时，常见畏寒扎堆

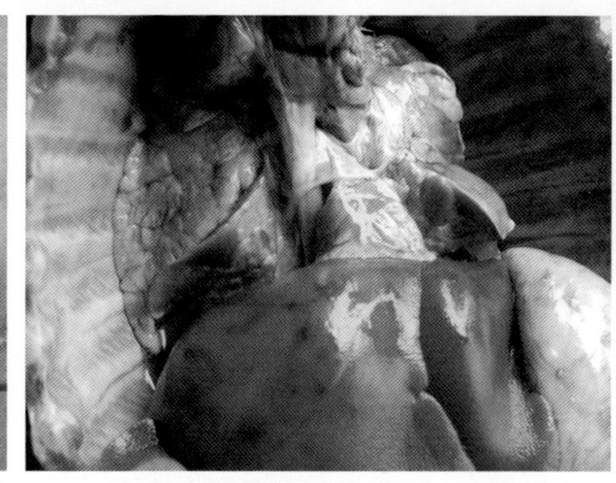

MPS8：剖检的示症性病变为肺脏心叶、尖叶下部的对称性“肉变”，又称“水煮样变”“虾肉样变”

PS9：肺脏的大部分实变。当整个肺脏都呈现“虾肉变”时，若从周边向中心包围，为严重的后期支原体炎病例；若从中间向周边蔓延，应考虑尘肺病

附图十二：附红细胞体病（简称 SE）

SE1：在猪群中最容易观察到的症状：躯体苍白。照片为苍白的育肥猪

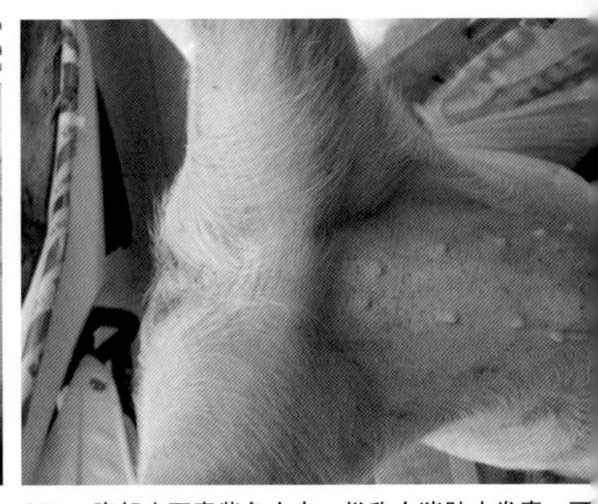
SE2：腹部皮下青紫色小点。俗称小猪肚皮发青，可为本病的确诊症状。检查时应借助强光手电

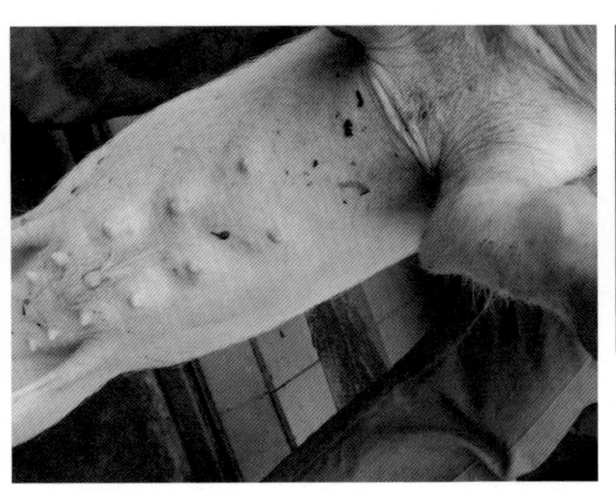
SE3：倒数 1~4 对乳头间的青色斑块，外侧皮肤的条状青紫色

SE4：尿液落地后形成尿痕

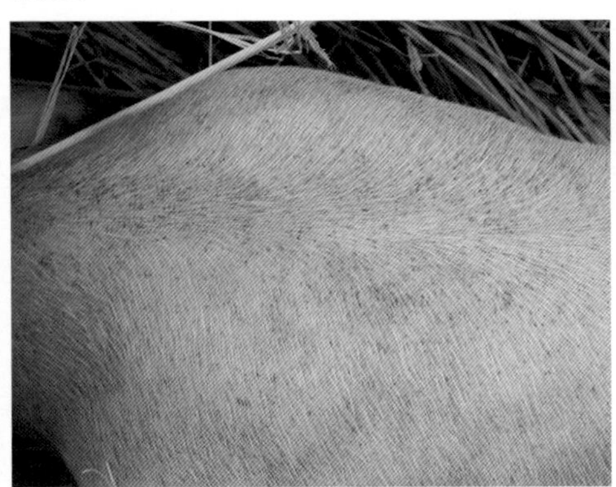
SE5：育肥猪颈肩部毛孔出血，干后成苍蝇屎状

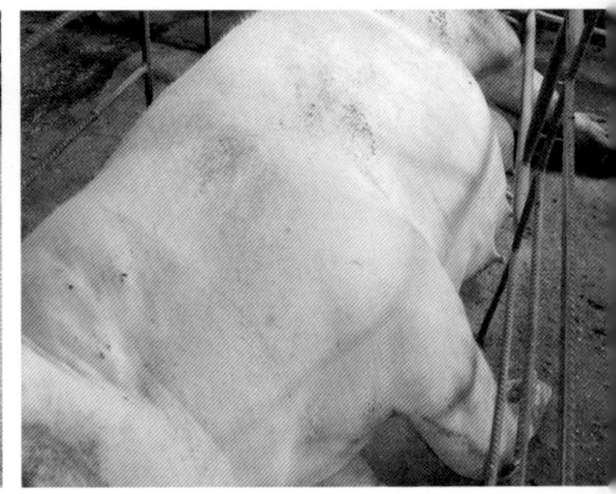
SE6：宁夏躯体苍白的母猪

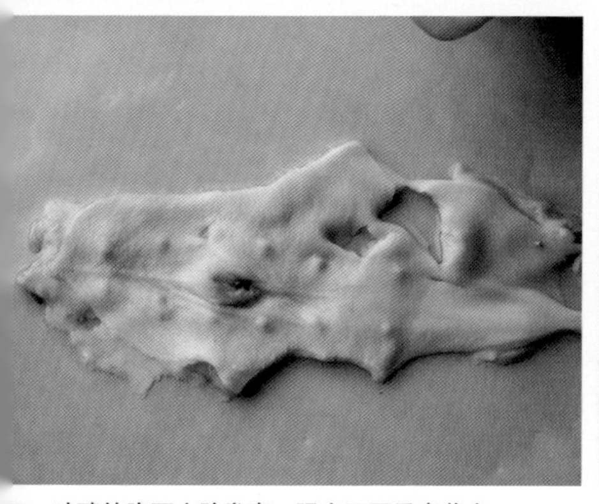

7：玻璃的腹下皮肤发青，强光下可见青紫点

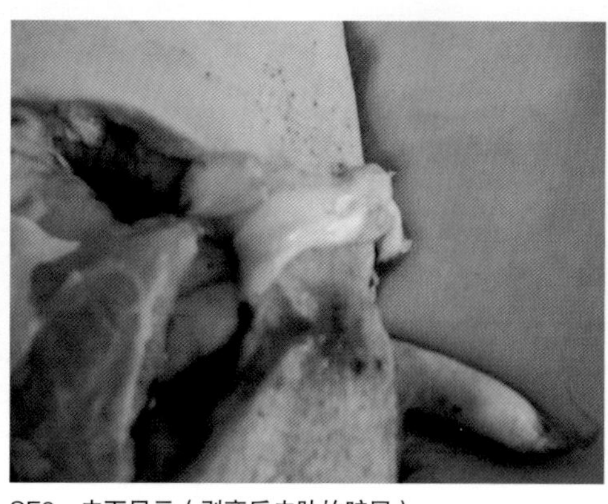

SE8：皮下显示（剥离后皮肤的脏层）

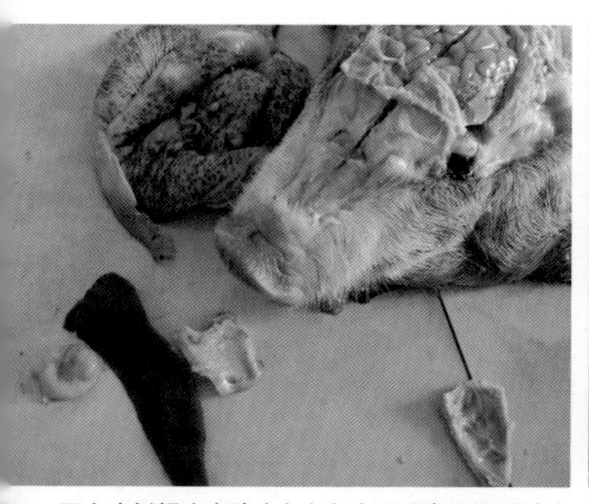

9：死亡病例额头皮肤（左上）皮下毛囊血污后特有
扶锈色

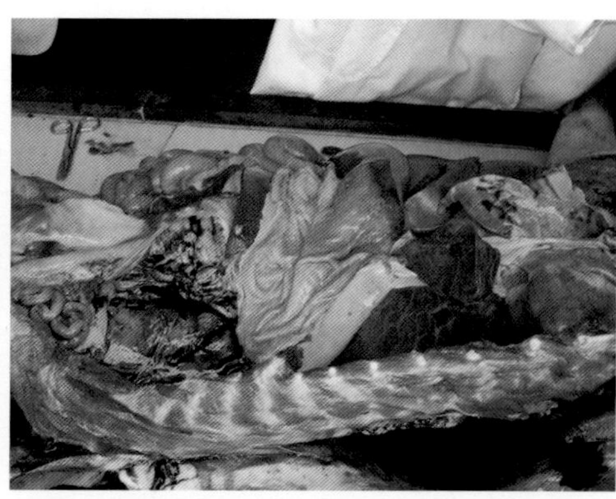

SE10：血凝不良为本病的主要症状。活体在采血时，可见鲜红色稀薄血液，流淌不止。此照片为死亡病例，故血液呈暗红色

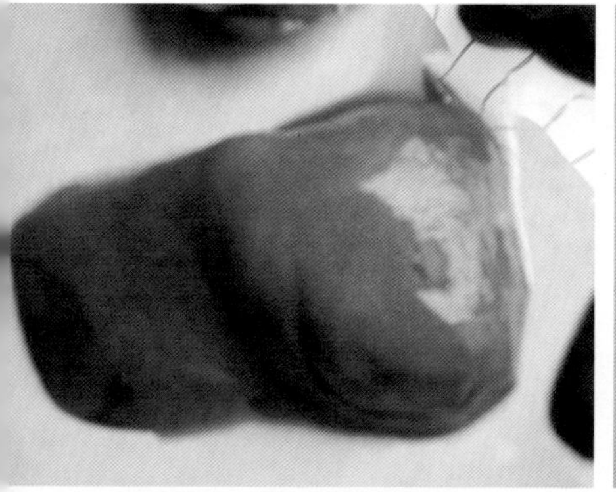

11：溶血严重病例，黄染明显也是本病的主要症状。
本毛稍、皮肤、眼结膜呈现不同程度黄染，剖检时可
实质性脏器黄染。此为肝脏黄染特写

SE12：肾脏、淋巴结、膀胱黄染近照

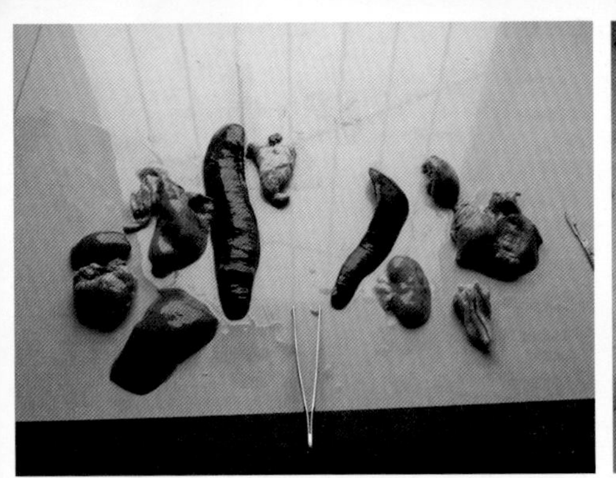

SE13：黄染（左）和非黄染（右）的肝脏、脾脏、肾脏、膀胱对比照

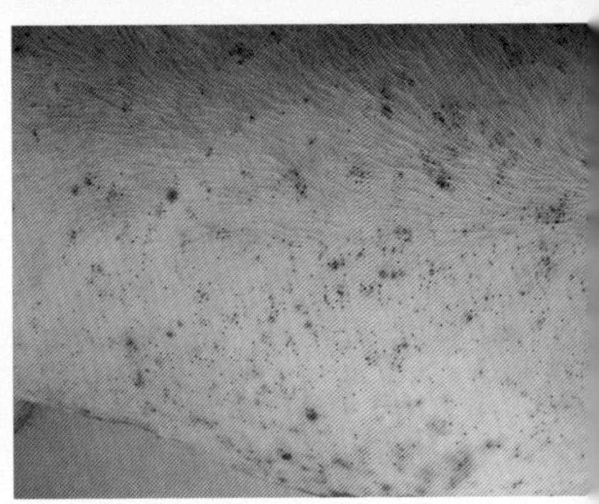

SE14：圆环病毒和附红细胞体混感病例的皮肤出血症最为典型。照片为圆、附感染的苍蝇屎样出血痂

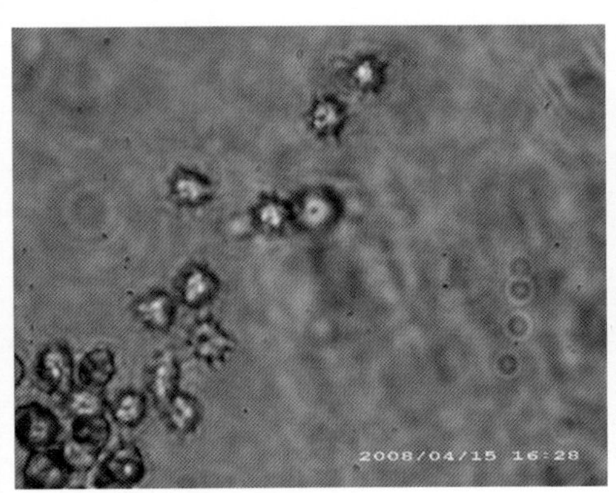

SE15：普通显微镜下附红细胞体

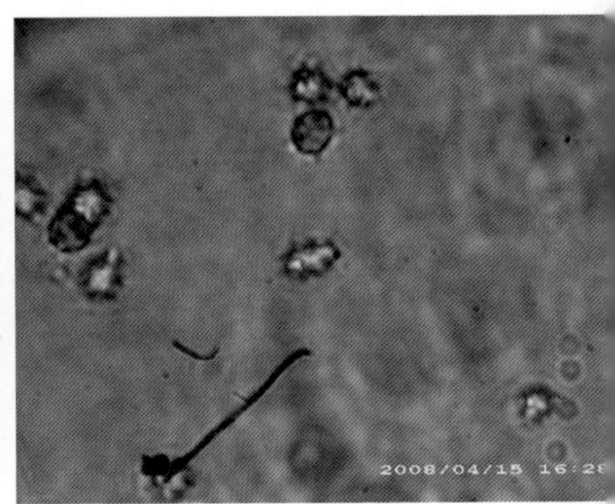

SE16：显微镜下附红细胞体星芒状显示

附图十三：猪弓形体病（简称 Tg）

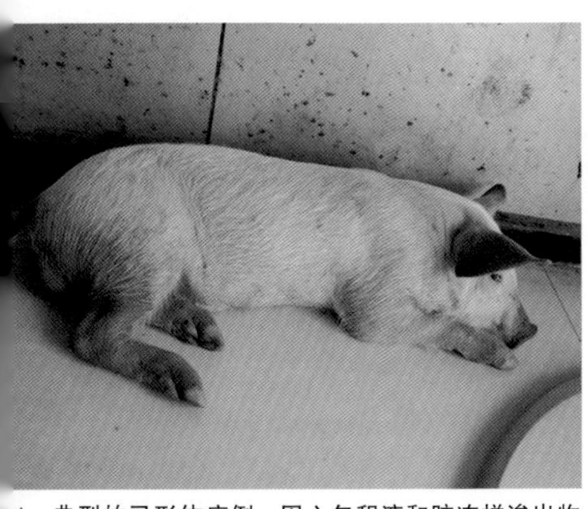

Tg1：典型的弓形体病例。因心包积液和胶冻样渗出物致心脏功能的异常，外周血回流困难，四肢下部、耳尖、吻突瘀血明显

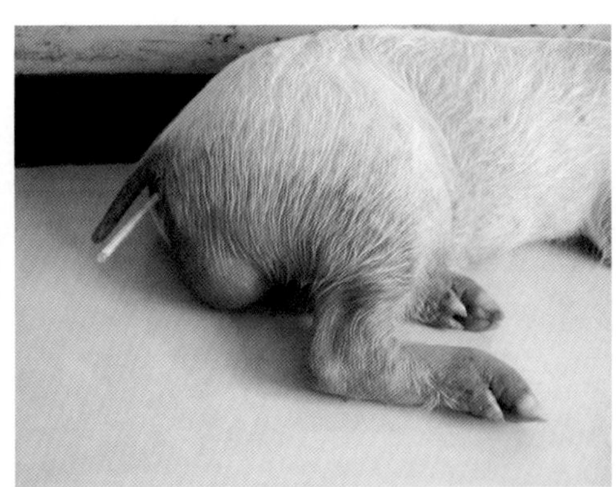

Tg2：高热稽留或极高热，伴随血液回流动力不足，2~3日后部分病例会出现全身瘀血的暗红色。照片显示后躯暗红的同时，躯体已经开始有瘀血斑出现

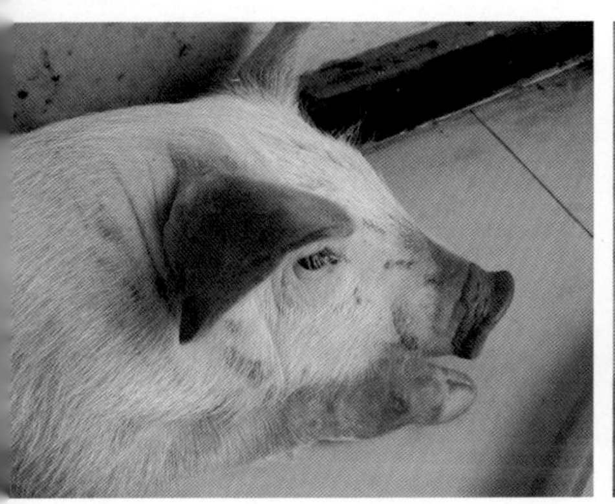

Tg3：病例双耳、吻突、前肢下部暗红的同时，躯体前普遍开始瘀血。照片为前躯暗红显示

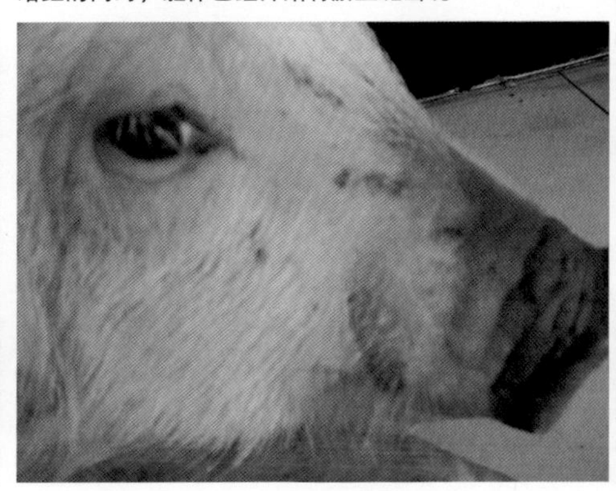

Tg4：吻突暗红显示。可以看出越是远端，暗红色的瘀血症状越严重

Tg5：脾脏的暗红色瘀血梗死斑，是剖检的主要病变

Tg6：早期病例，剖检时可见脾脏急剧肿大、淤血、发亮

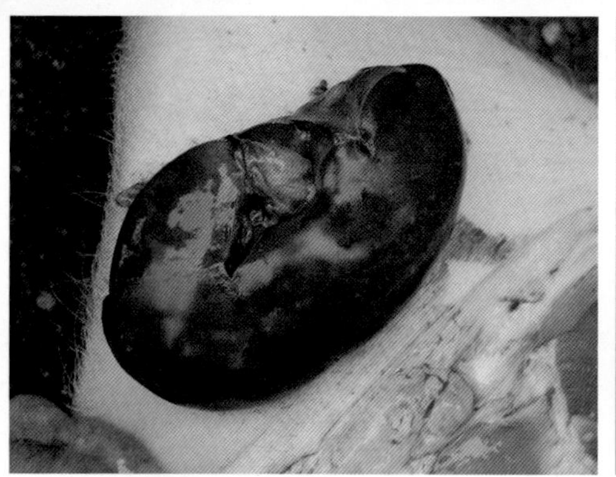

Tg7：弓形体和寄生虫混感病例的大红肾，并且肾脏表面有云雾状沉积，也称晕，或奶油斑

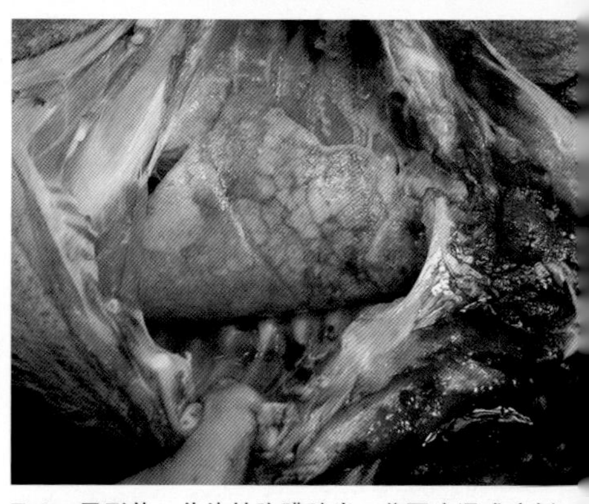

Tg8：弓形体、传染性胸膜肺炎、蓝耳病混感病例，叶间有透明的胶冻样渗出物，胸腔积液呈浅黄色，肺表面有灰白色沉积，并有出血、瘀血表现

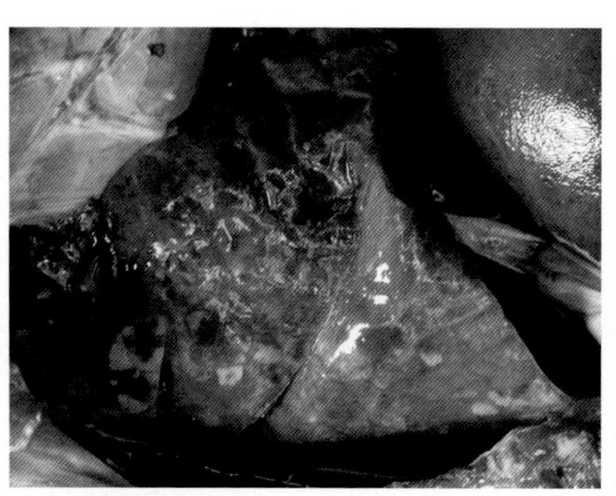

Tg9：弓副传蓝混感病例的胸腔积液多为暗红色，肺脏出血、瘀血斑边界清楚。全部出血时剩余有交换功能部分同样有边缘整齐特征

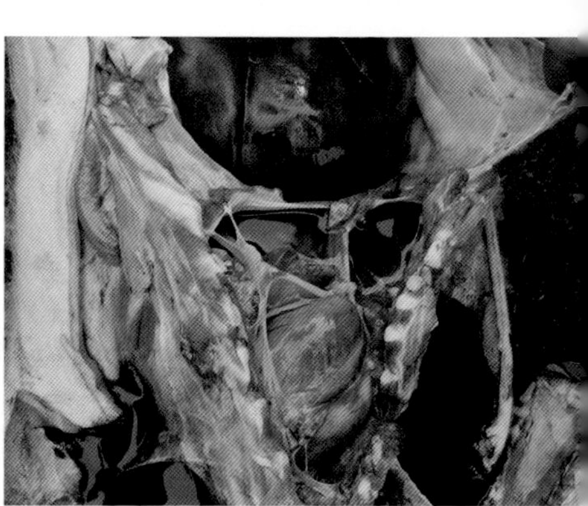

Tg10：单一弓形体病例胸腔积液为黄色透明液体，照中的红色部分为折光效应

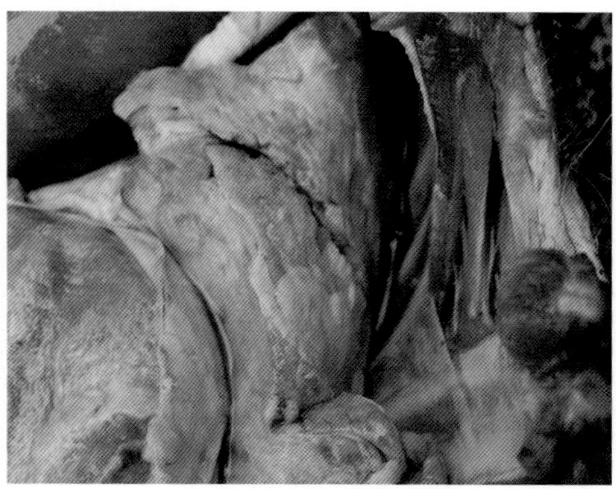

Tg11：弓形体、传胸混感病例的肺脏和肺胸间红色积液显示

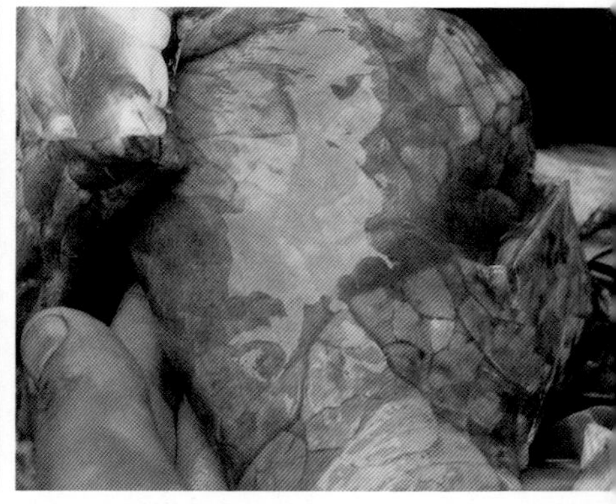

Tg12：弓形体传胸混感病例，肺泡间质的透明胶冻样积，肺叶间黄色胶冻样沉积

13：弓形、附混感病例的肺泡间黄色胶冻样渗出物，致肺泡间质增宽，机械压迫阻碍气体交换，张口快速气成为临床一大症状。并且肝脏黄染明显

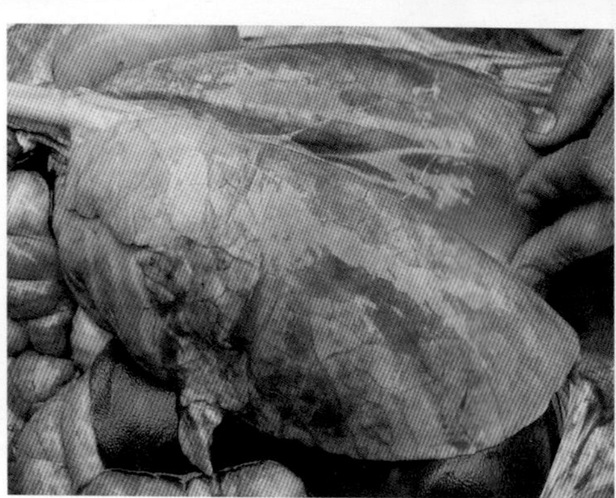

Tg14：左、右肺叶间黄色胶冻样渗出物

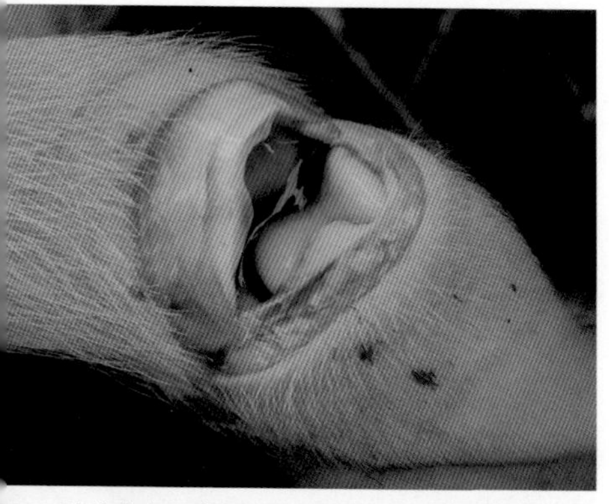

15：腕关节皮下胶冻样渗出和腕关节腔黄色积液

附图十四：寄生虫等

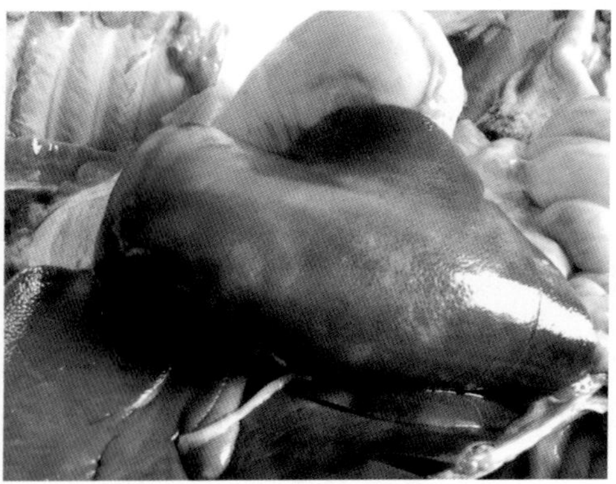

ID1：猪患寄生虫病，可在肝脏表面形成“奶油斑”，也称“晕”

ID2：盲结肠食道口线虫

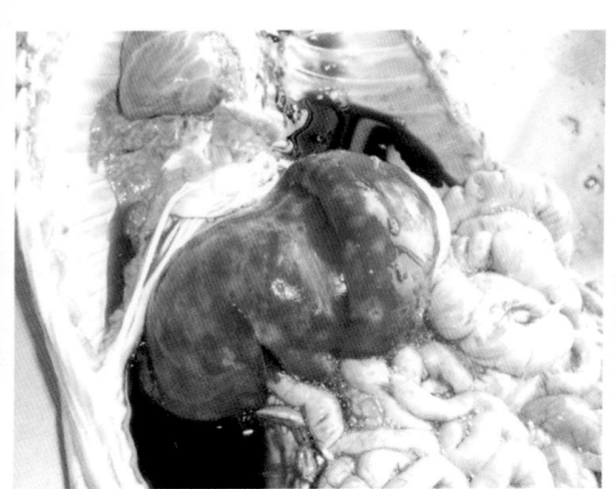

ID3：奶油斑凸面

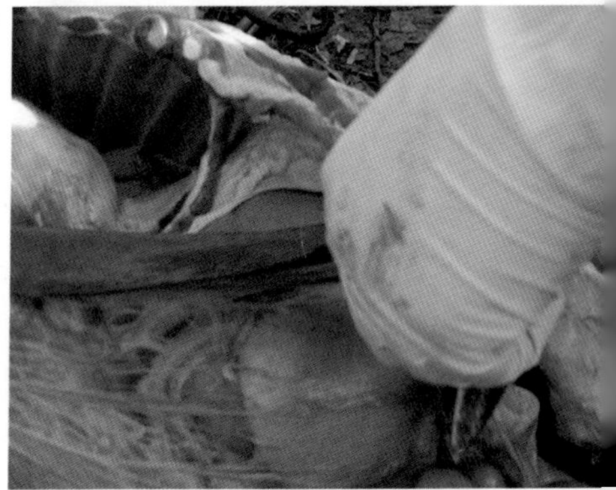

黄色素 1：黄色素导致的胃网膜、腹内脂肪、肝脏、脏的黄染

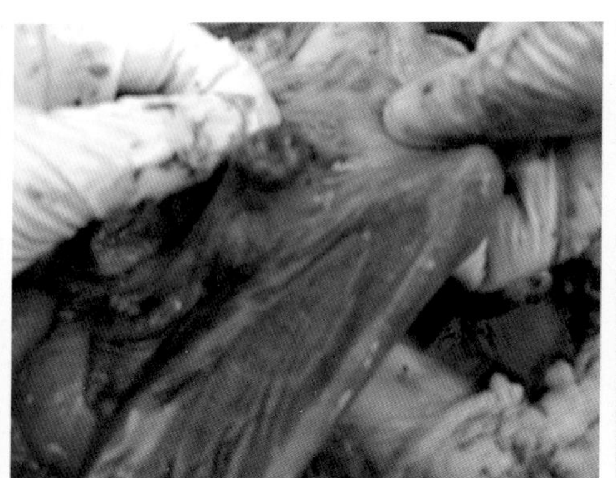

黄色素 2：淋巴结和肠道内内壁黄染显示

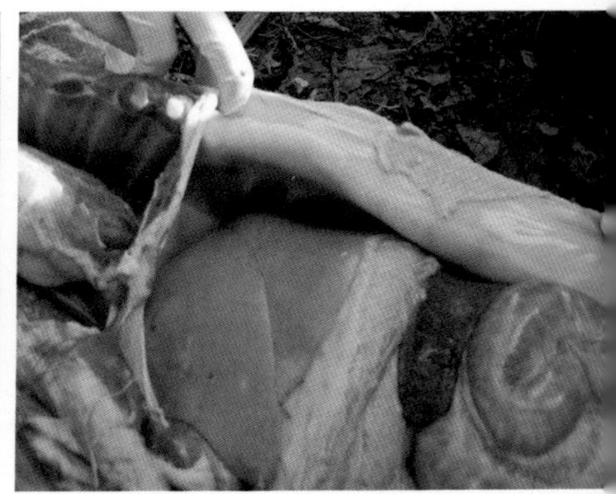

黄色素 3：饲料中添加黄色素后的肝脏、腹内和皮下肪黄染